计算机科学与技术丛书

C++码农日记

全程视频讲解

白振勇 ◎ 编著

清华大学出版社

北京

内 容 简 介

本书共9章。第1章讲述程序员入职前的准备以及C++跨平台开发入门知识，着重介绍求职面试相关知识，以及Qt的安装配置、开发环境搭建、第三方跨平台库基础知识、配套资源等内容；第2~8章通过50多个实际案例讲述命令行程序的开发、DLL（动态链接库）的开发与第三方库的使用、跨平台文件操作、多线程和进程内（多线程间）通信、进程间通信、异步串口通信、数据库访问等常用开发技能；第9章通过一个数据中心的案例介绍C/S模式（Client/Server模式，客户端/服务器模式）软件的综合开发技能。本书提供的案例覆盖了C/S模式软件开发工作的常见场景。

本书侧重无界面程序的开发，倡导的理念是系统全面、贴近实战。

本书可作为计算机软件类专业本科生或研究生、C++软件工程师、C++编程爱好者的参考资料。

本书封面贴有清华大学出版社防伪标签。无标签者不得销售。
版权所有，侵权必究。举报：010-62782989，beiqinquan@tup.tsinghua.edu.cn。

图书在版编目（CIP）数据

C++码农日记：全程视频讲解/白振勇编著．—北京：清华大学出版社，2022.1（2023.7重印）
（计算机科学与技术丛书）
ISBN 978-7-302-59105-4

Ⅰ.①C… Ⅱ.①白… Ⅲ.①C++语言－程序设计 Ⅳ.①TP312.8

中国版本图书馆CIP数据核字（2021）第182114号

责任编辑：刘　星
封面设计：吴　刚
责任校对：焦丽丽
责任印制：沈　露

出版发行：清华大学出版社
网　　址：http://www.tup.com.cn, http://www.wqbook.com
地　　址：北京清华大学学研大厦A座　　邮　编：100084
社　总　机：010-83470000　　邮　购：010-62786544
投稿与读者服务：010-62776969，c-service@tup.tsinghua.edu.cn
质　量　反　馈：010-62772015，zhiliang@tup.tsinghua.edu.cn
课　件　下　载：http://www.tup.com.cn,010-83470236

印 装 者：三河市君旺印务有限公司
经　　销：全国新华书店
开　　本：186mm×240mm　　印　张：31.25　　字　数：701千字
版　　次：2022年1月第1版　　印　次：2023年7月第2次印刷
印　　数：2001~2300
定　　价：129.00元

产品编号：089557-01

前言
PREFACE

一、为什么要写本书

很多朋友在学校参加过"C++语言"课程的学习，或许还读过《C++Primier》《C++编程思想》等经典著作，但是当参加工作进入 C++研发岗位时，却仍然感觉不会写程序。这是为什么呢？因为这些 C++经典著作侧重介绍 C++理论知识，很少讲到软件设计、工程实践等方面的内容。这些书能够用浅显易懂的语言把深刻的理论知识讲得非常透彻，让读者非常容易理解，因此称之为经典，但是这些经典却很少介绍怎样完整开发一款软件，也很少讲到在实际工作中开发一款软件到底会用到哪些知识。即使市面上有所谓的 C++实战类书籍，它们中的大部分也只是增加了教学视频，或再介绍些网络开发知识和 STL 的用法，甚至都没有介绍多个客户端情况下的网络通信程序设计、通信规约的设计与开发、插件开发、向后兼容的二进制文件格式的设计与开发等内容，而这些才是工作中真正需要用到的技能。用建筑房屋来举例，这些书只给读者提供了一堆建筑材料和特性说明，却没有提供建造一座完整房屋的具体步骤、方法和经验，假如读者想要建造一间浴室、一个游泳池、一间客厅或一栋别墅，仅靠一堆建筑材料和说明是无法完成的。介绍工作中真正用得上的实用技术才是本书关注的内容。作者从业 20 年来，经常需要给新员工做入职培训，但是手头却缺少一本全面、系统介绍 C++跨平台研发实践技能的书籍，因此在完成《Qt 5/PyQt 5 实战指南》的书稿后，作者就冒出了编写本书的想法。依赖多年的一线研发工作经验，对于本书的写作作者一气呵成。考虑到系统性、实用性，在编写本书时，着重思考了下列问题。

- 一名 C++软件工程师在入职前应该做哪些准备？
- 怎样编写命令行程序？
- 怎样让程序以后台服务方式运行？
- 怎样开发可跨平台（Windows/Linux）的程序？
- 怎样让程序随操作系统自动启动？
- 怎样开发 DLL？
- 插件是什么？
- 怎样开发插件？
- 怎样引入第三方库？

- 怎样访问磁盘上的文件？
- 怎样设计向后兼容的文件格式？
- 怎样开发多线程程序？
- 怎样开发网络通信程序？
- 怎样开发串口通信程序？
- 怎样开发更加可靠的通信规约？
- 怎样访问数据库？
- 怎样利用单体模式实现对数据的唯一访问？
- 怎样设计、开发 C/S（客户端/服务器）程序？
- 怎样利用观察者模式实现订阅、发布功能？
- 怎样保存程序的运行数据断面并在程序重新启动后恢复数据？

通过 60 天的学习，这些问题在本书中都能一一找到答案。本书侧重介绍客户端/服务器模式的无界面程序开发，而《Qt 5/PyQt 5 实战指南》着重介绍界面类应用程序的开发方法，因此，在 C++跨平台程序开发方面，这两本书互为补充。

在本书写作之初，作者就曾考虑应该用什么风格进行写作。后来联想到自己 20 年的工作经历，想起自己如何从一位非计算机专业的学生通过努力一步一个脚印走到今天，所以，作者最终决定以日记体这种方式进行写作。选择日记体，不仅可以体验每天进步一点点的成就感，还可以让读者在本书学习的最后阶段回顾个人的成长历程，非常具有纪念意义。

二、内容特色

与同类书籍相比，本书有如下特色。

（1）**为求职、面试指明方向。**

很多人在求职时面对企业的求职及面试要求四处碰壁、一筹莫展。殊不知，求职、面试应该及早准备，甚至在毕业前一两年就开始。通过本书第 1 章的学习，可以熟悉 C++软件研发岗位的求职必备知识，了解面试注意事项，为求职、面试指明方向。

（2）**系统全面、贴近实战。**

市面上大部分所谓的 C++实战类书籍，一般都讲解 C++基础语法知识，配备一些短小的案例，但是看完后还是不知道该怎样从无到有开发完整的 Client/Server（客户端/服务器）程序。本书的案例来自作者 20 年 C++跨平台研发工作经验，结合软件研发工作中典型案例进行设计，还原真实场景，完全贴近实战。例如，带菜单的命令行程序、让程序以后台服务方式运行、多客户端的网络通信程序设计、进程间通信、串口通信及串口调试工具、通信规约设计与实现等，这些案例所采用的技术全都来自真实的软件项目。除此之外，很多案例还涉及软件设计技能以及不同设计模式的运用，如工厂模式、观察者模式、单例模式、策略模式等，这对于培养、提升软件研发人员的设计思维有很好的指引作用。

（3）60天轻松掌握C++跨平台开发技能。

所谓跨平台，指的是开发一套代码，只需要进行编译而无须进行修改就能运行在不同的平台上。也就是说，对于同一套程序，既能在Windows上编译运行，也能在UNIX/Linux上编译运行。对跨平台的需求已经成为现今软件研发工作的一种趋势。本书案例融入了跨平台软件研发所需掌握的相关内容，如类库选择、数据的大端小端知识、开发通信软件的注意事项、跨平台数据库访问、跨平台文件访问、跨平台多线程程序开发等多方面的知识。通过掌握本书内容，就可以满足C++跨平台开发的常用技能要求。绝大部分案例采用标准C++、操作系统API、STL库进行实现，运行时避免依赖第三方库。本书旨在通过60天时间带领读者循序渐进地进入客户端/服务器程序设计、开发的世界。

（4）拒绝从零开始。

配套代码含有改动前的基础代码（也称作基线代码）及改动后的最终代码。其中改动前的代码在src.baseline目录，改动后的最终代码在src目录。在阅读时，读者可以在改动前的基础代码上对照案例讲解的内容直接进行修改，这样可以有效提高学习效率，方便练手。通过利用WinMerge等对比软件，也可以对比改动前后的代码，查看改动的具体内容，加深对案例的理解。

（5）代码兼容性好。

绝大部分案例采用标准C++以及通过调用操作系统API来实现功能，从而减少对第三方类库的依赖，个别案例引入第三方类库。在案例开头一般都配有运行效果图，并说明是否依赖第三方类库以及依赖哪种第三方类库。

（6）配套资源丰富，提供超值服务。

本书提供以下配套资源。

配套资源

- 程序代码、辅助资料等，请扫描此处二维码或到清华大学出版社官方网站本书页面下载。
- 微课视频（44集，共1150分钟），请扫描各章节对应位置的二维码观看，读者可跟随视频中演示的步骤进行学习。
- 第2～8章附有配套练习，配套练习的参考答案见配套资源。
- 想获取更多跨平台开发知识，请关注微信公众号"软件特攻队"（详见配套资源）。
- 加入书友群，与更多朋友交流软件开发技能。书友群见配套资源中的"书友群"文件夹。

三、阅读建议

- 先下载本书附带的源代码（见配套资源中），阅读本书时请查阅对应源代码进行学习。
- 本书的源代码分为两部分，改动前的代码在src.baseline目录中，各案例以改动前的代码为基础进行修改，改动后的最终代码在src中。可以使用WinMerge等对比软件对比案例中改动前后的代码，以便查看到底进行了哪些改动。

- 第 1 章为环境搭建及准备工作，第 2～8 章介绍 C++跨平台软件开发的各方面技能，第 9 章为综合案例。请根据需求进行阅读。
- 部分章节的代码依赖 POCO、tinyXML 或 Qt 类库，在各章节开头已进行说明。
- 在进行描述时，有的接口只写了接口名称，但是并未写明详细的参数列表，请根据上下文理解。
- 因篇幅所限，文中部分代码做了省略，请查看附带的源代码。
- 代码清单中第一行一般是源代码的文件路径，并非源代码内容。
- 为了节省篇幅，个别头文件代码中省略了命名空间描述 namespace xxx {}，请查看附带的源代码。
- 本书与《Qt 5/PyQt 5 实战指南》一起堪称 C++跨平台研发领域的双剑合璧。同时学习这两本书，既能学到无界面类程序的开发方法，又能学到界面类程序的开发方法。

四、读者对象

- 有一定 C++语法基础的软件爱好者。
- 在职的 C++跨平台软件研发人员。
- 计算机科学与技术相关专业有 C++语法基础的毕业生。

五、致谢

感谢领导、同事对我工作中的帮助与指引、包容与理解。感谢我的家人对我一如既往的支持，感谢父母教会我勤劳、不怕吃苦，感谢妻子让我懂得温柔，感谢女儿带给我的各种感动。

限于编者的水平和经验，加之时间比较仓促，书中疏漏或者错误之处在所难免，敬请读者批评指正，有兴趣的朋友可发送邮件至 workemail6@163.com。

编 者

2021 年 7 月于济南

目 录
CONTENTS

第 1 章　入职准备 1

　　第 01 天　求职与面试 1
　　第 02 天　了解跨平台开发 5

第 2 章　开发命令行程序 9

　　第 03 天　使用 VS 2019 和 Qt 构建一个命令行程序 9
　　第 04 天　使用 pro 文件与 pri 文件开发项目 21
　　第 05 天　获取程序的命令行参数 25
　　第 06 天　带菜单的终端程序 29
　　第 07 天　使用 VS 2019 调试程序 31
　　第 08 天　使用 Qt Creator 调试程序 39
　　第 09 天　在 Linux 系统中以守护进程方式运行程序 45
　　第 10 天　在 Windows 系统中以后台服务方式运行程序 51
　　第 11 天　让程序在操作系统启动时自动运行 60
　　第 12 天　温故知新 64

第 3 章　库的开发与第三方库的使用 66

　　第 13 天　开发一个 DLL 66
　　第 14 天　可动态加载的 DLL 79
　　第 15 天　将动态加载 DLL 的功能封装到自定义类中 87
　　第 16 天　动态加载 DLL 时区分 Debug 版/Release 版 91
　　第 17 天　利用动态加载 DLL 技术制作插件 96
　　第 18 天　POCO 库安装与使用 103
　　第 19 天　温故知新 114

第 4 章　跨平台文件操作 115

　　第 20 天　使用操作系统 API 操作文本文件 115

- 第 21 天　跨平台开发中的数据类型、大小端 126
- 第 22 天　使用操作系统 API 操作二进制文件 135
- 第 23 天　封装文件操作类 141
- 第 24 天　可以读写 INI 文件的自定义类 143
- 第 25 天　使用 tinyXML 访问 XML 文件 146
- 第 26 天　内存数据保存、恢复 155
- 第 27 天　升级的二进制文件格式 166
- 第 28 天　设计向后兼容的二进制文件 173
- 第 29 天　温故知新 181

第 5 章　多线程和进程内通信 183

- 第 30 天　跨平台的多线程应用 183
- 第 31 天　在多线程应用中使用互斥锁保护数据 194
- 第 32 天　在多线程中使用事件进行同步 201
- 第 33 天　使用单体模式保证数据唯一性 209
- 第 34 天　检测线程的运行状态 213
- 第 35 天　使用 POCO 库开发多线程应用 217
- 第 36 天　为线程专门分配一个 CPU 内核 224
- 第 37 天　温故知新 228

第 6 章　进程间通信 229

- 第 38 天　阻塞式网络通信程序 229
- 第 39 天　非阻塞式套接字 237
- 第 40 天　单客户端的网络通信程序 253
- 第 41 天　TCP/IP 多客户端通信 269
- 第 42 天　通信用结构体的内存对齐、位域大小端处理 279
- 第 43 天　温故知新 293

第 7 章　异步串口通信 294

- 第 44 天　串口通信的基础知识 294
- 第 45 天　封装跨平台的异步串口通信类库 296
- 第 46 天　简单的串口通信程序 309
- 第 47 天　开发简单的通信规约 316
- 第 48 天　双向通信 336
- 第 49 天　使用结构体组织通信数据 352
- 第 50 天　用串口传输文件 357

第 51 天	确认帧、三次重发	368
第 52 天	串口调试工具	395
第 53 天	温故知新	414

第 8 章 访问数据库 ... 415

第 54 天	数据库、SQL 语言基础	415
第 55 天	使用 POCO 访问数据库	426
第 56 天	温故知新	434

第 9 章 项目实战——Client/Server 模式的数据中心 ... 435

第 57 天	建立结构化内存数据区	435
第 58 天	数据发布/多客户端订阅	447
第 59 天	在线更新内存模型	475
第 60 天	数据断面保存与恢复	483

参考文献 ... 488

第 1 章

入 职 准 备

在入职 C++跨平台开发岗位之前,需要先了解一些求职技巧,另外还需要掌握一些商用软件开发的基础知识以及常用软件的使用,本章将对此进行介绍。

第 01 天　求职与面试

对于想进入 C++软件研发岗位的朋友来说,肯定非常迫切地希望知道究竟怎样才能顺利地通过入职面试并拿到 Offer。而对于大多数软件研发企业来说,他们最希望找到的是符合自身需求的软件研发人员。因此,企业会结合自身特点进行招聘。那么,企业会从哪些方面考察求职者呢?一般情况下,企业会从以下几个方面对求职者进行考察。

- 沟通表达能力。这涉及口头表达和书面表达能力。企业通过求职者的简历可以在一定程度上考察其书面表达能力,通过面试可以考察求职者的沟通能力和口头表达能力。沟通能力与口头表达能力并不完全一样。口头表达能力指的是完整、准确地表述自己意思的能力;而沟通能力一般指的是在双方想法不一致时通过沟通来消除这种不一致的能力。沟通表达能力在日常工作中非常重要,良好的沟通可以有效提升工作效率、营造顺畅的交流环境,而较差的沟通可能对工作带来严重不良影响,甚至导致工作任务失败。
- 软件系统的分析、设计能力。是否拥有软件项目的分析、设计能力对于求职者非常重要。一般来说,求职者在过往项目的表现可以在一定程度上反映其能力和技术素养。面试官也可能抛出相关问题考察求职者的临场分析与设计能力。这时候,拥有深厚的分析、设计功底就相当重要了。当然了,对于应届毕业生来说,这些能力并不容易获得。因为只有真正参与过项目(尤其是大中型项目)的设计、研发过程的人才会积累相关经验,从书上是无法真正获得这些经验的。因此,应该多参与实战型项目。
- 编程能力。不同企业对具体软件开发技术的需求有所不同。但是,在对计算机科学基础知识的掌握程度、使用编程语言进行开发的能力要求方面,各企业应该是一致的。一般情况下,针对基础理论知识与编程能力的考察会分别进行。企业会通过答卷的方式考察求职者是否掌握扎实的计算机软件开发以及相关编程语言的基础理论知识,另外,企业还可能要求求职者现场编写代码,以考察求职者通过编程解决实际问题的动手能力。如果一名求职者在碰到面试官提出的问题时手足无措，不知道该如何下手，那么他应聘成功的希望就很渺茫。
- 个性特质。对于企业来说，求职者将来是否能顺利融入集体并适应企业文化也非常重要，这决定了求职者在未来团队中是带来积极的正能量还是拖团队后腿。而这在很大程度上取决于求职者的个性特质。比如求职者是谦卑还是高傲，是充满自信还是没有主见，是积极乐观还是脆弱敏感，这些个性特质将对求职者能否在团队中发挥积极作用以及是否能顺利完成工作产生重大影响。

从以上可以看出，求职者只有具备较为全面的综合素质才能在求职时有较高胜算，而应聘成功的要诀就是"不打无准备之仗"。事实上，如果想进入某些知名IT（Information Technology，信息技术）企业，有些求职者可能需要花费数年时间进行准备。这意味着，如果准求职者是大学生，那么他可能从大三开始就要着手做准备了。对于求职者来说，应该做怎样的准备呢？针对上述各项能力要求，现在给出如下建议供参考。

1．为软件开发打下坚实的理论基础

俗话说，艺高人胆大、艺多不压身。求职者只有提高自身的水平，才能在众多求职者中脱颖而出，才能在面试官面前自由发挥、自信表现。那么，怎样才能打好理论基础呢？

工欲善其事必先利其器，好的书籍能让学习事半功倍，我们要选择一些C++软件开发的基础理论书籍进行学习。选择书籍时可以考虑从以下三个层级进行选择。

（1）入门级图书。要从事软件开发行业，就要先从入门学起，这时可以选择计算机组成原理、操作系统、C++程序设计、数据结构等方面的入门书籍。选择这类书籍的原则是能否用深入浅出、通俗易懂的语言把知识讲清楚。比如《C++Primier》《C++编程思想》等，这些书籍属于经典款，内容系统、全面、深入。其实，这两本书也可以作为入门级图书进行学习，但是这种书毕竟是大部头著作，一般人读起来会感觉压力很大。阅读这类书籍，需要制定详细的阅读计划并严格执行，而且需要针对书中的知识点多做些编程练习才能熟练掌握相关内容。随着Linux在软件开发工作中的普及，熟悉Linux系统常用命令也成了软件研发人员的必备技能。在软件工程方面，敏捷过程开发被越来越多的软件开发组织认可并在实际的软件研发项目中得到应用，因此，熟悉、掌握敏捷开发过程也是一项必备技能。

（2）提高级图书。在入门之后，软件开发人员需要在系统分析能力、设计能力方面进行提升。需求分析、设计模式方面的书籍可以提升研发人员在这两个方面的技能水平。而只有大量的软件项目开发实践的积累才能慢慢提升这些能力。另外，数据库开发在各种软件开发中占有重要位置，因此掌握各种SQL语句、商用数据库、开源数据库的使用也是必不可少的。在关系型数据库开发中，尤其重要的是数据库、数据表的设计能力。另外，对于界面开发人员来说，用户交互体验方面的设计能力是非常重要的，这在很大程度上决定了软件产品的市场价值。

（3）实用级图书。这类书籍不太容易选择，因为这类书籍应该以贴近工作实战为主，讲解真实的商业化软件产品的开发技能、设计方案等，主要介绍软件开发工作中的常见设计、经典方案、常犯的错误及预防手段等，一般会以功能相对完整的可运行软件为例进行讲解。

知识的积累不是一蹴而就的，技能也不是一朝一夕就可以掌握的。知识和技能需要日积月累、勤加练习才能掌握。机会只会留给有准备的人，越早开始准备，胜算越大。优秀的书籍、教学视频会大大提升学习效率，而寻找、甄别它们则需要花费大量的时间、精力。所以，选择软件开发方面的畅销书籍是个不错的方法。另外，网上有很多免费的教学视频，而且质量也不错，这也是一个很好的学习途径。

注意：关于C++跨平台研发领域更多的推荐教材或资料，请参考配套资源中【附录.pdf】中的【附录A】。

2．参加软考并争取拿到证书

计算机技术与软件专业技术资格（水平）考试是原中国计算机软件专业技术资格和水平考试的完善与发展。这是由国家人力资源和社会保障部（原人事部）、工业和信息化部（原信息产业部）主办的国家级考试，其目的是科学、公正地对全国计算机与软件专业技术人员进行职业资格、专业技术资格认定和专业技术水平测试。该考试分为5个专业类别，各专业类别中分设了高、中、初级专业资格考试，囊括了共28个资格的考核。通过考试获得证书的人员，表明其已具备从事相应专业岗位工作的水平和能力，用人单位可根据工作需要从获得证书的人员中择优聘任相应专业技术职务（技术员、助理工程师、工程师、高级工程师）。计算机技术与软件专业技术资格（水平）实施全国统一考试后，不再进行计算机技术与软件相应专业和级别的专业技术职务任职资格评审工作。同时，它还具有水平考试的性质，报考任何级别不需要学历、资历条件，只要达到相应的技术水平就可以报考相应的级别。

计算机技术与软件专业技术资格（水平）考试简称软考。如果IT系统集成商想获得某种等级的系统集成资质，那么该集成商的员工中持有软考证书的员工人数就要满足规定的数量要求。因此持有软考证书为求职者的求职成功增加了砝码。目前，有很多专业培训机构针对软考提供培训课程，其中不乏经验丰富的讲师。另外，有些网站上有软考的"每日一练"功能，这可以用来学习、巩固参与者自身的相关知识。相比初级、中级来说，软考的高级考试更难。因为软考的初级、中级考试只要把基础知识掌握牢固就可以了，而软考的高级考试则多了论文题目。虽然论文的写作有一定套路和方法，但是对于一个没有实际项目管理经验的人来说还是很难的。关于推荐网站，请见本书配套资源中【资源下载.pdf】中的【软考学习网站】。

3．在算法网站刷题

绝大多数软件工程师对于在国内一线互联网大厂工作充满憧憬，而对于一线互联网大厂或者众多创业公司来说，求职者对算法和数据结构的掌握与运用能力变得越来越重要。树、图、链表、排序等经常会在工作中出现，所以应该掌握这些知识。在实际的软件开发过程中，算法、数据结构的运用无处不在。试想一下，如果一名研发人员连二叉搜索树都没听说过，又怎么指望他能正确使用它解决问题呢？因此，求职者首先应打好数据结构与算法的理论基础。而除了看书学习之外，在算法网站刷题将有助于软件研发人员打下更为坚实的算法基础。推荐的网站请见本书配套资源中【资源下载.pdf】中的【算法刷题网站】。

4．荣誉、资质是加分项

在求职时，如果能够提供一些荣誉证书、获奖证书，或者提供自己在著名刊物上发表的论文，也能很好地证明自己的能力。在如今的扁平化营销时代，如果能提供自己的网站、公众号并且能够证明有很好的访问量，或者拿出自己发表过的有超大阅读量的技术类帖子或文章，也是加分项。需要说明的是，访问量或阅读量是靠日积月累地敲键盘、发帖子攒起来的，并非一日之功。

5．增加实践经验、提升技能

在求职时，有实际软件项目的开发经验也是加分项，尤其当求职者在该项目中担任项目管理角色或分析、设计角色时更是如此。一般情况下，企业希望员工入职后能够马上进入工作状态并且能独立完成工作，因为这会大大降低企业的运营成本。所以，如果求职者有相关行业的项目经验，就能很容易完成入职后的工作衔接。需要注意的是，在求职前做项目材料准备时，应当以自己主导的或者参与设计的内容为主。另外需要准备的是，项目在设计、开发过程中碰到哪些问题，这些问题是怎么解决的，自己有什么收获等。

6．确定目标

在应聘之前，首先应该确定目标（如目标行业、目标企业），并做好相应准备，做到有的放矢。

1）确定细分行业

IT 有很多细分行业，如果想进入某个细分行业，除了掌握基本的开发知识和技巧外，还要有行业背景。比如大数据、人工智能、音视频、区块链、自动驾驶等，这些都是特定的细分行业，求职者可以提前选择自己感兴趣的行业进行切入。可以学习相关知识，也可以寻求相关企业的实习机会。

2）接受定向培训

有时因为条件所限，求职者并没有相关行业的实习经验，这该怎么办呢？别急，现在国内的培训产业发展得很好，有很多培训机构提供定向、专业培训，而且网上也有很多在线培训课程。如果求职者下定决心进入某个行业，可以提前接受这方面的培训。

3）对心仪的企业进行跟踪调研

如果对某个公司非常心仪，可以对该公司持续跟踪。比如，对该公司主营业务、经营状况、对外公布的研发项目进展情况等进行了解与掌握，甚至包括投资人及其背景也有必要了解。另外，求职者可以看看有没有朋友、同学在这家公司工作，在招聘网站上看看有哪些猎头服务于这些公司，甚至跟这些公司的 HR（人力资源）交朋友，这样就会获取非常多有用的信息。当然了，如果能获得该公司内部人员推荐就更好了。另外，还要关注该公司的应聘筛选条件。比如，有的公司对于有创业经历、频繁跳槽经历的求职者比较介意，甚至有些公司会列出黑名单，在黑名单中的人员可能会被筛选掉。

7．面试注意事项

对于求职者来说，面试时的表现也非常重要。下面列出一些参考的注意事项。

- 着装得体、举止大方。着装不应太前卫，要体现一定的专业性。建议着正装，衣服要整洁大方。最好提前查一下应聘企业在着装方面的要求。企业需要的是一名有专业素养、可靠的开发人员，如果有任何因素让对方觉得求职者不可靠，这对求职者是非常不利的。
- 阳光、自信的精神面貌会给面试官带来好感。
- 回答问题时应确保答案完整。要确保自己弄清楚面试官的问题再回答，避免因为回答不完整而让面试官一再追问。不要回避面试官的问题。
- 对于自己做过的项目做好充分准备，在介绍项目时应把项目内容、人员分工、项目工期、出现的问题及解决过程进行总结性陈述。陈述时条理清楚、声音洪亮。需要注意的是，一定要把项目设计方案讲清楚，避免浮于表面，否则会让人感觉做事不严谨、缺乏说服力。
- 技术面试讲究实事求是。不要吹牛，也不要不懂装懂。对于懂的内容尽量抓住要点进行陈述。
- 对应聘企业提前做好功课，在面试时对应聘企业的某些项目表现出自己的深入了解与浓厚兴趣，这会让面试官对求职者有好感。比如，"我知道你们在处理 X 问题时采用了 Y 技术，但是你们为什么不考虑 Z 技术呢。"
- 对于自己关注的个人发展空间、办公环境等内容，应该同面试官充分交流。

如果看过上面这些后，仍然感觉心里没底，或者希望了解更多关于面试的事情，可以参阅《程序员面试金典》。这本书是原谷歌面试官的经验之作，针对程序员面试的每一个环节，全面、详尽地介绍了程序员应当如何应对面试才能脱颖而出。其内容涉及面试前的准备工作、面试流程、面试官的幕后决策及可能提出的问题，以及出自微软、苹果、谷歌等多家知名公司的编程面试题及详细解决方案。

前面内容讲述的是入职前的情况，下面开始介绍入职后的准备工作，首先从 C++ 跨平台相关的知识说起。

第 02 天　了解跨平台开发

1. 代码的可移植性

在使用 C++ 进行开发时，经常碰到需要进行跨平台开发的情况。希望在一种操作系统平台（如 Windows）开发完的代码不需要任何修改或者仅需要极少量的修改，就能在其他操作系统平台（如 Linux）成功编译并能正常运行，这就要求代码具有可移植性。代码具有可移植性，也可以说代码具备跨平台能力，这意味着代码用到的第三方库或软件也应具备可移植性。如果代码具备可移植性，说明代码在不同的操作系统或运行环境下应该表现出相同的行为，这就要处理不同操作系统、不同编译器甚至不同的第三方库之间的差异。那么代码的可移植性具体涉及哪些技术问题呢？

（1）不同操作系统之间数据类型的差异。不同的操作系统之间对 C++ 的基本数据类型的定义有所不同。比如，同样是 long 类型，在 32 位操作系统中可能是 4 字节整数，但是在 64

位操作系统中可能是 8 字节整数。

（2）编译器的差异。比如，MSVC（Microsoft Visual C++）的 C++编译器有自定义的保留字（关键字）、编译标志等，GCC 编译器也有自定义的保留字、编译标志，这两种编译器的保留字、编译标志等可能存在差异。

（3）命令的差异。比如，同样是列出当前目录下的文件列表，在 Windows 系统中的命令为 dir，而在 Linux 系统中是 ls（也可以用 dir）。

（4）文件名大小写敏感的差异。Windows 系统对于文件名或目录名的大小写不敏感，如 aaa.txt 和 AAA.TXT 是同一个文件；而 Linux 系统是大小写敏感的，aaa.txt 和 AAA.TXT 是两个文件。所以，为了支持跨平台，源代码文件最好使用小写的文件名。除此之外，与目录相关的内容还有目录分隔符，在 Windows 系统中使用 "\" 作为目录分隔符，而在 Linux 系统中使用 "/" 作为目录分隔符。比如，在 Windows 中描述一个文件，会写成 "c:\temp\a.txt"，而在 Linux 系统中，则会写成 "/usr/local/a.txt"。

（5）操作系统 API 接口或第三方库的差异。在 Windows 系统中实现某个功能调用的 API 接口或第三方库接口与 Linux 中很有可能不同。

（6）第三方软件的差异。在 Windows 系统与 Linux 系统中，可能需要借助不同的软件来实现同一个功能。

当进行 C++跨平台软件开发时，软件开发者不可能也没有必要自己实现所有的功能或者处理所有的问题，这就需要选择一些稳定的、可移植的第三方库，这些库为开发者屏蔽了不同操作系统之间的差异，暴露给开发者的是相同的类或接口。在这些第三方库中，Qt 是不错的选择。

2．Qt 是什么

Qt 是一款跨平台的 C++图形用户界面应用程序开发框架。开发者既可以用 Qt 开发 GUI（Graphical User Interface，图形用户接口）程序，也可以用它开发控制台工具和服务器等不带界面的程序。Qt 最初是由奇趣科技开发的，并且于 1995 年推出了第一个商业版本。Qt 实现了 "一次编写、随处编译"，允许开发人员使用同一套代码在不同的平台上成功编译，这些平台包括从 Windows 到 Mac OS X、Linux、Solaris、HP-UX 等基于 X11 的 UNIX，Qt 甚至可以用在嵌入式 Linux 和 Android 中。Qt 提供了 Designer（设计师）来绘制界面并将其保存为以 ui 为后缀的界面资源文件，然后通过 uic 命令将界面资源文件编译为 C++代码，这样就实现了所见即所得的界面效果。Qt 还提供了强大的文档帮助系统，开发人员可以通过 assistant（Qt 助手）获得 Qt 的使用帮助。Qt 还提供了 QtCreator，这是一个跨平台的 IDE（Integrated Development Environment，集成开发环境），可以用来开发、调试基于 Qt 的程序。使用 Qt 的 QSS（Qt Style Sheets，即 Qt 样式表）可以开发出非常酷炫的界面程序，Qt 还对 OpenGL 进行了封装，因此可以用来开发 3D 应用程序。如果要进行 C++跨平台开发，Qt 绝对是一个非常棒的选择。Qt 目前最新版本为 6.0（截止到本书出版时）。Qt 既有商业协议版本又有开源协议版本，开发者可以根据需要进行选择。

本书的绝大部分案例并未使用 Qt 类库，仅利用 Qt 开发环境中的 qmake 命令将项目的

pro 文件转换为 Visual Studio 可以识别的 vcxproj 后缀的项目文件，以便在 Windows 中进行项目构建，在 Linux 上，利用 qmake 可以生成能被 GCC 编译器识别的 Makefile 项目文件。绝大部分案例程序在构建时并不依赖 Qt 库，在构建成功后启动运行时也不需要 Qt 库的支持，因此这些案例可以脱离 Qt 运行环境而独立运行。

既然大部分案例都没有使用 Qt 类库，那么为什么选择 Qt 进行开发呢？这是因为 Qt 的 pro 项目配置文件可以帮开发人员简化开发环境的配置，如 include 路径、编译器相关的配置等。这样，在 Windows 上进行开发时，开发人员无须在 Visual Studio 中进行配置。而且，使用 Qt 的 pro 管理项目的配置文件，还可以实现跨平台的功能，当把程序放在 Linux 上编译时，就无须专门配置 Makefile 了，因为利用 pro 文件就可以生成 Makefile，这样一举两得。

3．C++跨平台开发时可选的第三方库

Qt 虽然为 C++应用程序开发封装了大量的类或者功能，但它无法覆盖 C++跨平台开发的全部需求，因为毕竟需求是无限的。开发人员总是希望在某些方面能够有更好用的开发库。这时另外一些支持跨平台的 C++库就派上用场了，如下面这些类库。

（1）Protocol Buffers 是 Google（谷歌公司）开发的一种轻便高效的结构化数据存储格式，可用于结构化数据的序列化，如用作 RPC 数据交换格式。它可用于通信协议、数据存储等领域的语言无关、平台无关、可扩展的序列化结构数据格式。

（2）LibEvent 是一个用 C 语言编写的轻量级的开源、高性能事件通知库。它主要有以下几个亮点：事件驱动，高性能；轻量级，专注于网络，不像 ACE 那么臃肿庞大；源代码相当精炼、易读；跨平台，支持 Windows、Linux、*BSD 和 Mac OS；支持多种 I/O 多路复用技术，如 epoll、poll、dev/poll、select 和 kqueue 等；支持 I/O、定时器和信号等事件；可以注册事件优先级。

（3）POCO C++是一个开源、跨平台的 C++类库的集合，它主要提供简单快速的网络通信封装和可移植应用类库。如果开发者正在开发不带界面的服务器程序，开发者可能只希望利用 Qt 创建和管理项目，而并不希望使用 Qt 类库，因此就会需要其他的替代库，POCO 库就是一个非常不错的选择。

（4）Qt Marketplace 是一个在线的 Qt 扩展市场，目前已经在社区的帮助下推出了第一批优秀扩展。Qt 开发者和设计师可在上面共同寻找改善 Qt 设计、开发的工作流，开发者和公司也可以上传已实现的 Qt 扩展。这些扩展可以是免费的，也可以是收费的。它对整个 Qt 生态系统开放。Qt Marketplace 项目的负责人希望这个市场成为社区寻找和分享 Qt 内容的首选之地。根据 Qt Marketplace 官方发布的信息，第一年发布者将获得所发布产品销售收入的 75%，之后几年发布者将获得销售收入的 70%。Qt Marketplace 与其他市场相比独一无二，因为它让发布者进入了拥有近 150 万开发者的 Qt 生态系统。

注意：STL 在本书中不作为第三方库。当某个案例开头宣称"本案例不依赖第三方类库"时，表示在该案例中不排除对 STL 的使用。

4．推荐的开发环境、开发环境的搭建方法

本书所有案例都利用 Qt 进行开发。这里所说的利用只是利用 Qt 生成项目文件，绝大部

分案例并未使用 Qt 类库，只有极个别案例依赖 Qt 类库。本书案例使用的 Qt 版本为 5.12.10。在 Windows 系统中，本书的教学视频中使用 Visual Studio 2019（简称 VS 2019）作为 IDE 开发工具（官方推荐使用 VS 2017）。在 Linux 系统中可以使用 Qt Creator 4.11.0 作为 IDE 开发工具，并使用系统自带的 GCC 编译器进行编译。所有案例均在 Windows 10（VS 2019）、RedHat Linux 7.6（GCC 5.5.0）、Qt 5.12.10 上构建成功并可正常运行（第 7 章的串口程序案例仅在 Windows 验证）。

视频讲解

视频讲解

在继续学习之前，请确保已搭建好开发环境。Windows 开发环境的搭建方法请参考配套资源中【附录.pdf】文档中的【附录 B】，操作视频请扫描此处二维码观看。

Linux 开发环境的搭建方法请参考配套资源中【附录.pdf】文档中的【附录 C】，操作视频请扫描此处二维码观看。

5．配套资源（含配套源代码）

本书配套资源包含课件、配套源代码、软件下载地址、开发环境搭建说明、跨平台参考知识等内容，获取方式详见前言。

所有案例均有配套源代码。请先下载本书附带的源代码，阅读本书时请查阅对应源代码进行学习。本书的源代码分为两部分，改动前的代码在 src.baseline 目录中，各案例以改动前的代码为基础进行修改，改动后的最终代码在 src 中。如图 1-1 所示，可以使用 WinMerge 软件对比案例中改动前后的代码，代码做了哪些改动一目了然。WinMerge 的下载地址请见本书配套资源中【资源下载.pdf】文档中的【WinMerge 软件】。因篇幅所限，书中部分代码做了省略，请查看配套的完整源代码。

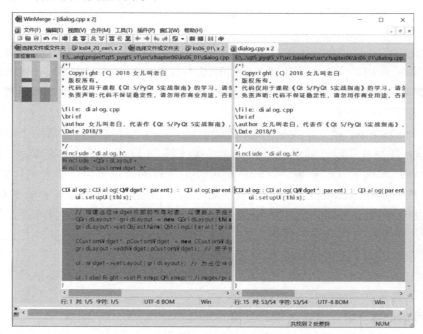

图 1-1　用 WinMerge 软件对比改动前后的代码

第 2 章 开发命令行程序

服务器程序（有时也称命令行程序）一般以终端（命令行）方式或后台服务方式运行。除了终端外，这类程序一般没有可视化界面。本章介绍命令行程序的基本开发方法、程序调试、进程自启动、让进程以后台服务方式运行等内容。

第 03 天　使用 VS 2019 和 Qt 构建一个命令行程序

今天要学习的案例对应的源代码目录：src/chapter02/ks02_01。本案例不依赖第三方类库。程序运行效果如图 2-1 所示。

图 2-1　第 03 天案例程序在 Windows 系统中的运行效果

今天的目标是掌握如下内容。
- 使用 VS 2019、Qt 开发命令行程序的最基本方法。
- 学习 Qt 项目文件的基本配置。
- 使用 VS 2019 的 IDE 编译、构建程序的方法。
- 使用命令行编译、构建程序的方法。
- 将代码传送到 Linux 上的方法。
- 在 Linux 上编译程序的方法。

注意：本案例在运行时虽然不依赖第三方库，但是在编译时需要借助 Qt 的 qmake 命令将 Qt 的项目配置文件(.pro 文件)转换成 VS 2019 可以识别的项目配置文件(.vcxproj 文件)，因此需要先安装 Qt。Qt 的安装方法见第 2 天学习内容。

1. 开发应用程序

在用 C++进行软件开发时，一般会创建一个项目文件，通过项目文件就可以知道该项目包含哪些源代码文件或资源文件。在 C++中，项目文件是 Makefile 文件。手工编写 Makefile

文件非常麻烦，而且还涉及非常复杂的编译选项。Qt 提供了一种简化手段来生成 Makefile 文件。它要求开发者提供项目的 pro 文件，然后使用 qmake 命令将其转换为 Makefile。那么 pro 文件是什么呢？pro 文件是 Qt 定义的项目配置文件。它是文本格式的文件，采用 key = values 的语法。比如，项目用到了 main.cpp，那就在项目的 pro 中编写：

```
SOURCES += main.cpp
```

其中，SOURCES 指示本项目用到的 cpp 文件列表。其中+=表示在 SOURCES 原值的基础上添加 main.cpp。比如，在 pro 中可以继续追加 cpp 文件：

```
SOURCES = main.cpp    // SOURCES 的值为 main.cpp
SOURCES += imp.cpp    // SOURCES 的值为 main.cpp、imp.cpp
```

这样，项目包含的 cpp 文件（SOURCES 文件）就变成：main.cpp、imp.cpp。如果有多个 cpp 文件，可以写在 main.cpp 的后面，比如：

```
SOURCES += main.cpp imp.cpp
```

但如果这样写，代码的可读性不是很好，这种情况下可使用"\"进行换行。比如：

```
SOURCES += main.cpp \
           imp.cpp
```

注意：main.cpp 和后面的"\"之间最好加一个空格以增加可读性。

项目中添加头文件时使用 HEADERS 配置项，用法同 SOURCES。比如：

```
HEADERS += myclass.h \
           imp.h
```

每个 Qt 项目最终都要生成一个目标程序。为了指示项目的目标程序名称，需要用到 TARGET 配置项，比如：

```
TARGET = ks02_01
```

这表明该项目生成的目标程序名称为 ks02_01。如果它是一个可执行程序，那么在 Windows 上生成的程序为 ks02_01.exe，而在 Linux 上（或 UNIX）上为 ks02_01。如果生成的是一个 DLL（Dynamic Link Library，动态链接库），那么在 Windows 上为 ks02_01.dll，而在 Linux（或 UNIX）上可能为 libks02_01.so.1.0.0。

以上介绍了 pro 文件最基本的配置。代码清单 2-1 是本案例 pro 文件的完整内容。

代码清单 2-1

```
// src/chapter02/ks02_01/ks02_01.pro
TEMPLATE = app
LANGUAGE = C++
CONFIG  += console
```

```
TARGET    = ks02_01
HEADERS   += ks02_01.pro
SOURCES   += main.cpp
DESTDIR   = ../../../bin
OBJECTS_DIR = ../../../obj/chapter02/ks02_01
MOC_DIR   = ../../../obj/moc/chapter02/ks02_01
```

在代码清单 2-1 中，TEMPLATE = app 表示这是一个 EXE 项目。如果本项目生成的最终模块是一个 DLL，则写成 TEMPLATE=lib。因为使用 C++语言进行开发，所以写成 LANGUAGE = C++。这个项目是一个终端运行程序，即命令行程序，所以写成 CONFIG += console。如果不这样设置，则无法在终端中正常运行（比如，cout 的信息无法输出到终端）。如果想进行验证，可以封掉这行配置，方法是在该行配置前加上一个"#"号（输入#时请使用英文、半角，不要用中文）。"#"表明本行是注释，那么 Qt 就不会把这行当作配置进行解析。封掉某配置项时可以写成：

```
#CONFIG += console
```

最后的三个末尾字母为 DIR 的用来描述各种路径。
DESTDIR：表示生成的最终目标程序的存放路径。
OBJECTS_DIR：表示程序生成的中间临时文件的存放路径。
MOC_DIR：用来描述 moc 文件的存放路径（Qt 的 moc 命令生成的临时文件）。该配置项会在后面的章节进行详细说明。

在本案例的 pro 文件中，这些路径的设置都使用了相对路径的方式，其实一般不推荐这种方式。在后续的案例中将使用环境变量的方式设置这些路径。

注意：Windows 系统中的文件和文件夹的名字是不区分大小写的，而在 Linux 系统中是区分的。比如，file.txt 和 FILE.txt 在 Windows 中是一个文件，而在 Linux 中则是两个文件。因此，为了减少不必要的拼写麻烦，建议所有文件名、文件夹名以小写方式命名。

本节的 EXE 功能很简单，仅输出一行信息："这是我的一小步，但却是全体程序员的一大步！！！"。具体代码请见代码清单 2-2。

代码清单 2-2

```
// src/chapter02/ks02_01/main.cpp
#include <iostream>
using std::cout;                                                    ①
using std::endl;                                                    ②
int main(int argc, char * argv[]){
    cout << "这是我的一小步，但却是全体程序员的一大步！！！" << endl;
    return 0;
}
```

在代码清单 2-2 中，为了向终端输出信息，用到了 STL 库的 cout、endl（cout 用来向终端输出信息，endl 表示换行）。这需要引用<iostream>，所以编写#include <iostream>语句。

这是 C++的写法，在 C 中使用#include "iostream.h"的写法。除此之外，在标号①、标号②处，使用 using 语句引入了 cout 和 endl，这是为了避免引入整个 stl 命名空间。有的程序员可能会写成：

```
using namespace stl; // 不推荐
```

本书不推荐这样的写法。在涉及命名空间的使用时，应该仅引入所需的内容或者不编写引入命名空间的代码，即直接使用 std::cout 的写法：

```
std::cout << "xxx" << std::endl;
```

main()函数比较简单，因此不再过多讲解。下面看一下怎么构建这个项目。

2．构建应用程序

现在把 pro 文件和 cpp 文件放到同一个目录下，目录名设置为 ks02_01。最后，构建（有时也称作编译）项目，以便生成最终的目标程序。可以通过两种方式构建应用程序：使用 Qt Creator 或者使用 VS 2019。

1）使用 Qt Creator 构建应用程序

启动 Qt Creator，选择【文件】|【打开文件或项目】菜单项，会出现【打开文件】对话框，打开 ks02_01.pro。然后在图 2-2 所示界面中单击 Configure Project 按钮对项目进行配置。

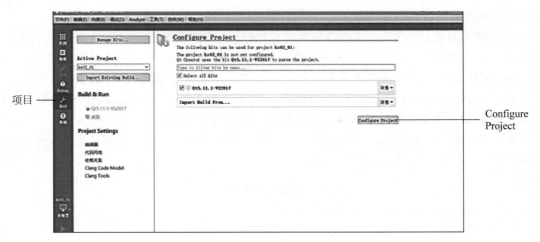

图 2-2　Qt Creator 项目配置

然后，单击图 2-3 中的【构建项目】按钮。

当构建成功后，单击图 2-3 中的【运行】按钮即可启动本案例的程序。

2）使用 VS 2019 命令行构建应用程序

首先根据构建的应用程序位数（64 位/32 位），选择对应的 VS 2019 命令行。关于 64 位程序与 32 位程序的含义及区分方法请见本书配套资源中【附录.pdf】中的【32 位/64 位程序

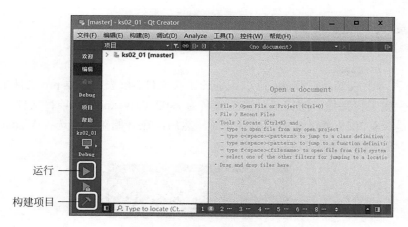

运行
构建项目

图 2-3　Qt Creator 构建项目

的区分方法】。如果构建 64 位程序，则选择如图 2-4 所示的【x64 Native Tools Command Prompt for VS 2019】（适用于 VS 2019 的 x64 本机工具命令提示，简称 VS 2019 的 64 位命令行）；如果构建 32 位程序，则选择如图 2-4 所示的【x86 Native Tools Command Prompt for VS 2019】（适用于 VS 2019 的 x86 本机工具命令提示，简称 VS 2019 的 32 位命令行）。除特殊说明外，本书所有程序均构建成 64 位。

图 2-4　VS 2019 的 x64 和 x86 命令提示启动菜单

在 VS 2019 的 64 位命令行中，进入项目所在目录，执行如下命令后即可将项目构建成功。

```
qmake
nmake
```

其中 qmake 是 Qt 提供的命令，用来把项目的 pro 文件转换成 C++编译器可以识别的 Makefile 项目文件。nmake 是 VS 2019 工具提供的命令，用来根据 Makefile 构建项目。

3）使用 VS 2019 IDE 开发工具构建应用程序

如果使用 VS 2019 的 IDE 开发工具打开该项目，那么首先要生成 VS 2019 可以识别的项目文件。生成的方法是在 VS 2019 的 64 位（或 32 位，根据具体需要）命令行中，进入本案例所在目录，运行 qmake 命令。

```
qmake -tp vc
```

其中 vc 表示生成 Visual Studio 可以识别的工程文件，-tp 表示根据 pro 文件中 TEMPLATE 参数的取值生成工程文件。这样就可以生成名为 ks02_01.vcxproj 的项目文件。以 vcxproj 为后缀的文件是 VS 2019 可以识别的项目文件。然后，在开始菜单中选择 Visual Studio 2019 菜单项启动 VS 2019（见图 2-5）。

图 2-5　VS 2019 启动菜单项

启动 VS 2019 后，选择【文件】|【打开】|【项目/解决方案】菜单项，打开 ks02_01.vcxproj 项目配置文件。打开项目后，选择【生成】|【生成解决方案】菜单项完成项目构建。

3. 用 UTF-8 编码保存源代码文件

为防止项目在不同的平台中编译出错，建议把源代码文件保存为 UTF-8 格式。本节介绍两种用 UTF-8 编码格式保存源代码文件的方法。

注意：为保证在 Windows、Linux 上能构建成功并且正常显示中文，应确保所有 ".h" 文件、".cpp" 文件使用带 BOM 的 UTF-8 格式保存。Qt 自身的文件（如 ".pro" ".pri" ".qrc" 等）应使用普通的 UTF-8 格式（不带 BOM）保存，否则会导致编译错误。

1）使用 Windows 自带的记事本保存源代码文件（".h" ".cpp" 文件）

在 Windows 资源管理器中新建一个空白的文本文件，然后用 Windows 自带的记事本打开该文件。选择【文件】|【另存为】菜单项，会弹出【另存为】对话框，在【编码】处选择【带有 BOM 的 UTF-8】（见图 2-6）。

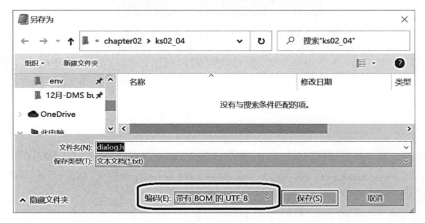

图 2-6　另存为 UTF-8 编码

2）为 Qt Creator 设置文件编码

运行 Qt Creator，选择【工具】|【选项】菜单项（见图 2-7）。

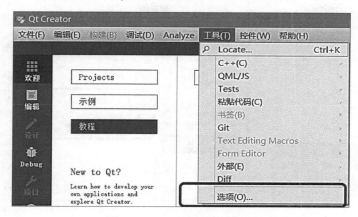

图 2-7　Qt Creator 工具菜单

如图 2-8 所示，在【选项】对话框中左侧列表框中选择【文本编辑器】选项卡，然后选择【行为】选项卡，将【文件编码】选项区域的【默认编码】设置为 UTF-8，将 UTF-8 BOM 设置为【如果编码是 UTF-8 则添加】。

图 2-8　Qt Creator 编码设置

完成配置后，就可以新建文件了。如图 2-9 所示，选择【文件】|【新建文件或项目】菜单项。在弹出的 New File or Project 对话框中选择 C++，并根据需要选择 C++ Source File 或者 C++ Header File（见图 2-10）。

图 2-9　Qt Creator 新建文件

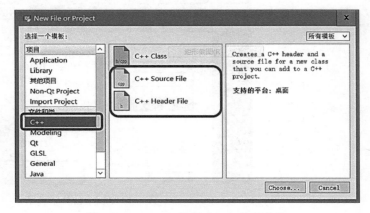

图 2-10　Qt Creator 新建 C++代码文件

创建完源代码文件后，在文件中输入源代码后保存即可。请务必输入一些代码，否则直接保存空文件可能会导致文件变为 GB 2312 编码。

如果用 Qt Creator 打开项目文件（xxx.pro）时提示错误信息"Cannot read xxx/xxx/xxx.pro: Unexpected UTF-8 BOM"，那么可以用 NotePad++编辑器打开项目文件，然后执行【编码】|【转为 UTF-8 编码】，将项目文件保存，然后再用 Qt Creator 重现打开项目文件即可。NotePad++的下载地址见配套资源中【资源下载.pdf】文档中【NotePad++网址】。

4．如何把程序传输到 Linux 并进行编译、运行

下面要学习的案例对应的源代码目录：src/chapter02/ks02_01。本案例不依赖第三方类库。程序运行效果如图 2-11 所示。

视频讲解

图 2-11　Linux 运行效果

当需要在 Linux 上构建、调试、运行程序时，首先需要把源代码传送到 Linux 机器。下面介绍怎样把项目的源代码传送到 Linux 上。可以使用 FTP 工具传送文件到 Linux。如果传输多个项目，可以考虑在 Windows 上使用压缩工具（如 7-Zip）将项目源代码打包成 zip 格式的文件，然后使用 FTP 工具将压缩包传送到 Linux 上解压后进行构建。常见的 FTP 工具有 Xftp、FileZilla、FlashFXP 等。这里以 Xftp 为例进行介绍，这几款 FTP 工具的网址见配套资源中【资源下载.pdf】文档中【FTP 工具】。Xftp 工具属于 Xmanager 套件。要使用 Xftp，应先启动 Xmanager，如图 2-12 所示。使用 Xftp 时，首先应创建到 Linux 主机的 Xftp 会话，如图 2-13 所示。

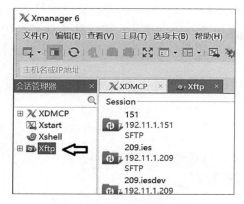

图 2-12 启动 Xftp 的入口

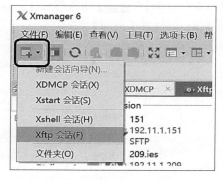

图 2-13 创建 Xftp 会话的菜单

单击【Xftp 会话】后，会弹出如图 2-14 所示的配置界面。在该界面中，配置【名称】

图 2-14 Xftp 配置界面

【主机】【协议】【用户名】【密码】。其中【名称】用来区分不同的主机连接,【主机】表示连接的 Linux 主机的 IP 地址,【协议】一般选择【SFTP】协议(也可以根据情况选择【FTP】协议),【用户名】【密码】用来登录 Linux 主机。如果希望在建立连接后可以默认打开本地、远程目录,可以在【选项】页面中配置【启动文件夹】中的【本地文件夹】和【远程文件夹】,如图 2-15 所示。

图 2-15 配置 Xftp 的启动文件夹

完成配置后,就可以在 Xftp 分支中或右侧视图中看到配置好的 Xftp 会话列表,如图 2-16 所示。可以双击 Xftp 会话列表中的会话,从而与 Linux 真正建立会话连接。成功建立连接的 Xftp 会话如图 2-17 所示,其中左侧为本机、右侧为 Linux 主机,可以在本机、Linux 主机之间通过拖放或者双击的方式传输文件。有一点需要注意,Windows 上的文本文件与 Linux 上的文本文件的换行符不一致,因此需要进行配置,以便把文本文件传送到 Linux 后可以将文本文件的换行符自动替换为 Linux 格式。在建立会话后,通过选择 Xftp 的

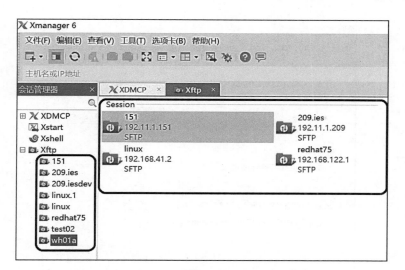

图 2-16　Xftp 会话列表

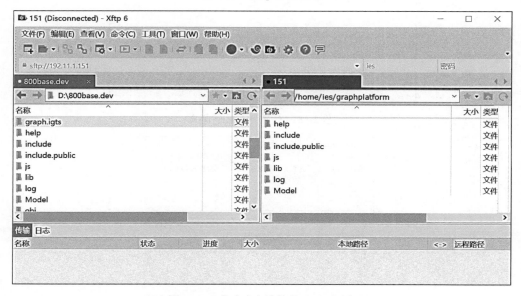

图 2-17　成功建立连接的 Xftp 会话

【工具】|【选项】|【传输】，可以配置【ASCII 扩展名】，如图 2-18 所示。

单击【ASCII 扩展名】按钮后，会弹出图 2-19 所示界面。在该界面中，可以配置文件的扩展名（即文件后缀）。以列表中的字符作为后缀的文件将被认为是文本文件，否则将被认为是二进制文件。文本文件在 Windows 系统与 Linux 系统中的换行符不同，在 Windows 中为 CR+LF（回车+换行），而在 Linux 中为 LF（换行）。Xftp 在传输文本文件时将自动根据目标系统转换文件的换行符。

图 2-18 传输选项配置界面

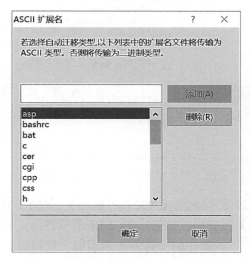

图 2-19 【ASCII 扩展名】配置界面

当文件被传送到 Linux 机器后,可以在 Linux 上启动终端,然后使用 unzip 命令对压缩包进行解压操作。比如,解压缩 src.zip 时可以输入如下命令。

```
unzip -x src.zip
```

当文件比较少时，可以不压缩，直接利用 Xftp 把文件夹或文件从 Windows 复制到 Linux。把项目代码传输到 Linux 之后，可以使用 QtCreator 或者终端对项目进行编译、构建。用 QtCreator 构建项目的方法在第 3 天学习内容中已经介绍。使用终端方式构建项目时，需要先配置系统环境变量，然后进入项目所在目录，并执行如下命令。

```
qmake
make
```

执行 qmake 后生成 Makefile。make 是 Linux 上的工具，用来根据 Makefile 构建项目。

第 04 天　使用 pro 文件与 pri 文件开发项目

视频讲解

今天要学习的案例对应的源代码目录：src/chapter02/ks02_03。本案例不依赖第三方类库。程序运行效果如图 2-20 所示。

图 2-20　第 04 天案例程序运行效果

今天的目标是掌握如下内容。
- pro 文件、pri 文件的相同点及区别。
- 将 ks02_03 原始代码（src.baseline 中代码）改造为依赖 project_base.pri。

建议：关于 pro 文件、pri 文件常用配置，以及 pri 体系的更多知识，请先查阅配套资源中【附录.pdf】文档中的【附录 D】。

1. pro 文件与 pri 文件的异同

pro 文件与 pri 文件都是 Qt 的项目配置文件，它们的语法格式相同。不同之处在于 pro 文件一般用作单个项目的配置文件，而 pri 文件用来描述多个项目的公共配置项。比如，项目的公共 include 目录、是否启用 C++ 11 支持、预处理指令、公共临时文件存放目录等内容可以用 pri 文件进行配置。pro 文件可以引用 pri 文件，一个 pri 文件也可以引用另一个 pri 文件。除了作为单个项目的配置文件，pro 文件有时也被用作整个项目的配置文件，但是它的功能与内容跟 pri 文件不同。假设某个项目为 myproject，该项目包含 3 个子项目模块（即 3 个子目录）module_a、module_b、module_c，那么 myproject.pro 就可以写成如代码清单 2-3 所示的内容。其中，TEMPLATE=subdirs 表示该项目文件用来描述子项目的目录列表，子目录的具体描述见 SUBDIRS 配置项。

代码清单 2-3

```
// myproject.pro
TEMPLATE = subdirs
SUBDIRS = module_a \
module_b \
module_c
```

当需要在项目 module_a 的 pro 中引用 pri 文件时，可以按如下方式编写代码。

```
// module_a.pro
include ($$(PROJECT_DEV_HOME)/src/project_base.pri)
```

其中$$（PROJECT_DEV_HOME）表示引用环境变量 PROJECT_DEV_HOME，其语法为$$（环境变量）。假设 PROJECT_DEV_HOME=d:/project_home，那么将上述代码展开后得到 include（d:/project_home/src/project_base.pri）。另一种方法是使用相对目录的语法进行描述。如果项目中的某个子模块 common 所在的目录为 d:/project_home/src/base/common，而 project_base.pri 的全路径为 d:/project_home/src/project_base.pri，根据两者的相对目录关系，可以将 common.pro 写成如代码清单 2-4 所示的内容。其中，根据 project_base.pri 与 common 模块所在目录的相对位置关系描述了 project_base.pri 的全路径。但是，本书推荐使用环境变量的方式，这是因为当 common 模块所在的目录发生变化时，如果忘记更新代码清单 2-4 中标号①处的代码，就会导致该行代码出现解析错误，从而带来不必要的麻烦。

代码清单 2-4

```
// common.pro
# 使用相对目录的语法
include (../../../src/project_base.pri)                                     ①
```

2．将 ks02_03 原始代码改造为依赖 pri 文件

为了方便统一处理，编写 project_base.pri 作为公共 pri 文件，供后续各个案例引用。project_base.pri 完整文件见配套资源中源代码包，此处仅介绍在项目中引用该 pri 时需要注意的事项。代码清单 2-5，展示了 project_base.pri 的部分内容。

代码清单 2-5

```
// src/project_base.pri
###########################################################
# 注意：此文件用于放置工程文件的公共(基本)设置，
# 在各 Qt 工程文件中通过 include 函数包含，不应单独使用
# 开发人员需要定义下面几个系统环境变量
# PROJECT_DEV_HOME      系统开发主目录，放置与开发相关的各个子模块              ①
# PROJECT_BUILD_TYPE    系统编译版本定义，指定编译版本类型 debug|release|all   ②
# PROJECT_BUILD_BIT     系统程序编译位数定义，指定编译位数：32|64              ③
###########################################################
# 需先通过环境变量 PROJECT_DEV_HOME 指定开发目录
```

```
# 由于 isEmpty 函数不能直接对环境变量进行判断，所以先将其放入一个临时变量中
isEmpty(PROJECT_HOME) {
    DEVHOME = $$(PROJECT_DEV_HOME)                                          ④
}
!isEmpty(PROJECT_HOME) {
    DEVHOME = $$PROJECT_HOME
}
isEmpty(DEVHOME) {
    error('PROJECT_DEV_HOME'环境变量必须被定义.)
}
# 设置系统执行文件路径、库文件路径、头文件包含路径变量
PROJECT_BIN_PATH = $$DEVHOME/bin
PROJECT_LIB_PATH = $$DEVHOME/lib
PROJECT_OBJ_PATH = $$DEVHOME/obj
PROJECT_SRC_PATH = $$DEVHOME/src
PROJECT_UIC_PATH = $$DEVHOME/obj/uic
PROJECT_INCLUDE_PATH = $$DEVHOME/include
QMAKE_LIBDIR *= $$PROJECT_LIB_PATH
DEPENDPATH *=   .\
                $$PROJECT_INCLUDE_PATH
INCLUDEPATH *=  .\
                $$PROJECT_INCLUDE_PATH
...
# 配置系统使用的编译版本类型
# 如果未指定 PROJECT_BUILD_TYPE 环境变量，默认按 debug 处理
BUILDTYPE = $$(PROJECT_BUILD_TYPE)
isEmpty(BUILDTYPE) {
    message('PROJECT_BUILD_TYPE'环境变量未设置，使用默认值 debug.)
    BUILDTYPE = debug                                                       ⑤
}
...
# 配置系统使用的编译位数类型
# 如果未指定 PROJECT_BUILD_BIT 环境变量，默认按 32 位处理
BUILDBIT = $$(PROJECT_BUILD_BIT)
isEmpty(BUILDBIT) {
    message('PROJECT_BUILD_BIT'环境变量未设置，使用默认值 32 位.)
    BUILDBIT = 32                                                           ⑥
}
```

下面分为两种情况介绍 project_base.pri。

1）允许使用环境变量的情况

如果项目中允许使用环境变量，就设置 3 个环境变量，PROJECT_DEV_HOME、PROJECT_BUILD_TYPE、PROJECT_BUILD_BIT，如代码清单 2-5 中标号①、标号②、标号③处所示。其中 PROJECT_DEV_HOME 表示项目根目录，即 bin 目录的上级目录。PROJECT_BUILD_TYPE 表示生成 Debug 版还是 Release 版，取值范围为 debug|release|all，

其中 all 表示两种版本都生成。PROJECT_BUILD_BIT 表示生成 32 位程序还是 64 位程序，取值 32 或 64。关于这 3 个环境变量的更多内容，请见配套资源中【附录.pdf】文档中的【32 位/64 位程序的区分方法】。

设置好环境变量后，就可以在 ks02_03.pro 中引用该 pri 文件了，见代码清单 2-6 中标号①处。这里先在前一行定义变量 PROJECT_HOME，然后使用 $$ 变量的语法描述 project_base.pri 文件的全路径。使用 include 语句引用 pri 文件时，应按照 include（pri 文件全路径）的方式，请注意 pri 文件全路径要使用括号。在标号②处引用 project_base.pri 中定义的变量 PROJECT_BIN_PATH 来配置 DESTDIR，所有案例都可以统一使用该配置。在标号③处定义变量 TEMPDIR 用来表示构建该项目时产生的临时文件的存放目录，这样 OBJECTS_DIR、MOC_DIR、UI_DIR 就可以引用变量 TEMPDIR 来进行配置。OBJECTS_DIR、MOC_DIR、UI_DIR 分别用来描述构建项目时生成的临时文件根目录、Qt 的 moc 命令生成的临时文件目录、编译项目资源文件时生成的临时文件目录。当需要同时构建项目的 Debug 版、Release 版目标程序时，Qt 就会使用标号④、标号⑤处的配置，其中标号④处配置了 Debug 版的目标程序名称，标号⑤处配置了 Release 版的目标程序名称；当仅构建 Debug 版的项目目标程序时，Qt 会使用标号⑥处的配置；当仅构建 Release 版的项目目标程序时，Qt 会使用标号⑦处的配置。

注意：项目的 Debug 版与 Release 版应配置不同的目标程序名称。

代码清单 2-6

```
// src/chapter02/ks02_03/ks02_03.pro
PROJECT_HOME=$$(PROJECT_DEV_HOME)
include ($$PROJECT_HOME/src/project_base.pri)                    ①
TEMPLATE = app
LANGUAGE = C++
CONFIG+= console
TARGET= ks02_03
HEADERS+= ks02_03.pro
SOURCES+= main.cpp
DESTDIR  = $$PROJECT_BIN_PATH                                    ②
TEMPDIR= $$PROJECT_OBJ_PATH/chapter02/ks02_03                    ③
OBJECTS_DIR = $$TEMPDIR
MOC_DIR= $$TEMPDIR/moc
UI_DIR= $$TEMPDIR/ui
debug_and_release {
    CONFIG(debug, debug|release) {
        TARGET = ks02_03_d                                       ④
    }
    CONFIG(release, debug|release) {
        TARGET= ks02_03                                          ⑤
    }
} else {
```

```
    debug {
        TARGET= ks02_03_d                                                    ⑥
    }
    release {
        TARGET = ks02_03                                                     ⑦
    }
}
```

2）不允许使用环境变量的情况

如果不希望在项目中使用环境变量，可以定义变量 PROJECT_HOME 用来指明项目的根目录，也就是 bin、lib、src 的上级目录，如代码清单 2-7 中标号①处所示。需要根据当前项目目录与项目根目录的相对位置关系配置 PROJECT_HOME。比如，标号①处的配置表明，当前子项目（模块）目录再往上级目录移动 3 次，才是整个项目的根目录。在标号②处，使用该变量描述了 projecr_base.pri 文件的全路径。另外，在 project_base.pri 中也引用 PROJECT_HOME 变量，见代码清单 2-5 中标号④处。这样就带来一定的灵活性，如果在子模块的 pro 中配置 PROJECT_HOME，那么就无须在系统中配置环境变量 PROJECT_HOME。project_base.pri 中还用到了另外两个环境变量，PROJECT_BUILD_TYPE、PROJECT_BUILD_BIT，前者用来表示构建 Debug 版还是 Release 版的目标程序，后者表示构建的程序位数是 32 位还是 64 位。如果希望将这两个值配置为固定值，可以直接在代码清单 2-5 中标号⑤、标号⑥处进行配置。PROJECT_BUILD_TYPE 的取值为 debug|release|all 这 3 个值中的一个。另外，如果不希望向系统中添加环境变量，还可以编写构建项目用的脚本，并在脚本中配置环境变量的值，然后利用脚本来构建整个项目。

代码清单 2-7

```
// src/chapter02/ks02_03/ks02_03.pro
PROJECT_HOME=../../..                                                        ①
include ($$PROJECT_HOME/src/project_base.pri)                                ②
TEMPLATE = app
...
```

注意：如果某个项目未使用 Qt 的类，则可以仅在编译程序的机器上安装 Qt，不需要在部署程序的机器上安装 Qt。这个项目的 pro 中，可以配置成 CONFIG-=qt。

第 05 天　获取程序的命令行参数

今天要学习的案例对应的源代码目录：src/chapter02/ks02_04。本案例不依赖第三方类库。程序运行效果如图 2-21 所示。

今天的目标是掌握如下内容。
- 解析程序的命令参数。
- 命令参数的设计。

视频讲解

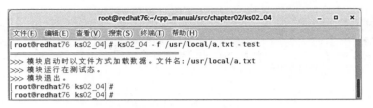

图 2-21 第 05 天案例程序运行效果

请思考，如果我们想在程序启动时或者为程序设置某种启动状态，或者让程序启动时加载某个文件，而这个文件由用户临时指定，该怎样处理呢？为了在启动时控制程序的运行状态，可以为程序设计命令参数。本案例中程序及其命令参数的样例为"ks02_04_d   -term   -f 文件名   -test"。命令参数的具体含义见代码清单 2-8 中几个变量的注释。除此之外，本案例还支持以如下方式查询程序支持的命令参数：ks02_04_d   -help。程序的命令参数由 main() 函数传入。如标号①处所示，在 main() 函数的参数列表中，argc 表示程序启动时的参数个数，argc 包含启动的程序本身，argv 是参数列表。当用户输入 ks02_04_d   -help 时，argc=2，argv[0]=ks02_04_d，argv[1]=-help。标号②处的注释表明，后续定义的变量用来保存命令参数，而这些变量的默认值最好按照程序运行的默认状态进行设置。比如，如果用户未输入任何命令参数，那么这些变量就会保持默认值，程序启动后就会按照这些变量的默认值运行。

代码清单 2-8

```cpp
// src/chapter02/ks02_04/main.cpp
int main(int argc, char* argv[]) {                                    ①
    std::cout <<"================================" << std::endl;
    /*                                                                ②
     * 此处的默认值即是程序的默认运行状态。
     * 当用户未输入命令参数时，程序以默认方式运行，取决于此处定义的默认值。
     */
    // true:程序以终端(前台)方式运行，false:程序以后台服务方式运行
    bool bTerminal = false;
    // true:程序启动时从文件加载数据。false:程序从其他途径加载数据
    bool bFileMode = false;
    // true:用户在命令参数中输入了合法的文件名，false:用户未提供合法的文件名
    bool bFileName = false;
    char* szFileName = NULL;      // 文件名
    // true:程序以测试态运行，false: 程序以正常态运行
    bool bTestState = false;
    // true:用户需要查看帮助信息，false:无须输出帮助信息
    bool bHelp = false;
    ...
}
```

下面介绍命令参数的解析过程，见代码清单 2-9。在标号①处指明了本程序命令参数的设计规则，即所有命令参数均以"-"开头。因为有多个命令参数，所以需要使用 for 循环进

行遍历，见标号②处。请注意，i 的取值从 1 开始，这是因为 argv[0]永远是程序本身，如本案例中的 ks02_04_d。在标号③处，判断命令参数是否为"-term"，然后更新 bTerminal 的值。在标号④处，判断命令参数是否为 "-f"，也就是判断程序是否从文件加载数据并更新 bFileMode 的值。如果命令参数含有"-f"，那么根据命令参数的设计规则，接下来应该提供文件名，所以需要继续判断后面是否还有参数，见标号⑤处。因为在标号①处已经说明了命令参数的设计规则，而文件名不算做命令参数，只算作命令参数"-f"的扩展参数，所以如果文件名中包含"-"，就可以认为文件名非法，见标号⑥处，这相当于用户未输入文件名而直接输入了下一个命令参数。在标号⑦处，判断文件名合法后，将 i 进行自加以便指向下一个命令参数。如果没有看懂本段所讲的内容，可以调试一下程序以便加深理解。调试程序的方法见第 07 天的学习内容。

代码清单 2-9

```cpp
// src/chapter02/ks02_04/main.cpp
int main(int argc, char* argv[]){
    ...
    // 解析命令参数，所有命令参数均以"-"开头                              ①
    for (int i = 1; i < argc; i++) {                                   ②
        if (_stricmp(argv[i], "-term") == 0){                          ③
            bTerminal = true;
        }
        else if (_stricmp(argv[i], "-f") == 0)    {                    ④
            bFileMode = true;
            if ((i + 1)< argc) {        // -f 后面跟的是文件名          ⑤
                szFileName = argv[i+1];
                if (szFileName[0] == '-') {                            ⑥
                    bFileName = false;
                           // 文件名无效,是另一个命令参数(因为是"-"开头的字符串)
                }
                else {
                    bFileName = true;   // 文件名有效，才允许 i+1
                    i++;                                               ⑦
                }
            }
        }
        else if (_stricmp(argv[i], "-test") == 0){
            bTestState = true;
        }
        else if (_stricmp(argv[i], "-help") == 0){
            bHelp = true;
        }
    }
    ...
}
```

在完成所有命令参数的解析之后，输出信息用来指明程序的运行状态，见代码清单 2-10。

代码清单 2-10

```cpp
// src/chapter02/ks02_04/main.cpp
int main(int argc, char* argv[]){
    ...
    if (bHelp) {
        std::cout << ">>> ks02_04_d -term\t\t 模块以终端方式运行。" << std::endl;
        std::cout << ">>> ks02_04_d -f filename\t 模块启动时以文件方式加载数据。文件名:xxx。" << std::endl;
        std::cout << ">>> ks02_04_d -test\t\t 模块运行在测试态。" << std::endl;
    }
    if (bTerminal) {
        std::cout << ">>>模块启动。" << std::endl;
        std::cout << ">>>模块以终端方式运行。" << std::endl;
    }
    if (bFileMode) {
        if (bFileName) {
            std::cout << ">>>模块启动时以文件方式加载数据。文件名:" << szFileName << std::endl;
        }
        else {
            std::cout << ">>>模块启动时以文件方式加载数据。无法获取文件名。" << std::endl;
        }
    }
    if (bTestState) {
        std::cout << ">>>模块运行在测试态。" << std::endl;
    }
    if (!bHelp) {
        std::cout << ">>>模块退出。" << std::endl;
    }
}
```

现在简单总结如下命令参数的设计原则。
- 命令参数用来设置程序启动后的初始运行状态。
- 为命令参数设置一定的规则。比如，一般使用"-"开头的文本作为命令参数，如"-help""-term"等。
- 可以为某个命令参数设置扩展参数，原则上扩展参数应紧跟在该命令参数之后，扩展参数最好设计成不以"-"开头的字符串。
- 最好提供关于命令参数的帮助。比如，用"-help"可以获取所有命令参数的帮助信息。

第 06 天 带菜单的终端程序

今天要学习的案例对应的源代码目录：src/chapter02/ks02_05。本案例不依赖第三方类库。程序运行效果如图 2-22 所示。

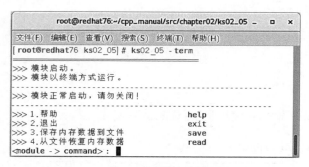

图 2-22 第 06 天案例程序运行效果

今天的目标是掌握如下内容。
- 在终端程序中展示帮助菜单。
- 从终端获取用户输入并处理。

当程序以终端方式运行时，最常用的人机交互手段就是用户从终端输入命令，程序响应命令并输出反馈信息。为了方便用户获取可用的命令文本，可以使用菜单来展示这些命令，如图 2-22 所示。封装 printMenu()接口用来在终端中显示帮助菜单，见代码清单 2-11。

代码清单 2-11

```
// src/chapter02/ks02_05/main.cpp
void printMenu() {
    std::cout << "------------------------------" << std::endl;
    std::cout << ">>> 1.帮助                   help" << std::endl;
    std::cout << ">>> 2.退出                   exit" << std::endl;
    std::cout << ">>> 3.保存内存数据到文件     save" << std::endl;
    std::cout << ">>> 4.从文件恢复内存数据     read" << std::endl;
}
```

如代码清单 2-12 所示，封装 CommandProc()接口用来处理人机交互。为了接收用户输入，需要用到 strcmp()，因此需要引入 string.h 头文件，见标号①处。在标号②处定义变量 g_bProcRun，在 CommandProc()中用它来控制程序是否继续运行。当程序以终端方式运行时，需要防止其他用户利用 write 指令将信息显示在当前程序的运行终端，因为这会导致本终端显示的信息杂乱，在标号③处，调用系统命令 "mesg n" 可以防止出现这种情况。在标号④处，启动循环来检测用户输入。在标号⑤处，将用户在终端输入的内容存入 strInput 以便进行识别。从标号⑥处开始，建立多个分支用来判断用户输入的命令，当用户输入某个命令后，程序作出响应，并输出信息到终端。如标号⑦处所示，如果用户希望终止程序的运行，可以输入 exit，程序将 g_bProcRun 设置为 false，并调用 exit（0）正常退出程序，此时并不会执行随后的 break 语句。如果需要指明程序属于非正常退出，可以调用 exit（1）。

代码清单 2-12

```cpp
// src/chapter02/ks02_05/main.cpp
#include <string>
#include <string.h>                                                    ①
bool g_bProcRun = true; // 用来控制程序是否继续运行                      ②
...
// 交互命令处理
void CommandProc() {
#ifndef WIN32
    system("mesg n");       // 取消系统日志终端输出                     ③
#endif
    std::string strInput;
    std::cout << "------------------------" << std::endl;
    std::cout << ">>>模块正常启动，请勿关闭!" << std::endl;
    while (g_bProcRun) {                                               ④
        printMenu();
        std::cout << "<module -> command> : ";
        std::cin >> strInput;                                          ⑤
        if (strInput.compare("help") == 0) {                           ⑥
            printMenu();
        }
        else if (strInput.compare("exit") == 0) {
            g_bProcRun = false;
            std::cout << "------------------------" << std::endl;
            std::cout << "模块正在退出..." << std::endl;
            exit(0);                                                   ⑦
            break; // 该行代码并不会执行，因为exit(0)已经终止程序的运行
        }
        else if (strInput.compare("save") == 0){
            std::cout << "------------------------" << std::endl;
            std::cout << "开始将内存数据保存到文件..." << std::endl;
            /* do something.*/
            std::cout << "内存数据保存到文件结束." << std::endl;
        }
        else if (strInput.compare("read") == 0) {
            std::cout << "---------------------" << std::endl;
            std::cout << "开始从文件恢复内存数据..." << std::endl;
            /* do something.*/
            std::cout << "从文件恢复内存数据结束." << std::endl;
        }
        else {
            std::cout << "-------------------" << std::endl;
```

```
        std::cout << ">>>输入命令错误,请输入 \"help\"查询可用命令!" << std::endl;
        printMenu();
    }
  }
}
```

最后,在 main()函数中调用 CommandProc()即可,见代码清单 2-13 中标号①处。

代码清单 2-13

```
// src/chapter02/ks02_05/main.cpp
int main(int argc, char * argv[]){
   ...
   if(bTerminal) {
      CommandProc();     // 交互命令处理                                    ①
   }
   if(!bHelp) {
      std::cout << ">>>模块退出。" << std::endl;
      //char ch = '\0';
      //std::cin >> ch;
   }
}
```

第 07 天　使用 VS 2019 调试程序

视频讲解

今天要学习的案例对应的源代码目录:src/chapter02/ks02_05。本案例不依赖第三方类库。程序运行效果如图 2-23 所示。

今天的目标是掌握如下内容。

- 使用 VS 2019 调试程序时,将待调试项目设为启动项目。
- 为程序设置命令参数。
- 调试时设置、取消断点,启用、禁用断点,查看当前断点列表。
- 开始调试、停止调试、开始执行(不调试)。
- 逐语句调试、逐过程调试。
- 调试时查看变量的值。
- 添加对变量的监视。
- 查看堆栈。
- 使用书签定位代码。
- 调试已经处于运行状态的程序。

对于开发人员来说,使用 IDE 环境调试程序是日常工作之一。本节以 ks02_05 的代码为例,介绍使用 VS 2019 调试程序的基本方法。

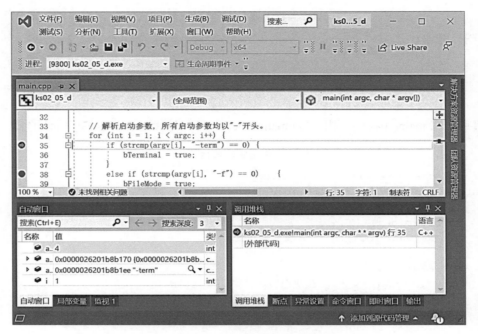

图 2-23　使用 VS 2019 调试项目时的运行效果

1. 使用 VS 2019 调试程序时，将待调试项目设为启动项目

VS 2019 可以加载解决方案文件（后缀为.sln），一个解决方案可以包含多个项目。因此，首先应确定启动哪个项目进行调试，方法是在 VS 2019 的【解决方案管理器】窗口中右击待调试的项目，在弹出的菜单中选择【设为启动项目】。

注意：将 DLL 项目设置为启动项目时，如果未设置项目的启动命令（调用该 DLL 的 EXE 程序），那么在调试时会提示无法启动该 DLL，如图 2-24 所示。为项目设置启动命令的方法是在 VS 2019 的【解决方案管理器】窗口中右击待调试的项目，在弹出的菜单中选择【属性】，在弹出的属性页中选择【配置属性】|【调试】|【命令】，如图 2-25 所示。

图 2-24　无法启动 DLL

2. 为程序设置命令参数

设置好启动项目后，接下来需要确定程序的命令参数。如果需要为程序设置命令参数，可以在【解决方案管理器】窗口中右击待调试的项目，在弹出的菜单中选择【属性】，在弹出的属性页中选择【配置属性】|【调试】|【命令参数】，如图 2-26 所示。本次调试设置的

图 2-25　为 DLL 项目设置启动命令

命令参数为：-term -f c:/config/custom.xml。这相当于用如下方式启动程序：ks02_05_d -term -f c:/config/custom.xml。

图 2-26　设置调试用的命令参数

3．调试时设置、取消断点，启用、禁用断点，查看当前断点列表

如果程序一直处于高速运行状态，开发人员仅能通过查看日志或者是程序界面中的数据来观察程序的运行状态。但是这种方法只能查看日志或界面中显示的内容，如果希望查看程

序中某个变量的当前值,通过日志或界面进行查看的方法就行不通了。此时,可以为程序设置断点和中断条件,当程序产生中断后,VS 2019 就会把程序的状态保持住,这样再通过 VS 2019 提供的手段查看变量的值即可。如果没有其他条件,仅仅希望程序中断,可以直接在期望中断的代码行设置断点,方法是单击代码行,在该行代码左侧的灰色框位置单击,即可设置或取消断点(单击可设置断点,再次单击则取消断点)。如果希望当满足某个条件时才在指定代码处产生中断,可以在添加断点后设置中断条件,方法是将鼠标指针移动到断点处,就会显示【设置】按钮和【禁用断点】按钮,如图 2-27 所示。单击【设置】后弹出【断点设置】界面,如图 2-28 所示。在【断点设置】界面中单击【条件】复选框,在图 2-29 所示位置编写中断条件即可。可以为同一处断点设置多个条件。当程序执行到该行代码处并且满足这些条件时,将触发中断,此时就可以进一步查看堆栈或变量的值以便进一步分析。

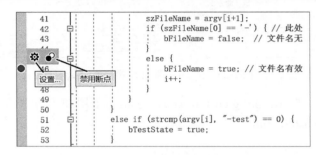

图 2-27　设置、取消断点和设置、禁用断点

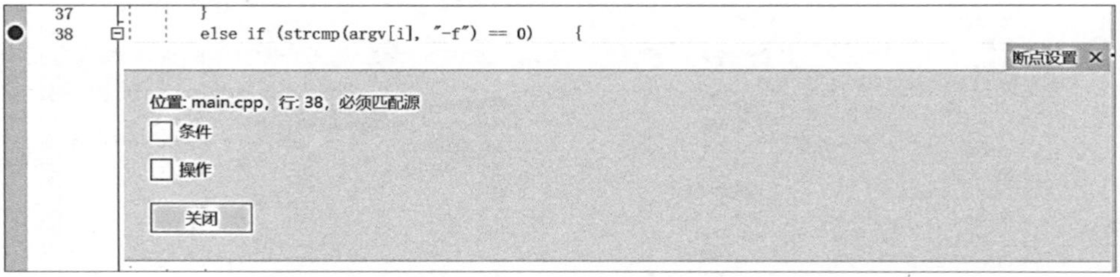

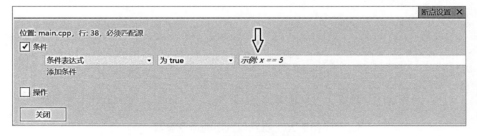

图 2-28　断点设置

图 2-29　为断点添加条件

有时候,需要暂时禁用某些断点,通过单击断点处的【禁用断点】按钮可以实现禁用/启用断点的功能,如图 2-27 所示。如果想禁用或启用所有断点,可以通过【调试】|【禁用

所有断点】和【调试】|【启用所有断点】来实现。如果想查看当前所有的断点,可以通过选择【调试】|【窗口】|【断点】调出【断点】窗口,如图 2-30 所示。

图 2-30 【断点】窗口

4．开始调试、停止调试、开始执行(不调试)

做好前面的准备工作后,就可以开始调试了。选择【调试】|【开始调试】可以启动调试,选择工具栏中的【本地 Windows 调试器】也可以启动调试,如图 2-31 所示。启动调试的默认快捷键为 F5。当发生中断后继续调试程序时方法同启动调试一样。另外,还可以选择不调试直接执行目标程序,方法是选择【调试】|【开始执行(不调试)】。

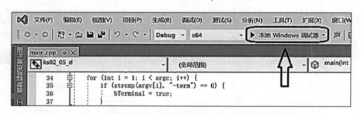

图 2-31 使用工具栏按钮启动调试器

5．逐语句调试、逐过程调试

启动调试后,调试器会在满足中断条件时停在断点处。此时,可以查看堆栈或变量的值,然后选择继续调试。继续调试时,可以继续使用逐语句调试或逐过程调试。逐语句调试指的是把代码一句一句进行调试,即每调试一步只执行一句代码,默认快捷键是 F11;逐过程指的是以函数为单位进行调试,即每调试一步执行一个函数,默认快捷键是 F10。实际工作中可根据实际需要选用不同的调试方法。当然,也可以继续使用 F5,直到程序在下个断点处中断。

6．调试时查看变量的值

启动调试的一个重要目的是检查程序的运行状态,通过查看变量的值可以检查程序的运行状态。只有在调试会话期间,才可以查看变量的当前值。查看变量的当前值有以下几种方法。

(1)直接把鼠标悬浮在变量上方,VS 2019 会显示该变量的值,如图 2-32 所示。

(2)在【自动窗口】中,也可以查看当前栈内可见或改变的数据,如图 2-33 所示。可以在变量上右击,选择以十进制或十六进制方式显示变量的值,如图 2-34 所示。可以通过

【调试】|【窗口】|【自动窗口】调出【自动窗口】。【自动窗口】中还可以查看当前刚调用过的函数的返回值。

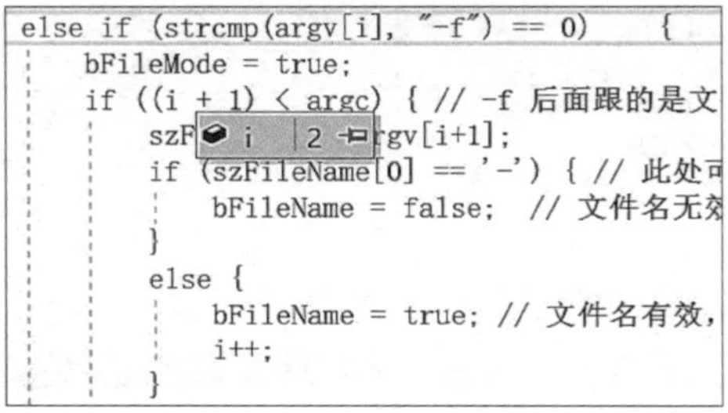

图 2-32　鼠标悬浮在变量上方时显示变量的当前值

图 2-33　在【自动窗口】中查看变量的当前值

图 2-34　以十六进制显示变量的值

（3）在【局部变量】窗口中，可以查看当前函数内的变量，如图 2-35 所示。可以通过【调试】|【窗口】|【局部变量】调出【局部变量】窗口。

图 2-35 【局部变量】窗口

7．添加对变量的监视

如果想查看的变量不在当前中断的函数内，可以事先将变量添加到监视窗口，这样就可以查看不在当前函数内的变量的值。可以通过【调试】|【窗口】|【监视】菜单中的 4 个监视窗口菜单分别调出【监视 1】【监视 2】【监视 3】【监视 4】4 个监视窗口。通过将变量直接拖放到监视窗口可以实现对变量的监视。只有在产生中断的情况下，才能够查看被监视的变量的当前值。

8．查看堆栈

有些情况下，需要查看当前代码的堆栈调用情况。所谓堆栈，就是函数之间的调用关系，也就是当前的函数是被哪个函数调用的。如图 2-36 所示，当前中断位于 CommandProc() 的第 101 行代码处，从【调用堆栈】窗口可以看出函数的调用关系：当前处于 CommandProc() 行 101，它是被下一行的 main() 行 84 调用的，也就是在 main() 函数的第 84 行代码处调用了 CommandProc()。这里的 84 行指的是 main() 所在源代码文件的 84 行，并非 main() 函数开始之后的第 84 行。

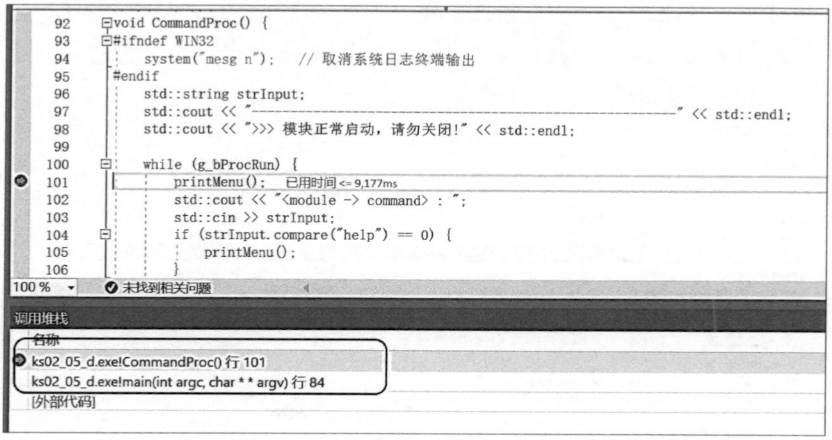

图 2-36 调试中的堆栈

9．使用书签定位代码

在分析问题时，开发人员可能需要在代码中做些记号，以便再回头查看这些代码，这可

以通过为代码行增加书签来实现。通过【编辑】|【书签】|【切换书签】可以实现该功能。如图 2-37 所示。添加书签的快捷键默认为 Ctrl+F2，即添加、删除书签都可以通过该快捷键实现。在各个书签之间切换的快捷键默认为 F2。

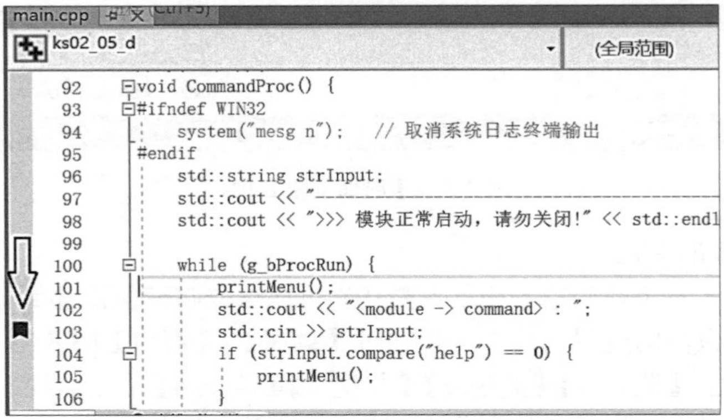

图 2-37　代码中的书签

10. 调试已经处于运行状态的程序

如果程序一直处于运行状态而非调试状态，这时候如何用 VS 2019 进行调试呢？可以使用 VS 2019 的【附加到进程】功能。首先启动 VS 2019 并加载待调试程序对应的项目（即项目的 vcxproj 文件），然后选择【调试】|【附加到进程】，会弹出【附加到进程】界面，在【可用进程】列表中找到待调试的进程，单击【附加】按钮即可，如图 2-38 所示。

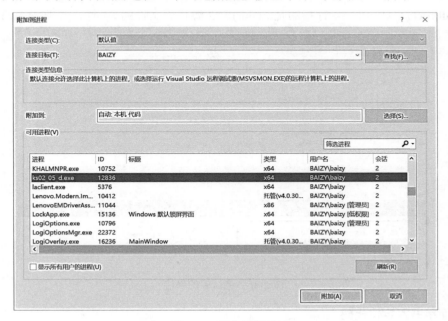

图 2-38　附加到进程

注意：不能使用 VS 2019 调试 Release 版本的程序，因为即使启动调试也无法查看变量或堆栈。

第 08 天　使用 Qt Creator 调试程序

今天要学习的案例对应的源代码目录：src/chapter02/ks02_05。本案例不依赖第三方类库。程序运行效果如图 2-39 所示。

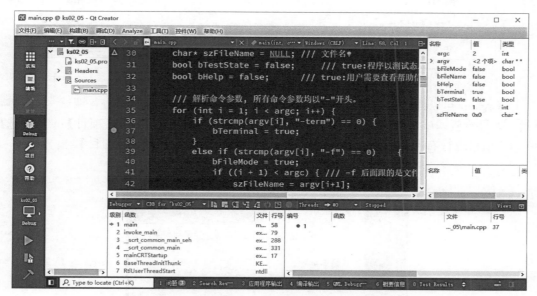

图 2-39　使用 Qt Creator 调试程序时的运行效果

今天的目标是掌握如下内容。
- 使用 Qt Creator 调试程序时，将待调试项目设为启动项目。
- 为程序设置命令参数。
- 调试时设置、取消断点，启用、禁用断点，查看当前断点列表。
- 开始调试、停止调试、开始执行（不调试）。
- 逐语句调试、逐过程调试。
- 调试时查看变量的值。
- 添加对变量的监视。
- 查看堆栈。

本节以 ks02_05 的代码为例，介绍使用 Qt Creator 4.11.0 调试程序的基本方法。首先应启动 Qt Creator 并打开待调试的项目或解决方案。

1. **使用 Qt Creator 调试程序时，将待调试项目设为启动项目**

启动 Qt Creator 后，可以选择【文件】|【打开文件或项目】加载指定项目的 pro 文件从

而打开项目。打开 pro 文件后，单击 Configure Porject 按钮，对项目进行配置，如图 2-40 所示。

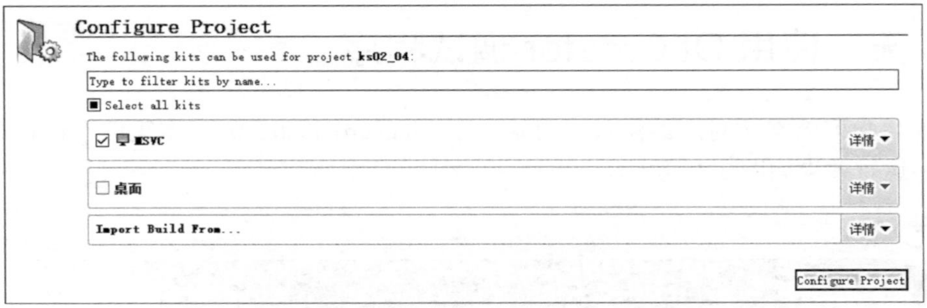

图 2-40 配置项目

Qt Creator 可以同时加载多个项目，因此，首先应确定启动哪个项目进行调试。如图 2-41 所示，如果希望调试 ks02_05 项目，可以在 Qt Creator 中 Debug 视图的【项目】窗口中选择 ks02_05 项目进行右击，在弹出的菜单中选择【将"ks02_05"设置为活动项目】。

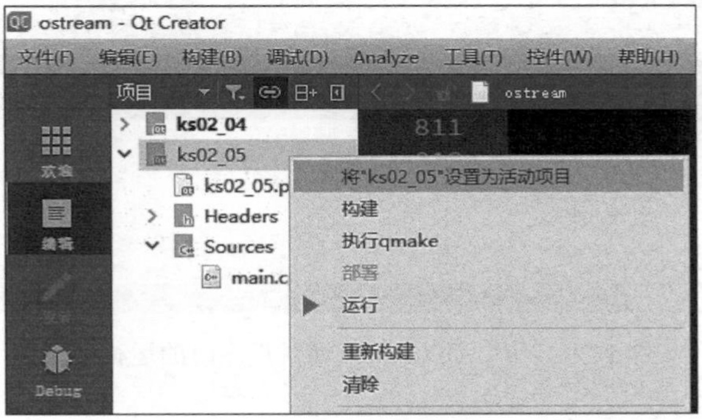

图 2-41 设置活动项目

注意：将 DLL 项目设置为启动项目时，如果未设置项目的启动命令（调用该 DLL 的 EXE 程序），那么在调试时会提示无法启动该 DLL，如图 2-42 所示。此时，可以单击【浏

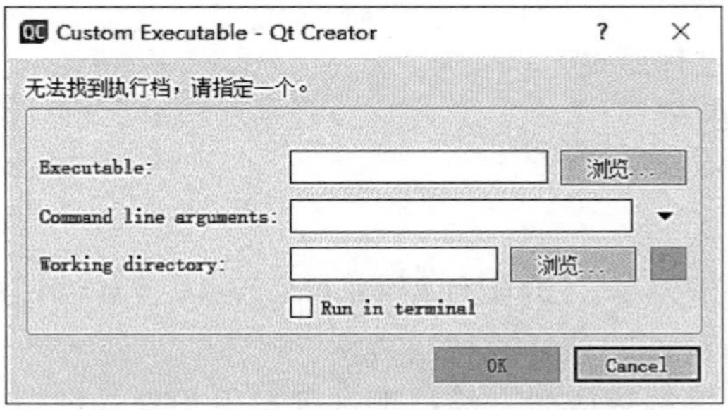

图 2-42 无法启动 DLL

览】选择启动命令。为项目设置启动命令的另一个方法是在【项目】视图的 Active Project 下拉列表中选择待调试的项目,如图 2-43 所示,单击 Run 按钮,然后在【运行设置】中的 Executable 中输入 EXE 名称(可以含路径),或者单击【浏览】按钮进行选择。

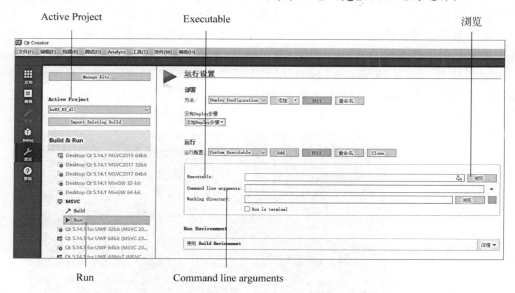

图 2-43　为 DLL 项目设置启动命令

2．为程序设置命令参数

设置好启动项目后,接下来需要确定程序的命令参数。如图 2-44 所示,如果需要为程序设置命令参数,应该在 Command line arguments 后的行编辑器中输入命令参数。本次调试设置的命令参数为:-term -f c:/config/custom.xml。这相当于用如下方式启动程序:ks02_05_d -term -f c:/config/custom.xml。

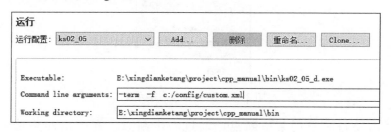

图 2-44　设置调试用的命令参数

3．调试时设置、取消断点,启用、禁用断点,查看当前断点列表

如果程序一直处于高速运行状态,开发人员仅能通过查看日志或者是程序界面中的数据来观察程序的运行状态。但是这种方法只能查看日志或界面中显示的内容,如果希望查看程序中某个变量的当前值,通过日志或界面进行查看的方法就行不通了。此时,可以为程序设

置断点和中断条件，当程序产生中断后，Qt Creator 就会把程序的状态保持住，这样再通过 Qt Creator 提供的手段查看变量的值即可。如果没有其他条件，仅仅希望程序中断，可以直接在期望中断的代码位置设置断点，方法是单击代码行，在该行代码左侧的灰色框位置单击，即可设置或取消断点（单击可设置断点，再次单击则取消断点），如图 2-45 所示。如果希望当满足某个条件时才在指定代码处产生中断，可以为断点设置中断条件，方法是右击该断点，在弹出的菜单中选择 Edit Breakpoint（见图 2-46），然后会弹出 Edit Breakpoint Properties 界面，如图 2-47 所示，在 Condition 处编写触发中断的条件即可。当程序执行到该行代码处并且满足中断的触发条件时，将触发中断，此时就可以进一步查看堆栈或变量的值以便进一步分析。

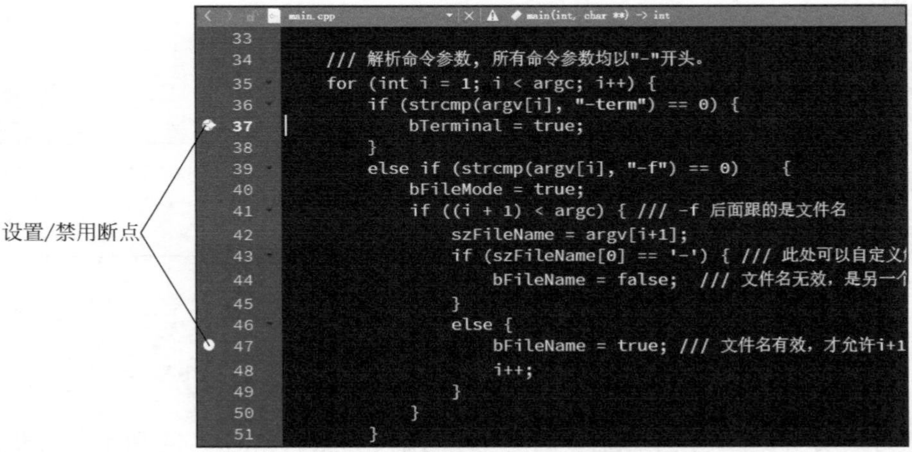

图 2-45　设置、取消断点和设置、禁用断点

图 2-46　断点设置右键菜单

　　有时候，需要暂时禁用某些断点，通过右击断点，在弹出的菜单中选择 Disable Breakpoint/Enable Breakpoint 菜单项可以实现禁用/启用断点的功能。如果希望删除某个断点，可以右击该断点后，在弹出的菜单中选择 Remove Breakpoint 即可。如果想查看所有断点，可以在 Breakpoints 窗口中查看。如果想删除所有断点，可以在 Breakpoints 窗口中右击，在弹出的菜单中选择 Delete All Breakpoint，如图 2-48 所示。

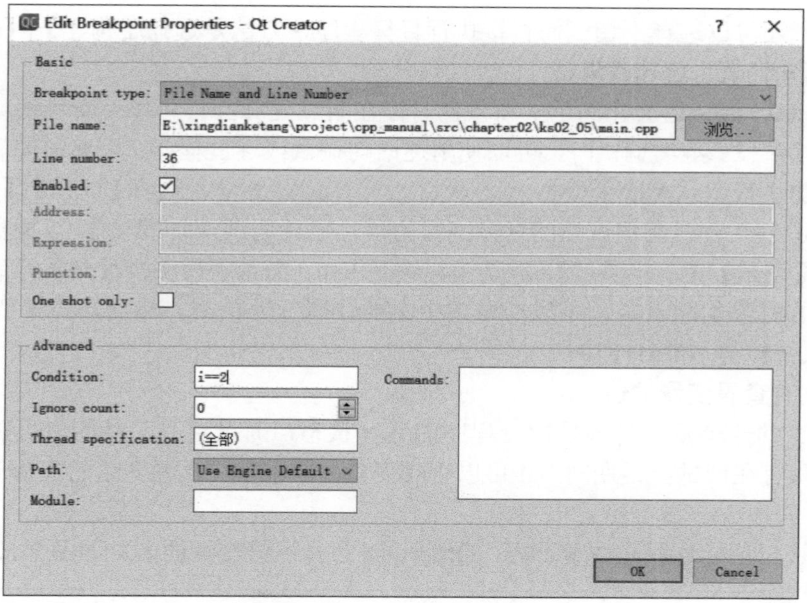

图 2-47 为断点添加条件

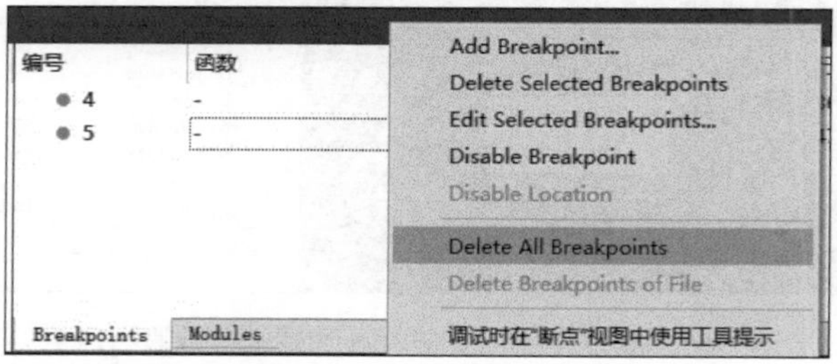

图 2-48 【断点】窗口

4. 开始调试、停止调试、开始执行（不调试）

做好前面的准备工作后，就可以开始调试了。如图 2-49 所示，选择【调试】按钮就可以启动调试，或者选择主窗口菜单中的【调试】|【开始调试】|Start debugging of startup project 来启动调试。启动调试的默认快捷键为 F5。当发生中断后继续调试程序时方法同启动调试

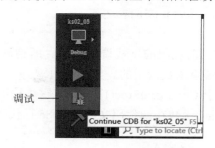

图 2-49 使用工具栏按钮启动调试器

一样。另外，还可以选择不调试而直接执行目标程序，方法是选择【构建】|【运行】。

5. 逐语句调试、逐过程调试

启动调试后，调试器会在满足中断条件时停在断点处。此时，可以查看堆栈或变量的值，然后选择继续调试。继续调试时，可以使用逐语句调试或逐过程调试。逐语句调试指的是把代码一句一句进行调试，即每调试一步只执行一句代码，方法是选择【调试】|【单步进入】，默认快捷键是 F11；逐过程调试指的是以函数为单位进行调试，即每调试一步执行一个函数，方法是选择【调试】|【单步跳过】，默认快捷键是 F10。当希望程序执行到某行后立刻中断，而且不希望临时添加断点时，可以在希望中断的代码行处单击，然后选择【调试】|【执行到行】，默认快捷键是 Ctrl+F10。

6. 调试时查看变量的值

启动调试的一个重要目的是检查程序的运行状态，通过查看变量的值可以检查程序的运行状态。只有在调试会话期间，才可以查看变量的当前值。查看变量的当前值有以下几种方法。

（1）直接把鼠标悬浮在变量上方，QtCreator 会显示该变量的值，如图 2-50 所示。

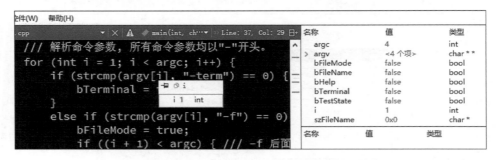

图 2-50　鼠标悬浮在变量上方时显示变量的当前值

（2）在 Locals 窗口中，可以查看当前栈内可见或改变的数据，如图 2-50 所示。

7. 添加对变量的监视

如果需要查看的变量不在当前中断的函数内，可以事先将变量添加到 Expressions 表达式监视窗口。这样就可以查看不在当前函数内的变量值了。有两种方法可以实现对变量的监视：一种是将变量直接拖放到 Expressions 窗口；另一种是右击 Expressions，在弹出的菜单中选择 Add New Expression Evaluator 添加表达式。

8. 查看堆栈

有些情况下，需要查看当前代码的堆栈调用情况。所谓堆栈，就是函数之间的调用关系，也就是当前的函数是被哪个函数调用的。如图 2-51 所示，从 Stack（堆栈）窗口可以看出函数的调用关系：当前处于 CommandProc()行 104，它是被第 2 级别的 main()函数中行号 85 处代码调用的，也就是 main()函数在源代码文件的第 85 行代码处调用了 CommandProc()。

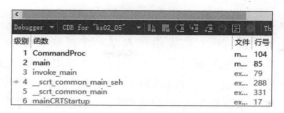

图 2-51　调试中的堆栈

第 09 天　在 Linux 系统中以守护进程方式运行程序

视频讲解

今天要学习的案例对应的源代码目录：src/chapter02/ks02_08。本案例不依赖第三方类库。程序运行效果如图 2-52 所示。

```
PPID   PID  PGID   SID TTY        TPGID STAT   UID   TIME COMMAND
   0     1     1     1 ?             -1 Ss       0   0:01 /usr/lib/system
   0     2     0     0 ?             -1 S        0   0:00 [kthreadd]
   2     3     0     0 ?             -1 S        0   0:00 [ksoftirqd/0]
   2     5     0     0 ?             -1 S<       0   0:00 [kworker/0:0H]
...
   1 14446 14444 14444 ?             -1 R        0   0:03 ks02_08_d
   2 14499     0     0 ?             -1 S        0   0:00 [kworker/0:2]
2906 14524  2901  2901 ?             -1 S        0   0:00 sleep 60
14349 14547 14547 14349 pts/0    14547 R+        0   0:00 ps axj
```

图 2-52　第 09 天案例程序运行效果

今天的目标是掌握如下内容。
- Linux 中守护进程（或称作后台服务进程）的定义。
- Linux 系统中如何让程序作为守护进程运行。

今天我们一起来学习一下守护进程的开发方法。在开始之前，先看一下本节示例程序运行截图，见图 2-52。因为本案例演示的是后台服务进程，这意味着该进程没有界面并且不占用终端，所以只能使用 ps axj 命令查看进程信息。图 2-52 显示的是 ps axj 命令的输出。其中 PID 列为进程 Id，TPGID 列表示进程连接到的终端所在的前台进程组的 Id。Linux 上的所有守护进程的 TPGID 值都是-1。可以看出，本节案例进程 ks02_08_d 的 TPGID=-1，这说明它是一个守护进程，那么什么是守护进程呢？

1．什么是守护进程

Linux 系统启动时会启动很多系统服务进程，这些进程在正常运行时，一般都以后台服务方式运行、不占用终端、无须人工干预，也具有比较好的稳定性。这种以后台服务方式运行的进程，通常也称作守护进程或精灵进程（Daemon），它们不占用终端（Shell），因此不会受终端输入或其他信号（如中断信号）的干扰。守护进程有如下特点。

（1）守护进程没有控制终端，不能直接和用户交互，不会接收终端输入或信号，也不能向终端输出信息。

（2）其他进程都是在用户登录或者运行程序时创建，在运行结束或用户注销时终止，但守护进程不受用户登录、注销的影响，它只受开机、关机的影响。

守护进程为什么不使用终端呢？假设用户 A 从一个终端启动一个守护进程 P，然后用户 B 也登录到这个终端，那么进程 P 向终端输出的信息会被用户 B 看到，而且用户 B 在终端上的输入可能导致守护进程 P 退出。所以，为了避免这种情况，守护进程不应使用终端。那么守护进程和后台进程有什么区别呢？守护进程和后台进程的区别如下。

（1）守护进程是后台进程，但后台进程不一定是守护进程。

（2）守护进程运行时与终端无关，不能向终端输出消息，因此不会受终端影响，即使关闭终端或用户注销（退出操作系统登录状态），守护进程也会继续运行；后台进程并未脱离终端，后台进程可以向终端输出信息并可接收来自终端的信号（如中断信号），关闭终端会导致该终端中运行的后台进程退出，用户注销也会导致后台进程退出。

（3）守护进程的所属会话、当前目录、文件描述符都是独立的；后台进程只是终端进行了一次 fork() 函数，让程序在后台执行，因此后台进程的当前目录、文件描述符等都依赖所在终端。

2．如何让一个进程变成守护进程

让一个进程变成守护进程，分为如下步骤。

1）创建子进程，终止父进程

由于守护进程是脱离控制终端的，因此要先创建子进程，然后终止父进程，造成进程已经运行完毕的假象。在这之后，所有的工作都在子进程中完成，而用户在终端里可以执行其他命令，这样可以先在形式上做到与控制终端的脱离。让一个进程以后台方式运行，可以通过 fork() 函数实现。fork() 函数通过系统调用创建一个与原来进程几乎完全相同的进程。一个进程调用 fork() 函数后，系统先给新的进程分配资源（如存储数据和代码的空间），然后把原来进程的所有值都复制到新进程中，只有少数值与原进程的值不同，这相当于克隆了一个进程。新旧两个进程可以做完全相同的事，也可以做不同的事，这可以由初始参数决定。先看一下 fork() 函数的一个简单例子，见代码清单 2-14。

代码清单 2-14

```cpp
// src/chapter02/ks02_08/fork_test.cpp
#ifndef WIN32
#include <unistd.h>
#endif
#include <iostream>
using std::cout;
using std::endl;
int main(int argc, char * argv[]){
    int nCount = 0;
#ifdef __unix
    pid_t processId;            // 进程 Id，用来存储 fork() 返回值
    processId = fork();         // 调用 fork() 创建一个新进程                              ①
    if (0 == processId) {                                                                  ②
```

```
        cout <<"我是子进程,我的进程Id="<<getpid()<<"。"<< endl;
        nCount++;
    }
    else if (processId < 0) {
        cout << "fork()调用失败,无法创建子进程。" << endl;
        nCount++;
    }
    else {
        cout <<"我是父进程,我的进程Id=" <<getpid()<<"。" << endl;
        nCount++;
    }
    cout << "nCount = " << nCount << endl;
#endif
    return 0;
}
//*******************************************//
//代码执行结果如下。
我是父进程,我的进程 Id = 15064。                                            ③
nCount = 1
我是子进程,我的进程 Id = 15065。                                            ④
nCount = 1
```

如代码清单 2-14 所示,在标号①处,在代码 processId=fork()执行之前,只有一个进程在执行这之前的代码,但在这条语句之后,就变成两个进程在执行了。在 fork()函数执行完毕后,如果创建新进程成功,则出现两个进程,一个是父进程,另一个是子进程。这两个进程将要执行的下一条语句都是标号②处的 if(0 == processId)。fork()函数只会把下一个要执行的代码以及之后的代码复制到新进程。fork()函数可能有以下三种不同的返回值。

- 在父进程中,调用 fork()函数成功,并且新创建子进程的进程 ID>0。此时输出的信息见标号③处。
- 在子进程中,fork()函数返回 0。此时输出的信息见标号④处。
- 如果出现错误,则 fork()函数返回一个负值。此时可以通过 errno 的值判断错误原因。

因此,可以通过 fork()函数返回的值来判断当前进程是子进程还是父进程。通过调用 fork()函数可以让新创建的子进程继续执行父进程尚未执行的代码,那么父进程就可以退出运行了。但此时的子进程仍未脱离终端,如果需要进程以后台服务方式运行,那么就需要让进程脱离终端以守护进程方式运行。

2)在子进程中创建新会话

```
//创建守护进程(后台进程)的函数
#include<unistd.h>
pid_t setsid(void);
```

这是最关键的步骤,调用 setsid()函数。

setsid()函数用于创建一个新的会话,并将调用它的进程设置为该会话组的组长。调用

setsid()函数有三个作用：让进程脱离原会话、让进程脱离原进程组、让进程脱离原终端。在调用 fork()函数时，子进程会复制父进程的会话期（Session，是一个或多个进程组的集合）、进程组、终端等，虽然父进程退出了，但原先的会话期、进程组、控制终端等并没有改变，因此，那还不是真正意义上的使两者独立开来。setsid()函数能够使进程完全独立出来，从而脱离所有其他进程的控制。setsid()函数接口规定：调用 setsid()函数的进程不能是进程组组长。而此时的父进程是会话组长、进程组组长，所以父进程不能调用 setsid()函数，即使调用也会失败。因此需要先调用 fork()函数创建子进程，这样的话父进程仍是会话组长、进程组组长，而子进程不是。当子进程调用完 setsid()函数之后，子进程是新会话的会话组长，也是新的进程组组长，并且脱离了控制终端。此时，不管原来的终端如何操作，子进程都不会因收到信号而导致自己退出。这就是在调用 setsid()函数之前先要调用 fork()函数创建子进程的原因。至此，最关键的一步就执行完了。

在有些守护进程中会执行两次 fork()函数，那么执行一次 fork()函数和两次 fork()函数有什么区别呢？执行第一次 fork()函数的作用已经在前文介绍过，执行第二次 fork()函数有什么作用呢？这是因为虽然已经关闭了和终端的联系，但是该子进程在后期还有可能因为误操作打开终端。因为会话期的首进程（会话组长）能够打开终端设备，而子进程在刚才调用 setsid()函数之后已经是会话组长了，它就有条件打开终端设备，为了防止这种事情发生，可以再调用 fork()函数一次得到子子进程，因为子进程是会话组长，所以子子进程就不是会话组长。然后把作为会话组长的子进程退出，让子子进程作为守护进程继续运行。这样保证了该守护进程（子子进程）不是对话期的首进程。第二次调用 fork()函数不是必需的，是可选的，市面上有些开源项目也是调用 fork()函数一次，本案例选择调用 fork()函数两次，这样更加稳妥。创建守护进程的流程如图 2-53 所示。

为了通用，可以将设置守护进程的代码封装到一个接口中，见代码清单 2-15。因为 Linux 与 Windows 的实现方式不同，为了避免代码放在一起发生混淆，特意将 Linux 的实现封装到 api_linux.cpp，将 Windows 的实现封装到 api_windows.cpp。本节先实现 Linux 版本。

代码清单 2-15

```cpp
// src/chapter02/ks02_08/api_linux.cpp
#include "api.h"
int api_start_as_service() {
    // AIX 下用 nohup 方式运行即可，且无屏幕输出
#if defined(AIX)
    return 0;
#endif
    pid_t processId;
    /* 创建子进程，目的是脱离控制终端 */
    processId = fork();
    if (processId < 0){              // 分离进程，创建一个子进程
        return (-1);                 // 如果分离失败，则返回错误
    }
```

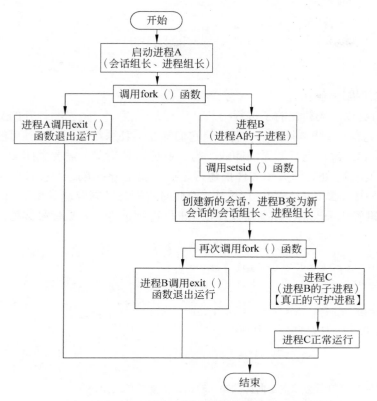

图 2-53　创建守护进程的关键流程

```
else if (processId > 0) {
   exit(0);                         // 关闭父进程
}
/* 至此，第一子进程创建完毕，可以准备脱离控制终端 */
/*
* 下面让第一子进程成为新的会话组长和进程组长，并与控制终端分离
* setsid()后子进程不受父进程的终端影响，父进程的终端退出，不影响子进程
*/
setsid();
/*
* 对于非服务方式运行，只创建一次子进程即可
* 若以服务方式运行，需再创建子进程，脱离会话组长
*/
{
   processId = fork();
   if (processId < 0){              // 分离进程，即第二次创建子进程
      return (-1);                  // 如果分离失败，则返回错误
   }
   else if (processId > 0) {
      exit(0);                      // 分离成功，关闭第一次创建的子进程
```

            }
        }
        ...
    }

3）关闭文件描述符

通过 fork()函数方式创建的子进程会从父进程那里继承一些已经打开的文件句柄。子进程可能永远不会操作这些被打开的文件，但它们却会消耗系统资源，而且可能导致文件所在的文件系统（如 U 盘、光盘）无法卸载。为了避免这种情况，需要关闭文件描述符，见代码清单 2-16 中标号①处。当关闭文件描述符之后再调用 printf()之类接口时可能导致异常，这是因为 printf()接口默认对终端进行操作，而此时进程已经同终端脱离了。因此应该把标准输入 stdin、标准输出 stdout、标准错误输出 stderr 进行重定向，见标号②处。

代码清单 2-16

```cpp
// src/chapter02/ks02_08/api_linux.cpp
int api_start_as_service() {
    ...
    int nFileNum = NOFILE < 64 ? 64 : NOFILE;
    for (int i=0; i<nFileNum; i++)
        close(i);                                                        ①
    }
    /*
    * 脱离终端窗口后必须重定向标准输入输出，不能简单关闭，
    * 将 stdin、stdout、stderr 重定向为：/dev/null。
    */
    open("/dev/null", O_RDONLY);                                         ②
    open("/dev/null", O_RDWR);
    open("/dev/null", O_RDWR);
    ...
}
```

4）改变工作目录

通过 fork()创建的子进程也会继承父进程的当前工作目录。如果进程运行过程中一直占用该目录，将导致当前目录所在的文件系统不能卸载，因此，应该把当前工作目录换成其他的路径，如"/"。

```cpp
chdir("/");//更改目录防止占用可卸载的文件系统
```

5）重设文件创建掩码

通过 fork()方式创建的子进程会从父进程那里继承文件创建掩码。文件创建掩码指的是屏蔽掉文件创建时对应的访问权限位。文件的访问权限共有 9 种，分别是 r、w、x、r、w、x、r、w、x，它们分别代表用户读、用户写、用户执行、组读、组写、组执行、其他读、其他写、其他执行。可以通过 umask()设置文件创建掩码，其实这个函数的作用就是为当前进

程设置创建文件或者目录的最大可操作权限。比如，umask（0）的含义是 0 取反再与创建文件时的权限相与。如果用 mode 代表文件创建权限，那么 umask（0）的含义是（~0）&mode，也就是八进制的 777&mode。这样的话，在此之后的代码在创建文件或目录时就可以给出最大的权限，避免了创建目录或文件时权限的不确定性。

```
umask(0);// 重设文件创建掩码
```

3．在进程中调用封装的接口

把设置守护进程的接口 api_start_as_service()编写完后，就可以在进程中调用了，见代码清单 2-17 中标号①处，这样就实现了让进程以守护进程方式运行。

代码清单 2-17

```
// src/chapter02/ks02_08/main.cpp
int main(int argc, char* argv[]){
   ...
   if (bTerminal){          // 进程以终端方式运行
      CommandProc();        // 交互命令处理
   }
   else {                   // 进程以服务方式运行
      api_start_as_service();                              ①
      while (true) {
         api_sleep(1);      // 睡眠 1s，用来模拟程序在正常运行
      }
   }
   ...
}
```

第 10 天　在 Windows 系统中以后台服务方式运行程序

今天要学习的案例对应的源代码目录：src/chapter02/ks02_09。本案例不依赖第三方类库。程序运行效果如图 2-54 所示。

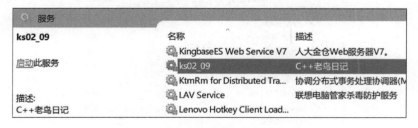

图 2-54　第 10 天案例程序运行效果

今天的目标是掌握如下内容：Windows 系统中如何让程序以服务方式运行。

第 9 天的内容中介绍了如何让进程在 Linux 中以守护进程方式运行。那么，在 Windows 中怎样实现类似的功能呢？在 Windows 中让进程以服务方式运行比在 Linux 中要稍微复杂一些，因为需要将进程注册到 Windows 的服务管理器中。打开 Windows 服务管理器方法如下。

（1）如图 2-55 所示，在资源管理器中右击【此电脑】，在弹出的菜单中选择【管理】，会弹出【计算机管理】界面。

（2）如图 2-56 所示，在【计算机管理】界面中选择【服务和应用程序】中的【服务】，就会出现图 2-54 所示的界面。

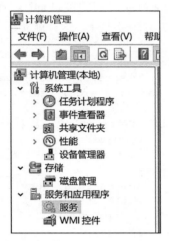

图 2-55　打开 Widnows 服务管理器第一步　　图 2-56　打开 Widnows 服务管理器第二步

在图 2-54 所示的服务列表中，右击某个服务就会弹出如图 2-57 所示的菜单。可以选择【启动】或【停止】等菜单项来控制服务的运行状态。选择【属性】菜单项时弹出如图 2-58 所示界面，可以修改【启动类型】，将服务改为手动启动或自动启动。

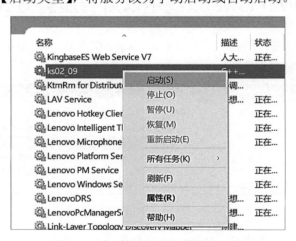

图 2-57　在服务上右击时弹出的菜单

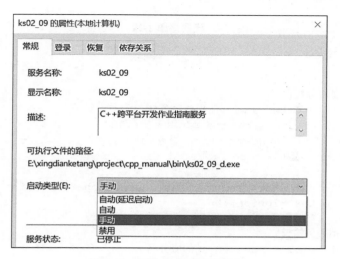

图 2-58　更改服务的启动类型

有些 Windows 版本对安全要求比较高，可能要配置登录信息，否则服务无法正常启动。可以单击图 2-58 所示的【登录】页，然后为服务配置登录信息，也就是登录 Windows 操作系统的账户信息。在【登录】页面配置登录账户，需要输入账户名称、密码，如图 2-59 所示。

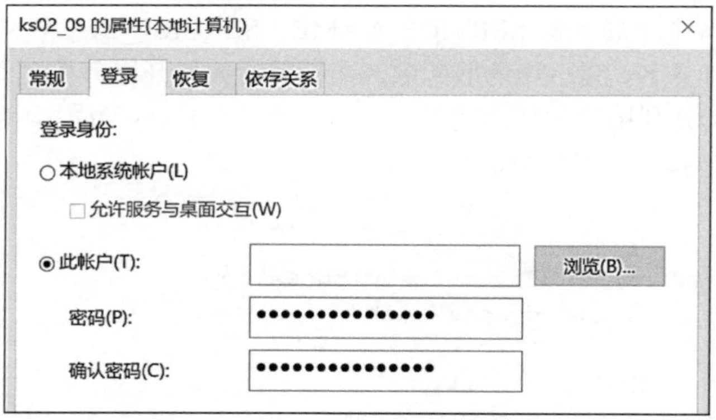

图 2-59　为服务配置登录信息

下面介绍具体开发方法。

1．注册/注销服务

在 Windows 中让一个进程以服务方式运行，需要先将该进程注册到 Windows 服务列表。这需要提供 3 个信息："注册用的服务名""显示用的服务名""服务描述信息"。其中"显示用的服务名"就是图 2-54 中的 ks02_09，而"服务描述信息"就是图 2-54 中的【C++老鸟日记】。如代码清单 2-18 所示，regist()接口用来注册服务，该接口提供 3 个参数，分别对应"注册用的服务名""显示用的服务名""服务描述信息"。unregist()接口用来注销服务，该接口只需要提供"注销用的服务名"。

代码清单 2-18

```cpp
// src/chapter02/ks02_09/service_windows.h
#pragma once
/**
* @brief 注册服务接口。
* @param[in] service_name 注册用的服务名
* @param[in] service_showname 显示用的服务名
* @param[in] Service_Description 服务描述
* @return true: 成功, false: 失败
*/
bool regist(const char* service_name, const char* service_showname, const char* Service_Description);
/**
* @brief 注销服务接口
* @param[in] service_name 待注销的服务名
* @return true: 成功, false: 失败
*/
bool unregist(const char* service_name);
```

regist()、unregist()接口的实现见代码清单 2-19。在 regist()中，在标号①处，引入 Advapi32.lib 库，否则将导致链接错误，另一种解决方法是在 pro 中配置 LIBS+=-lAdvapi32。在标号②处，定义两个全局变量 SERVICE_NAME、SERVICE_SHOWNAME 分别用来表示注册（注销）用的服务名、显示用的服务名。在标号③处打开服务控制管理器并得到操作句柄 hSCM，在标号④处利用该句柄创建服务。同样的，在 unregist()中，也是通过服务控制管理器实现服务的注销操作，见标号⑤处。

代码清单 2-19

```cpp
// src/chapter02/ks02_09/service_windows.cpp
#pragma comment (lib,"Advapi32.lib")                                    ①
LPSTR SERVICE_NAME = NULL;                                              ②
LPSTR SERVICE_SHOWNAME = NULL;
bool regist (const char* service_name, const char* service_showname, const char* service_description){
    SERVICE_NAME = LPSTR(service_name);
    SERVICE_SHOWNAME = LPSTR(service_showname);
    LPSTR Service_Description = LPSTR(service_description);
    // 查看服务是否已安装
    if (isRegistered ())
        unregist(service_name);
    // 首先打开 SCM 数据库
    SC_HANDLE hSCM = ::OpenSCManager (NULL, NULL, SC_MANAGER_ALL_ACCESS);③
    if (hSCM == NULL) {
        return false;
    }
    char szFilePath[1024 + 1] = {"\0"};
```

```cpp
    ::GetModuleFileName (NULL, (LPSTR)szFilePath, 1024);
    SC_HANDLE hService;
    hService = ::CreateService (hSCM, SERVICE_NAME, SERVICE_SHOWNAME,
SERVICE_ALL_ACCESS|SERVICE_QUERY_STATUS, SERVICE_WIN32_OWN_PROCESS,
SERVICE_DEMAND_START, SERVICE_ERROR_NORMAL, (LPSTR)szFilePath, NULL, NULL,
(LPCSTR)(""), NULL, NULL);                                                    ④
    if (hService == NULL) {
        ::CloseServiceHandle (hSCM);
        return false;
    }
    HMODULE hModule = ::LoadLibrary (TEXT("Advapi32.dll"));
    if (hModule != NULL) {
        FARPROC pChangeServiceConfig2 = ::GetProcAddress (hModule,
"ChangeServiceConfig2A");
        LP_CHANGESERVICECONFIG_ROUTINE pRoute =
(LP_CHANGESERVICECONFIG_ROUTINE) pChangeServiceConfig2;
        if (pChangeServiceConfig2 != NULL) {
            SERVICE_DESCRIPTION ServiceDescription;
            memset(&ServiceDescription, 0, sizeof(SERVICE_DESCRIPTION));
            ServiceDescription.lpDescription = Service_Description;
           (pRoute)(hService, SERVICE_CONFIG_DESCRIPTION, &ServiceDescription);
        }
        ::FreeLibrary (hModule);
    }
    ::CloseServiceHandle (hService);
    ::CloseServiceHandle (Hscm);
    return true;
}
bool unregist (const char* service_name){
    SERVICE_NAME = LPSTR(service_name);
    // 查看服务是否已安装
    if (!isRegistered())    {
        return true;
    }
    // 首先打开 SCM 数据库
    SC_HANDLE hSCM = ::OpenSCManager (NULL, NULL, SC_MANAGER_ALL_ACCESS);    ⑤
    if (hSCM == NULL)
        return false;
    SC_HANDLE hService;
    hService = ::OpenService (hSCM, SERVICE_NAME, SERVICE_STOP|DELETE);
    if (hService == NULL) {
        ::CloseServiceHandle (hSCM);
        char szInfo[1024] = {"\0"};
        sprintf(szInfo,"无法打开 [%s] 服务!", SERVICE_NAME);
        MessageBox (NULL, (LPCSTR)szInfo, SERVICE_NAME, MB_OK);
        return false;
    }
```

```cpp
    ::ControlService (hService, SERVICE_CONTROL_STOP, &ServiceStatus);
    int bDelete = ::DeleteService (hService);
    ::CloseServiceHandle (hService);
    ::CloseServiceHandle (hSCM);
    if (bDelete) {
        return true;
    }
    char szInfo[1024] = {"\0"};
    sprintf(szInfo,"无法删除 [%s] 服务!", SERVICE_NAME);
    MessageBox (NULL, (LPCSTR)szInfo, SERVICE_NAME, MB_OK);
    return false;
}
```

注意：如果程序编译时出现编译错误，无法将参数 2 从 "LPSTR" 转换为 "LPCWSTR"，需要在项目的 pro 中添加 DEFINES -= UNICODE。

2. 启动服务

完成服务的注册后，可以启动服务，启动服务的接口定义为 start_service（const char* service_name, const char* service_showname）。

```cpp
// src/chapter02/ks02_09/service_windows.h
#pragma once
/**
* @brief 供外部调用的启动服务接口，该接口内部调用 ServiceStart(DWORD argc, LPTSTR* argv)
* @param[in] service_name 注册用的服务名，Windows 用，Linux 不用
* @param[in] service_showname 显示用的服务名，Windows 用，Linux 不用
* @return true: 成功, false: 失败
*/
bool start_service(const char* service_name, const char* service_showname);
```

start_service()的实现如下。该接口通过调用"::StartServiceCtrlDispatcher()"实现了服务的启动。

```cpp
// src/chapter02/ks02_09/service_windows.cpp
bool start_service(const char* service_name, const char* service_showname){
    SERVICE_NAME = LPSTR(service_name);
    SERVICE_SHOWNAME = LPSTR(service_showname);
    SERVICE_TABLE_ENTRY DispatchTable[] = {
        {SERVICE_NAME, ServiceStart},
        {NULL, NULL}
    };
    if (!::StartServiceCtrlDispatcher(DispatchTable)) {
        return false;
    }
    else {
        return true;
```

            }
        }

为了兼容 Windows、Linux 系统，对 api_start_as_service()接口做改动，增加"注册用的服务名""显示用的服务名"。

```
// src/chapter02/ks02_09/api.h
#pragma once
/**
* @brief 让程序以服务方式运行
* @param[in] service_name 注册用的服务名，Windows 用，Linux 不用
* @param[in] service_showname 显示用的服务名，Windows 用，Linux 不用
* @return -1：创建守护程/服务失败，其他：成功
*/
int api_start_as_service(const char* service_name, const char* service_showname);
```

api_start_as_service()在 Windows 上的实现如下，它通过调用 start_service()来启动服务。

```
// src/chapter02/ks02_09/api_windows.cpp
int api_start_as_service(const char* service_name, const char* service_showname){
    if(start_service(service_name, service_showname)) {
        return 0;
    }
    else {
        return -1;
    }
}
```

该接口在 Linux 的实现未做改动，只是为了同 Windows 保持一致增加了 2 个接口参数，这 2 个接口参数并未在函数体内使用。

```
// src/chapter02/ks02_09/api_linux.cpp
int api_start_as_service(const char* /*service_name*/, const char* /*service_showname*/){
    ...
}
```

3. 在进程中增加对注册、注销、启动服务接口的调用代码

完成服务的注册、注销、启动接口后，就可以在应用进程中调用这些接口了。首先，为程序增加启动参数 regist、unregist 分别用来处理注册、注销事务，见代码清单 2-20 中标号①、标号②处。在标号③处完成程序的初始化工作。初始化工作结束后，在 Windows 系统中，如果启动参数中不带-term，就以服务方式启动，见标号④处，这里针对非 Windows 系统增加了对工作线程运行状态的模拟监视。

代码清单 2-20

```cpp
// src/chapter02/ks02_09/main.cpp
int main(int argc, char* argv[]){
    ...
    // 解析命令参数，所有命令参数均以"-"开头
    for (int i = 1; i < argc; i++) {
        if (_stricmp(argv[i], "-term") == 0){
            bTerminal = true;
        }
        ...
#ifdef WIN32
        else if (stricmp(argv[1], "-regist") == 0) {//注册         ①
            regist("ks02_09","ks02_09", "C++老鸟日记");
            return 0;
        }
        else if (stricmp(argv[1], "-unregist") == 0) {//注销        ②
            unregist("ks02_09");
            return 0;
        }
#endif
    }
    ...
    bool bOK = initialize();      // 先完成初始化工作③
    if (bTerminal){               // 进程以终端方式运行
        CommandProc();            // 交互命令处理
    }
    else {                        // 进程以服务方式运行
        api_start_as_service("ks02_09", "ks02_09");             ④
#ifndef WIN32                     // 非 Windows 系统
        while (true) {
            api_sleep(1);         // 睡眠 1 秒
            /* 监视工作线程的运行状态*/
            // do something.
        }
#endif    ...
}
```

注意：必须等待程序的初始化工作结束、所有工作线程都已启动的情况下，才能展示菜单或者让程序以服务方式运行。也就是说，CommandProc()或者 api_start_as_service()必须在程序初始化工作结束后才能调用。

4. Windows 中引入 User32 库

在 Windows 系统中，可能出现如下的链接错误。

```
service_windows.obj : error LNK2019: 无法解析的外部符号
__imp_PostThreadMessageA,该符号在函数 "void __cdecl
```

```
ns_train::ServiceCtrlHandler(unsigned long)"
(?ServiceCtrlHandler@ns_train@@YAXK@Z)中被引用
service_windows.obj : error LNK2019: 无法解析的外部符号
__imp_MessageBoxA，该符号在函数 "bool __cdecl ns_train::unregist(char const
*)" (?unregist@ns_train@@YA_NPEBD@Z)中被引用
```

解决的方法是，在 pro 中 Windows 分支的配置中引入 User32 库。

```
// src/base/xxx/xxx.pro
win32{
    LIBS += -lUser32 -lAdvapi32
    ...
}
```

如果没有引入 Advapi32 库，将导致如下链接错误。

```
error LNK2019: 无法解析的外部符号 __imp_CloseServiceHandle，该符号在函数 "bool
__cdecl isRegistered(void)" (?isRegistered@@YA_NXZ)中被引用
error LNK2019: 无法解析的外部符号 __imp_ControlService，该符号在函数 "bool
__cdecl regist(char const *,char const *,char const *)" (?regist@@YA_
NPEBD00@Z)中被引用
error LNK2019: 无法解析的外部符号 __imp_CreateServiceA，该符号在函数 "bool
__cdecl regist(char const *,char const *,char const *)" (?regist@@YA_
NPEBD00@Z)中被引用
error LNK2019: 无法解析的外部符号 __imp_DeleteService，该符号在函数 "bool
__cdecl
regist(char const *,char const *,char const *)" (?regist@@YA_NPEBD00@Z)中
被引用
error LNK2019: 无法解析的外部符号 __imp_OpenSCManagerA，该符号在函数 "bool
__cdecl isRegistered(void)" (?isRegistered@@YA_NXZ)中被引用
error LNK2019: 无法解析的外部符号 __imp_OpenServiceA，该符号在函数 "bool __cdecl
isRegistered(void)" (?isRegistered@@YA_NXZ)中被引用
error LNK2019: 无法解析的外部符号 __imp_RegisterServiceCtrlHandlerA，该符号在
函数 "void __cdecl ServiceStart(unsigned long,char * *)"
(?ServiceStart@@YAXKPEAPEAD@Z)中被引用
error LNK2019: 无法解析的外部符号 __imp_SetServiceStatus，该符号在函数 "void
__cdecl ServiceCtrlHandler(unsigned long)" (?ServiceCtrlHandler@@YAXK@Z)
中被引用
error LNK2019: 无法解析的外部符号 __imp_StartServiceCtrlDispatcherA，该符号在
函数 "bool __cdecl start_service(char const *,char const *)"
(?start_service@@YA_NPEBD0@Z)中被引用
```

5．工程化

至此，开发工作完成了。但是，在 Windows 系统中，进程需要先注册到服务控制管理器之后才能以服务方式运行。这需要先将软件部署到客户运行环境，然后手工执行命令来实现。

```
ks02_09_d  -regist
```

注意：有些 Windows 版本对于安全性要求比较高，需要以管理员身份启动终端，然后执行注册命令，否则会导致服务启动失败。如果执行注销操作，也要先以管理员身份启动终端。以管理员身份启动终端的方法是，右击终端，然后选择【更多】|【以管理员身份运行】，如图 2-60 所示。

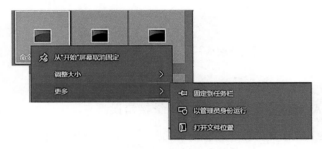

图 2-60　以管理员身份启动终端

第 11 天　让程序在操作系统启动时自动运行

今天要学习的案例对应的源代码目录：src/chapter02/ks02_10。本案例不依赖第三方类库。程序运行效果如图 2-61 所示。

图 2-61　第 11 天案例程序运行效果

今天的目标是掌握如下内容：如何让程序随操作系统自动启动。

在第 9 天、第 10 天，我们学习了怎样让程序以守护进程（后台服务）方式运行。程序在 Windows、Linux 上能够以服务方式启动之后，下一步就是让程序在操作系统启动后可以自动运行，这样可以有效减轻系统维护人员的负担。在很多情况下，程序所运行的机器一般都放置在专用机房的机架上，而且是长时间不间断运行，如果没有特殊情况，维护人员就无须进入机房。所以最简单的方式就是，维护人员为机器上电之后操作系统会自动启动，在操作系统启动之后，程序可以自动运行。这样就无须维护人员登录到桌面，因此可以省去维护人员登录操作系统桌面以及启动程序的工作。让进程在 Windows 中自动启动的方法比较简单，只要按照图 2-58 所示，将进程的【启动类型】设置为【自动】即可。在 Linux 上让进程自动启动可以使用脚本实现。这里分别编写两个脚本实现进程的启动。

（1）启动所有程序的脚本。这种脚本用来在开机时自动启动某个项目中所有需要运行的程序。有了这个脚本，只要机器一上电，用户就可以离开了，系统启动后会自动运行该脚本并自动启动所有程序。在另外一些情况下（如需要更换整套程序），当需要重新启动所有程序时也可以使用该脚本。

（2）启动单个程序的脚本。用来根据输入的参数启动指定的某个进程。

1. 用来启动某个项目中所有程序的脚本

1）编写脚本 process_manager.sh

在 Linux 系统中，为进程编写自启动脚本时需要先为进程设置运行环境，也就是设置环境变量。这是因为同一个机器中可能要运行不同的软件系统，而不同的软件系统之间的环境变量设置可能互相冲突（如将同一个环境变量设置为不同的值）。为了避免不同系统之间的运行环境相互影响，一个可取的方案是用脚本为各个软件系统单独设置运行环境。如代码清单 2-21 所示，该脚本文件名为 process_manager.sh，它存放在本节对应的源代码目录中。如标号①处所示，"#!/bin/sh"是指此脚本使用/bin/sh 来解释执行，"#!"是特殊的表示符，其后面跟的是解释此脚本的 Shell 的路径。如果需要对文件添加注释，可以使用#字符开头，见标号②处。从标号③处开始，为脚本中后续运行的进程设置环境变量。需要注意的是，进程启动时用到的所有环境变量都应该在这里设置，而且内容必须与用户从桌面登录后启动程序的环境变量一致，否则脚本无法成功将程序启动。在标号④处，定义一个函数 kill_running()，当运行 process_manager.sh   stop 以便关闭所有程序时，将会通过调用 kill_running()来关闭指定进程。在脚本中定义函数跟在 C++中定义函数类似，也需要把函数体写在{}中。从标号⑤处开始是脚本的核心功能代码，这里采用类似 C 语言中 switch-case 分支判断的方式进行处理，其中${1}表示执行脚本时输入的"参数 1"，比如执行 process_manager.sh   start，那么${1}的值为 start。如标号⑥处所示，用来处理 start 分支，也就是"参数 1=start"，在本分支中，启动该项目的所有进程，并以两个分号";;"结束该分支。如标号⑦处所示，在 stop 分支中，定义变量 cmd=进程名，然后调用 kill_running()来退出该进程。在标号⑧处，针对其他情况进行处理，这相当于 default 分支。esac 表示 case 语句块的结束，见标号⑨处。在标号⑩处使用 exit0 表示脚本执行完毕且返回值为 0。

代码清单 2-21

```
// src/chapter02/ks02_10/process_manager.sh
#! /bin/sh                                                              ①
# Author:女儿叫老白@软件特攻队                                          ②
# 这里的环境变量要跟登录桌面后运行程序时一致
QTDIR=/usr/appsoft/qt/5.15.0/gcc_64                                     ③
PROJECT_BASE=/usr/local/cpp_manual
PATH=/usr/local/sbin:/usr/local/bin:/sbin:/bin:/usr/sbin:/usr/bin:$PROJECT_BASE/bin:$QTDIR/bin:$PATH
LD_LIBRARY_PATH=$QTDIR/lib:$PROJECT_BASE/lib:$LD_LIBRARY_PATH
kill_running () {                                                       ④
    pidd=$(ps -ef | grep -w $1|grep -v grep |awk '{print $2}')
    if [ "$pidd" == "" ]
    then
```

```
            echo $1  "is not running...."
        else
            echo "Note: $cmd was already running;"
            echo "kill the process."
            kill -9 $pidd
        fi
}
case "${1}" in                                                              ⑤
    start)                                                                  ⑥
        ks02_09_d
        ks02_10_d
        ;;
   stop)                                                                    ⑦
        cmd=ks02_09_d
        kill_running $cmd
        cmd=ks02_10_d
        kill_running $cmd
        ;;
    *)                                                                      ⑧
        echo "usage: $0 {start|stop}"
        ;;
esac                                                                        ⑨
exit 0                                                                      ⑩
```

2）将脚本移动到/etc/init.d/目录下

使用 mv 命令将脚本 process_manager.sh 移动到/etc/init.d 目录。该目录一般用来存放服务类进程的脚本。请注意，命令中的#符号是操作系统的命令提示符，表示需要在 root 用户下运行命令。

```
#mv process_manager.sh /etc/init.d/
```

注意：如果是 Ubuntu 系统，需要在命令前添加 sudo，否则会提示权限不够。

```
$sudo  mv process_manager.sh /etc/init.d/
```

3）为脚本增加可执行权限

```
#cd  /etc/init.d
#chmod +x process_manager.sh
```

使用 chmod 命令为脚本 process_manager.sh 添加可执行权限。

4）编写启动脚本

process_manager.sh 需要 start、stop 作为参数才能使用，因此，编写 startll.sh 脚本用来调用 process_manager.sh。startall.sh 脚本内容如下。

```
#! /bin/sh
```

```
/etc/init.d/process_manager.sh start

#cd  /etc/init.d
#chmod +x startall.sh
```

然后，为 startall.sh 脚本添加可执行权限。

5）查看系统级别

运行 runlevel 查看系统运行级别，默认情况下为 2。这里得到的结果是 5，表示系统启动时自动加载/etc/rc5.d 目录中的启动脚本。

```
$runlevel
N 5
```

6）进入对应的 /etc/rcx.d/目录

使用 runlevel 得到的结果是 5，因此需要进入/etc/rc5.d 目录。

```
#cd /etc/rc5.d/
```

7）为脚本创建软链接

使用 ln 命令创建软链接，使系统进入这一 runlevel 时，能自动运行脚本。ln 命令格式如下。

```
ln -s  软链接指向的文件全路径  软链接文件名
```

ln 命令的例子如下。S99startall 为软链接的名字，其中 99 表示启动序号，取值范围 0~99，启动序号越大表示启动顺序越靠后。如果进程需要访问数据库或者有其他依赖项，最好把启动序号调大。

```
#ln -s /etc/init.d/startall.sh S99startall
```

8）验证进程能否随操作系统自动启动

用 reboot 命令重启系统，系统启动后，会自动通过软链接调用脚本/etc/init.d/startall.sh。系统自动调用时运行的命令其实是 process_manager.sh start。系统启动后，可以使用 ps 命令查看程序是否已经自动运行。比如，查看系统中有没有包含 ks02 字样的进程，可以写成：

```
ps -ef | grep  ks02
```

如果显示输出中有脚本中配置的进程，则自启动脚本配置成功，如图 2-61 所示。

2．启动单个进程的脚本

1）编写脚本 startp.sh

其实，启动单个进程的脚本跟启动所有进程的脚本基本一致。区别在于对 start、stop 参数的处理。process_manager.sh 需要处理所有进程，因此在 start、stop 分支中需要启动或退出所有进程。而 startp.sh 仅需要处理单个进程，所以只需要写这一个进程的处理代码即可。

```sh
// src/chapter02/ks02_10/startp.sh
#!/bin/sh
# Author:女儿叫老白@软件特攻队
#注意此处的各个环境变量要与在登录桌面后的运行环境一致,如/etc/bashrc或/home/当前用户/.bashrc
export QTDIR=/usr/appsoft/qt/5.15.0/gcc_64
export PROJECT_BASE=/usr/local/cpp_manual
export PATH=/usr/bin/:/usr/sbin:/bin:/usr/local/bin:/sbin:$PROJECT_BASE/bin:$QTDIR/bin:$PATH
export LD_LIBRARY_PATH=$QTDIR/lib:$PROJECT_BASE/lib:$LD_LIBRARY_PATH
#启动程序
case $1 in
    ks02_09_d)
        # ks02_09_d
        ks02_09_d
        ;;
    ks02_10_d)
        # 启动 ks02_10_d
        ks02_10_d
        ;;
    *)
        echo "error: param is invalid!"
        ;;
esac
exit 0;
```

2) 部署脚本 startp.sh

脚本 startp.sh 用来启动单个进程，一般在用户已经登录桌面的情况下使用。因此，把这个脚本放在/usr/local/bin 中即可（要确保这个目录已经被添加到 PATH 环境变量）。该脚本使用方法为：startp.sh 待启动的进程名。比如：startp.sh ks02_09_d。

本节的脚本 process_manager.sh、startp.sh、startall.sh 存放在 script 目录，该目录与 src 目录是同一级目录。

第 12 天　温故知新

1. 利用 VS 2019、Qt 开发命令行程序时，在项目的 pro 文件中，应配置（　　）。
2. 以下哪种后缀不是程序的项目文件后缀？（　　）
A. pro　　　B. vcxproj　　　C. Makefile　　　D. cpp
3. 使用 FTP 工具从 Windows 传输源代码文件到 UNIX/Linux 系统时，需要配置 ASCII 文件后缀，这是因为 Windows 与 UNIX/Linux 系统的文本文件的回车换行符不一样，在传输过程中需要进行自动处理。这种说法是否正确？

4．在项目的 pro 文件中，添加某个源代码（a.cpp）文件时，应该配置为（　　）。

5．在项目 A 的 pro 中，引用公共的配置文件 common.pri 时（假设该文件位于 PROJECT_DEV_HOME 环境变量所指向的目录的子目录 src 中），使用的语句为（　　）。

6．在 C++ 程序的 int main（int argc, char* argv[]）函数的入口参数中，argc 代表（　　），argv 代表（　　）。

7．当使用 VS 2019 调试程序时，如果希望程序在某处代码行产生中断，那么就需要在该行（　　）。

8．当使用 VS 2019 调试程序时，如果需要为程序设置命令参数，需要怎样做？

9．当在 Linux 中查看某个后台服务的运行信息（如 CPU 占用率）时，应该使用什么命令？

10．让一个进程以后台方式运行，可以通过调用（　　）实现。该函数通过系统调用创建一个与原来进程几乎完全相同的进程。一个进程调用该函数后，系统先给新的进程分配资源（如存储数据和代码的空间），然后把原来进程的所有值都复制到新进程中，只有少数值与原进程的值不同，这相当于克隆了一个进程。

11．如果希望在 Linux 操作系统启动时能够自动启动某个后台服务程序，那么根据本章介绍的方法，需要将 process_manager.sh 脚本放置在哪个目录？

12．脚本 startp.sh 用来启动单个进程，一般将该脚本放置在哪个目录。

第 3 章

库的开发与第三方库的使用

在开发软件的过程中,不可能所有的功能都由开发人员自己实现。一方面是因为项目的进度要求可能导致时间非常紧张,另一方面原因是新写的代码可能由于缺乏测试带来稳定性问题,这时可以选择复用项目团队内部已经开发的功能库,也可以选择第三方开发的稳定的类库。

第 13 天 开发一个 DLL

今天要学习的案例对应的源代码目录:src/chapter03/ks03_01。本案例不依赖第三方类库。程序运行效果如图 3-1 所示。

图 3-1 第 13 天案例程序 ks03_01 运行效果

今天的目标是掌握如下内容。
- 开发一个 DLL 项目的方法。
- 在 EXE 中调用 DLL 的接口。
- 在项目开发中使用命名空间。

在软件项目开发过程中会不可避免地碰到代码复用问题。比如,在项目 A 中实现的功能也会在项目 B 中使用。这时就可以把重复的功能封装到 DLL 模块中。那么,用 Qt 怎样开发 DLL 呢?利用 Qt 开发 DLL 大概分为两大步:封装 DLL 和使用 DLL。

下面介绍具体步骤。本文将 DLL 中供 EXE 调用的类或接口称作引出类、引出接口。

(1)将 DLL 中引出类(export)的头文件移动到公共 include 目录。

(2) 在 DLL 的 pro 项目文件中定义宏。
(3) 编写 DLL 引出宏的头文件。
(4) 在 DLL 引出类的头文件中使用引出宏。
(5) 在 EXE 项目中添加对 DLL 的引用。
(6) 在 EXE 中调用 DLL 的接口。
(7) 使用命名空间解决重名问题。
(8) 使用命名空间的注意事项。

现在介绍如何把 src.baseline 中 ks03_01 项目的 api_start_as_service()等相关接口封装到 firstdll 这个 DLL 项目中，firstdll 位于 src/base/firstdll 目录。这个 DLL 引出的接口所在的原始头文件（src.baseline 中的本节代码）api.h 见代码清单 3-1。

代码清单 3-1

```
// src.baseline/src/chapter03/ks03_01/api.h
#pragma once
/**
* @brief 让程序以服务方式运行
* @param[in] service_name 注册用的服务名，Windows 用，Linux 不用
* @param[in] service_showname 显示用的服务名，Windows 用，Linux 不用
* @return -1：创建守护程/服务失败，其他：成功
*/
int api_start_as_service(const char* service_name, const char* service_showname);
/**
* @brief 睡眠
* @param[in] nMSecond 睡眠时间，以毫秒为单位
* @return void
*/
void api_sleep(int nMSecond);
// 忽略信号，否则会导致进程在收到操作系统的这些信号时退出
void api_ignore_signal();
```

现在介绍将这些接口封装到 DLL 中的详细开发步骤。在开始之前，在 src 目录中创建 base/firstdll 目录作为 DLL 的项目目录。将 src.baseline 中 ks03_01 项目的 api_windows.cpp、api_linux.cpp、api.h、service_windows.h、service_windows.cpp 这 5 个文件复制到该目录。

1. 将引出类、引出接口的头文件移动到公共 include 目录

因为要把 DLL 作为公共模块，所以应该把 DLL 中的 api_start_as_service()等接口所在的头文件 api.h 移动到公共的 include 目录，而不是继续放在 DLL 项目的源代码目录。为整个项目创建公共 include 目录，该目录与 src 目录并列。在该 include 目录下可以创建子目录，从而区分不同子模块的头文件。本案例中将 api.h 放到公共 include 目录的子目录 base/firstdll 中。为了统一头文件命名方式，将 api.h 改名为 service_api.h，因此，需要将代码中包含 api.h 头文件的代码改为包含 service_api.h。

2. 在 DLL 的 pro 文件中定义宏

既然把头文件移动到其他目录了，那么就要把 DLL 的 pro 文件中的 INCLUDEPATH 配置成头文件所在的目录 include/base/firstdll，否则，编译器在构建项目时就找不到这个头文件了。除此之外，还要注意在 pro 文件中的 HEADERS 配置项中把头文件的路径写全，并且把 DLL 的 pro 文件中的 TEMPLATE 选项设置为 lib。

```
# src/base/firstdll/firstdll.pro
TEMPLATE= lib
...
INCLUDEPATH += $$PROJECT_HOME/include/base/firstdll
HEADERS     += $$PROJECT_HOME/src/project_base.pri \
               firstdll.pro \
               $$PROJECT_HOME/include/base/firstdll/base_api.h \
               $$PROJECT_HOME/include/base/firstdll/service_api.h
```

在 Linux/UNIX 环境下开发 DLL 时，无须对引出类或者引出接口做特殊声明，但在 Windows 下情况有所不同。在 Windows 下编译引出类所在的头文件时，编译器需要明确知道自己正在构建 EXE 模块还是 DLL 模块。如果是构建 EXE，编译器看到的头文件中应该对引出的类、接口用__declspec（dllimport）进行声明，如代码清单 3-2 所示。

代码清单 3-2

```
class __declspec(dllimport) CPrint {
...
};
__declspec(dllimport) void api_sleep(int nMSecond);
```

如果是构建 DLL，编译器看到的头文件中的引出类应该用__declspec（dllexport）进行声明，如代码清单 3-3 所示。请注意是 **dllexport**，而不是构建 EXE 时的 **dllimport**。

代码清单 3-3

```
class __declspec(dllexport) CPrint {
...
};
__declspec(dllexport) void api_sleep(int nMSecond);
```

对比代码清单 3-2 和代码清单 3-3 后可以得知，编译器在构建 EXE 和构建 DLL 时看到的同一个头文件中的内容有些不同，这就需要编写两个头文件。这两个头文件内容基本一致，仅仅是对引出类或引出接口的定义稍有不同，即需要分别使用__declspec（dllimport）和__declspec（dllexport）关键字。这是 Windows 下使用 MSVC 的 C++编译器导致的结果。如果需要为所有引出类都提供内容基本一致的两套头文件，那么工作量就太大了，这样不但造成代码冗余，还容易引入其他问题。那该怎么解决这个问题呢？别急，现在就一步步解决它。在 DLL 的 pro 文件中定义一个宏__FIRSTDLL_SOURCE__，宏的拼写最好与项目名称有关，以防跟其他项目冲突。定义这个宏目的是为另一个宏定义做准备。在 firstdll.pro 中的 WIN32 编译分支中应该添加 DEFINES -= UNICODE，该定义的作用在第 10 天的学习内容中已经介绍。

```
// src/base/firstdll/firstdll.pro
win32{
    DEFINES -= UNICODE
     DEFINES *= _ _FIRSTDLL_SOURCE_ _
}
```

3. 编写 DLL 引出宏的头文件

1）关于引出、引入类或者接口用的宏定义

既然在 Windows 下需要区分 _ _declspec（dllimport）和 _ _declspec（dllexport）这两个关键字，而且只能为 EXE 项目和 DLL 项目提供同一个头文件，那就可以把这两个关键字定义成宏，如代码清单 3-4 所示。编译器在构建 EXE 和构建该头文件所属的 DLL 时，再把这个宏分别解析成 _ _declspec（dllimport）和 _ _declspec（dllexport）。

代码清单 3-4

```
// include/base/firstdll/firstdll_export.h
#pragma once
// 动态库导出宏定义
#ifdef WIN32          // windows platform
#   if defined _ _FIRSTDLL_SOURCE_ _
#       define FIRSTDLL_API _ _declspec(dllexport)                    ①
#   else
#       define FIRSTDLL_API _ _declspec(dllimport)                    ②
#   endif

#else                 // other platform
#   define FIRSTDLL_API                                               ③
#endif // WIN32
```

在代码清单 3-4 中，根据操作系统的不同将 BASE_API 定义为不同的关键字。Windows 下（WIN32 分支）根据是否定义 _ _FIRSTDLL_SOURCE_ _宏来进行不同的处理。因为已经在 DLL 的 pro 文件中定义 _ _FIRSTDLL_SOURCE_ _，所以构建 DLL 时会执行标号①处的代码，即把 BASE_API 定义成 _ _declspec（dllexport）。而在 EXE 项目的 pro 文件中并未定义 _ _FIRSTDLL_SOURCE_ _，因此构建 EXE 时会执行标号②处的代码，即把 FIRSTDLL_API 定义成 _ _declspec（dllimport）。在 UNIX/Linux 等非 Windows 操作系统中构建项目时则执行标号③处的代码，也就是单纯定义 FIRSTDLL_API 宏，以便编译器在解析后面的代码时看到这个符号可以把它当成合法的符号。在 Linux/UNIX 中，这个符号没有其他含义，仅仅是个符号而已。

代码清单 3-4 所示的头文件 firstdll_export.h 在某些情况下可以删掉。比如，该 DLL 只提供了一个头文件用来定义引出类、引出接口，那么就不用创建 firstdll_export.h 文件，而是把该头文件的内容直接复制到引出类所在头文件 service_api.h 的开头部分即可。

2）关于接口参数的压栈顺序、栈的清理

（如果对参数压栈的知识不感兴趣，可以跳过本小节的内容）当完成 DLL 的开发之后，其他应用程序就可以调用该 DLL 中的接口了。在进行接口调用时需要用到栈（有时也称堆栈），栈是一种先入后出的数据结构，可以把栈理解成一个先入后出的队列，也就是后进入队列的数据先出来，先进入队列的后出来。栈有一个存储区和一个栈顶指针。栈顶指针指向栈中第一个可用数据项（称为栈顶）。用户可以在栈顶的上方继续向栈中添加数据，这个操作被称为压栈（Push）。压栈以后，栈顶自动变成新加入数据项的位置，栈顶指针也随之修改。用户也可以从栈中取走栈顶，这个操作被称为弹出栈（Pop），弹出栈后，原栈顶的下一个元素变成新的栈顶，栈顶指针随之修改。调用者依次把参数压栈然后调用接口，接口开始执行后在栈中取得参数数据并进行计算，接口计算结束以后，由调用者或者被调用的接口负责把栈恢复原状。因此，这就涉及关于栈的几个问题。

- 调用接口时，接口的参数列表的压栈顺序是怎样的？接口参数列表中的参数是按照从左到右的顺序压栈，还是从右到左的顺序压栈？比如对于接口 int function（int a, float b）来说，是参数 a 先压栈，还是参数 b 先压栈？
- 接口调用完成后，谁负责清理栈空间？即谁负责把栈恢复原状？

在高级语言中，可以通过接口调用约定来解决这些问题。只要调用者与被调用者使用相同的调用约定进行编译，双方就可以在行为上保持一致。常见的调用约定有 __stdcall、__cdcel 和 __fastcall。它们之间的区别见表 3-1～表 3-4。

表 3-1 几种调用约定的常用场合

取 值	说 明
__stdcall	Windows API 默认的函数调用约定
__cdecl	C/C++默认的函数调用约定
__fastcall	适用于对性能要求较高的场合

表 3-2 接口参数的压栈顺序

取 值	说 明
__stdcall	接口参数入栈顺序：由右向左，如 int func (int a, float b) 的参数入栈顺序为 b, a
__cdecl	接口参数入栈顺序：由右向左
__fastcall	接口参数入栈顺序：从左开始不大于 4 字节的参数放入 CPU 的 ECX 和 EDX 寄存器，其余参数从右向左入栈。不同编译器规定的寄存器不同。因为部分参数通过寄存器来传送，所以性能高一些

表 3-3　谁负责清理栈

取　　值	说　　明
__stdcall	由被调用者（即接口）负责清理栈空间，使之恢复原状
__cdecl	由调用者负责清理栈空间，使之恢复原状
__fastcall	由被调用者（即接口）负责清理栈空间，使之恢复原状

以__stdcall 为例介绍一下用法。

```
int __stdcall function(int a, int b);        // 接口声明
int __stdcall function(int a, int b){        // 接口实现
    return a + b;
}
```

注意：接口声明和定义（实现）处的调用约定必须要相同。

（1）错误的用法 1。

```
int __stdcall function(int a, int b);        // 接口声明
int function(int a, int b){                   // 接口实现，默认为__cdecl
    return a + b;
}
```

（2）错误的用法 2。

```
int function(int a, int b);                   // 接口声明，默认为__cdecl
int __stdcall function(int a, int b){        // 接口实现
    return a + b;
}
```

（3）错误的用法 3。

```
int __stdcall function(int a, int b);        // 接口声明
int __cdecl function(int a, int b){          // 接口实现
    return a + b;
}
```

表 3-4　函数名称修饰规则（以函数 functionname()为例）

取　　值	编译后的被修饰的函数名
__stdcall	?functionname@@YG******@Z
__cdecl	?functionname@@YA******@Z
__fastcall	?functionname@@YI******@Z

注：表 3-4 中的"******"为函数返回值类型和参数类型表。

为了方便，可以定义宏 FIRSTDLL_API_CALL，见代码清单 3-5。在标号①处，定义宏 FIRSTDLL_API_CALL，它的值为 WINAPI，在 Windows 中，WINAPI 被定义为__stdcall。

在标号②处，其他平台只定义 FIRSTDLL_API_CALL，并未给它赋值。这样做是因为在本案例介绍的方法中，调用者和被调用者使用同一个头文件进行编译，不存在调用约定不一致的情况。如果未采用本案例介绍的方法，而是为调用者和被调用者各自提供头文件进行编译，当两份头文件中对接口使用了不同的调用约定时，就可能导致问题。因此，本案例定义 FIRSTDLL_API_CALL 仅仅是为了介绍调用约定的知识，其实可以不用定义 FIRSTDLL_API_CALL，也就是不使用调用约定对接口进行修饰。

代码清单 3-5

```
// include/base/firstdll/firstdll_export.h
#pragma once
// 动态库导出宏定义
#ifdef WIN32                              // windows platform
#   if defined __FIRSTDLL_SOURCE__
#       define FIRSTDLL_API __declspec(dllexport)
#   else
#       define FIRSTDLL_API __declspec(dllimport)
#   endif
#   include <windows.h>
#   define FIRSTDLL_API_CALL WINAPI                                  ①
#else                                     // other platform
#   define FIRSTDLL_API
#   define FIRSTDLL_API_CALL                                         ②
#endif // WIN32
```

下面介绍一下 FIRSTDLL_API_CALL 的使用方法。接口 NetworkToHost() 的声明如下。

```
// include/base/firstdll/base_api.h
FIRSTDLL_API                       // 代码清单 3-5 中定义的宏
type_uint16                        // 接口返回的数据类型
FIRSTDLL_API_CALL                  // 调用约定写在接口返回值类型与接口名称之间
NetworkToHost(type_uint16 Data);   // 接口名称、参数列表
```

接口 NetworkToHost() 的实现如下。

```
// src/base/firstdll/api.cpp
FIRSTDLL_API                       // 代码清单 3-5 中定义的宏
type_uint16                        // 接口返回的数据类型
FIRSTDLL_API_CALL                  // 调用约定写在接口返回值类型与接口名称之间
NetworkToHost(type_uint16 Data){   // 接口名称、参数列表
    ...
}
```

4. 在 DLL 引出类的头文件中使用引出宏

现在只需要在引出类、引出接口的前面编写 FIRSTDLL_API 就可以把类或接口引出了，见代码清单 3-6。在标号②处，在引出类所在的头文件中包含 firstdll_export.h。然后在引出

类或引出接口定义代码中增加 FIRSTDLL_API 字样，见标号③、标号④、标号⑤处。请注意 FIRSTDLL_API 宏用来定义引出类与引出接口时语法上的不同，在标号③处是在 class 关键字和类名之间编写 FIRSTDLL_API，而标号④、标号⑤处将 FIRSTDLL_API 写在整个引出接口定义之前。

代码清单 3-6

```
// include/base/firstdll/server_api.h
/*!
 * Copyright (C) 2020 女儿叫老白
 ...
 * please import firstdll.dll                                    ①
 */
#pragma once
#include "firstdll_export.h"                                     ②
/**
 * @brief 用来演示 DLL 开发的类
 */
class FIRSTDLL_API CPrint {                                      ③
public:
    CPrint(){}
    ~CPrint(){}
public:
    void sayHello(){}
};
FIRSTDLL_API int api_start_as_service(const char* service_name,const char*
service_showname);                                               ④
FIRSTDLL_API void api_sleep(int nMSecond);                       ⑤
...
```

还有很重要的一点，标号①处的注释用来说明：在使用该头文件时需要引入哪个库文件。本案例中，如果需要用到 service_api.h 这个头文件，就要引入 firstdll 这个动态链接库。也就是说，在使用该头文件的项目的 pro 文件中需要引入 firstdll 库。这样做的目的给使用该头文件的研发人员提供方便。

```
# Debug 版本
LIBS += -lfirstdll_d
# Release 版本
LIBS += -lfirstdll
```

如果在 Windows 系统中编译 DLL 时报错"fatal error C1083:无法打开包括文件：type_traits"，可以在系统环境变量 PATH 中添加下面内容：%SystemRoot%\system32。

5. 在 EXE 项目中添加对 DLL 的引用

完成 DLL 的编写后，需要在 EXE 中或者其他 DLL 中引入这个 DLL。这需要修改调用者的 pro 文件，在其 LIBS 配置项中添加对 DLL 的引用，如代码清单 3-7 所示。

代码清单 3-7

```
# src/chapter03/ks03_01/ks03_01.pro
...
debug_and_release {
    CONFIG(debug, debug|release) {
        LIBS    += -lfirstdll_d                                    ①
        TARGET  = ks03_01_d
    }
    CONFIG(release, debug|release) {
        LIBS    += -lfirstdll                                      ②
        TARGET  = ks03_01
    }
} else {
    debug {
        LIBS    += -lfirstdll_d                                    ③
        TARGET  = ks03_01_d
    }
    release {
        LIBS+= -lfirstdll                                          ④
        TARGET  = ks03_01
    }
}
```

在代码清单 3-6 中的标号①、标号③处，对构建 Debug 版的项目进行配置，在标号②、标号④处，对 Release 版进行配置。这样就能保证编译器在构建项目时去链接对应版本的 lib 文件。

6．在 EXE 中调用 DLL 的接口

现在进入最后一个环节，在 EXE 或者其他 DLL 中调用本案例 DLL 的接口。其实这跟调用同一个项目中的接口没什么区别。在 ks03_01 项目中调用 firstdll 库中的接口一共分两步：第一步，编写 include 语句包含被调用者所在的头文件；第二步，使用引出类定义对象或调用引出接口。

（1）编写 include 语句包含引出类所在的头文件。这里使用了相对路径的描述，指的是相对于 pro 中 INCLUDEPATH 配置项中的目录。在 ks03_01.pro 中并未单独配置 INCLUDEPATH，INCLUDEPATH 的值其实来自 ks03_01.pro 引用的 project_base.pri 文件。

```
// src/chapter03/ks03_01/main.cpp
#include "base/firstdll/service_api.h" // 相当于：
 $$INCLUDEPATH/base/firstdll/service_api.h
```

（2）使用引出类定义对象或调用引出接口，见代码清单 3-8 中标号①、标号②、标号③处。

代码清单 3-8

```cpp
// src/chapter03/ks03_01/main.cpp
int main(int argc, char * argv[]){
...
    // 解析命令参数，所有命令参数均以"-"开头
    for (int i = 1; i < argc; i++) {
        if (_stricmp(argv[i], "-term") == 0){
            bTerminal = true;
        }
        ...
#ifdef WIN32
        else if (stricmp(argv[i], "-regist") == 0){
            std::cout << ">>>模块注册." << std::endl;
            regist("ks03_01", "ks03_01", "老鸟日记");      ①
            return 0;
        }
        else if (stricmp(argv[i], "-unregist") == 0){
            std::cout << ">>>模块注销." << std::endl;
            unregist("ks03_01");                            ②
            return 0;
        }
#endif
    }
    ...
    if (bTerminal){            // 进程以终端方式运行
        CommandProc();         // 交互命令处理
    }
    else {                     // 进程以服务方式运行
        api_start_as_service("ks03_01", "ks03_01");         ③
    }
    ...
}
```

注意：本节介绍的方案用于开发静态链接的 DLL。使用这种方案开发 DLL 时，在构建 EXE 时依赖 DLL 的 lib 文件（如 a.lib）；当 EXE 构建成功后，在 EXE 运行时仅仅依赖 DLL 本身（比如，在 Windows 上为 a.dll，在 Linux 上可能为 a.so.1.0.0），不再依赖 DLL 的 lib 文件。

有时候，在编译 EXE 时可能碰到链接错误。比如，在编译 a.exe 时，该模块依赖 b.dll，并且在 a.exe 中调用了 b.dll 中的接口 func()，那么就有可能碰到如下的链接错误。

```
Error LNK2019:无法解析的外部符号"__declspec(dllimport) void xxx.obj
__cdecl func()"(__imp_?func@@YAXADN11@Z),该符号在函数 xxx 中被引用
```

以 Windows 平台为例，在 a.exe 项目进行编译时，因为 a.exe 需要依赖 b.dll 中的接口 func()，所以需要链接 b.dll 对应的链接库文件 b.lib。上述错误指的是，当执行到链接这一步

骤时出现链接错误，编译器找不到 b.lib 文件，或者在 b.lib 文件中找不到 func()这个接口。可能的原因如下。

- 未生成或编译器未找到 b.lib。此时，应检查 b.dll 项目的 pro 文件，检查 TEMPLATE 配置项是否为 lib。如果已经生成了 b.lib，那么就要检查 a.exe 项目的 pro 中是否已经把 b.lib 所在目录添加到 a.exe 项目 pro 的 QMAKE_LIBDIR 配置项中。
- 在 b.dll 项目中，未引出接口 func()。这时，需要将 func()从 b.dll 项目引出。
- b.dll 编译位数与 a.exe 不一致。比如，a.exe 编译成 64 位，而 b.dll 被编译成 32 位，这样肯定无法链接成功。此时需要将两个项目按照相同的位数进行编译。

7．使用命名空间解决重名问题

下面要学习的案例对应的源代码目录：src/chapter03/ks03_02。本案例不依赖第三方类库。程序运行效果如图 3-2 所示。

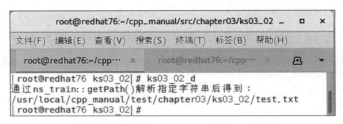

图 3-2　案例程序 ks03_02 运行效果

无论是进行项目研发还是产品研发，都不可避免会碰到重名问题：头文件名重名、模块名重名、类/结构体重名、接口重名、全局变量重名等。对于头文件名重名和模块名重名的情况，软件开发组织需要制定软件研发管理规范进行制度上的约束，而且还要建立专门的组织进行落地管理。解决类重名、接口重名、全局变量重名问题的方法也很简单：使用命名空间进行管理。下面将介绍如何在 Qt 开发中使用命名空间解决重名问题。

前面介绍了怎样开发一个 DLL，下面在之前的基础上增加命名空间的使用。一般情况下只为 DLL 代码设置命名空间，不为 EXE 代码设置命名空间（当需要把 EXE 与 DLL 设置为同一个命名空间时除外）。对于某一个 DLL 项目，一般也只设置一个命名空间。那么，具体该怎样使用命名空间呢？本节的 DLL 仍然以 src/base/basedll 项目为例。使用命名空间进行管理一共分为以下两大步。

（1）在 DLL 中将代码写到命名空间中。
（2）在其他代码中使用命名空间中的类或接口。
下面进行详细介绍。

1）在 DLL 中将代码写到命名空间中

在 DLL 中使用命名空间的语法如下：

```
namespace 命名空间名称 {
    ...
}
```

将命名空间内的代码写在{}内。请注意命名空间不是类定义，因此在{}结束后不写";"。本案例使用 ns_train 作为 DLL 的命名空间。将 DLL 的 h 文件和 cpp 文件的对外引出类和接口写到命名空间 ns_train 中，见代码清单 3-9 中标号①处。在命名空间结束时不写";"，见标号②处。建议软件开发组织建立专门的命名空间管理机构并发布《命名空间管理规范》，以便对新增命名空间进行审批、登记。软件开发组织应该只允许使用批准后的命名空间。

代码清单 3-9

```
// include/base/basedll/base_api.h
#pragma once
#include "base_export.h"
namespace ns_train {                                                    ①
...
class BASE_API CClassInNameSpace {
    public:
        CClassInNameSpace() {}
        ~CClassInNameSpace() {}
    public:
        void sayHello() {
        }
    };
    BASE_API std::string getPath(const std::string& strPath);
...
}                                                                       ②
```

注意：命名空间的保护范围应该仅仅是需要引出的类或接口，因此需要把#include "xxx.h"语句排除在外。如果是类的前向声明，那么要区分对待：
- 如果不是该 DLL 中定义的类，需要把它排除在命名空间之外。
- 如果是该 DLL 中定义的类，需要把它包含到命名空间之内。

在 DLL 的 cpp 文件中用同样的方式把代码写到命名空间里，如代码清单 3-10 所示。

代码清单 3-10

```
// src/base/basedll/basedll.cpp
#include "base_api.h"
...
namespace ns_train {
std::string getPath(const std::string& strInputPath){
    ...
    }
    ...
}
```

2）在代码中使用命名空间中的类或接口

在 EXE 或其他 DLL 中使用 basedll 中定义的类或接口时，需要使用命名空间，见代码清单 3-11。在标号①、标号②处采用了命名空间的语法,即"命名空间名称::类名""命名空间名称::接口名"的写法。

代码清单 3-11

```
// src/chapter03/ks03_02/main.cpp
...
#include "base/basedll/base_api.h"
bool initialize() {
    // do initialize work,
    {
        ns_train::CClassInNameSpace obj;                                         ①
        obj.sayHello();
        std::string str = ns_train::getPath("$PROJECT_DEV_HOME/test/
chapter03/ks03_02/test.txt");                                                    ②
        std::cout << "通过 ns_train::getPath()解析指定字符串后得到: " << std::endl;
        std::cout << str << std::endl;
        // 如果失败,则返回 false
    }
    return true;
}
```

8. 使用命名空间的注意事项

目前为止,已在 DLL 中定义了命名空间并在 EXE 中使用了 DLL 中的引出类、引出接口。下面介绍几点注意事项。

1) 不在头文件中使用 using namespace xxx 这种代码

在头文件中使用 using namespace xxx 的代码可能导致命名空间污染。使用命名空间的示意代码见代码清单 3-12。

代码清单 3-12

```
// 推荐的写法
ns_train::CClassInNameSpace printObject;                                         ①
// 不推荐的写法
using ns_train::CClassInNameSpace;                                               ②
CClassInNameSpace printObject;                                                   ③
```

推荐使用标号①处的写法,不推荐标号②处的写法。采用标号②处的写法时,虽然标号③处用 CClassInNameSpace 定义对象 printObject 时可以不写"ns_train::"了,但是,如果在同一个文件中包含的其他头文件(属于别的 DLL)中存在另一个叫 CClassInNameSpace(类名相同)的类时,就会有问题了。所以,建议采用"ns_train::CClassInNameSpace printObject"来定义变量的写法。

2) 当需要为 EXE 项目设置命名空间时,不要把 main()函数放到命名空间里

有时候 EXE 和 DLL 同属一个大项目,为了方便调用 DLL 中的类,就会把 EXE 项目的

代码也设置到跟 DLL 相同的命名空间中。这种情况下应该把 main()函数排除在外，否则编译器会认为 main()函数属于命名空间，而不会把它当作正常的 main()函数入口。因为正常的 main()函数入口应该是全局的，所以会导致编译错误。代码清单 3-13 是无法编译通过的，需要把 main()函数从命名空间的范围中排除才行。

代码清单 3-13

```
//main.cpp
// 错误的代码
namespace ns_train {
    int main(int argc, char* argv[]){
    }
}
```

3）用了命名空间也不是一劳永逸

软件开发组织应制定软件研发管理制度并且严格执行。比如，制定《命名空间管理规范》，规定对外引出的类或接口必须提供命名空间保护、命名空间的名称需要提请相关机构审核等。在规范的软件研发活动中，使用命名空间进行管理是最基础的工作，因为这会避免很多不必要的问题。即使认为目前开发的类不会跟别人重名，也应该从一开始就养成使用命名空间的良好习惯。因为良好的习惯会潜移默化地影响软件研发活动，对软件研发人员的未来之路肯定会产生有益的影响。

第 14 天　可动态加载的 DLL

视频讲解

今天要学习的案例对应的源代码目录：src/chapter03/ks03_03。本案例不依赖第三方类库。程序运行效果如图 3-3 所示。

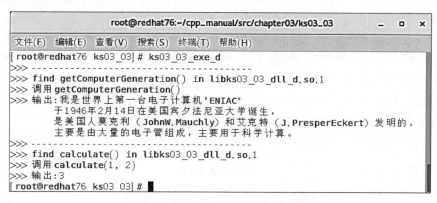

图 3-3　第 14 天案例程序运行效果

今天的目标是掌握如下内容。
- 动态加载 DLL 的含义与作用。

- 实现动态加载的 DLL 的方法。

在进行软件开发活动时，软件开发人员可能无法预测未来会碰到什么样的需求，当需求发生变化时，原来的软件有可能难以适应这种变化从而导致无法满足新的需求。但是，通过需求分析和软件设计工作，开发人员可以有效降低这种变化带来的风险，对软件进行插件化设计就是一种非常有效的解决方案。所谓插件化设计，简单来讲，就是为软件中的某项功能制定设计规范，只要新开发的软件遵循这种规范，就可以在不改动原软件的前提下，将新软件提供的功能添加到系统中，从而满足新的需求。在第 13 天的学习内容中介绍过 DLL 开发技术，当 EXE 使用 DLL 时，需要在构建时链接 DLL 的 lib 文件，用这种方式开发的 DLL 叫静态链接的 DLL。本节将介绍动态加载 DLL 的技术，这种技术可以用来开发插件。动态加载的 DLL 和静态链接的 DLL 有什么区别呢？区别有以下两点。

（1）构建过程中对 DLL 的 lib 文件的依赖不同。如果使用静态链接的 DLL，在构建 EXE 项目时需要用到 DLL 的 lib 文件，以便链接 DLL 中的符号，如引出类、引出接口；如果使用动态加载的 DLL，在构建 EXE 项目时不需要 DLL 的 lib 文件。

（2）在运行过程中，对 DLL 的依赖时间不同。如果使用静态链接的 DLL，EXE 整个运行过程中都要依赖 DLL 库文件（如 a.dll）；如果使用动态加载的 DLL，EXE 只有在加载该 DLL 后才依赖 DLL 库文件，而在卸载 DLL 后就不再依赖 DLL 库文件了，这时即使删除该 DLL 库文件也不影响 EXE 的正常运行。

怎样开发可以动态加载的 DLL 呢？开发动态加载的 DLL 分为两步，第一步是开发可动态加载的 DLL，第二步是动态加载 DLL。下面进行详细介绍。

1．开发可动态加载的 DLL

可动态加载的 DLL 的开发技术与用于静态链接的 DLL 类似，不同之处在于需要把引出的接口用 extern "C" 进行声明。extern "C" 是让 C++代码能够调用 C 代码写的接口而采用的一种语法形式。如代码清单 3-14 所示，在标号①处，定义该 DLL 的引出宏 KS03_03_DLL_API。在第 13 天的学习内容中介绍 DLL 开发技术时，编写了专门定义引出宏的头文件 base_export.h，使用本节的写法可以省去这个头文件，因为该头文件中的内容被转移到引出类所在的头文件了。当 DLL 中有多个头文件需要引出时，本节的这种方法就不适合了，因为仍然需要编写专门用于定义引出宏的头文件，如 base_export.h。在标号②处，使用 extern "C" 声明一个引出接口 function_test（int）。如果有多个引出接口，可以将引出接口写到 extern "C" {}的花括号内部，如标号③处所示。在标号④处、标号⑤处定义了两个引出接口，可以看出，这些接口跟普通 DLL 中的引出接口的唯一区别就是被写在了 extern "C" {}的花括号内部。

代码清单 3-14

```
// src/chapter03/ks03_03/ks03_03_dll/ks03_03_dll.h
#pragma once
// 动态库导出宏定义                                              ①
#ifdef WIN32          // windows platform
#   if defined __ks03_03_DLL_SOURCE__
#       define KS03_03_DLL_API __declspec(dllexport)
```

```
#    else
#        define KS03_03_DLL_API __declspec(dllimport)
#    endif
#else // other platform
#    define KS03_03_DLL_API
#endif // WIN32
// 获取插件的导出函数
extern "C" KS03_03_DLL_API int function_test(int);               ②
extern "C" {                                                      ③
    /* 如果删除接口前面的 KS03_03_DLL_API，将导致该接口无法被找到。*/
    KS03_03_DLL_API const char* getComputerGeneration();          ④
    KS03_03_DLL_API int calculate(int a, int b);                  ⑤
};
```

下面看一下这几个接口的实现。如代码清单 3-15 所示，这几个接口的实现见标号①、标号②、标号③处。它们与普通 DLL 接口的区别在于把接口实现写在了 extern "C" 后面的花括号中。

代码清单 3-15

```
// src/chapter03/ks03_03/ks03_03_dll/ks03_03_dll.cpp
#include "ks03_03_dll.h"
// 获取插件的引出函数
extern "C" {
    int function_test(int a) {                                    ①
        return a;
    }
    const char* getComputerGeneration() {                         ②
        const char *szInfo = "我是世界上第一台电子计算机\"ENIAC\"。";
        return szInfo;
    }
    int calculate(int a, int b) {                                 ③
        return a + b;
    }
};
```

2. 在 EXE 中动态加载某个 DLL

完成 DLL 的开发后，就可以在 EXE 项目中加载 DLL 并调用其中的接口了。这里只介绍与普通 DLL 开发的不同之处。Windows 系统与 Linux 系统对于动态加载 DLL 提供了不同的接口，但是都包含加载 DLL、查找 DLL 中的接口、调用 DLL 中的接口、卸载 DLL 这四个步骤。下面分别进行介绍。

1）在 Windows 中动态加载 DLL 并调用 DLL 中的接口

（1）如果要调用 DLL 中的接口，首先需要加载 DLL。在 Windows 中加载 DLL 的接口为 LoadLibrary()，其原型如下。

```
HMODULE WINAPI LoadLibrary(_In_ LPCTSTR lpFileName);
```

其中_In_表示后面的参数是输入参数，也就是在接口内部只会引用传入的参数，而不会修改它。参数 lpFileName 表示要加载的 DLL 名称，如果 DLL 所在路径已经配置到 PATH 环境变量，就可以不写全路径而只写 DLL 文件名。HMODULE 是返回值类型，它是一个句柄，用来操作打开的 DLL。WINAPI 宏在 WIN32 中被定义为__stdcall，在第 13 天的学习内容中已经介绍过。调用 LoadLibrary()的示例代码如下。该例子表示加载的 DLL 为"my_dll.dll"。

```
HMODULE  hDll = LoadLibrary("my_dll.dll");
```

（2）在 Windows 系统中加载 DLL 后，可以用 GetProcAddress()查找 DLL 中的接口，其原型如下。

```
WINBASEAPI FARPROC WINAPI GetProcAddress(_In_ HMODULE hModule, _In_ LPCSTR lpProcName);
```

WINBASEAPI 宏用来表明后面是一个引出接口。FARPROC 表示该接口的返回值类型是一个函数地址，也就是 DLL 中接口的地址。hModule 是指向 DLL 的句柄，hModule 可以取 LoadLibrary()的返回值。lpProcName 表示要查找的接口名。调用 GetProcAddress()的示例代码如下。该例子表示在 hDll 句柄所指向的 DLL 中查找函数（或称作符号）function_test 并将找到的函数地址保存到 pFuncAddress 中。

```
void *pFuncAddress = GetProcAddress(hDll, "function_test");
```

（3）找到 DLL 中的接口后，就可以调用它了。function_test()的定义见代码清单 3-14 中标号②处，调用它的代码见代码清单 3-16。在标号①处定义一个函数指针 pFunction，为了跟 function_test()的定义保持一致，要把它定义成不带参数并且返回值类型为 int 的函数指针。在标号②处，将 GetProcAddress()返回的函数指针转换为期望的函数指针类型，其中 int(*)()表示返回值为 int 类型的函数指针，int(*)后面的()表示该函数不带参数，如果有参数就把参数列表写在 int(*)后面的()里。在标号③处，完成了对 pFunction()的调用，也就是对 DLL 中 function_test()的调用。

代码清单 3-16

```
int(*pFunction)() = NULL ;                    // 定义一个函数指针            ①
pFunction = (int(*)())pFuncAddress;           // 将函数指针转换为实际类型    ②
pFunction();                                  // 调用 function_test()       ③
```

（4）完成接口调用后，如果不需要再调用该 DLL 中的接口，可以在适当的时机卸载 DLL。但是，如果仍然需要调用其中的接口，就不能卸载 DLL，否则将导致调用异常。在 Windows 中卸载 DLL 的接口为 FreeLibrary()，其原型如下。

```
WINBASEAPI BOOL WINAPI FreeLibrary(In_ HMODULE hLibModule);
```

其中 hLibModule 表示 DLL 的句柄，该句柄可以由 LoadLibrary()得到。FreeLibrary()返回 BOOL 类型的值，用来表示卸载成功与否。调用 FreeLibrary()的示例代码如下。

```
FreeLibrary(hDll);
```

本节的案例中，在 Windows 中加载 DLL 的完整代码见代码清单 3-17。在 Windows 版的演示代码中，为了演示不同类型的函数调用，调用了 DLL 中的两个带有不同参数的接口 getComputerGeneration()、calculate(int, int)。如标号①处所示，定义两个变量 strFunctionName、strFunctionName2，这两个变量用来存储 DLL 中的函数名称。在标号②处，定义一个 void* 类型的变量 pFuncAddress，用来存放 GetProcAddress()返回的函数地址。在标号③处分别针对函数 getComputerGeneration()、calculate（int, int）定义了函数指针，在定义函数指针时，它的参数表、返回值类型必须与指向的函数完全一致，如果不明白，可以查看代码清单 3-14 中 getComputerGeneration()、calculate（int, int）的定义。在标号④、标号⑤处为 strDllPath 赋值，该变量用来表示待加载的 DLL 名称，可以看出在 Windows、Linux 系统中 DLL 的命名方式有所不同。如标号⑥处所示，调用 LoadLibrary()加载指定 DLL，需要注意将参数 strDllPath.c_str()转换为 LPCTSTR 类型，以便保证跟 LoadLibrary()的参数类型一致。在标号⑦处，将 GetProcAddress()返回的函数指针转换为和 getComputerGeneration()定义一致的函数指针，请注意其具体语法，可以跟标号⑧处指向 calculate（int, int）函数的指针进行对比，以便加深理解。在标号⑨处，调用 pFunction2（1, 2）就相当于调用 calculate（1, 2）。在标号⑩处，当不再使用 DLL 中的接口时，卸载 hDll 所指向的 DLL。

代码清单 3-17

```
// src/chapter03/ks03_03/ks03_03_exe/main.cpp
bool initialize() {
   ...
   std::string strDllPath;
   std::string strFunctionName = "getComputerGeneration";          ①
   std::string strFunctionName2 = "calculate";
   void *pFuncAddress = NULL;                                      ②
   const char* (*pFunction)() = NULL ;      // 定义一个函数指针      ③
   int (*pFunction2)(int, int) = NULL ;     // 定义第二个函数指针
#ifdef WIN32
   strDllPath = "ks03_03_dll_d.dll";                               ④
#else
   strDllPath = "libks03_03_dll_d.so.1";                           ⑤
#endif
#ifdef WIN32
   std::cout << ">>> ---------------------------------------" << std::endl;
   HMODULE hDll = LoadLibrary((LPCTSTR)strDllPath.c_str());        ⑥
   if (hDll == NULL) {
       return false;
   }
```

```
        pFuncAddress = GetProcAddress(hDll, (LPCTSTR)strFunctionName.c_str());
        if (NULL != pFuncAddress) {
            pFunction = (const char* (*)())pFuncAddress;                              ⑦
            std::cout << ">>> find " << strFunctionName << "() in " << strDllPath
<< std::endl;
            std::cout << ">>>调用" << strFunctionName << "()" << std::endl;
            std::cout << ">>>输出:" << pFunction()<< std::endl;
        }
        else {
            std::cout << ">>> Cannot find " << strFunctionName << "() in " <<
strDllPath << std::endl;
        }
        std::cout << ">>> ------------------------------------" << std::endl;
        pFuncAddress = GetProcAddress(hDll, (LPCTSTR)strFunctionName2.c_str());
        if (NULL != pFuncAddress) {
            pFunction2 = (int (*)(int, int))pFuncAddress;                             ⑧
            std::cout << ">>> find " << strFunctionName2 << "() in " << strDllPath
<< std::endl;
            std::cout << ">>>调用" << strFunctionName2 << "(1, 2)" << std::endl;
            std::cout << ">>>输出:" << pFunction2(1, 2)<< std::endl;
// 调用 DLL 中的接口，计算(1 + 2)                                                      ⑨
        }
        else {
            std::cout << ">>> Cannot find " << strFunctionName2 << "() in " <<
strDllPath << std::endl;
        }
        FreeLibrary(hDll);                                                            ⑩
#else
   ...
#endif
}
```

2）在 Linux 中动态加载 DLL 并调用 DLL 中的接口

在 Linux 中动态加载 DLL 并调用 DLL 中接口的过程同 Windows 一致。

（1）如果要调用 DLL 中的接口，首先需要加载 DLL。在 Linux 中加载 DLL 的接口为 dlopen()，调用该接口需要包含头文件 "#include <dlfcn.h>"，其原型如下。

```
void* dlopen(const char *pathName, int mode);
```

其中 pathName 表示要加载的 DLL 名称，如果 DLL 所在路径已经配置到 PATH 环境变量，就可以不写全路径而只写 DLL 文件名。mode 表示加载模式，在本案例中取值 RTLD_LAZY，表示等需要时再解析 DLL 中的符号（即函数）。该函数返回值类型为 void*。调用 dlopen()的示例代码如下。

```
void *hDll = dlopen("my_dll.so.1", RTLD_LAZY);
```

该例子表示加载的 DLL 为"my_dll.so.1"。需要注意的是 Linux 中的 DLL 文件一般会有多个软链接（类似 Windows 中的快捷方式），在使用前需要确认该文件名与磁盘上 DLL 的实际文件名是否一致，如果不一致将导致加载失败。

（2）在 Linux 系统中加载 DLL 后，可以用 dlsym()查找 DLL 中的接口，其原型如下。

```
void* dlsym(void *handle, const char *symbol);
```

void*指向返回的函数地址。handle 是指向 DLL 的指针，可以取 dlopen()的返回值。symbol 表示要查找的接口名。调用 dlsym()的示例代码如下。该示例表示在 hDll 所指向的 DLL 中查找函数 function_test 并将找到的函数地址保存到 pFuncAddress 中。

```
void *pFuncAddress = dlsym(hDll, "function_test");
```

（3）找到 DLL 中的接口后，就可以调用它了。关于函数指针的使用方式见 Windows 部分的描述，见代码清单 3-16。

（4）完成接口调用后，如果不需要再调用该 DLL 中的接口，可以在适当的时机卸载 DLL。但是，如果仍然需要调用其中的接口，就不能卸载 DLL，否则将导致接口调用异常。在 Linux 中卸载 DLL 的接口为 dlclose()，其原型如下。

```
int dlclose (void *handle);
```

其中 handle 表示 DLL 的句柄，该句柄可以由 dlopen()得到。只有当 DLL 的使用计数为 0 时，DLL 才会真正被系统卸载。调用 dlclose()的示例代码如下。

```
dlclose(hDll);
```

注意：如果要使用 dlopen()、dlclose()等接口，需要在项目的 pro 中添加对 Linux 库 dl 的引用，否则会导致编译错误 "undefined reference to symbol 'dlclose@@GLIBC_2.2.5'"。pro 配置如下。

```
// src/base/basedll/basedll.pro
unix {
    LIBS += -ldl
}
```

本节的案例中，在 Linux 中加载 DLL 的完整代码见代码清单 3-18。在 Linux 版的演示代码中，为了演示不同类型的函数调用，同样调用了 DLL 中的两个带有不同参数的接口 getComputerGeneration()、calculate（int, int）。如在标号①处，调用 dlopen()加载指定 DLL。在标号②处，调用 dlsym()查找 DLL 中的指定接口。在标号③处，将返回的函数指针转换为和 getComputerGeneration()定义一致的函数指针，请注意具体语法，可以与标号⑤处指向 calculate（int, int）函数的指针进行对比，以便加深理解。在标号④、标号⑥处，分别调用 pFunction()、pFunction2（1, 2），相当于调用 getComputerGeneration ()和 calculate（1, 2）。在标号⑦处，当不再使用 DLL 中的接口时，卸载 hDll 所指向的 DLL。

代码清单 3-18

```cpp
// src/chapter03/ks03_03/ks03_03_exe/main.cpp
#include <dlfcn.h>
bool initialize(){
...
    std::string strDllPath;
    std::string strFunctionName = "getComputerGeneration";
    std::string strFunctionName2 = "calculate";
    void *pFuncAddress = NULL;
    const char* (*pFunction)() = NULL ;     // 定义一个函数指针
    int (*pFunction2)(int, int) = NULL ;    // 定义第二个函数指针
#ifdef WIN32
    strDllPath = "ks03_03_dll_d.dll";
#else
    strDllPath = "libks03_03_dll_d.so.1";
#endif
#ifdef WIN32
...
#else
    std::cout << ">>> ----------------------------------" << std::endl;
void hDll = dlopen(strDllPath.c_str(), RTLD_LAZY);                       ①
    if (hDll == NULL){
        return false;
    }
    pFuncAddress = dlsym(hDll, strFunctionName.c_str());                 ②
    if (NULL != pFuncAddress){
        pFunction = (const char* (*)())pFuncAddress;                     ③
        std::cout << ">>> find " << strFunctionName << "() in " << strDllPath << std::endl;
        std::cout << ">>>调用" << strFunctionName << "()" << std::endl;
        std::cout << ">>>输出:" << pFunction()<< std::endl;               ④
    }
    else {
        std::cout << ">>> Can not find " << strFunctionName << "() in " << strDllPath << std::endl;
    }
    std::cout << ">>> ---------------------------------------" <<std::endl;
    pFuncAddress = dlsym(hDll, strFunctionName2.c_str());
    if (NULL != pFuncAddress){
        pFunction2 = (int (*)(int, int))pFuncAddress;                    ⑤
        std::cout << ">>> find " << strFunctionName2 << "() in " << strDllPath << std::endl;
        std::cout << ">>>调用" << strFunctionName2 << "(1, 2)" << std::endl;
        std::cout << ">>>输出:" << pFunction2(1, 2)<< std::endl; // 调用DLL
//中的接口，计算(1 + 2)                                                    ⑥
    }
```

```
        else {
            std::cout << ">>> Cannot find " << strFunctionName2 << "() in " <<
strDllPath << std::endl;
        }
        dlclose(hDll);                                                         ⑦
#endif
}
```

本节介绍了动态加载 DLL 的技术,在下节案例中,将会把这些接口调用封装到自定义类中以方便使用。

第 15 天　将动态加载 DLL 的功能封装到自定义类中

今天要学习的案例对应的源代码目录:src/chapter03/ks03_04。本案例不依赖第三方类库。程序运行效果如图 3-4 所示。

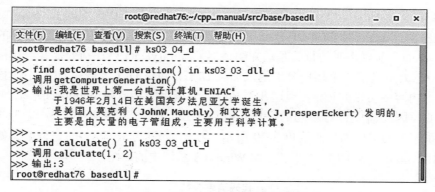

图 3-4　第 15 天案例程序运行效果

今天的目标是掌握如下内容。
- 将动态加载 DLL 功能封装到自定义类中。
- 使用该自定义类加载 DLL 并调用其中的接口。

第 14 天的学习内容中介绍了可动态加载 DLL 的开发技术,演示了在 Windows 系统、Linux 系统中如何实现动态加载 DLL 并调用其中的接口。在 ks03_03 项目中,需要利用操作系统宏定义来区分不同的系统以便调用不同的接口,这个方案在实际应用过程中不太方便。为了更加方便,可以把加载 DLL 以及查找 DLL 中接口等的相关代码封装到自定义类中,在应用中只需要调用该类的功能即可。

1. 将动态加载 DLL 的功能封装到自定义类

首先,将动态加载 DLL 的功能封装到自定义类 CLibrary,将该类添加到 basedll 项目。该类的定义见代码清单 3-19。

代码清单 3-19

```
// include/base/basedll/base_class.h
namespace ns_train {                                                    ①
struct CLibraryData;                                                    ②
class BASE_API CLibrary {
public:
    CLibrary();
    ~CLibrary();
    bool open(const char *pszDLLName);                                  ③
    bool close();                                                       ④
    void* getFunction(const char *pszFunctionName);                     ⑤
private:
    CLibraryData *m_pLibraryData;
    std::string m_strDLLName;
};
}
```

在代码清单 3-19 中，如标号①处所示，将 CLibrary 置于命名空间 ns_train 中，这样便于管理。在标号②处，对 CLibraryData 进行前置声明，以便用来定义 CLibrary 的私有成员 m_pLibraryData，前置声明的目的是通知编译器 CLibraryData 已在别处定义。在标号③、标号④、标号⑤处定义了 3 个接口分别用来加载 DLL、卸载 DLL、查找 DLL 中的接口。从第 13 天的学习内容中可以知道，实现这几个功能需要调用的接口在 Windows 系统、Linux 系统中是不同的，因此需要针对不同的操作系统为 CLibrary 类提供不同的实现。CLibrary 在 Windows 系统中的实现如代码清单 3-20 所示。结构体 CLibraryData 的完整定义如标号①处所示。在标号②处，为 DLL 文件名添加 Windows 系统中的后缀。

代码清单 3-20

```
// src/base/basedll/lib_windows.cpp
#include "base_class.h"
#include <windows.h>
namespace ns_train {
struct CLibraryData {                                                   ①
    HMODULE hDll;
};

CLibrary::CLibrary() {
    m_pLibraryData = new CLibraryData;
    m_pLibraryData->hDll = NULL;
}
CLibrary::~CLibrary() {
    if (m_pLibraryData->hDll != NULL) {
        FreeLibrary(m_pLibraryData->hDll);
    }
    delete m_pLibraryData;
```

```cpp
}
bool CLibrary::open(const char* pszDLLName) {
    if (pszDLLName == NULL) {
        return false;
    }
    m_strDLLName = pszDLLName;
    m_strDLLName += ".dll";
    m_pLibraryData->hDll = LoadLibrary((LPCTSTR)m_strDLLName.c_str());
    if (m_pLibraryData->hDll == NULL) {
        return false;
    }
    return true;
}
bool CLibrary::close() {
    if (!FreeLibrary(m_pLibraryData->hDll)) {
        return false;
    }
    m_pLibraryData->hDll = NULL;
    return true;
}

void* CLibrary::getFunction(const char* pszFunctionName){
    return (void*)GetProcAddress(m_pLibraryData->hDll, (LPCTSTR)
pszFunctionName);
}
}
```

② (marker appears near LoadLibrary line)

CLibrary 在 Linux 系统中的实现如代码清单 3-21 所示。结构体 CLibraryData 的完整定义如标号①处所示。在标号②处至标号③处，组织完整的 DLL 文件名。如果 pszDLLName=aaa，那么完整的 DLL 文件名应该为 libaaa.so.1。

代码清单 3-21

```cpp
// src/base/basedll/lib_linux.cpp
#include "base_class.h"
#include <dlfcn.h>
namespace ns_train {
struct CLibraryData {
    void* hDll;
};
CLibrary::CLibrary() {
    m_pLibraryData = new CLibraryData;
    m_pLibraryData->hDll = NULL;
}
CLibrary::~CLibrary() {
    delete m_pLibraryData;
}
```

① (marker appears near struct CLibraryData)

```cpp
bool CLibrary::open(const char * pszDLLName){
    if (pszDLLName == NULL) {
        return false;
    }
    m_strDLLName = "lib";                                                  ②
    m_strDLLName += pszDLLName;
    m_strDLLName += ".so.1";                                               ③
    m_pLibraryData->hDll = dlopen(m_strDLLName.c_str(), RTLD_LAZY);
    return (m_pLibraryData->hDll != NULL);
}
bool CLibrary::close() {
    if(!dlclose(m_pLibraryData->hDll)) {
        return false;
    }
    return true;
}
void* CLibrary::getFunction(const char * pszFunctionName){
    return dlsym(m_pLibraryData->hDll, pszFunctionName);
}
}
```

2. 使用该自定义类加载 DLL 并调用其中的接口

将 CLibrary 封装完成后，就可以使用该类加载 DLL 并调用其中的接口了。使用该类的代码如代码清单 3-22 所示。在标号①处，定义 CLibrary 类型的对象 lib，此处代码采用了 ns_train::CLibrary 的写法。在标号②处，加载指定的 DLL。在标号③、标号④处，查找 DLL 中指定接口，然后调用。在标号⑤处，当不再使用 DLL 时，卸载该 DLL。

代码清单 3-22

```cpp
// src/chapter03/ks03_04/ks03_04_exe/main.cpp
bool initialize() {
    ...
    /* 加载指定的 DLL，并调用其中的接口 */
    ns_train::CLibrary lib;                                                ①
    std::string strDllPath = "ks03_03_dll_d";
    std::string strFunctionName = "getComputerGeneration";
    std::string strFunctionName2 = "calculate";
    void* pFuncAddress = NULL;
    const char* (*pFunction)() = NULL;         // 定义一个函数指针
    int (*pFunction2)(int, int) = NULL;        // 定义第二个函数指针
    std::cout << ">>> ---------------------------------" << std::endl;
    bool bOK = lib.open(strDllPath.c_str());                               ②
    if (!bOK) {
        std::cout << ">>>加载" << strDllPath << "失败。" << strDllPath << std::endl;
        return false;
```

```
    }
    pFuncAddress = lib.getFunction(strFunctionName.c_str());          ③
    if (NULL != pFuncAddress) {
        pFunction = (const char* (*)())pFuncAddress;
        std::cout << ">>> find " << strFunctionName << "() in " << strDllPath << std::endl;
        std::cout << ">>>调用" << strFunctionName << "()" << std::endl;
        std::cout << ">>>输出:" << pFunction()<< std::endl;
    }
    else {
        std::cout << ">>> Cannot find " << strFunctionName << "() in " << strDllPath << std::endl;
    }
    std::cout << ">>> ----------------------------------" << std::endl;
    pFuncAddress = lib.getFunction(strFunctionName2.c_str());         ④
    if (NULL != pFuncAddress) {
        pFunction2 = (int (*)(int, int))pFuncAddress;
        std::cout << ">>> find " << strFunctionName2 << "() in " << strDllPath << std::endl;
        std::cout << ">>>调用" << strFunctionName2 << "(1, 2)" << std::endl;
        std::cout << ">>>输出:" << pFunction2(1, 2)<< std::endl; // 调用 DLL
//中的接口，计算(1 + 2)
    }
    else {
        std::cout << ">>> Cannot find " << strFunctionName2 << "() in " << strDllPath << std::endl;
    }
    lib.close();                                                      ⑤
}
```

注意：因为本案例的 EXE 项目中，不再涉及 UNICODE 问题，所以本案例 EXE 的 pro 中无须配置 "DEFINES -= UNICODE"。

第 16 天　动态加载 DLL 时区分 Debug 版/Release 版

视频讲解

今天要学习的案例对应的源代码目录：src/chapter03/ks03_05。本案例不依赖第三方类库。程序运行效果如图 3-5 所示。

今天的目标是掌握如下内容。

- 在动态加载 DLL 时为什么要区分 Debug 版/Release 版？
- 怎样区分 Debug 版/Release 版的 DLL？

利用第 13 天、第 14 天介绍的技术，已经可以实现动态加载 DLL 并调用其中的引出接口。但是，在实际工程实践当中还会碰到一个问题，就是 Debug 版/Release 版的 DLL 混淆问题。比如，一个 DLL 项目可以生成 Debug 版/Release 版这两个版本的目标文件，为了方

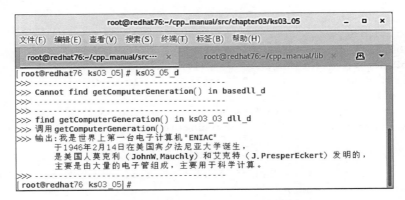

图 3-5　第 16 天案例程序运行效果

便，在源代码中一般不会对两个版本的接口进行区分。也就是说，对于同一个 DLL 来说，Debug 版的 DLL 和 Release 版的 DLL 中的引出接口名称完全一致。这就导致 EXE 在加载 DLL 时可能出现问题。当 Debug 版的 EXE 程序调用 Release 版的 DLL 中的接口时，可能导致不可知的异常。所以，Debug 版的 EXE 应该调用 Debug 版 DLL 中的接口，而 Release 版的 EXE 应该调用 Release 版 DLL 中的接口。那么，怎样才能做到这一点呢？

本节案例实现的功能是扫描指定目录下的所有 DLL 文件并存放到数组中，然后遍历该数组然后加载 DLL 并调用其中的接口。下面进行详细介绍。

1. 搜索指定目录中的所有 DLL 文件并存放到数组中

首先，需要遍历指定目录，搜索该目录下的所有 DLL 文件，并且存放到数组中，Windows 版的 getAllDllFiles() 实现见代码清单 3-23。在代码清单 3-23 中，需要跳过当前目录"."以及上级目录".."。

代码清单 3-23

```cpp
// src/chapter03/ks03_05/main.cpp
#ifdef WIN32
#include <windows.h>
#endif
/**
* @brief 扫描指定目录并得到所有的 DLL 文件名，存放到 files 中
* @param[in] path 待扫描的目录
* @param[in] files 存放 DLL 文件的数组。DLL 文件名不包括路径，只包括文件名，比如 aaa，表示 aaa.dll 或者 aaa.so.1。
* @return void
*/
void getAllDllFiles(const std::string &path, std::vector<std::string>& files){
    files.clear();
    intptr_t    hFileHandle = 0;        // 文件句柄
    struct _finddata_t fileInfo;        // 存储文件信息的对象
```

```
    std::string p;
#ifdef WIN32
    std::string strPostFix = ".dll";
#else
    std::string strPostFix = ".so.1";
#endif
    std::string strFileName;
    if ((hFileHandle = _findfirst(p.assign(path).append("/*").append
(strPostFix).c_str(), &fileInfo)) != -1) {
        do {
            if (_stricmp(fileInfo.name, ".") != 0 &&
                _stricmp(fileInfo.name, "..") != 0) {
                strFileName = fileInfo.name;
                strFileName = strFileName.substr(0, strFileName.length() -
strPostFix.length());
                files.push_back(strFileName);  // 加入列表
            }
        } while (_findnext(hFileHandle, &fileInfo) == 0);
        _findclose(hFileHandle);
    }
}
```

因为依赖的接口不同，所以 Linux 版的 getAllDllFiles()实现与 Windows 版有所不同，具体见代码清单 3-24。在代码清单 3-24 中，同样需要跳过当前目录"."以及上级目录 ".."。

代码清单 3-24

```
// src/chapter03/ks03_05/main.cpp
#ifdef WIN32
#include <io.h>
#else
#include <sys/io.h>
#include <sys/types.h>
#include <sys/fcntl.h>
#include <sys/stat.h>
#include <dirent.h>
#include <unistd.h>
#endif

#ifdef WIN32
...
#else  // 非 Windows 系统
void getAllDllFiles(const std::string &path, std::vector<std::string>&
files){
    files.clear();
    struct stat dirstat;
    if (stat(path.c_str(), &dirstat) == -1){
```

```
        return;
    }
    std::string strPostFix = ".so.1";
    std::string strFileName;
    std::string strSubPathName;
    std::string strSubFileName;
    if (dirstat.st_mode & S_IFDIR) {
        struct dirent* entry = NULL;
        DIR* dir = NULL;
        dir = opendir(path.c_str());
        while ((entry = readdir(dir)) != NULL) {
            if (!_stricmp(entry->d_name, ".") || !_stricmp(entry->d_name, "..")) {
                continue;
            }
            strFileName = entry->d_name;
            strSubPathName = path + "/" + strFileName;
            if (stat(strSubPathName.c_str(), &dirstat) == -1){
                std::cout << "cant access to subdir" << strSubPathName << std::endl;
                continue;
            }
            if (dirstat.st_mode & S_IFDIR) {  // 是目录则跳过
                continue;
            }
            strSubFileName = strFileName.substr(strFileName.length() - strPostFix.length(), strPostFix.length());
            if (strPostFix == strSubFileName) {
                strFileName = strFileName.substr(3, strFileName.length() - 3 - strPostFix.length());             // 删除开头的"lib"字样和后缀
                files.push_back(strFileName); // 加入列表
            }
        }
        closedir(dir);
    }
}
#endif
```

2. 将加载DLL以及调用DLL接口的功能封装到独立的接口中

为了方便案例演示，将加载DLL以及调用DLL接口的功能封装到独立的接口callFunctionInDll()中，见代码清单3-25。

代码清单3-25

```
// src/chapter03/ks03_05/main.cpp
/**
 * @brief 加载指定DLL并调用其中的接口
```

```
 * @param[in] strDllPath  DLL 名称，不含后缀。比如，strDllPath=aaa, 表示 aaa.dll
或者 aaa.so.1
 * @return true: 加载及调用成功；false:失败
 */
bool callFunctionInDll(const std::string & strDllPath){
    ns_train::CLibrary lib;
    std::string strFunctionName = "getComputerGeneration";
    std::string strFunctionName2 = "calculate";
    void* pFuncAddress = NULL;
    const char* (*pFunction)() = NULL;         // 定义一个函数指针
    std::cout << ">>> ----------------------------------" << std::endl;
    bool bOK = lib.open(strDllPath.c_str());
    if (!bOK) {
        std::cout << ">>>加载" << strDllPath << "失败。" << strDllPath << std::endl;
        return false;
    }
    pFuncAddress = lib.getFunction(strFunctionName.c_str());
    if (NULL != pFuncAddress) {
        pFunction = (const char* (*)())pFuncAddress;
        std::cout << ">>> find " << strFunctionName << "() in " << strDllPath << std::endl;
        std::cout << ">>>调用" << strFunctionName << "()" << std::endl;
        std::cout << ">>>输出:" << pFunction()<< std::endl;
    }
    else {
        std::cout << ">>> Cannot find " << strFunctionName << "() in " << strDllPath << std::endl;
    }
    std::cout << ">>> ----------------------------------" << std::endl;
    lib.close();
    return true;
}
```

3．区分 Debug 版本/Release 版本

最后介绍本案例的主要内容，区分 Debug 版本/Release 版本，见代码清单 3-26。在标号①处，在 PROJECT_DEBUG 宏所覆盖的代码中（表示是 Debug 版），判断待加载的 DLL 是否也是 Debug 版，这里采用了比较简单的算法，认为 DLL 文件名的末尾是 "_d"，就表示该 DLL 是 Debug 版的 DLL。在标号②处，在 Release 版的代码中，判断待加载的 DLL 不是 Debug 版才进行加载（文件名不以 "_d" 结尾）。这就要求整套系统的 DLL 都要以这种方式命名。即 Debug 版的 DLL 以 "_d" 结尾，Release 版的 DLL 不含末尾的 "_d"。如果 DLL 的命名不遵守该约定，就要改用其他判断方法。

注意：本案例中判断 DLL 是 Debug 版还是 Release 版的方案仅适用于 DLL 的命名方式遵循本节约定的情况。

代码清单 3-26

```cpp
// src/chapter03/ks03_05/main.cpp
bool initialize() {
    ...
    /* 加载指定的 DLL，并调用其中的接口 */
std::string strPath = ns_train::getPath("$PROJECT_DEV_HOME/lib");
    std::vector<std::string> files;
    /* 遍历目录，得到所有的 DLL 文件 */
    getAllDllFiles(strPath, files);
    std::vector<std::string>::iterator iteFile = files.begin();
    std::string strDllFile;
    std::string strSubStr;
    while (iteFile != files.end()) {
        strDllFile = *iteFile;
/* Debug 版只处理 Debug 版的 DLL,这里采用比较简单的算法,认为"_d"结尾的都是 Debug 版 */
#ifdef PROJECT_DEBUG
        if (strDllFile.length()>2){  //  trDllFile="ks03_03_dll_d"
            strSubStr = strDllFile.substr(strDllFile.length()-2, 2);
                                    //  strSubStr = "-d"
            if (strSubStr == "_d") {                                          ①
                callFunctionInDll(strDllFile);
            }
        }
#else
        if (strDllFile.length()> 2) {
            strSubStr=strDllFile.substr(strDllFile.length()-2, 2);
            if (strSubStr != "_d") {                                          ②
                callFunctionInDll(strDllFile);
            }
        }
#endif
        iteFile++;
    }
}
```

在本节中遍历指定目录的接口 getAllDllFiles()时,通过编码方式提供了 Windows 版、Linux 版的实现。其实在一般情况下,可以直接使用第三方库(如 POCO 库)中提供的封装,无须自行编写代码。如果项目中允许使用 Qt 的类,也可以用 Qt 的类实现该接口。

第 17 天　利用动态加载 DLL 技术制作插件

视频讲解

今天要学习的案例对应的源代码目录：src/chapter03/ks03_06。本案例不依赖第三方类库。程序运行效果如图 3-6 所示。

图 3-6　第 17 天案例程序运行效果

今天的目标是掌握如下内容。
- 插件的定义。
- 设计、开发插件的方法。

掌握了动态加载 DLL 的技术之后，就可以设计、开发插件了。那么什么是插件呢？ PnP（Plug and Play，即插即用）是信息技术中的一个术语，指的是在计算机上添加一个符合某种接口标准的新的外部设备时，计算机能自动侦测与配置系统资源后直接使用该硬件，无须重新配置计算机或手动安装驱动程序。PCI（Peripheral Component Interconnect，外设部件互联标准）接口是计算机主板上使用最为广泛的接口。符合 PCI 接口标准的硬件插到计算机主板的 PCI 插槽上就可以使用。软件中的插件概念与此类似。软件中的插件，指的是遵循一定应用程序接口规范开发出的软件模块。因此，只要 DLL 中的接口遵循指定规范，这些 DLL 就可以作为插件使用。既然是即插即用，就不需要重新构建原来的程序，只要把原来的程序重启甚至无须重启就可以让新插件发挥作用。那么，插件可以用来做什么呢？插件化设计主要可以用来解决一些不可预知的问题。如果无法预测未来会出现什么样的功能需求或者无法预测未来会接入哪个厂家的设备，那么在设计软件时就要考虑一下，是否可以通过一定程度的抽象设计，把功能需求中的共同点进行抽取，然后把这样的设计形成一定的规范，满足这种规范的设计就可以称作插件化设计。比如，对于指纹采集设备来说，如果要设计它的访问接口，那么接口可能包括访问该设备的制造商、设备的性能参数、该设备采集的指纹图片等信息。如果把这些内容进行整理、设计，那么就可以把对它的访问抽象成插件。那么，具体该怎样设计、开发插件呢？

下面仍以指纹采集设备为例进行介绍。目前可能有很多厂家可以生产指纹采集设备，在设计指纹采集设备的插件访问接口时，就可以考虑设计一个接口类 CFingerprintDeviceInterface，该类提供了几个纯虚接口，见代码清单 3-27。

代码清单 3-27

```cpp
// include/ks03_06/fingerprint_device_interface.h
/* 指纹采集设备的插件接口 */
class CFingerprintDeviceInterface {
public:
    /**
    * @brief 构造函数
    */
    CFingerprintDeviceInterface() { ; }
    /**
    * @brief 获取制造商关键字
    * @return 制造商关键字，用来区分不同的制造商
    */
    virtual std::string getManufacturerKey()= 0;
    /**
    * @brief  获取制造商名称
    * @return 制造商名称
    */
    virtual std::string getManufacturerName()= 0;
    /**
    * @brief 获取设备毫秒级响应时间
    * @return 响应时间，单位：毫秒
    */
    virtual int getResponseTime()= 0;
    /**
    * @brief 获取指纹，得到指纹图片
    * @param[in] width 图片宽度
    * @param[in] height 图片高度
    * @return 纹图片
    */
    virtual CPicture getFingerprint(int width, int height) = 0;
};
```

因此，可以在指纹采集插件中定义 CFingerprintDeviceInterface 的派生类，然后定义一个接口用来构造该派生类的对象。为了进行对比演示，设计了两个插件 fingerprint_a_dll、fingerprint_b_dll。下面进行详细介绍。

1．指纹采集器插件 fingerprint_a_dll、fingerprint_b_dll

1）定义指纹采集器 A 的访问接口

首先，定义指纹采集器 A 的访问类 CFingerprintDeviceA，该类派生自 CFingerprint-

DeviceInterface，并且实现它的所有纯虚接口。

```
// src/chapter03/ks03_06/fingerprint_a_dll/fingerprint_a.h
#pragma once
#include "fingerprint_device_interface.h"
#include "fingerprint_a_dll.h"
class FDTYPEA_DLL_API CFingerprintDeviceA : public
CFingerprintDeviceInterface {
public:
    CFingerprintDeviceA():CFingerprintDeviceInterface(){ ; }
    virtual std::string getManufacturerKey() {
        return "FPDev_A";
    }
    virtual std::string getManufacturerName() {
        return "FP_POWER";
    }
    virtual int getResponseTime() {
        return 50;
    }
    virtual CPicture getFingerprint(int /*width*/, int /*height*/){
        return CPicture();
    }
};
```

2）定义指纹采集器 A 的引出接口

然后，定义 fingerprint_a_dll（对应指纹采集器 A）的引出接口 createFingerPrintDeviceObject()。为了方便，直接把 FDTYPEA_DLL_API 宏定义在同一个头文件中。

```
// src/chapter03/ks03_06/fingerprint_a_dll/fingerprint_a_dll.h
#pragma once
// 动态库导出宏定义
#ifdef WIN32          // windows platform
#   if defined __FINGERPRINT_A_DLL_SOURCE__
#       define FDTYPEA_DLL_API __declspec(dllexport)
#   else
#       define FDTYPEA_DLL_API __declspec(dllimport)
#   endif
#else                 // other platform
#   define FDTYPEA_DLL_API
#endif // WIN32
class CFingerprintDeviceInterface;
// 获取插件的导出函数
extern "C" FDTYPEA_DLL_API CFingerprintDeviceInterface *
createFingerPrintDeviceObject();
```

3）实现指纹采集器 A 的引出接口

最后，实现 fingerprint_a_dll（对应指纹采集器 A）的引出接口 createFingerPrintDeviceObject()。

```cpp
// src/chapter03/ks03_06/fingerprint_a_dll/fingerprint_a_dll.cpp
#include "fingerprint_a_dll.h"
#include "fingerprint_a.h"
// 获取插件的导出函数
extern "C" {
    CFingerprintDeviceInterface* createFingerPrintDeviceObject(){
        return new CFingerprintDeviceA();
    }
};
```

4）库 fingerprint_b_dll（对应指纹采集器 B）

另一个指纹采集器的访问库 fingerprint_b_dll 的实现与 fingerprint_a_dll 类似，只是 fingerprint_b_dll 中的指纹采集器对应的类为 CFingerprintDeviceB。

```cpp
// src/chapter03/ks03_06/fingerprint_b_dll/fingerprint_b.h
class FDTYPEB_DLL_API CFingerprintDeviceB : public CFingerprintDeviceInterface {
public:
    CFingerprintDeviceB():CFingerprintDeviceInterface(){ ; }
    virtual std::string getManufacturerKey() {
        return "FPDev_B";
    }
    virtual std::string getManufacturerName() {
        return "FP_PLANT";
    }
    virtual int getResponseTime() {
        return 80;
    }
    virtual CPicture getFingerprint(int /*width*/, int /*height*/){
        return CPicture();
    }
};
```

fingerprint_b_dll 中引出接口 createFingerPrintDeviceObject()的实现如下。

```cpp
// src/chapter03/ks03_06/fingerprint_b_dll/fingerprint_b_dll.cpp
#include "fingerprint_b_dll.h"
#include "fingerprint_b.h"
// 获取插件的导出函数
extern "C" {
    CFingerprintDeviceInterface* createFingerPrintDeviceObject(){
        return new CFingerprintDeviceB();
```

            }
        );

2. 扫描、加载插件并调用插件中的接口

扫描插件时仍使用 getAllDllFiles()得到所有的 DLL 集合。如代码清单 3-28 中标号①、标号②处所示，调用 callFunctionInDll_2()以便加载指纹采集器的插件并访问插件中提供的接口。

代码清单 3-28

```cpp
// src/chapter03/ks03_06/ks03_06_exe/main.cpp
bool initialize() {
    ...
    iteFile = files.begin();
    // 加载指纹扫描器的接口
    while (iteFile != files.end()) {
        strDllFile = *iteFile;
        /*
         * Debug 版只处理 Debug 版的 DLL，这里采用比较简单的算法，
         * 认为"_d"结尾的都是 Debug 版。
         * 所以，这就要求该目录中所有 DLL 都要按照这个约定进行命名
         */
#ifdef PROJECT_DEBUG
        if (strDllFile.length()>2){
            strSubStr = strDllFile.substr(strDllFile.length()-2, 2);
            if (strSubStr == "_d") {
                callFunctionInDll_2(strDllFile);                        ①
            }
        }
#else
        if (strDllFile.length()> 2) {
            strSubStr = strDllFile.substr(strDllFile.length() - 2, 2);
            if (strSubStr != "_d") {
                callFunctionInDll_2(strDllFile);                        ②
            }
        }
#endif
        iteFile++;
    }
    ...
}
```

callFunctionInDll_2()的实现见代码清单 3-29。如标号①处所示，设置加载插件所调用的接口名称。在标号②处，调用插件中的接口并将返回的对象保存到指纹采集器基类的指针 pDevice 中。在标号③、标号④、标号⑤处，调用 pDevice 的各个接口进行信息展示。

代码清单 3-29

```cpp
// src/chapter03/ks03_06/ks03_06_exe/main.cpp
bool callFunctionInDll_2(const std::string & strDllPath){
    ns_train::CLibrary lib;
    std::string strFunctionName3 = "createFingerPrintDeviceObject";     ①
    void* pFuncAddress = NULL;
    CFingerprintDeviceInterface* (*pFunction2)() = NULL;// 定义第二个函数指针
    bOOK = lib.open(strDllPath.c_str());
    if (!bOK) {
        std::cout << ">>> -----------------------------------" << std::endl;
        std::cout << "| 加载" << strDllPath << "失败。" << strDllPath << std::endl;
        return false;
    }
    /* 调用指纹器 DLL 的接口 */
    pFuncAddress = lib.getFunction(strFunctionName3.c_str());
    if (NULL != pFuncAddress) {
        pFunction2 = (CFingerprintDeviceInterface * (*)())pFuncAddress;
        CFingerprintDeviceInterface* pDevice = pFunction2();             ②
        std::cout << ">>> -----------------------------------" << std::endl;
        std::cout << "| find " << strFunctionName3 << "() in " << strDllPath << std::endl;
        std::cout << "| getManufacturerKey:" << pDevice->getManufacturerKey()<< std::endl;   ③
        std::cout << "| getManufacturerName:" << pDevice->getManufacturerName()<< std::endl;  ④
        std::cout << "| getResponseTime:" << pDevice->getResponseTime()<< "毫秒" << std::endl;  ⑤
    }
    else {
        //std::cout << ">>> Cannot find " << strFunctionName << "() in " << strDllPath << std::endl;
    }
    //std::cout << ">>> -----------------------------------" << std::endl;
    lib.close();
    return true;
}
```

3. 小结

本节展示了使用动态加载 DLL 技术实现插件化设计的案例。本节重点内容如下。

（1）可以为插件设计接口类，并且在插件的引出接口中返回该类的指针，这样就可以通过在插件中构建派生类对象实现插件的多样化。

（2）插件的引出接口的返回值一定要定义成基类类型的指针，不能定义成派生类类型的指针，否则会因各个插件的返回值类型不同导致插件不能通用，这就失去了插件的意义。

第 18 天　POCO 库安装与使用

今天要学习的案例对应的源代码目录：无。
今天的目标是掌握如下内容。
- 在 Windows 中安装 POCO 库。
- 在 Linux 中安装 POCO 库。
- POCO 库包含哪些内容。
- 使用 POCO 库访问系统信息和环境变量。

在中大型软件项目中，有时为了提高开发效率，项目组会选择一些成熟的第三方软件库，而 POCO 库就是其中一个选择。

POCO（摘自百度百科）：POCO C++ Libraries 提供一套 C++类库，用于开发基于网络的可移植的应用程序，其功能涉及线程、线程同步、文件系统访问、流操作、共享库和类加载、套接字等，支持的网络协议包括 HTTP、FTP、SMTP 等，其本身还包含一个 HTTP 服务器，还提供 XML 的解析和 SQL 数据库的访问接口。

POCO 库是 C++跨平台开发时用于开发服务器程序的常用类库，它功能强大、高效且稳定性好。本节介绍 POCO 库的安装方法。

视频讲解

1. 在 Windows 系统中安装 POCO

1）安装 OpenSSL

POCO 编译安装依赖 OpenSSL，如果未安装 OpenSSL 则应该先安装 OpenSSL。OpenSSL 的下载地址见配套资源【资源下载.pdf】文档中【OpenSSL 库】中的 Windows 部分。下载页面如图 3-7 所示。然后，根据需要选择 32 位或者 64 位的安装包，如图 3-8 所示。安装时选择默认选项即可。假设将 OpenSSL 安装在 C:\OpenSSL-Win64，那么，在安装完成后，请将 C:\OpenSSL-Win64、C:\OpenSSL-Win64\lib 添加到 PATH 环境变量中。

图 3-7　OpenSSL 下载页面

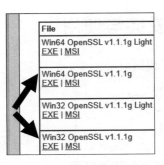

图 3-8 下载 OpenSSL 压缩包

2）安装 POCO

安装 POCO 之前，需要先下载 POCO。POCO 的下载地址见本书配套资源中【资源下载.pdf】文档中的【POCO 库】。POCO 的下载页面如图 3-9 所示，单击图中右下角的 Clone or download 按钮后弹出界面，如图 3-10 所示。然后，单击 Download ZIP 按钮可以下载 POCO 的源代码包 poco-master.zip。

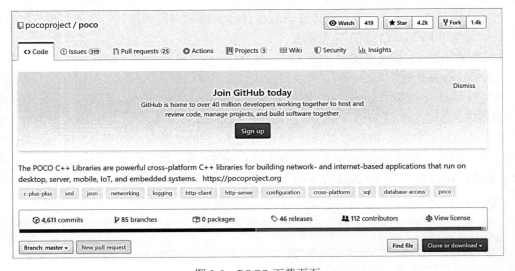

图 3-9　POCO 下载页面

将 poco-master.zip 解压缩到安装目录，如 c:/poco-master，并改名为 c:/poco。然后，将 OpenSSL 的 include 目录下的 openssl 目录复制到 C:/poco/Crypto/include 目录下，OpenSSL 的 lib 目录下的所有文件复制到 C:/poco/lib64 目录。POCO 全编译也依赖 SQLite、MySQL、PostgreSQL，如果不需要访问这些数据库，可以修订 C:/poco/components 文件，将这些配置封掉即可，如果需要用到这些数据库访问功能，则不能封掉。

```
// C:/poco/components
#Data/SQLite
```

```
#Data/MySQL
#Data/PostgreSQL
```

然后就可以构建 POCO 了，构建命令分为 32 位、64 位。其中，nosamples 参数表示不构建 POCO 示例，notests 表示不构建测试示例，以便节省构建时间。

（1）编译 32 位 POCO，可以选择 x86 Native Tools Command Prompt for VS 2019（VS 2019 的 32 位内部命令行），如图 3-11 所示。

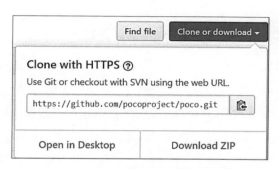

图 3-10　下载 POCO 的源代码压缩包

图 3-11　VS 2019 的菜单项

启动该命令行后，进入 C:/poco 目录，然后执行 buildWin 脚本构建 POCO。

```
buildwin 160 build shared both Win32 nosamples notests
```

编译完成后的显示信息如图 3-12 所示。

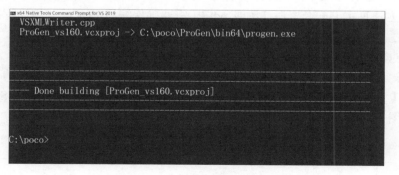

图 3-12　POCO 编译成功

（2）编译 64 位 POCO，可以选择 x64 Native Tools Command Prompt for VS 2019（VS 2019 的 64 位内部命令行），如图 3-11 所示。启动该命令行后，进入 C:/poco 目录，然后执行 buildWin 脚本。

```
buildwin 160 build shared both x64 nosamples notests
```

编译完成后的显示信息如图 3-12 所示。构建成功后，把头文件都放到 C:/poco/include

目录。可以编写脚本 copy_poco_header.bat，把它放在 POCO 根目录 C:/poco 中并执行，该脚本见本书配套资源。该脚本内容如下。

```
mkdir include
xcopy /e Foundation\include include
xcopy /e Net\include include
xcopy /e Util\include include
xcopy /e XML\include include
xcopy /e Zip\include include
xcopy /e Data\include include
```

如果需要使用 SQLite，还需要把它的头文件也复制到公共 include 目录。

```
xcopy /e Data\SQLite\include\ include
```

3）为 POCO 设置环境变量

新建系统变量 POCO_HOME=C:/poco。如果使用 POCO 开发 32 位的程序，就在 PATH 变量中添加如下内容。

```
%POCO_HOME%\bin;%POCO_HOME%\lib;
```

如果使用 POCO 开发 64 位的程序，就在 PATH 变量中添加如下内容。

```
%POCO_HOME%\bin64;%POCO_HOME%\lib64;
```

视频讲解

2．在 Linux 系统中安装 POCO

如果选择 Qt5.15.0 版本，那么应该使用 GCC 5.3.1 以上版本，本书采用 GCC 5.5.0。GCC 5.5.0 的安装方法见本书配套资源【附录.pdf】。需要确保编译 POCO 与编译程序使用同一个版本的 GCC。

1）安装 OpenSSL

在 Linux 系统中安装 POCO 之前，也需要先安装 OpenSSL。OpenSSL 的下载地址见本书配套资源【资源下载.pdf】文档中【OpenSSL 库】中的 Linux 部分。OpenSSL 的下载页面如图 3-13、图 3-14 所示。

图 3-13　OpenSSL 下载页面

图 3-14　下载 OpenSSL 源代码包

将 OpenSSL 的源代码包 openssl-master.zip 以二进制方式传送到 Linux 主机的/usr/local 目录，然后解压缩、并进行配置。

```
cd /usr/local
unzip -x openssl-master.zip
cd openssl-master
./config --prefix=/usr/local --openssldir=/usr/local/ssl
make                # 编译
make install        # 安装
```

Linux 系统可以与 Windows 系统使用同一个 POCO 源代码包。将 POCO 源代码包 poco-master.zip 以二进制方式传送到 Linux 主机的/usr/local/目录下，并执行如下命令。

```
cd /usr/local                   # 进入 /usr/local 目录
unzip -x poco-master.zip        # 解压缩包
cd poco-master                  # 进入 POCO 目录
```

2）安装 POCO

（1）修改 build/config/Linux，从第 40 行开始，针对 32 位的 flag 添加-m32，针对 64 位的 flag 添加-m64。不同版本的 POCO 可能行号不一样，只要找到如下内容进行修改即可。另外，在 CXXFLAGS 这行追加-std=c++11。

```
#
# Compiler and Linker Flags
#
CFLAGS          = -std=c99
CFLAGS32        = -m32
CFLAGS64        = -m64
CXXFLAGS        = -Wall -Wno-sign-compare -std=c++11
CXXFLAGS32      = -m32
CXXFLAGS64      = -m64
LINKFLAGS       =
LINKFLAGS32     = -m32
LINKFLAGS64     = -m64
```

（2）修改 build/rules/global，找到为 OSARCH_POSTFIX 配置项赋值的语句。

```
OSARCH_POSTFIX = 64
```

改为如下内容,目的是保证 32 位版本与 64 位版本目标文件名称一致。

```
OSARCH_POSTFIX =
```

(3)构建并安装 POCO。进入 poco-master 目录。

- 编译 32 位 POCO 时,使用如下命令。

```
export DYLIBFLAGS="-m32"
export SHLIBFLAGS="-m32"
export OSARCH_64BITS=0
./configure --prefix=/usr/local/poco --no-tests --no-samples --cflags=-m32
```

- 编译 64 位 POCO 时,使用如下命令。

```
export DYLIBFLAGS="-m64"
export SHLIBFLAGS="-m64"
export OSARCH_64BITS=1
./configure --prefix=/usr/local/poco --no-tests --no-samples -cflags=-m64
```

执行完上述配置后,就可以开始构建 POCO 了。

```
make              # 编译
make install      # 安装
```

(4)在系统环境变量中添加 POCO 相关内容。比如,将如下内容追加到/etc/bashrc 文件中。

```
#poco
POCO_HOME=/usr/local/poco
PATH=/usr/local/poco/bin:$PATH
LD_LIBRARY_PATH=/usr/local/poco/lib:$LD_LIBRARY_PATH
export POCO_HOME LD_LIBRARY_PATH
```

3. POCO 库概览

POCO 库包含四个核心库和两个附加库,如图 3-15 所示。核心库包括 Foundation、XML、Util、Net。附加库有两个:一个是 NetSSL,主要为 Net 库中的网络类提供 SSL 支持;另一个是 Data 库,在不同的 SQL 库中提供统一的接口访问。因为 POCO 库涉及的内容较多,本书仅提供基本的向导,目的是当开发人员需要使用 POCO 中的某个功能时,可以根据本文的向导找到所在的包,然后再自行到相关的包中查找具体内容。下面对几个核心包进行简单介绍。

1) Foundation

Foundation 库是 POCO 的核心库。它包含了底层平台的抽象层,还有经常使用的实用类和函数。Foundation 库的使用向导见表 3-5。

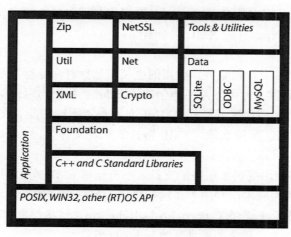

图 3-15 POCO 库概览

表 3-5 Foundation 库向导

项目	说明
Cache	用来管理内存数据，相当于 STL 中的容器
Core	这部分除了建立跨平台库的基础头文件外，最有意义的部分是封装了原子计数的基本类 AtomicCounter 以及垃圾收集的一些类，如 AutoPtr、SharedPtr
Crypt	加密解密、数字摘要
DateTime	日期、时间
Events	事件，用于多线程之间的同步。其 wait 调用会阻塞一个线程的执行，当其他线程对此事件 set 操作后，此线程会继续运行。事件有两种，一种是自动复位，另一种是手动复位
Filesystem	文件系统，主要是对文件本身的操作，如移动、复制文件等
Hashing	Hash 表
Logging	日志系统
Notifications	基于观察者模式实现的订阅通知
Processes	进程及进程间通信
RegExp	正则表达式
SharedLibrary	运行时动态加载库和库中的类
Streams	流操作
Tasks	多任务调度、任务监视
Text	文本转换
Threading	用于开发多线程应用
URI	URI 操作，用于 WEB 开发
UUID	生成 UUID、UUID 处理

2）XML

POCO 中的 XML 包用来处理 XML 文件，它既提供了 SAX2 接口又提供了 DOM 接口。POCO 的 XML 包基于 Expat 开源 XML 解析器库。

3）Util

Util 包提供了创建命令行和服务器应用的框架，包括对命令行参数处理的支持。通过使用 Util 提供的框架，开发人员可以方便地创建 Windows 系统的后台服务或者 Linux 系统的精灵进程（守护进程，即后台服务进程）。Util 包还支持不同的配置文件格式，如 Windows 系统中的注册表、INI 格式配置文件、XML 格式的配置文件等。

4）Net

Net 包对编写网络应用提供了很好的支持。不论是建立 TCP 网络连接、发送数据，还是创建完整的 HTTP 服务类应用，利用 Net 包都可以很方便地完成开发。

注意：本书配套资源中提供了 poco-1.6.1-all-doc.zip，该压缩包中存放的是 POCO 1.6.1 版的帮助文档，可供参考。帮助文档主页为 index.html。

视频讲解

4．使用 POCO 库访问环境变量

下面要学习的案例对应的源代码目录：src/chapter03/ks03_08。本案例依赖 POCO 库。程序运行效果如图 3-16、图 3-17 所示。

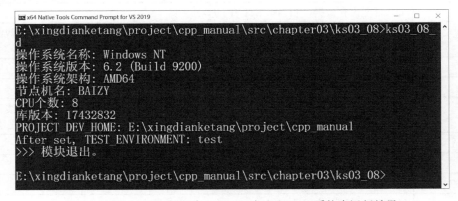

图 3-16　第 18 天案例程序 ks03_08 在 Windows 系统中运行效果

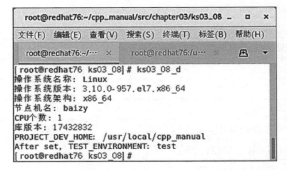

图 3-17　第 18 天案例程序 ks03_08 在 Linux 系统中运行效果

前面介绍了 POCO 的概览信息,下将通过一个简单案例介绍如何在项目中引入并使用 POCO 库。

1)编写 project_thirdparty.pri

首先,编写第三方库专用的配置文件 project_thirdparty.pri 文件并放到 src 目录(与 project_base.pri 在同一个目录)。编写 project_thirdparty.pri 的目的是为某些项目公用的第三方库做公共配置。project_thirdparty.pri 参考内容见代码清单 3-30。在标号①处,表明如果要引入 project_thirdparty.pri,需要提前在项目的 pro 中配置 CONFIG+=POCO_LIB。在标号②、标号③处,分别为 Windows 系统的 64 位、32 位编译设置 lib 目录位置。在标号④处,为 Linux 系统设置 lib 目录位置。在标号⑤、标号⑥、标号⑦、标号⑧处分别为 Debug 版本、Release 版本设置需要链接的 POCO 模块。其实也可以不在这个公共的 pri 中描述,而是把需要链接的 POCO 模块放到具体的项目的 pro 中进行描述。因为放到具体项目中,就可以有选择地引入所需要的库。

代码清单 3-30

```
# src/project_thirdparty.pri
################################################################
# 注意:
#     1. 此文件用于放置第三方库的公共(基本)设置。
#     2. 在该 project_base.pri 中引用,不应单独使用!
#     3. 开发人员需要定义下面几个系统环境变量。
#        *. POCO_HOME  POCO 根目录,使用 POCO 库时定义。
################################################################
# POCO 库
# 使用者必须在引入 project_thirdparty.pri 之前定义 CONFIG+=POCO_LIB          ①
POCO_LIB {
    INCLUDEPATH *= $$(POCO_HOME)/include
    # POCO 在"WINDOWS-64 位"下生成到 lib64 目录
    win32{
        x64:QMAKE_LIBDIR *= $$(POCO_HOME)/lib64                            ②
        x86:QMAKE_LIBDIR *= $$(POCO_HOME)/lib                              ③
    }
    unix{
        QMAKE_LIBDIR *= $$(POCO_HOME)/lib                                  ④
    }
    # Linux/Windows:只包含最基本的库
    debug_and_release {
        CONFIG(debug, debug|release) {
            LIBS += -lPocoFoundationd \                                    ⑤
                -lPocoJSONd \
                -lPocoNetd \
                -lPocoUtild \
                -lPocoXMLd \
                -lPocoZipd
```

```
            }
            CONFIG(release, debug|release) {
                LIBS += -lPocoFoundation \                                    ⑥
                    -lPocoJSON \
                    -lPocoNet \
                    -lPocoUtil \
                    -lPocoXML \
                    -lPocoZip
            }
        } else {
            debug{
                LIBS += -lPocoFoundationd \                                   ⑦
                    -lPocoJSONd \
                    -lPocoNetd \
                    -lPocoUtild \
                    -lPocoXMLd \
                    -lPocoZipd
            }
            release{
                LIBS += -lPocoFoundation \                                    ⑧
                    -lPocoJSON \
                    -lPocoNet \
                    -lPocoUtil \
                    -lPocoXML \
                    -lPocoZip
            }
        }
    }
```

2）在项目中使用 POCO

首先，需要在项目的 pro 文件中引入 project_thirdparty.pri 文件。

```
// src/chapter03/ks03_09/ks03_09.pro
CONFIG += POCO_LIB
#PROJECT_HOME=../../..
PROJECT_HOME=$$(PROJECT_DEV_HOME)
include ($$PROJECT_HOME/src/project_base.pri)
include ($$PROJECT_HOME/src/project_thirdparty.pri)
...
```

本案例的核心代码见代码清单 3-31。在标号①处，引入相关头文件。在标号②处，声明命名空间，以便减少编码量，否则就需要将 Environment::osName()写成 Poco::Environment::osName()。从标号③处开始，调用 Environment 的接口以便访问系统信息并输出。在标号④处，判断是否已经设置过环境变量 PROJECT_DEV_HOME。如果设置过该环境变量，则输出该环境变量的值，见标号⑤处。在标号⑥处，调用接口 Environment::set()新增/更新一个环

境变量的值，请注意，该接口仅影响当前进程，并未把环境变量的值更新到系统环境变量中，当进程退出后，该环境变量值失效，如图 3-18 所示。

代码清单 3-31

```cpp
// src/chapter03/ks03_09/example.cpp
#include "Poco/Environment.h"                                    ①
#include <iostream>
using Poco::Environment;                                         ②
void example01() {
    std::cout
        << "操作系统名称: " << Environment::osName()<< std::endl  ③
        << "操作系统版本: " << Environment::osVersion()<< std::endl
        << "操作系统架构: " << Environment::osArchitecture()<< std::endl
        << "节点机名: " << Environment::nodeName()<< std::endl
        << "CPU 个数: " << Environment::processorCount()<< std::endl
        << "库版本: " << Environment::libraryVersion()<< std::endl;
    if (Environment::has("PROJECT_DEV_HOME")) {                  ④
        std::cout << "PROJECT_DEV_HOME: " << Environment::get("PROJECT_
DEV_HOME")<< std::endl;                                          ⑤
    }
    if (Environment::has("TEST_ENVIRONMENT")) {
        std::cout << "Before set, TEST_ENVIRONMENT: " << Environment::get
("TEST_ENVIRONMENT")<< std::endl;
    }
    Environment::set("TEST_ENVIRONMENT", "test");                ⑥
    std::cout << "After set, TEST_ENVIRONMENT: " << Environment::get("TEST_
ENVIRONMENT")<< std::endl;
}
```

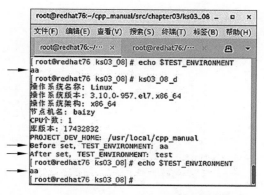

图 3-18　Environment::set() 仅影响调用者进程

本案例小试牛刀，通过一个简单案例介绍了怎样引入 POCO 库。一般情况下，可以通过查看 "POCO 库概览" 的内容，先了解某个功能需要用到哪个 POCO 包，然后再上网搜索相关帖子进行参考。

第 19 天　温故知新

1. 在本章介绍的开发 DLL 的方法中，当使用 MSVC 编译器时，在 DLL 项目的引出类前面需要添加一个关键字用来表示该类为引出类，当编译 EXE 项目时，编译器解析到的关键字为（　　），当编译 DLL 项目时，编译器解析到的关键字为（　　）。

2. 当开发 DLL 时，假设 DLL 的引出类为 CMyClass，引出函数为 void Func()，那么上题所讲的关键字出现在 DLL 的引出类的什么位置？这些关键字又在引出函数的什么位置？

3. 在程序中使用命名空间时，是否应把 main() 函数放入命名空间中？

4. 当开发可动态加载的 DLL 时，应该将引出的接口放置在 C 的关键字（　　）所包含的范围里面。

5. 在使用可动态加载的 DLL 时，是否应该区分 Debug 版本与 Release 版本？

6. 根据本章所介绍的方法，当使用 POCO 库时，需要引入 project_thirdparty.pri，除此之外，还需要在项目的 pro 中做什么处理？

第 4 章

跨平台文件操作

在软件开发过程中，经常会碰到使用文件的场景，如配置文件、数据库文件、图片文件、数据文件等。本章介绍几种操作文件的方法。比如，通过操作系统 API、STL 的文件流等方式来操作文件，这些方法可以在不同的场合满足文件操作的需求。

第 20 天　使用操作系统 API 操作文本文件

今天要学习的案例对应的源代码目录：src/chapter04/ks04_01。本案例不依赖第三方类库。程序运行效果如图 4-1 所示。

今天的目标是掌握如下内容。

- 操作文件时需要用到的操作系统 API。
- 实现对文本文件的读、写、追加写入等操作。
- 实现对文件的复制、移动、删除操作。

文件在软件研发过程中承担着数据载体的重要角色，把数据存放在数据库中，其实也就是存放在磁盘上的文件中。一般的第三方库都会对文件操作这种常用的功能进行封装。但是，有些软件项目不允许或者不建议引入比较复杂的第三方库，这就要求软件研发人员能够使用 STL 库或者调用操作系统 API 来操作文件或目录。本节介绍对文本文件进行创建、读写、追加、复制、改名、删除等操作的方法。

注意：C++17 标准中已经引入文件系统库。本书考虑到兼容性，仍利用操作系统自带的功能实现文件访问。

1. 将常用库封装到项目的基础库 basedll 中

一般情况下，可以把常用、公用的功能封装到项目的基础库中，这样可以提高代码复用度和稳定性。比如，将检查文件是否存在、获取文件尺寸等功能封装到 basedll 库。

```
// include/base/basedll/base_api.h
#include "base_export.h"
#include <string>
namespace ns_train {
...
```

```
BASE_API bool isFileExist(const std::string& strDirectory);
BASE_API bool mkDir(const std::string& strDirectory);
BASE_API bool rmDir(const std::string& strDirectory);
BASE_API size_t getFileSize(const std::string& strFileName);
} // namespace ns_train
```

图 4-1　第 20 天案例程序运行效果

  这几个接口的实现见代码清单 4-1。在标号①、标号②处，根据不同操作系统引用不同的头文件，这几个头文件中包含了 access()、system()等接口的定义。如果使用 stat()接口，则需要包含标号③处的头文件。在标号④处，利用 access()接口判断指定文件或目录是否存在。在标号⑤、标号⑥处，根据不同操作系统组织不同的命令以便创建目录。在标号⑦处，调用 system()接口执行命令，完成目录的创建过程。在 rmDir()接口中，同样也要根据不同操作系统组织不同的命令以便删除指定目录，见标号⑧、标号⑨处。在标号⑩处，利用 stat()接口获取文件信息，以便得到文件尺寸。请注意，使用 stat()接口得到的文件尺寸，指的是文件在磁盘中占据的空间，也就是右击文件时看到的属性窗中显示的值，并非文件内容的真实尺寸，利用 stat()接口得到的尺寸有可能超过文件内容的真实尺寸。

代码清单 4-1

```cpp
// src/base/basedll/api.cpp
#include "base_api.h"
#include <algorithm>
#include <iostream>
#ifdef WIN32
#include <io.h>                                                    ①
#include <stdio.h>
#else
#include <unistd.h>                                                ②
#endif
#include <sys/stat.h>                                              ③
namespace ns_train {
...
bool isFileExist(const std::string &strFile) {
    std::string tStr = getPath(strFile);
    if (access(tStr.c_str(), 0) == -1) {                           ④
        return false;
    }
    return true;
}
bool mkDir(const std::string & strDirectory){
    if (strDirectory.length() == 0)
        return false;
    std::string tPath = getPath(strDirectory);
    if (isFileExist(tPath))
        return true;
#ifdef WIN32
    std::string tStr = "md ";                                      ⑤
    std::replace(tPath.begin(), tPath.end(), '/', '\\');
#else
    std::string tStr = "mkdir -p "; // 级联目录创建的时候需要添加-p 参数，单级目录
//创建也可以使用-p 参数                                              ⑥
#endif
    tStr += tPath;
    if (system(tStr.c_str())> 0){                                  ⑦
        return true;
    }
    return false;
}
// 删除目录(包含子目录)
bool rmDir(const std::string &strDirectory){
    if (strDirectory.length() == 0) {
        return false;
```

```cpp
    }
    std::string tPath = getPath(strDirectory);
    if (!isFileExist(tPath))
        return true;
#ifdef WIN32
    std::string tStr = "rd /S /Q ";                                              ⑧
#else
    std::string tStr = "rm -rf ";                                                ⑨
#endif
    tStr += tPath;
    if (system(tStr.c_str())> 0){
        return true;
    }
    return false;
}
size_t getFileSize(const std::string &strFileName){
    struct stat buf;
    if (0 == strFileName.length()) {
        return ((size_t)-1);
    }
    std::string strTmpFileName = getPath(strFileName);
    if (!isFileExist(strTmpFileName)) {
        return ((size_t)-1);
    }
    if (-1 == stat(strTmpFileName.c_str(), &buf)) {                              ⑩
        return ((size_t)-1);
    }
    return buf.st_size;
}
} // namespace ns_train
```

注意：Windows 系统中，调用操作系统 API 访问文件或目录时，目录分隔符仍然需要使用"\"，如果使用 Linux 风格的"/"将可能导致接口调用失败。

2. 打开文件接口

对文件进行读写操作之前需要先打开文件。在 Windows 系统中，打开文件的接口为 fopen()。fopen() 函数的原型如下。

```cpp
FILE* fopen(char const* _FileName, char const* _Mode);
```

在 64 位的 Linux 系统中需要调用 fopen64()，否则将无法访问尺寸超过 2GB 的文件。fopen64() 函数的原型如下。

```cpp
FILE* fopen64(char const* _FileName, char const* _Mode);
```

可以看出，这两个接口名称不同，为了方便程序的编写，定义宏 open_one_file 用来消除这个差异，见代码清单 4-2 中标号①、标号②处。这两个接口的参数列表一样，都提供了两个参数，其中_FileName 用来表示将要打开的文件名，_Mode 表示文件的打开方式。请注意文件名_FileName 应该根据不同的操作系统进行组织，在 Windows 系统中的目录分隔符为"\"，而在 Linux 系统中的目录分隔符应该为"/"。文件打开方式_Mode 的取值见表 4-1。

代码清单 4-2

```
// src/chapter04/ks04_01/example.cpp
#ifdef WIN32
#define open_one_file fopen                                    ①
#else
#define open_one_file fopen64                                  ②
#endif
...
```

表 4-1 文件打开方式字符串的取值及其含义

取 值	说 明
r	表示 read，只读
w	表示 write，只写
a	表示 append，追加
t	表示 text，文本文件，可省略不写。比如，wt 可以写成 w
b	二进制文件
+	读和写

对于文件打开方式说明如下。

（1）用 r 方式打开一个文件时，该文件必须已经存在，且只能从该文件读出。

（2）用 w 打开的文件只能向该文件写入。若打开的文件不存在，则以指定的文件名建立该文件，若打开的文件已经存在，则将该文件删除，重建一个新文件。

（3）若要向一个已存在的文件追加新的信息，用 a 方式打开文件。如果指定文件不存在，则尝试创建该文件。

（4）在打开一个文件时，如果出错，fopen()或 fopen64()将返回 NULL。在程序中可以用这一信息来判断是否已成功打开文件并做相应处理。

（5）打开方式具体的取值案例见表 4-2。

表 4-2 文件打开方式字符串的取值及其含义案例

案 例	打开方式取值
【打开】一个文本文件，文件必须存在，只允许读	"r"或"rt"
【打开】一个文本文件，文件必须存在，允许读写	"r+"或"rt+"
【打开】一个二进制文件，文件必须存在，只允许读	"rb"
【打开】一个二进制文件，文件必须存在，允许读写	"rb+"

续表

案　　例	打开方式取值
【新建】一个文本文件，已存在的文件将内容清空，只允许写	"w"或"wt"
【新建】一个文本文件，已存在的文件将内容清空，允许读写	"w+"或"wt+"
【新建】一个二进制文件，已存在的文件将内容清空，只允许写	"wb"
【新建】一个二进制文件，已存在的文件将内容清空，允许读写	"wb+"
【打开或新建】一个文本文件，只允许在文件末尾追写	"a"或"at"
【打开或新建】一个文本文件，可以读，但只允许在文件末尾追写	"a+"或"at+"
【打开或新建】一个二进制文件，只允许在文件末尾追写	"ab"
【打开或新建】一个二进制文件，可以读，但只允许在文件末尾追写	"ab+"

注意：从表 4-2 中可以看出，只要用 w 方式打开已存在的文件时，文件都会被清空。

3. 将数据写入文件

将数据写入文件的接口为 fwrite()，其原型如下。

```
size_t fwrite(
    void const*  _Buffer,
    size_t       _ElementSize,
    size_t       _ElementCount,
    FILE*        _Stream
);
```

该接口用来把_Buffer 指向的数据缓冲区中的数据写入_Stream 所指向的文件。_Buffer 中每个数据块的尺寸为_ElementSize，一共有_ElementCount 个数据块。

4. 创建一个测试用的文本文件

为了便于演示，先创建一个测试用的文本文件，该功能由 createTextFile()实现，文本文件路径为"$PROJECT_DEV_HOME/test/chapter04/ks04_01/example01.txt"。createTextFile()接口实现见代码清单 4-3。如标号①处所示，因为要创建的是文本文件，并且希望每次启动程序时都能够重写该文件，因此将打开文件的方式设置为 wt，其中，w 表示写入，t 表示文本方式，一般情况下可以省略 t，即写成 w。在标号②处，调用 open_one_file()打开文件。在标号③处，调用 fwrite()接口将数据写入文件。当文件使用完毕后，务必使用 fclose()关闭文件指针 pFile，然后立刻将 pFile 赋值为 NULL，见标号④处。

代码清单 4-3

```cpp
// src/chapter04/ks04_01/example.cpp
#include "base_api.h"
#include <iostream>
#include <fstream>
...
void createTextFile(void) {
    std::cout << "====================================" << std::endl;
```

```
    std::cout << "createTextFile: 开始准备测试文件。" << std::endl;
    std::string strName;
    strName = ns_train::getPath("$PROJECT_DEV_HOME/test/chapter04/ks04_01/
example01.txt");
    std::string strDir = ns_train::getDirectory(strName);
    if (!ns_train::isFileExist(strDir)) {
        ns_train::mkDir(strDir);         // 如果目录不存在,就新建一个
    }
    FILE *pFile = NULL;                  // 文件指针
    std::string modeStr="wt";            // 文件打开模式:清空、写入、文本方式     ①
    pFile = open_one_file(strName.c_str(), modeStr.c_str());                  ②
    if (NULL == pFile) {
        std::cout << "open failed! file name is:"<< strName;
        return;
    }
    // 输出整个文件的内容
    std::string strContent;
    strContent += "i have an apple, here you are.\n";
    strContent += "i have a pear, here you are.\n";
    strContent += "i have an orange, here you are.\n";
    fwrite(strContent.c_str(), strContent.length(), 1, pFile);                ③
    std::cout << "文件创建成功,写入的内容为:" << std::endl;
    std::cout << strContent;
    fclose(pFile);   // 千万不要忘记关闭文件                                    ④
    pFile = NULL;    // 关闭文件后应立刻将 pFile 置为 NULL,防止后续代码继续使用 pFile
    std::cout << ">>>输入任意键继续:";
    ns_train::pauseOnce();
}
```

5. 读取文本文件,并追加写入

example01()演示了读取文本文件并在文件最后追加写入的方法,见代码清单 4-4。在标号①处,设置打开方式为"a+",表示追加、读写。在标号②处,获取文件尺寸。然后利用该尺寸开辟一个缓冲区用来存放文件中的数据,见标号③处,请注意,这里使用"tSize+1"以便为缓冲区最后加上结束符"\0"。在标号④处,读取文件时,将块尺寸设置为 1,将块个数设置为 tSize,把实际读取到的字节数保存到 retSize 中。如果将 1 和 tSize 互换位置,那么返回值 retSize=0,这是因为 tSize=145,而文件的内容的真实尺寸为 141,返回值 retSize 代表读取到的块个数,因此 retSize=0。然后将 pBuf[retSize]设置为'\0'作为字符串的结束符。在写入文件后,再次读取文件之前,需要先关闭文件,见标号⑤处,否则获取的文件尺寸是错误的。另外需要注意的是,对 pBuf 重新赋值之前,应该先释放它指向的内存,以防止内存泄漏,并为它赋值 NULL,见标号⑥处。

代码清单 4-4

```
// src/chapter04/ks04_01/example.cpp
void example01() {
```

```cpp
    std::cout << "========================================" << std::endl;
    std::cout << "example01追加写入。" << std::endl;
    std::string strName;
    strName = ns_train::getPath("$PROJECT_DEV_HOME/test/chapter04/ks04_01/example01.txt");
    FILE *pFile = NULL;                  // 文件指针
    std::string modeStr = "a+";          // 文件打开模式：追加、读写、文本方式    ①
    pFile = open_one_file(strName.c_str(), modeStr.c_str());
    if (NULL == pFile) {
        std::cout << "open failed! file name is:" << strName;
        return;
    }
    size_t tSize = ns_train::getFileSize(strName); // 获取文件的尺寸            ②
size_t retSize = 0;
if (tSize <= 0) {
        return;
    }
char* pBuf = new char[tSize+1];                                              ③
memset(pBuf, 0, tSize+1);                // 初始化
    retSize = fread((void*)pBuf, 1, tSize, pFile);                           ④
    if (retSize > 0) {
        tSize = retSize;
        pBuf[tSize] = '\0';
    }
    // 输出整个文件的内容
    std::string strContent = pBuf;
    std::cout << "文件打开成功。文件内容为:" << std::endl;
    std::cout << strContent;
    std::string strNew = "i got another apple.";
    fwrite(strNew.c_str(), strNew.length(), 1, pFile); // 追加写入
    fclose(pFile);     // 千万不要忘记关闭文件                                   ⑤
    pFile = NULL;      // 关闭文件后应立刻将 pFile 置为 NULL,防止后续代码继续使用 pFile
    delete[] pBuf;     // 释放内存                                              ⑥
pBuf= NULL;
    tSize = ns_train::getFileSize(strName); // 获取文件的尺寸
pBuf = new char[tSize+1];
memset(pBuf, 0, tSize+1);// 初始化
    pFile = open_one_file(strName.c_str(), modeStr.c_str());
    retSize = fread((void*)pBuf, 1, tSize, pFile);
    if (retSize > 0) {
        tSize = retSize;
        pBuf[tSize] = '\0';
    }
    // 输出整个文件的内容
    strContent = pBuf;
    std::cout << "----------------------------------------" << std::endl;
    std::cout << "文件追加成功. 文件内容为:" << std::endl;
```

```
        std::cout << strContent << std::endl;
        delete[] pBuf;        // 释放内存
        fclose(pFile);        // 千万不要忘记关闭文件
        pFile = NULL;         // 关闭文件后应立刻将 pFile 置为 NULL，防止后续代码继续使用 pFile
        std::cout << ">>>输入任意键继续:";
        ns_train::pauseOnce();
    }
```

6. 在文本文件开头插入数据

example02()演示了在文本文件开头插入数据的方法，见代码清单 4-5。因为文件并不是链表结构，所以无法直接在文件开头插入数据。为了在文件开头插入数据，需要先把文件内容全部读取出来，然后利用内存操作把数据插入，最后再写回整个文件。因为既要读又要写，所以设置文件打开方式为"r+"，见标号①处。在标号②处读取文件内容，需要注意的是，因为整个文件的内容已经读取出来，所以此时文件的游标（文件当前的读写位置）已经指向文件末尾。在标号③处，重新将文件游标移动到文件头，以便从文件头开始重写该文件。

代码清单 4-5

```
// src/chapter04/ks04_01/example.cpp
void example02() {
    std::cout << "======================================" << std::endl;
    std::cout << "example02：在文件开头插入内容." << std::endl;
    std::string strName;
    strName = ns_train::getPath("$PROJECT_DEV_HOME/test/chapter04/ks04_01/example01.txt");
    FILE* pFile = NULL;               // 文件指针
    std::string modeStr = "r+";       // 文件打开模式：读写、文本方式           ①
    pFile = open_one_file(strName.c_str(), modeStr.c_str());
    if (NULL == pFile) {
        std::cout << "文件打开失败." << std::endl;
        return;
    }
    size_t tSize = ns_train::getFileSize(strName);  // 获取文件的尺寸
    size_t retSize = 0;
if (tSize <= 0) {
fclose(pFile);
        return;
    }
char* pBuf = new char[tSize+1];
memset(pBuf, 0, tSize+1);    // 初始化
    retSize = fread((void*)pBuf, 1, tSize, pFile);                              ②
    if (retSize > 0) {
        tSize = retSize;
        pBuf[tSize] = '\0';
    }
    // 输出整个文件的内容
```

```cpp
            std::string strContent = pBuf;
            std::cout << "文件打开成功。文件内容为:" << std::endl;
            std::cout << strContent;
            std::cout << "======================================" << std::endl;
            std::string strNew = "这是在第一行前面添加的内容。\n";
            strContent = strNew + strContent;
            fseek(pFile, 0, SEEK_SET); // 从文件头开始写入,相当于重写(覆盖)                  ③
            fwrite(strContent.c_str(), strContent.length(), 1, pFile);
// 如果更新后的文件尺寸小于原来的文件,那么应该关闭文件后重新用"w+"方式打开文件,否则会
// 导致新文件中遗留有旧文件的内容
            fclose(pFile); // 千万不要忘记关闭文件
            pFile = NULL;  // 关闭文件后应立刻将 pFile 置为 NULL,防止后续代码继续使用 pFile
            delete[] pBuf; // 释放内存
            tSize = ns_train::getFileSize(strName); // 获取文件的尺寸
    pBuf = new char[tSize+1];
    memset(pBuf, 0, tSize+1);                       // 初始化
            // 重新打开文件
            pFile = open_one_file(strName.c_str(), modeStr.c_str());
            if (NULL == pFile) {
                delete[] pBuf;                      // 释放内存
                std::cout << "文件打开失败。" << std::endl;
                return;
            }
            retSize = fread((void*)pBuf, 1, tSize, pFile);
    if (retSize > 0) {
        tSize = retSize;
        pBuf[tSize] = '\0';
    }
            // 输出整个文件的内容
            strContent = pBuf;
            std::cout << "======================================" << std::endl;
            std::cout << "在第一行前面插入一行成功。更新后的文件内容为:" << std::endl;
            std::cout << strContent << std::endl;
            delete[] pBuf; // 释放内存
            fclose(pFile); // 千万不要忘记关闭文件
            pFile = NULL;  // 关闭文件后应立刻将 pFile 置为 NULL,防止后续代码继续使用 pFile
            std::cout << ">>>输入任意键继续:";
            ns_train::pauseOnce();
    }
```

7. 对文件进行复制、移动、删除

example03()演示对文件的复制、移动、删除等操作,见代码清单 4-6。在标号①处,将被复制的文件打开并读取其内容,将文件内容置于缓冲区 pBuf 中。在标号②处,使用"w"方式打开文件,以确保新文件在写入前被清空。在标号③处,将 pBuf 中的内容写入新文件,完成文件复制。在标号④处,关闭文件句柄,防止影响后续的文件移动操作。在标号⑤处,

利用 rename()将旧文件改名或移动为新文件。如果新文件已经存在，则应该先把它删除。在标号⑥处，利用 remove()将指定文件删除。需要注意的是，在此之前应该保证对该文件的访问已经结束，即已经调用 fclose（文件句柄），否则会导致删除失败。

代码清单 4-6

```cpp
// src/chapter04/ks04_01/example.cpp
void example03() {
    std::cout << "====================================" << std::endl;
    std::cout << "example03：文件复制、改名或移动、删除。" << std::endl;
    std::string strName = ns_train::getPath("$PROJECT_DEV_HOME/test/chapter04/ks04_01/example01.txt");
    std::string strDir = ns_train::getDirectory(strName);
    if (!ns_train::isFileExist(strDir)) {
        return;
    }
    std::string strNewFileName = ns_train::getPath("$PROJECT_DEV_HOME/test/chapter04/ks04_01/move/copy.txt");
    strDir = ns_train::getDirectory(strNewFileName);
    if (!ns_train::isFileExist(strDir)) {
        ns_train::mkDir(strDir);        // 如果目录不存在，就新建一个
    }
    // 复制
    std::cout << "------------------------------------" << std::endl;
    std::cout << "复制文件。源文件:" << strName << std::endl;
    std::cout << "复制文件。目标文件:" << strNewFileName << std::endl;
    FILE* pFile = NULL;                 // 文件指针
    std::string modeStr = "r";          // 文件打开模式：只读、文本方式
    pFile = open_one_file(strName.c_str(), modeStr.c_str());
    if (NULL == pFile) {
        std::cout << "文件打开失败。" << std::endl;
        return;
    }
    size_t tSize = ns_train::getFileSize(strName); // 获取文件的尺寸
    if (tSize <= 0) {
        fclose(pFile);
        return;
    }
    char* pBuf = new char[tSize + 1];
    memset(pBuf, 0, tSize + 1);         // 初始化
    retSize = fread((void*)pBuf, 1, tSize, pFile);                              ①
    if (retSize > 0) {
        tSize = retSize;
        pBuf[tSize] = '\0';
    }
    fclose(pFile);  // 千万不要忘记关闭文件
    pFile = NULL;   // 关闭文件后应立刻将 pFile 置为 NULL, 防止后续代码继续使用 pFile
```

```
    // 写入 copy.txt
    modeStr = "w";      // 文件打开模式：清空、只写                    ②
    pFile = open_one_file(strNewFileName.c_str(), modeStr.c_str());
    if (NULL == pFile) {
        std::cout << "文件打开失败。" << std::endl;
        return;
    }
    fwrite((void*)pBuf, tSize, 1, pFile);                              ③
    fclose(pFile);      // 千万不要忘记关闭文件                         ④
    pFile = NULL;       // 关闭文件后应立刻将 pFile 置为 NULL，防止后续代码继续使用 pFile
    delete[] pBuf;      // 释放内存
    pBuf = NULL;        // 赋值为 NULL，防止后续代码继续使用
    std::cout << ">>>输入任意键继续:";
    ns_train::pauseOnce();
    // 改名
    strName = ns_train::getPath("$PROJECT_DEV_HOME/test/chapter04/ks04_01/move/copy.txt");
    strNewFileName = ns_train::getPath("$PROJECT_DEV_HOME/test/chapter04/ks04_01/move/new.txt");
    std::cout << "-------------------------------------" << std::endl;
    std::cout << "为文件改名(不能更改目录或盘符)。源文件:" << strName << std::endl;
    std::cout << "为文件改名(不能更改目录或盘符)。目标文件:" << strNewFileName << std::endl;
    int ret = 0;
    if (ns_train::isFileExist(strNewFileName)) {
        ret = remove(strNewFileName.c_str()); // 如果文件已存在，先把它删除
    }
    ret = rename(strName.c_str(), strNewFileName.c_str());             ⑤
    std::cout << ">>>输入任意键继续:";
    ns_train::pauseOnce();
    // 删除
    strName = ns_train::getPath("$PROJECT_DEV_HOME/test/chapter04/ks04_01/example01.txt");
    std::cout << "-------------------------------------" << std::endl;
    std::cout << "删除文件。" << strName << std::endl;
    ret = remove(strName.c_str()); // 如果曾经打开过该文件，请使用 fclose()将文件
    //关闭后再删除                                                      ⑥
}
```

第 21 天　跨平台开发中的数据类型、大小端

今天要学习的案例对应的源代码目录：include/customtype.h。本案例不依赖第三方类库。

今天的目标是掌握如下内容。

- 与操作系统相关的宏定义。
- 怎样定义可以跨平台使用的数据类型。
- 大端、小端的概念。
- 为什么要把数据进行大小端转换。
- 大小端数据的转换方法。

1. 跨平台开发中的数据类型

在使用C++语言进行跨平台开发时，开发出来的程序可能会使用各种各样的编译器进行编译，也可能运行在各种各样的操作系统上。对于同一个C++数据类型，在使用不同的编译器进行编译时，它所表示的数据容量可能是不一样的。比如，当使用32位编译器时，long表示4字节整数，而当使用64位编译器时，long表示8字节整数。为了在程序中进行统一处理，可以定义一套宏定义用来表示各种操作系统，还可以定义一套数据类型用来在不同的平台中使用。如代码清单4-7所示，定义了各种主流商用操作系统对应的宏定义。这些宏定义所代表的操作系统见表4-3。当需要在程序中处理各种不同操作系统之间的差异时，就可以使用这些宏定义。

代码清单 4-7

```
// include/customtype.h
#pragma once
// 为各种操作系统定义宏定义
#if (defined(_WIN32) || defined(__WIN32__))
#   ifndef WIN32
#       define WIN32
#   endif
#elif (defined(sun) || defined(__sun) || defined(__sun__))
#   ifndef SUN
#       define SUN
#   endif
#elif defined(__alpha)
#   ifndef ALPHA
#       define ALPHA
#   endif
#elif defined(_AIX)
#   ifndef AIX
#       define AIX
#   endif
#elif (defined(hpux) || defined(__hpux))
#   ifndef HPUX
#       define HPUX
#   endif
#elif (defined(linux) || defined(__linux) || defined(__linux__))
#   ifndef LINUX
#       define LINUX
```

```
#   endif
#else      /* 其他平台 */
#   error 本平台未被支持！
#endif
```

表 4-3 宏定义所代表的操作系统

取值	说明
WIN32	微软公司的 Windows 操作系统
SUN	Sun 公司（已被甲骨文收购）的 Solaris 操作系统
ALPHA	惠普公司的 Alpha 操作系统
AIX	IBM 的 AIX 操作系统
HPUX	惠普的 HPUX 操作系统
LINUX	各种 Linux

在跨平台开发中，除了操作系统对应的宏定义之外，还涉及数据类型的问题。可跨平台的数据类型指的是在任何一种操作系统中，该数据类型所占的内存长度都是固定的，也可以称为定长数据类型。但是在各种操作系统中对同一种数据类型的定义也不一样。在软件开发过程当中，开发人员必须跨越这个障碍。比如，当程序中需要使用一个 32 位（4 个字节）的无符号整数时，它必须只占用 4 个字节，不能多也不能少。为此，需要定义一套定长数据类型，见代码清单 4-8。比如，用来表示无符号 64 位整数的 type_uint64，在 64 位的 AIX 操作系统中用的是数据类型 "unsigned long"，见标号①处。而在 Windows 操作系统中用的却是 "unsigned __int64"，见标号②处。在标号③处，定义了布尔数据类型 type_bool，这是因为 bool 也不是跨平台的数据类型，在不同的操作系统中，bool 类型的长度可能不一样，也就是占用的内存字节数不一样。在标号④、标号⑤处，定义了两个用来表示时间的数据类型。

代码清单 4-8

```
// include/customtype.h
/*!
* Copyright (C) 2018 女儿叫老白
* 版权所有。
* 代码仅用于学习交流，请勿传播。
* 免责声明:代码不保证稳定性，请勿用作商业用途，否则后果自负。
\file: customtype.h
\brief C++跨平台数据类型定义
         本头文件仅用来演示不同操作系统中定长数据类型的定义方法，请勿作为真正的数据类型进行使用。
\author 女儿叫老白      微信公众号:软件特攻队(微信号:xingdianketang)
\Date 2020/02
*/
typedef char                type_char;
```

```c
typedef wchar_t              type_wchar;
typedef signed char          type_int8;
typedef unsigned char        type_uint8;
typedef signed short         type_int16;
typedef unsigned short       type_uint16;
typedef signed int           type_int32;
typedef unsigned int         type_uint32;
typedef float                type_float;
typedef double               type_double;
#if defined(AIX)                    /* 编译器：xlc */
    #if defined(__64BIT__)
        typedef signed long         type_int64;
        typedef unsigned long       type_uint64; // 无符号 64 位整数      ①
    #else
        typedef long long           type_int64;
        typedef unsigned long long  type_uint64;
    #endif
#elif defined(ALPHA)                /* 编译器：cxx (True64) */
    typedef signed __int64          type_int64;
    typedef unsigned __int64        type_uint64;
#elif defined(WIN32)                /* 编译器：microsoft C++ */
    typedef signed __int64          type_int64;
    typedef unsigned __int64        type_uint64;                         ②
#elif defined(SUN)                  /* SOLARIS：编译器：cc */
    #if defined(__sparcv9)
        typedef signed long         type_int64;
        typedef unsigned long       type_uint64;
    #else
        typedef signed long long    type_int64;
        typedef unsigned long long  type_uint64;
    #endif
#elif defined(HPUX)                 /* HP-UX: compiler: aCC */
    #if defined(__LP64__)
        typedef signed long         type_int64;
        typedef unsigned long       type_uint64;
    #else
        typedef signed long long    type_int64;
        typedef unsigned long long  type_uint64;
    #endif
#elif defined(LINUX)                /* LINUX：编译器：gcc */
    #if defined(__LP64__)
        typedef signed long         type_int64;
        typedef unsigned long       type_uint64;
    #else
        typedef signed long long    type_int64;
        typedef unsigned long long  type_uint64;
    #endif
```

```
#else      /* other platform */
    #error 本平台未被支持！
#endif
typedef type_int8   type_bool;                                              ③
const type_bool VALUE_FALSE = 0;
const type_bool VALUE_TRUE  = 1;
typedef type_int64  type_UtcTime;   // Utc 时间(世界标准时间)，从 1582/10/15
//00:00:00 开始计时，精度为 100ns                                            ④
typedef type_int64  type_EpochTime; // epoch 时间(UNIX 诞生元年)，从 1970/01/01
//00:00:00 开始计时，精度为微秒                                              ⑤
typedef type_int64  type_TimeGap;   // 两个 type_EpochTime 的差值，精度微秒
```

2. 大端、小端

下面要学习的案例对应的源代码目录：src/base/basedll。本案例不依赖第三方类库。

在计算机技术发展的过程中，有不同的操作系统厂家、不同的硬件厂家参与其中，所以形成了不同的技术路线。由此产生的一个问题是，对于不同的软硬件平台来说，数据在内存中的存放顺序是不同的，这与 CPU 芯片有关，也与编译器有关。通过学习计算机基础知识可以知道，内存的最小访问单位是字节。这就带来一个问题，超过 1 字节的数据在内存中怎样存放呢？这就引来了大小端之争。

- 大端序，也称作 Big-Endian，是指数据的高字节保存在内存的低地址中，而数据的低字节保存在内存的高地址中。这样的存储模式类似于把数据当作字符串顺序处理：地址由小向大增加，而数据从高位往低位放。这和人们的阅读习惯一致。
- 小端序，也称作 Little-Endian，是指数据的低字节保存在内存的低地址中，而数据的高字节保存在内存的高地址中。这种存储模式将地址的高低和数据位权有效地结合起来，高地址部分权值高，低地址部分权值低。

大端序简称大端，小端序简称小端。以如下代码为例进行介绍。把数据 0x112233 存放到 value 中，然后通过指针 buf 进行访问。

```
unsigned int value = 0x112233;
unsigned char *buf = (unsigned char*)&value;
```

数据 0x112233 在大端、小端系统中的内存布局见表 4-4。从表中可以看出：在大端系统中，数据的高位在前、低位在后，也就是数据的高位存放在低地址内存、低位存放在高地址

表 4-4　大端、小端系统中的内存布局差异

地址增长方向	低位地址	→		高位地址
内存地址（十六进制）	8000	8001	8002	8003
buf	buf[0]	buf[1]	buf[2]	buf[3]
大端（十六进制）	0	11	22	33
小端（十六进制）	33	22	11	0

内存；在小端系统中，数据的低位在前、高位在后，也就是数据的低位存放在低地址内存、高位存放在高地址内存。

那么，大端、小端具体会对软件产生什么影响呢？其实，一款软件不可能完全独立地运行，它有可能需要访问文件或者网络。如果不做统一规定，那么大端系统、小端系统在通过文件、网络进行数据交换时就可能出现数据解析错误的情况。因此在发送数据前，要将数据转换为统一的格式——网络字节序（Network Byte Order）。网络字节序统一为大端序。比如，将数据写入文件时，应该先把缓冲区中的数据转换为大端序，然后才能写入文件。为此，需要定义大小端相关的宏定义，如代码清单 4-9 所示。如标号①处所示，如果当前系统是 Sun 公司的基于 SPARC 的系统、IMB 的 AIX 系统或 PowerPC、惠普的 HPUX 系统或 Tru64 系统等，那么就属于大端，因此定义了宏 CPP_BIG_ENDIAN，否则就是小端，并定义宏 CPP_LITTLE_ENDIAN。

代码清单 4-9

```
//include/customtype.h
...
// 定义大端、小端相关的宏
// Sparc(Solaris)、PowerPC(AIX、PowerLinux)、Itanium(HPUX)平台
#if defined(sparc) || defined(__sparc) || defined(_AIX) || defined(hpux) ||
defined(__hpux) || defined(__powerpc__) || defined(__powerpc64__)
#define CPP_BIG_ENDIAN                                                    ①
#else // X86、X64(Windows/Solaris X86/Linux)以及 Alpha(Tru64)平台
#    define CPP_LITTLE_ENDIAN                                             ②
#endif
```

转换字节序的方法就是把数据的高位字节与低位字节互换。比如，对于一个 4 字节数据来说，把它的 1、3 字节互换，2、4 字节互换就可以实现字节序转换。需要注意的是，单字节数据（如 char、unsignedchar）、字符串数据是不需要转换字节序的。如代码清单 4-10 所示，提供了用来进行字节序转换的部分接口声明。在标号①处，接口 NetworkToHost（void* Data, type_uint16 DataLen）用来把指定缓冲区中长度为 DataLen 的数据的字节序从网络序（Network）转换为主机序（Host）。这个接口用来供其他的字节序转换接口进行调用。从标号②处开始，声明了针对不同数据类型的字节序转换接口，用来把数据从网络序转换为主机序。从接口名称可以看出，当从文件、网络中读取数据后，需要根据不同的数据类型调用这些接口以便进行字节序转换。

代码清单 4-10

```
// include/base/basedll/host_network_api.h
#include "base_export.h"
#include "customtype.h"
namespace ns_train {
// 字节序转换网络序到主机
BASE_API
```

```cpp
void
NetworkToHost(void* Data,       // 待转换的数据缓冲区指针
    type_uint16 DataLen);        // 需要转换的数据长度                    ①
// type_uint8 字节序转换(单字节本不需要转换,提供此函数是为了简化编程)
BASE_API
type_uint8
NetworkToHost(type_uint8 Data);                                          ②
// type_uint16 字节序转换
BASE_API
type_uint16
NetworkToHost(type_uint16 Data);                                         ③
// type_int16 字节序转换
BASE_API
type_int16
NetworkToHost(type_int16 Data);
// type_uint32 字节序转换
BASE_API
type_uint32
NetworkToHost(type_uint32 Data);
// type_int32 字节序转换
BASE_API
type_int32
NetworkToHost(type_int32 Data);
// type_float 字节序转换
BASE_API
type_float
NetworkToHost(type_float Data);
// type_double 字节序转换
BASE_API
type_double
NetworkToHost(type_double Data);
// type_time_t 字节序转换
BASE_API
type_time_t
NetworkToHost(type_time_t Data);
...
}
```

现在介绍一下部分接口的实现,见代码清单 4-11。在标号①处,如果是小端系统(CPP_LITTLE_ENDIAN),则使用算法将指定缓冲区的首尾进行颠倒,完成字节序转换,如果是大端系统则不需要转换。在标号②处,针对 type_uint8 类型的数据直接返回,因为单字节数据不需要转换字节序,提供这个接口的目的是保持整套接口的完整性。在标号③处,针对小端系统调用公共接口进行转换,大端系统则直接返回。

代码清单 4-11

```cpp
// src/base/basedll/host_network_api.cpp
namespace ns_train {
void
NetworkToHost(void* Data,
        type_uint16 DataLen){      //输入需要转换的数据长度
#if defined(CPP_LITTLE_ENDIAN)                                              ①
    type_uint8 tmp;
    type_uint8* tmpData = (type_uint8*)Data;
    for(int i = 0; i < DataLen / 2; i++) {
        tmp = tmpData[i];
        tmpData[i] = tmpData[DataLen - i - 1];
        tmpData[DataLen - i - 1] = tmp;
    }
#endif
}
type_uint8
NetworkToHost(type_uint8 Data){                                             ②
    return Data;
}
type_uint16
NetworkToHost(type_uint16 Data){
#if defined(CPP_LITTLE_ENDIAN)
    NetworkToHost(&Data, sizeof(type_uint16));                              ③
#endif
    return Data;
}
type_uint32
NetworkToHost(type_uint32 Data) {
#if defined(CPP_LITTLE_ENDIAN)
    NetworkToHost(&Data, sizeof(type_uint32));
#endif
    return Data;
}
type_int32
NetworkToHost(type_int32 Data){
#if defined(CPP_LITTLE_ENDIAN)
    NetworkToHost(&Data, sizeof(type_int32));
#endif
    return Data;
}
type_float
NetworkToHost(type_float Data){
#if defined(CPP_LITTLE_ENDIAN)
    NetworkToHost(&Data, sizeof(type_float));
#endif
```

```
        return Data;
}
type_double
NetworkToHost(type_double Data){
#if defined(CPP_LITTLE_ENDIAN)
    NetworkToHost(&Data, sizeof(type_double));
#endif
    return Data;
}
...
}
```

介绍完网络序转主机序的接口之后,再来看一下主机序转网络序的接口。如代码清单 4-12 所示,列举了从主机序转换网络序接口的声明。

代码清单 4-12

```
// include/base/basedll/host_network_api.h
#include "base_export.h"
#include "customtype.h"
namespace ns_train {
// 字节序转换   主机序到网络序
BASE_API
void
HostToNetwork(void* Data,
    type_uint16 DataLen);
BASE_API
type_uint8
HostToNetwork(type_uint8 Data);
// type_uint16 字节序转换
BASE_API
type_uint16
HostToNetwork(type_uint16 Data);
// type_int16 字节序转换
BASE_API
type_int16
HostToNetwork(type_int16 Data);
// type_uint32 字节序转换
BASE_API
type_uint32
HostToNetwork(type_uint32 Data);
// type_int32 字节序转换
BASE_API
type_int32
HostToNetwork(type_int32 Data);
// type_float 字节序转换
BASE_API
```

```
type_float
HostToNetwork(type_float Data);
// type_double 字节序转换
BASE_API
type_double
HostToNetwork(type_double Data);
// type_time_t 字节序转换
BASE_API
type_time_t
HostToNetwork(type_time_t Data);
...
}
```

代码清单 4-13 所示为部分接口的实现。可以看出，在主机序转网络序的接口 HostToNetwork()中，其实是通过调用对应的 NetworkToHost()接口实现了字节序转换的功能。

代码清单 4-13

```
// src/base/basedll/host_network_api.cpp
namespace ns_train {
void
HostToNetwork(void* Data,
    type_uint16 DataLen){
    NetworkToHost(Data, DataLen);
}
type_uint8
HostToNetwork(type_uint8 Data) {
    return Data;
}
type_uint16
HostToNetwork(type_uint16 Data) {
    return NetworkToHost(Data);
}
...
}
```

注意：在跨平台开发中，涉及文件操作、网络通信时，需要处理字节序转换问题，也就是大小端问题。单字节数据、字符串数据不需要转换字节序，超过 1 字节的基本数据类型（具体见 customtype.h）需要进行字节序转换处理。

第 22 天　使用操作系统 API 操作二进制文件

视频讲解

今天要学习的案例对应的源代码目录：src/chapter04/ks04_04。本案例不依赖第三方类库。程序运行效果如图 4-2 所示。

图 4-2 第 22 天案例程序运行效果

今天的目标是掌握如下内容。
- 使用操作系统 API 操作二进制文件。
- 通过使用文件游标控制数据写入文件时的位置。

第 20 天的学习内容中介绍了使用操作系统 API 操作文本文件的方法，本节介绍使用这些接口操作二进制文件的方法。其实，不论操作文本文件还是二进制文件，这些接口的用法都是类似的，只是在设置文件打开方式的时候有所不同，因为打开二进制文件时要用 b 表示二进制。本案例主要演示如何通过文件游标控制数据写入文件时的位置。所谓文件游标，就是在操作文件的过程中，当前的写入或者读取位置。比如，游标目前在 10（从 0 开始计算）这个位置，表示离文件开头有 10 字节，再向文件中写入数据时，将从第 10 字节开始写入。操作游标涉及读取游标当前位置和定位到游标所在位置这两项功能，但是在 32 位系统和 64 位系统中，这两个接口是不同的，而且涉及的数据类型也不同。为此，专门定义相关的宏、数据类型以便统一处理，见代码清单 4-14。在标号①处，将 32 位 Windows 系统中定位游标功能的接口 fseek 定义为 seek_to_pos 宏。在标号②处，将获取当前游标位置的接口 ftell 定义为 get_current_pos 宏。在标号③处，将表示游标位置的数据类型重定义为 fileSeekSize_t。然后，为 64 位 Windows 系统、32 位/64 位 Linux 系统定义同样的宏。

代码清单 4-14

```
// src/chapter04/ks04_04/example.cpp
#ifdef WIN32
#define open_one_file    fopen
#ifdef PROJECT_32
    #define seek_to_pos       fseek                                    ①
    #define get_current_pos ftell                                      ②
    typedef long              fileSeekSize_t;                          ③
```

```
    #else
        #define seek_to_pos        _fseeki64
        #define get_current_pos    _ftelli64
        typedef __int64            fileSeekSize_t;
    #endif
#else
#include<unistd.h>
#include <stdio.h>
#include <string.h>
#ifdef PROJECT_32
    #define open_one_file      fopen
    #define seek_to_pos        fseek
    #define get_current_pos    ftell
    typedef long               fileSeekSize_t;
#else
    #define open_one_file      fopen64
    #define seek_to_pos        fseeko
    #define get_current_pos    ftello
    #if defined(__LP64__)
        typedef signed long    fileSeekSize_t;
    #else
        typedef signed long long   fileSeekSize_t;
    #endif
#endif
#endif
```

本案例的二进制文件格式见表 4-5。文件开头的前 4 字节存放文本的行数，接着用 4 字节存放文本的长度，最后是文本内容。

表 4-5　本案例的二进制文件格式

字节序号	含　义
0～3	4 字节，用来存放文本的行数
4～7	4 字节，用来存放文本的长度
8～末尾	存放文本内容

1．通过调整游标更新文件中已经写入的数据

首先，按照表 4-5 的格式准备一个二进制文件，见代码清单 4-15。在标号①处定义变量 iLineNumber 用来表示文本的行数，因为已经知道文本的行数为 3，所以为其赋值为 3。如果事先不知道文本的行数，可以初始化为 0。iLineNumber 中的数据将被写入文件中，而写入文件的数据必须使用定长数据类型，否则，在不同系统中如果数据的长度不一致可能会导致文件解析出错。在标号②处，定义变量 iTextLength 用来表示文本信息的长度，因为目前还不知道文本的具体长度，所以初始化为 0。在标号③处，将文本的行数 iLineNumber 写入文件之前，需要先将该数据进行字节序转换，否则在大端小端混用时，会出现文件解析错误的

问题。iLineNumber 的尺寸为 4 字节，因此在调用 fwrite()之后，文件的游标自动移动到第 4（从 0 开始计算）字节。在标号④处，将游标的当前位置保存到 nTextLengthPos，以便在得到文本的长度后再来更新文本长度。在标号⑤处，将初始化为 0 的文本长度 iTextLength 写入文件中，虽然此时的 iTextLength 不是正确的数值，但是先把它写入文件的目的是占位，以便把 iTextLength 所占的 4 字节先占用着，当得到正确的 iTextLength 后，再来更新文件中的数值，这也是前一行代码使用 nTextLengthPos 保存游标位置的目的。在标号⑥处，当把文本的内容写入文件后，已经可以计算出文本的长度并且保存到 iTextLength，这时就可以将游标调整到以 SEEK_SET 为基准并且偏移量为 nTextLengthPos 的位置（本案例中文件的第 4 字节），SEEK_SET 表示文件开头。除了把游标的基准位置设置为 SEEK_SET 之外，该参数的其他取值见表 4-6。如标号⑦处所示，最后将 iTextLength 写入文件中（第 4 字节开始的位置）。

代码清单 4-15

```cpp
// src/chapter04/ks04_04/example.cpp
#include "base_api.h"
#include "host_network_api.h"
void createBinaryFile(void) {
    std::cout << "=====================================" << std::endl;
    std::cout << "createTextFile: 开始准备测试文件。" << std::endl;
    std::string strName;
    strName = ns_train::getPath("$PROJECT_DEV_HOME/test/chapter04/ks04_02/example01.dat");
    std::string strDir = ns_train::getDirectory(strName);
    if (!ns_train::isFileExist(strDir)) {
        ns_train::mkDir(strDir); // 如果目录不存在，就新建一个
    }
    FILE *pFile = NULL;              // 文件指针
    std::string modeStr="wb";        // 文件打开模式：清空、写入、二进制方式
    pFile = open_one_file(strName.c_str(), modeStr.c_str());
    if (NULL == pFile) {
        std::cout << "open failed! file name is:"<< strName;
        return;
    }
    type_int32 iLineNumber = 3; // 事先已经知道文本信息的行数=3          ①
    type_int32 iTextLength = 0; // 文本信息的长度                       ②
    // 调用HostToNetwork()之后，iLineNumber 被转换过字节序，因此不能继续使用了
    iLineNumber = ns_train::HostToNetwork(iLineNumber);                ③
    // 把文本行数写入文件(需要确保该数据已经转换过字节序)
    fwrite((void*)&iLineNumber, sizeof(iLineNumber), 1, pFile);
    fileSeekSize_t nTextLengthPos = get_current_pos(pFile); // 把当前游标位置
保存下来                                                              ④
    // 写入文件前，需要先进行字节序转换
    iTextLength = ns_train::NetworkToHost(iTextLength);
```

```cpp
    // 先把数据长度写进去,进行占位,等统计完正确的数据后,再更新该数据
    Fwrite((void*)&iTextLength, sizeof(iTextLength), 1, pFile);                    ⑤
    // 写入的文本内容
    std::string strContent;
    strContent += getString1();
    strContent += getString2();
    strContent += getString3();
    // 再写入信息数据,字符串不需要转换字节序
    fwrite(strContent.c_str(), strContent.length(), 1, pFile);
    std::cout << "文件创建成功,写入的内容为:" << std::endl;
    std::cout << strContent;
    iTextLength = static_cast<type_int32>(strContent.length());
    seek_to_pos(pFile, nTextLengthPos, SEEK_SET);// 把文件游标调整到以 SEEK_SET
//为基准并且偏移量为 nTextLengthPos 的位置                                        ⑥
    iTextLength = ns_train::HostToNetwork(iTextLength);
    // 更新数据长度
    fwrite((void*)&iTextLength, sizeof(iTextLength), 1, pFile);                    ⑦
    fclose(pFile); // 千万不要忘记关闭文件
    pFile = NULL;  // 关闭文件后应立刻将 pFile 置为 NULL,防止后续代码继续使用 pFile
    std::cout << ">>>输入任意键继续:";
    ns_train::pauseOnce();
}
std::string getString1() {
    return "i have an apple, here you are.\n";
}
std::string getString2() {
    return "i have a pear, here you are.\n";
}
std::string getString3() {
    return "i have an orange, here you are.\n";
}
```

表 4-6 移动游标时基准位置的取值

取 值	说 明
SEEK_SET	以文件头为基准
SEEK_CUR	以游标当前位置为基准。如果偏移量大于 0,表示向文件末尾方向移动游标;如果偏移量小于 0,表示向文件开头方向移动游标
SEEK_END	以文件末尾为基准。选用该值时,偏移量只能设置为小于 0 的数,表示从文件末尾向文件开头方向偏移

2. 验证写入的数据

为了验证数据是否正确,编写 example01()进行验证,如代码清单 4-16 所示。在标号①处,读取文本的行数并保存到 iLineNumber。在标号②处,将读取到的文本行数转换为本地字节序,经过转换之后的数据才能使用,不进行转换就使用会导致错误。在标号③处,读出

文本的长度并输出到终端。在标号④处，利用从文件中读出的文本的长度开辟内存，这里采用 "iTextLength +1" 的写法，目的是存放字符串结束符 "\0"，见标号⑤处。

代码清单 4-16

```cpp
// src/chapter04/ks04_02/example.cpp
void example01() {
    std::cout << "====================================" << std::endl;
    std::cout << "example01:读取二进制文件。" << std::endl;
    std::string strName;
    strName = ns_train::getPath("$PROJECT_DEV_HOME/test/chapter04/ks04_02/example01.dat");
    FILE *pFile = NULL;                    // 文件指针
    std::string modeStr = "rb";            // 文件打开模式：只读、二进制方式
    pFile = open_one_file(strName.c_str(), modeStr.c_str());
    if (NULL == pFile) {
        std::cout << "open failed! file name is:" << strName;
        return;
    }
    std::cout << "文件打开成功。文件内容为:" << std::endl;
    type_int32 iLineNumber = 0;  // 文本信息的行数
    type_int32 iTextLength = 0;  // 文本信息的长度
    size_t retSize = fread((void*)&iLineNumber, 1, sizeof(iLineNumber), pFile);                                                                  ①
    iLineNumber = ns_train::NetworkToHost(iLineNumber);                                       ②
    std::cout << "文本的行数为:" << iLineNumber << std::endl;
    ret = fread((void*)&iTextLength, 1, sizeof(iTextLength), pFile);                          ③
    std::cout << "文本的长度为:" << iTextLength << std::endl;
    char* pBuf = new char[iTextLength +1];                                                    ④
    memset(pBuf, 0, iTextLength +1);       // 初始化
    ret = fread((void*)pBuf, 1, iTextLength, pFile);
    pBuf[iTextLength] = '\0';                                                                 ⑤
    std::string strContent = pBuf;
    std::cout << strContent;               // 输出整个文件的内容
    fclose(pFile);  // 千万不要忘记关闭文件
    pFile = NULL;   // 关闭文件后应立刻将 pFile 置为 NULL，防止后续代码继续使用 pFile
    delete[] pBuf;  // 释放内存
    pBuf = NULL;
    std::cout << ">>>输入任意键继续:";
    ns_train::pauseOnce();
}
```

3. 小结

- 写入文件中的数据应采用定长数据类型。否则，如果在不同的系统中打开同一个文件，可能会因为数据的长度不一致导致解析错误。可以参考 customtype.h 定义项目公用的定长数据类型。

- 数据被写入文件之前,应转换到网络字节序。即使该数据为零,也应该进行转换。这样做的目的是养成良好习惯,防止后续其他维护人员在将数据写入文件之前将该数据改写为非零值。
- 从文件中读取到的数据,应该在转换为本地字节序后才能使用。
- 数据被转换过字节序后,可能已经不是原值,因此就不能继续使用该数据了。

第 23 天　封装文件操作类

今天要学习的案例对应的源代码目录:src/chapter04/ks04_05。本案例不依赖第三方类库。程序运行效果如图 4-3 所示。

图 4-3　第 23 天案例程序运行效果

今天的目标是掌握如下内容。
- 将对文件的访问功能封装到自定义类 CPPFile 中。
- 使用自定义的文件类 CPPFile 实现 ks04_04 案例演示的功能。

在第 20 天、第 22 天的学习内容中介绍了使用操作系统 API 来操作文件的知识,但是在编写程序的过程中,需要使用宏定义区分不同的操作系统,以便调用不同的函数。为了把各种操作系统之间的区别屏蔽掉,实现真正的跨平台开发,可以考虑封装一个跨平台的文件操作类 CPPFile。将 CPPFile 类封装到 basedll 库中。CPPFile 的头文件如代码清单 4-17 所示。

代码清单 4-17

```
// include/base/basedll/base_file.h
#pragma once
#include "base_export.h"
#include <stdio.h>
#include <string>
#include "customtype.h"
```

```cpp
namespace ns_train {
/**
 * @brief 文件操作类
 */
class BASE_API CPPFile {
public:
    CPPFile();
    CPPFile(const char* i_pFileName);
    ~CPPFile();
    bool setFileName(std::string strFileName);
    std::string getFileName() const;
    bool open(const char *szMode);
    void close();
    bool isFileExist() const;
    static bool isFileExist(std::string strFileName);
    type_size getSize();
    static type_size getSize(std::string strFileName);
    type_size read(char* pBuf, type_size nMaxCount);
    type_size write(const char* pBuf, type_size nCount);
    bool readLine(char* o_pBuf, int nMaxCount);
    void writeLine(const char* pBuf);
    void seekToBegin();
    void seekToEnd();
    type_size seekToPosition(type_size nOffset, int nFrom);
    type_size currentPosition();
    static bool copy(const char *szSrc, const char* szDst);
    bool rename(const char* szNewName);
    bool remove();
private:
    FILE*           m_pFile;            // 文件指针
    std::string     m_strFileName;      // 文件名
};
} // namespace ns_train
```

在代码清单 4-17 中，为 CPPFile 类设计了常用的文件操作接口，而且还提供了几个静态接口以方便使用。CPPFile 类主要依赖操作系统 API 实现，个别接口利用 STL 的 fstream 实现。CPPFile 的具体实现见本书配套资源中的源代码。

下面介绍一下 CPPFile 的使用，见代码清单 4-18。在标号①处，定义 CPPFile 对象 file。然后，在标号②~标号⑧处，调用 CPPFile 的接口实现文件操作。

代码清单 4-18

```cpp
// src/chapter04/ks04_05/example.cpp
void createBinaryFile(void) {
    std::cout << "=====================================" << std::endl;
    std::cout << "createBinaryFile: 开始准备测试文件。" << std::endl;
```

```cpp
    std::string strName;
    strName = ns_train::getPath("$PROJECT_DEV_HOME/test/chapter04/ks04_05/example01.dat");
    std::string strDir = ns_train::getDirectory(strName);
    if (!ns_train::isFileExist(strDir)) {
        ns_train::mkDir(strDir);    // 如果目录不存在, 就新建一个
    }
    ns_train::CPPFile file;         // 文件对象                              ①
    std::string modeStr="wb";       // 文件打开模式: 清空、写入、二进制方式
    file.setFileName(strName.c_str());
    bool bOK = file.open(modeStr.c_str());                                  ②
    if (!bOK) {
        std::cout << "open failed! file name is:"<< strName;
        return;
    }
    type_int32 iLineNumber = 3;  // 事先知道文本信息的行数=3
    type_int32 iTextLength = 0;  // 文本信息的长度
    iLineNumber = ns_train::HostToNetwork(iLineNumber);
    file.write((char*)&iLineNumber, sizeof(iLineNumber));                   ③
    type_size nTextLengthPos = file.currentPosition();
    iTextLength = ns_train::NetworkToHost(iTextLength);
    file.write((char*)&iTextLength, sizeof(iTextLength));                   ④
    // 写入的文本内容
    std::string strContent;
    strContent += getString1();
    strContent += getString2();
    strContent += getString3();
    file.write(strContent.c_str(), strContent.length());                    ⑤
    std::cout << "文件创建成功,写入文件的文本部分内容为:" << std::endl;
    std::cout << strContent;
    iTextLength = static_cast<type_int32>(strContent.length());
    file.seekToPosition(nTextLengthPos, SEEK_SET);                          ⑥
    iTextLength = ns_train::HostToNetwork(iTextLength);。
    size_t sz = file.write((char*)&iTextLength, sizeof(iTextLength));       ⑦
    file.close();   // 千万不要忘记关闭文件                                   ⑧
    std::cout << ">>>输入任意键继续:";
    ns_train::pauseOnce();
}
```

第 24 天　可以读写 INI 文件的自定义类

今天要学习的案例对应的源代码目录: src/chapter04/ks04_06。本案例不依赖第三方类库。程序运行效果如图 4-4 所示。

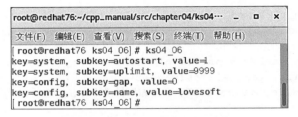

图 4-4　第 24 天案例程序运行效果

今天的目标是掌握如下内容。
- 配置文件是干什么用的？
- 什么是 INI 格式的配置文件？
- 开发一个类用来维护 INI 格式的配置文件。

对于一款软件来说，在它启动时一般要设置初始状态或者进行初始配置，以便适应不同的工作场景。这可以通过读取数据库中的配置来实现，也可以通过读取配置文件的方式来实现，而后者相对容易一些。在计算机技术发展过程中，开发人员设计了不同的配置文件格式，常用的配置文件有 INI 格式、XML 格式。本节将介绍 INI 格式的配置文件，XML 格式配置文件将在第 25 天的学习内容中介绍。代码清单 4-19 列出了本案例使用的 INI 格式的配置文件。在标号①、标号③处，定义了主键，也就是 INI 文件的 Key。主键用来区分不同的配置主题，在主键下面是该主键的子键，也就是 Subkey，见标注②处的 autostart、uplimit，标注④处的 gap、name 等。一个主键可以拥有多个子键，子键采用 Key=Value 的语法。

代码清单 4-19

```
// config/ks04_06.ini
[system]                                                    ①
autostart=Y                                                 ②
uplimit=9999
[config]                                                    ③
gap=15.300000                                               ④
name=lovesoft
```

为了方便应用程序访问该 INI 文件，可以设计、开发一个 INI 文件访问类 CPPIniFile，如代码清单 4-20 所示。CPPIniFile 类提供了对布尔类型、32 位整数类型、双精度浮点数类型、字符串类型的配置数据的访问功能。本节主要讨论 INI 文件的设计与访问，并未对 CPPIniFile 的实现展开讨论，CPPIniFile 的具体实现请见本书配套资源中的本节源代码。

代码清单 4-20

```
// include/base/base_ini.h
#pragma once
#include <string>
#include <list>
#include <vector>
```

```cpp
#include <map>
#include "base_export.h"
#include "customtype.h"
#include "base_file.h"
namespace ns_train {
// INI 格式配置文件处理类。支持";"开头的文本作为注释
//----------------------------------------
class BASE_API CPPIniFile {
public:
    CPPIniFile();
    ~CPPIniFile();
    type_bool setFileName(const std::string& strFileName);
    type_bool    getBool(const  std::string&  strKey,  const  std::string&
strSubKey, type_bool i_nDefault, type_bool* o_bRet=NULL);
    type_int32   getInt32(const  std::string&  strKey,  const  std::string&
strSubKey, type_int32 i_nDefault, type_bool* o_bRet=NULL);
    type_double   getReal(const  std::string&  strKey,  const  std::string&
strSubKey, type_double i_fDefault, type_bool* o_bRet=NULL);
    std::string getString(const  std::string&  strKey,  const  std::string&
strSubKey, const std::string& strDefault, type_bool* o_bRet=NULL);
    type_bool    setBool(const  std::string&  strKey,  const  std::string&
strSubKey, type_bool i_nValue);
    type_bool    setInt32(const  std::string&  strKey,  const  std::string&
strSubKey, type_int32 i_nValue);
    type_bool    setReal(const  std::string&  strKey,  const  std::string&
strSubKey, type_double i_fValue);
    type_bool    setString(const  std::string&  strKey,  const  std::string&
strSubKey, const std::string& strValue);
private:
    type_bool writeToFile();
    type_bool getValueString(const std::string& strKey, const std::string&
strSubKey, std::string& o_pValue);
    type_bool setValueString(const std::string& strKey, const std::string&
strSubKey, const std::string& strValue);
private:
    CPPFile            m_file;                  // 文件对象
    type_bool          m_bIsOpen;               // 配置文件是否已打开
    std::vector<std::string> m_vecKey;          // 主键
    std::map<std::string, std::list<std::string>>  m_mapKey2Subkey;
                                                // 主键到子键的映射
    std::map<std::string, std::string> m_mapSubkey2Value;
                                                // 子键@主键到数值的映射

};
}
```

CPPIniFile 的使用示例见代码清单 4-21。在标号①处，定义 CPPIniFile 对象 ini，在标号

②处设置 INI 文件的名字。在标号③处，设置布尔类型的配置数据，并立刻读取进行读取验证。在标号④、标号⑤、标号⑥处，分别设置 32 位整数、双精度浮点数、字符串类型的配置数据并进行读取验证。

代码清单 4-21

```
void example01() {
    ns_train::CPPIniFile ini;                                               ①
    ini.setFileName("$PROJECT_DEV_HOME/config/ks04_06.ini");                ②
    // bool
    ini.setBool("system", "autostart", VALUE_TRUE);                         ③
    type_bool bRet = false;
    type_bool b = ini.getBool("system", "autostart", false, &bRet);
    std::cout << "key=system, subkey=autostart, value=" << b << std::endl;
    // int32
    ini.setInt32("system", "uplimit", 9999);                                ④
    type_int32 i32 = ini.getInt32("system", "uplimit", 0, &bRet);
    std::cout << "key=system, subkey=uplimit, value=" << i32 << std::endl;
    // double
    ini.setReal("config", "gap", 15.3);                                     ⑤
    type_double d = ini.getReal("system", "gap", 0.f, &bRet);
    std::cout << "key=config, subkey=gap, value=" << d << std::endl;
    // string
    ini.setString("config", "name", "lovesoft");                            ⑥
    std::string str = ini.getString("system", "name", "", &bRet);
    std::cout << "key=config, subkey=name, value=" << str << std::endl;
}
```

第 25 天　使用 tinyXML 访问 XML 文件

视频讲解

今天要学习的案例对应的源代码目录：src/chapter04/ks04_07。本案例依赖 TinyXML 库。程序运行效果如图 4-5 所示。

图 4-5　第 25 天案例程序运行效果

今天的目标是掌握如下内容。
- 什么是 XML 文件？
- 使用 tinyXML 操作 XML 文件。

第 24 天的学习内容中介绍了 INI 格式的文本文件，本节介绍另外一种文本文件格式：XML 文件。XML（eXtensible Markup Language）中文名称为"可扩展标记语言"。1998 年 2 月，W3C 正式批准了可扩展标记语言的标准定义。可扩展标记语言可以对文档和数据进行结构化处理，以便在不同的应用之间交换数据。下面先看几个 XML 的例子，这些例子摘自 *TinyXML Tutorial*。

1. XML 例子

- 在 example1.xml 文件中，第 1 行用来声明该 XML 文件的版本。XML 声明放在一对 <> 中间，以 "?xml" 开头，以 "?" 作为结尾。第 2 行描述了一对标签，标签的名称为 Hello，该标签以 </Hello> 作为结束。<Hello> 与 </Hello> 中间的文本字符串 World 是 Hello 的子节点。

```
<?xml version="1.0" ?>
<Hello>World</Hello>
```

- example2.xml 展示了标签的嵌套。poetry 标签下面嵌套了标签 verse。在 XML 中，标签支持多层嵌套。

```
<?xml version="1.0" ?>
<poetry>
    <verse>
        Alas
          Great World
            Alas (again)
    </verse>
</poetry>
```

- example3.xml 展示了标签的属性列表以及标签的另一种语法。当标签没有包含文本信息并且没有子标签时，可以将标签的所有内容写在一对 <> 内部，并且以 "/>" 作为结束标记。标签的属性列表其实是属性名、属性值的键值对，采用"属性名=属性值"的语法。而且 shapes 标签嵌套了两行不同的记录，circle 记录、point 记录。XML 规范只规定了 XML 语法，并未规定 XML 内容。

```
<?xml version="1.0" ?>
<shapes>
    <circle name="int-based" x="20" y="30" r="50" />
    <point name="float-based" x="3.5" y="52.1" />
</shapes>
```

- example4.xml 是个综合案例，顺便展示了 XML 中注释的语法。XML 中的注释以

"<!--"开头,以"-->"结尾。

```
<?xml version="1.0" encoding="UTF-8" ?>
<MyApp>
    <!-- Settings for MyApp -->
    <Messages>
       <Welcome>Welcome to MyApp</Welcome>
       <Farewell>Thank you for using MyApp</Farewell>
    </Messages>
    <Windows>
       <Window name="MainFrame" x="5" y="15" w="400" h="250" />
    </Windows>
    <Connection ip="192.168.0.1" timeout="123.456000" />
</MyApp>
```

通过这4个例子,可以对XML形成如下认识。

(1) XML文件的第一行应包含"<?xml ?>"文本,并且明确标出XML的版本号。

(2) XML中的有效信息采用标签对的方式进行描述,标签支持嵌套。

(3) 标签可以采用多行描述,也可以采用单行描述。采用多行描述时,以<标签名>作为开头,以</标签名>作为结尾。采用单行描述时,使用<标签名/>的语法。

(4) 可以把属性写在标签名所在的行。比如<标签名 xxx="yyy"/>,其中 xxx 为属性名,yyy 为属性值。

2. 使用 tinyXML 读写 XML 文件

tinyXML 是一款用来读写 XML 文件的 C++开源库,能够在 Windows 或 Linux 中使用。这个库通过解析 XML 文件然后在内存中生成 DOM 模型(Document Object Model,文档对象模型),从而让开发人员很方便地遍历访问 XML。tinyXML 的下载地址见本书配套资源【资源下载.pdf】文档中【tinyXML 网址】。下载 tinyXML 后,需要先对它执行编译,然后才能使用。

1) 编译 tinyXML

将下载后的 tinyXML 解压,然后将 tinyxml 的源代码文件(*.cpp)复制到本书配套代码的 src/base/tinyxml 目录,将 tinyXML 源代码中的头文件(*.h)复制到本书配套代码的 include/base/tinyxml 目录。请注意,在 src/base/tinyxml 目录中不放置头文件(*.h)。因为需要将 tinyXML 中的类引出之后才能在其他项目中使用,因此本案例中需要对下载后的 tinyXML 进行少量修改。

(1) 编写 tinyxml_export.h,并且在 tinyxml.h、tinystr.h 中引用该头文件。tinyxml_export.h 内容如下。

```
// include/base/tinyxml/tinyxml_export.h
#pragma once
// 动态库导出宏定义
#ifdef WIN32          // windows platform
```

```
#   if defined _ _TINYXML_SOURCE_ _
#       define TINYXML_API _ _declspec(dllexport)
#   else
#       define TINYXML_API _ _declspec(dllimport)
#   endif
#   include <windows.h>
#else                   // other platform
#   define TINYXML_API
#endif // WIN32
```

（2）修改 tinyxml.h、tinystr.h，将所有需要引出的类进行引出声明。比如，将 tinyxml.h 中的所有需要引出的类使用 tinyxml_export.h 中定义的 TINYXML_API 进行修饰，此处仅列出部分代码。

```
// include/base/tinyxml/tinyxml.h
#ifndef TINYXML_INCLUDED
#define TINYXML_INCLUDED
#include "tinyxml_export.h"
class TINYXML_API TiXmlVisitor {
    ...
};
class TINYXML_API TiXmlBase {
    ...
};
class TINYXML_API TiXmlNode : public TiXmlBase {
    ...
};
class TINYXML_API TiXmlAttribute : public TiXmlBase {
    ...
};
class TINYXML_API TiXmlAttributeSet {
    ...
};
class TINYXML_API TiXmlElement : public TiXmlNode {
    ...
};
class TINYXML_API TiXmlComment : public TiXmlNode {
    ...
};
class TINYXML_API TiXmlText : public TiXmlNode {
    ...
};
class TINYXML_API TiXmlDeclaration : public TiXmlNode {
    ...
};
class TINYXML_API TiXmlDocument : public TiXmlNode {
```

```
    ...
};
class TINYXML_API TiXmlHandle {
    ...
};
```

在 src/base/tinyxml 目录中，使用 tinyxml.pro 作为项目文件。tinyxml.pro 见本书配套代码中 src/base/tinyxml/tinyxml.pro。编译 tinyXML 时，使用 VisualStudio2019 的 64 位或 32 位（x86）命令行，进入 src/base/tinyxml 目录，然后使用如下命令进行编译。

```
qmake
nmake
```

2）使用 tinyXML

完成 tinyXML 的编译后，就可以在代码中使用 tinyXML 了。本案例将利用 tinyXML 演示如何读写 example01.xml、example02.xml、example03.xml。如代码清单 4-22 所示，example01_write()接口将生成 example01.xml 文件。在标号①处，定义一个 TiXmlDocument 类型的指针对象，该对象属于 tinyXML 中的文档对象。在标号②处，定义一个 TiXmlDeclaration 类型的指针对象，该对象对应 example01.xml 中第一行中的 XML 声明，该声明对象表明 XML 版本号为 1.0、字符集为 UTF-8、standalone 为 yes。standalone 用来表示该文件是否引用外部模式文件，yes 表示没有引用外部模式文件，no 则表示需要引用外部模式文件，默认值是 yes。模式文件用来检查 XML 是否有效。在标号③处，将 XML 声明对象 pDeclaration 作为子节点添加到 XML 文档对象 pDoc。在标号④处，构建一个元素对象用来表示节点 Hello。在标号⑤处，当构建的 Hello 元素无效时，程序只删除了 pDoc 对象，这是因为 pDoc 对象会自动级联删除所有子节点。在标号⑥处，将代表节点 Hello 的 pRootEle 设置为 pDoc 的子节点。如标号⑦处所示，当需要创建文本子节点时，可以使用 TiXmlText。在标号⑧处，将文本子节点添加到父节点中。在标号⑨处，保存 XML 文件。为了防止内存泄漏，要记得释放内存，见标号⑩处，不用担心 pDeclaration 等其他对象会造成内存泄漏，因为 TiXmlDocument 派生自 TiXmlNode，而后者会在析构时自动析构所有的子对象。

代码清单 4-22

```
// src/chapter04/ks04_07/example.cpp
/* example01.xml:
<?xml version="1.0" ?>
<Hello>World</Hello>
*/
void example01_write() {
    std::string strXmlFile = ns_train::getPath("$PROJECT_DEV_HOME/test/chapter04/ks04_07/example01.xml");
    std::string strDir = ns_train::getDirectory(strXmlFile);
    if (!ns_train::isFileExist(strDir)) {
        ns_train::mkDir(strDir);        // 如果目录不存在，就新建一个
```

```cpp
    }
    TiXmlDocument* pDoc = new TiXmlDocument;                              ①
    if (NULL == pDoc) {
        return;
    }
    TiXmlDeclaration* pDeclaration = new TiXmlDeclaration("1.0", "UTF-8",
"yes");                                                                   ②
    if (NULL == pDeclaration) {
        delete pDoc;
        return;
    }
    pDoc->LinkEndChild(pDeclaration);                                     ③
    TiXmlElement* pRootEle = new TiXmlElement("Hello");                   ④
    if (NULL == pRootEle) {
        delete pDoc;                                                      ⑤
        return;
    }
    pDoc->LinkEndChild(pRootEle);                                         ⑥
    std::string strValue = "World";  // 生成文本子节点
    TiXmlText* pXmlText = new TiXmlText(strValue.c_str());                ⑦
    if (NULL == pXmlText) {
        delete pDoc;
        return;
    }
    pRootEle->LinkEndChild(pXmlText);                                     ⑧
    pDoc->SaveFile(strXmlFile.c_str());                                   ⑨
    delete pDoc;                                                          ⑩
    return;
}
```

读取 XML 文件的代码见代码清单 4-23。在标号①处，构建 TiXmlDocument 类型的对象 doc，用来解析 XML 文件。在标号②处，加载 XML 文件到内存中解析，在内存中生成 DOM 树。在标号③处，得到 XML 的根元素，即 Hello 元素。在标号④处，获取 Hello 元素的值，即 Hello。在标号⑤处，取得 Hello 元素的第一个子节点，即文本节点 World。

代码清单 4-23

```cpp
// src/chapter04/ks04_07/example.cpp
void example01_read() {
    std::string strXmlFile = ns_train::getPath("$PROJECT_DEV_HOME/test/
chapter04/ks04_07/example01.xml");
    std::string strDir = ns_train::getDirectory(strXmlFile);
    if (!ns_train::isFileExist(strDir)) {
        ns_train::mkDir(strDir);        // 如果目录不存在，就返回
    }
    // 定义一个 TiXmlDocument 对象
    TiXmlDocument doc(strXmlFile.c_str());                                ①
```

```
        doc.LoadFile();                                              ②
        strXmlFile = ns_train::getFileName(strXmlFile);
        std::cout << ">>> Read XML File:" << strXmlFile << std::endl;
        TiXmlElement* pRootElement = doc.RootElement();              ③
        if (NULL != pRootElement) {
            std::cout << pRootElement->Value();                      ④
            if (NULL != pRootElement->FirstChild()) {                ⑤
                TiXmlText* pXmlText = pRootElement->FirstChild()->ToText();
                std::cout << ", " << pXmlText->Value()<< std::endl;
            }
        }
    }
```

TiXmlNode 节点的类型见表 4-7。TiXmlElement 派生自 TiXmlNode。TiXmlElement 类提供属性列表的访问。

表 4-7 TiXmlNode 节点类型

节点类型	含义	转换接口
TINYXML_DOCUMENT	文档节点	ToDocument()
TINYXML_ELEMENT	元素节点	ToElement()
TINYXML_COMMENT	注释节点	ToComment()
TINYXML_UNKNOWN	未知节点	ToUnknown()
TINYXML_TEXT	文本节点	ToText()
TINYXML_DECLARATION	XML 声明节点	ToDeclaration()

通过代码清单 4-22，可以学会如何为节点添加子节点，这样就可以实现多层节点的嵌套。因此，生成 example02.xml 就比较简单了。example04.xml 是个综合性例子，其中有一行注释，再就是为有些节点设置了属性。example04.xml 的生成代码、读取代码见代码清单 4-24。在标号①处，生成 TiXmlComment 类型的指针对象用来构建注释。在标号②处，为元素设置属性。读取代码见标号③处。在标号④处，得到 Window 元素对象，然后读取它的属性值，见标号⑤、标号⑥处。

代码清单 4-24

```
// src/chapter04/ks04_07/example.cpp
void example04_write() {
    ...
    // 生成一个注释
    TiXmlComment* pXmlCommit = new TiXmlComment("Settings for MyApp");    ①
    if (NULL == pXmlCommit) {
        delete pDoc;
        return;
    }
    // 生成一个子节点<Messages>
```

```cpp
        TiXmlElement* pEle = new TiXmlElement("Messages");
        if (NULL == pEle) {
            delete pDoc;
            return;
        }
        pRootEle->LinkEndChild(pEle);
        // 生成<Messages>的子节点
        ...
        // 生成一个子节点<Windows>
        pEle = new TiXmlElement("Windows");
        if (NULL == pEle) {
            delete pDoc;
            return;
        }
        pRootEle->LinkEndChild(pEle);
        // 生成<Windows>的子节点
        {
            // <Window>节点
            TiXmlElement* pEleSub = new TiXmlElement("Window");
            if (NULL == pEle) {
                delete pDoc;
                return;
            }
            pEle->LinkEndChild(pEleSub);
            // 设置属性值
            pEleSub->SetAttribute("name", "mainFrame");          ②
            pEleSub->SetAttribute("x", "5");
            pEleSub->SetAttribute("y", "15");
            pEleSub->SetAttribute("w", "400");
            pEleSub->SetAttribute("h", "250");
        }
        // 生成一个子节点<Connection>
        pEle = new TiXmlElement("Connection");
        if (NULL == pEle) {
            delete pDoc;
            return;
        }
        // 设置属性值
        pEle->SetAttribute("ip", "192.168.0.1");
        pEle->SetAttribute("timeout", "123.456000");
        pRootEle->LinkEndChild(pEle);

        pDoc->SaveFile(strXmlFile.c_str());
        delete pDoc;
        return;
}
void example04_read() {                                          ③
```

```cpp
        std::string strXmlFile = ns_train::getPath("$PROJECT_DEV_HOME/test/
chapter04/ks04_07/example04.xml");
        std::string strDir = ns_train::getDirectory(strXmlFile);
        if (!ns_train::isFileExist(strDir)) {
            return;        // 如果文件不存在，就返回
        }
        // 定义一个 TiXmlDocument 对象
        TiXmlDocument doc(strXmlFile.c_str());
        doc.LoadFile();
        strXmlFile = ns_train::getFileName(strXmlFile);
        std::cout << ">>> Read XML File:" << strXmlFile << std::endl;
        TiXmlElement* pRootElement = doc.RootElement();
        if (NULL != pRootElement) {
            std::cout << pRootElement->Value()<< std::endl;
            TiXmlNode* pNode = pRootElement->FirstChild();
            while (NULL != pNode) {
                std::cout<< pNode->Value()<< std::endl ;
                if (strcmp(pNode->Value(), "Windows") == 0) {
                    TiXmlElement* pWindowElement=pNode->FirstChildElement();       ④
                    if (NULL != pWindowElement) {
                        std::cout << "Window, x="
                                  << pWindowElement->Attribute("x")                ⑤
                                  << ", y="
                                  << pWindowElement->Attribute("y")                ⑥
                                  << std::endl;
                    }
                }
                pNode = pNode->NextSibling();
            }
            std::cout << std::endl;
        }
    }
```

3）tinyXML 帮助文档

本节的示例仅仅展示了 tinyXML 的一部分功能，更多功能请查看 tinyXML 自带的帮助文档。tinyXML 自带的帮助文档在 tinyXML 压缩包的 docs 目录中，打开 index.html 可以查看总索引，或者直接打开 tutorial0.html 查看 tinyXML 指南。另外一个便捷的方法是查看 tinyxml.h 中各个类的接口。如代码清单 4-25 所示的 XML 片段，如果希望访问标号①处的 book 元素，那么可以使用 TiXmlHandle，见代码清单 4-26。

代码清单 4-25

```xml
<?xml version="1.0" encoding="UTF-8" ?>
<doc>
    <config>
        <book>Qt 5/PyQt 5 实战指南</book>
```

```
<book>C++老鸟日记</book>①
<book>Qt Charts 入门</book>
</config>
</doc>
```

代码清单 4-26

```
TiXmlHandle docHandler(&xmlDocument);
TiXmlElement* pEleChild = docHandle.FirstChild("doc").FirstChild("config").
Child("book", 1).ToElement();
if (NULL != pEleChild) {
   ...
}
```

本节主要介绍了使用 tinyXML 操作 XML 文件的方法。XML 文件主要应用在对扩展性要求比较高的场合，而且 XML 是文本格式，所以 XML 的可读性比较好。XML 的一个典型应用案例是 SVG（Scalable Vector Graphics，可缩放矢量图形）格式的文件。但是 XML 文件还有另外一个特点，就是文件尺寸相对较大、访问性能相对要差一些。相比之下，二进制格式的文件在尺寸、访问性能上则相对高一些。第 26 天的学习内容中将介绍二进制文件的操作方法。

第 26 天　内存数据保存、恢复

今天要学习的案例对应的源代码目录：src/chapter04/ks04_08、src/chapter04/ks04_09。本案例不依赖第三方类库。程序运行效果如图 4-6、图 4-7 所示。

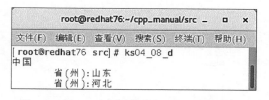

图 4-6　第 26 天案例程序 ks04_08 运行效果

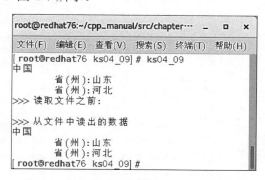

图 4-7　第 26 天案例程序 ks04_09 运行效果

今天的目标是掌握如下内容。
- 将程序的内存数据保存到二进制文件中。
- 读取二进制文件并恢复程序的内存数据。

1. 将程序的内存数据保存到二进制文件

下面要学习的案例对应的源代码目录：src/chapter04/ks04_08。

大部分服务器类软件在运行过程中都会产生一些数据,当程序退出后,程序会释放内存,内存中的数据就消失了。当再次启动程序时,如果想恢复这些数据,就需要在程序退出前先把内存中的数据保存到文件。通过利用 basedll 封装的 **CPPFile** 类可以将数据保存到二进制文件中。在 src.baseline 中,本节的基础代码已经准备好一些数据,并且提供了将内存数据打印到终端的功能。

```cpp
// src/chapter04/ks04_08/example.cpp
void prepare(void) {
    CProvince* pProvince = NULL;
    CCountry* pCountry = new CCountry("中国");
    if (NULL == pCountry) {
        return;
    }
    // add province
    pProvince = new CProvince();
    pCountry->addProvince(pProvince);
    pProvince->setCountry(pCountry);
    pProvince->setName("山东");
    // add province
    pProvince = new CProvince();
    pCountry->addProvince(pProvince);
    pProvince->setCountry(pCountry);
    pProvince->setName("河北");
    print(pCountry);
    // 释放内存
    delete pCountry;
}
void print(CCountry* pCountry) {
    std::list<CProvince*> lstProvinces;
    std::list<CProvince*>::iterator iteProvince;
    if (NULL == pCountry) {
        return;
    }
    std::cout << pCountry->getName()<< std::endl;
    pCountry->getProvinces(lstProvinces);
    iteProvince = lstProvinces.begin();
    while (iteProvince != lstProvinces.end()) {
        std::cout << "\t省(州):" <<(*iteProvince)->getName()<< std::endl;
        iteProvince++;
    }
}
```

为了将内存中的数据输出到文件,可以使用 **CPPFile** 类进行操作。为了方便调用,需要重载<<操作符。请注意,代码清单 4-27 中所有接口的参数都采用 const 引用的方式传递。

代码清单 4-27

```cpp
// include/base/basedll/base_file.h
class BASE_API CPPFile {
    ...
    CPPFile& operator<<(const type_char& data);
    CPPFile& operator<<(const type_wchar& data);
    CPPFile& operator<<(const type_int8& data);
    CPPFile& operator<<(const type_uint8& data);
    CPPFile& operator<<(const type_int16& data);
    CPPFile& operator<<(const type_uint16& data);
    CPPFile& operator<<(const type_int32& data);
    CPPFile& operator<<(const type_uint32& data);
    CPPFile& operator<<(const type_int64& data);
    CPPFile& operator<<(const type_uint64& data);
    CPPFile& operator<<(const type_float& data);
    CPPFile& operator<<(const type_double& data);
CPPFile& operator<<(const std::string& data);
};
```

这些接口的实现如代码清单 4-28 所示。需要注意的是，单字节数据、字符串数据不需要转换字节序，超过 1 字节的基本数据类型需要转换字节序。

代码清单 4-28

```cpp
// src/base/basedll/api.cpp
namespace ns_train {
CPPFile& CPPFile::operator<<(const type_char& data){
    type_char d = data;
    write((char*)&d, sizeof(data));
    return *this;
}
CPPFile& CPPFile::operator<<(const type_wchar& data){
    type_wchar d = data;
HostToNetwork(&d, sizeof(d)); // 需要转换字节序
write((char*)&d, sizeof(d));
    return *this;
}
CPPFile& CPPFile::operator<<(const type_int8& data){
    type_int8 d = data;
    write((char*)&d, sizeof(d));
    return *this;
}
CPPFile& CPPFile::operator<<(const type_uint8& data){
    type_uint8 d = data;
    write((char*)&d, sizeof(d));
    return *this;
}
```

```cpp
CPPFile& CPPFile::operator<<(const type_int16& data){
    type_int16 d = data;
    HostToNetwork(&d, sizeof(d)); // 需要转换字节序
    write((char*)&d, sizeof(d));
    return *this;
}

CPPFile& CPPFile::operator<<(const type_uint16& data){
    type_uint16 d = data;
    HostToNetwork(&d, sizeof(d)); // 需要转换字节序
    write((char*)&d, sizeof(d));
    return *this;
}
CPPFile& CPPFile::operator<<(const type_int32& data){
    type_int32 d = data;
    HostToNetwork(&d, sizeof(d)); // 需要转换字节序
    write((char*)&d, sizeof(d));
    return *this;
}
CPPFile& CPPFile::operator<<(const type_uint32& data){
    type_uint32 d = data;
    HostToNetwork(&d, sizeof(d)); // 需要转换字节序
    write((char*)&d, sizeof(d));
    return *this;
}
CPPFile& CPPFile::operator<<(const type_int64& data){
    type_int64 d = data;
    HostToNetwork(&d, sizeof(d)); // 需要转换字节序
    write((char*)&d, sizeof(d));
    return *this;
}
CPPFile& CPPFile::operator<<(const type_uint64& data){
    type_uint64 d = data;
    HostToNetwork(&d, sizeof(d)); // 需要转换字节序
    write((char*)&d, sizeof(d));
    return *this;
}
CPPFile& CPPFile::operator<<(const type_float& data){
    type_float d = data;
    HostToNetwork(&d, sizeof(d)); // 需要转换字节序
    write((char*)&d, sizeof(d));
    return *this;
}
CPPFile& CPPFile::operator<<(const type_double& data){
    type_double d = data;
    HostToNetwork(&d, sizeof(d)); // 需要转换字节序
    write((char*)&d, sizeof(d));
```

```
        return *this;
    }
    CPPFile& CPPFile::operator<<(const std::string& data){
        type_uint64 len = data.length();
        HostToNetwork(&len, sizeof(len));
        write((char*)&len, sizeof(len));
    write((char*)data.c_str(), data.length());
    return *this;
    }
}
```

为了将 CCountry 对象持久化到文件,需要为 CCountry 添加持久化接口,见代码清单 4-29。为 CCountry 设计了两个 serializeBinary()接口,这样做的目的是当调用者提供一个 CPPFile 对象时,可以直接调用 CCountry 的对应接口,从而把数据保存到 CPPFile 对象中。

代码清单 4-29

```
#pragma once
#include <list>
#include <string>
#include "serialize.h"
namespace ns_train {
    class CPPFile;
}
class CProvince;
// 国家类
class CCountry {
public:
...
    ESerializeCode serializeBinary(const std::string& strFileName, std::string* pError) const;
    ESerializeCode serializeBinary(ns_train::CPPFile &file, std::string* pError) const;
    ...
};
```

CContry 类的持久化接口实现见代码清单 4-30。如标号①处所示,在以文件名为参数的接口 serializeBinary()中,通过调用以 CPPFile 对象为参数的 serializeBinary()来实现持久化功能。这样的设计不但可以方便调用而且还可以提高代码复用率。需要注意的是,在标号②处,对于不可跨平台的数据类型进行持久化时,需要借用定长的数据类型来协助完成持久化。所谓定长数据类型,指的是字节数固定的数据类型。比如,long 就不能算作定长数据类型,因为在不同的平台中 long 占据的字节数不固定,而 type_uint64 就可以算定长数据类型,因为不论在什么平台中它都是 64 位(8 字节)。在标号③处,当遍历 m_lstProvinces 并对其成员进行持久化时,需要调用 CProvince 类的持久化接口。

代码清单 4-30

```cpp
// src/chapter04/ks04_08/country.cpp
ESerializeCode CCountry::serializeBinary(const std::string& strFileName,
std::string* pError) const {
    if (0 == strFileName.length()) {
        if (NULL != pError) {
            pError->append("\n 文件名为空");
        }
        return ESERIALIZECODE_FILENOTFOND;
    }
    std::string strPathName = ns_train::getPath(strFileName);
    std::string strDirectory = ns_train::getDirectory(strFileName);
    ns_train::mkDir(strDirectory);  // 目录不存在时，先创建目录
    ns_train::CPPFile file(strFileName.c_str());
    if (!file.open("w")) {
        return ESERIALIZECODE_FILENOTFOND;
    }
    ESerializeCode ret = serializeBinary(file, pError);                    ①
    file.close();
    return ret;
}
ESerializeCode CCountry::serializeBinary(ns_train::CPPFile &file,
std::string* pError) const {
    file << m_strName;
    file << m_strContinent;
    type_uint16 nCount = static_cast<type_uint16>(m_lstProvinces.size());
// 需要明确指定为定长数据类型，否则跨平台时可能出问题，如 int 在各个平台上可能长度不一样 ②
    file << nCount;
    std::list<CProvince*>::const_iterator iteLst = m_lstProvinces.cbegin();
// 因为本函数为 const，所以需要调用 const 类型的接口
    ESerializeCode ret = ESERIALIZECODE_OK;
    while (iteLst != m_lstProvinces.end()) {
        ESerializeCode retcode = (*iteLst)->serializeBinary(file, pError);③
        if (ESERIALIZECODE_OK != retcode) {
            ret = retcode;
        }
        iteLst++;
    }
    return ret;
}
```

CProvince 的持久化接口声明如下。可以看出，这里仅为 CProvince 设计了一个持久化接口，这是因为在本案例中，不需要为 CProvince 提供以文件名为参数的持久化接口。

```cpp
// src/chapter04/ks04_08/province.h
class CProvince {
```

```
public:
    ...
    ESerializeCode serializeBinary(ns_train::CPPFile &file, std::string* pError) const;
    ...
};
```

CProvince 的持久化接口实现如下。

```
// src/chapter04/ks04_08/province.cpp
ESerializeCode CProvince::serializeBinary(ns_train::CPPFile &file, std::string* pError) const {
    file << m_strName;
    return ESERIALIZECODE_OK;
}
```

这样就实现了将程序内存中的数据持久化到二进制文件，需要注意的是在持久化数组、列表或者其他类型容器的尺寸时，应借助定长数据类型（如 Juint16、Juint32 等）。下面将展示如何从二进制文件中恢复程序的内存数据。

2．从二进制文件中恢复程序的内存数据

下面要学习的案例对应的源代码目录：src/chapter04/ks04_09。本案例不依赖第三方类库。程序运行效果如图 4-7 所示。

前面介绍了怎样把程序的内存数据保存到二进制文件，下面将介绍如何从二进制文件中读取数据，并用来恢复程序的内存数据。首先，应该为 CPPFile 类重载>>操作符，以便从文件中读取数据并把数据存到变量中。

```
// include/base/base_file.h
class BASE_API CPPFile {
...
CPPFile& operator>>(type_char& data);
    CPPFile& operator>>(type_wchar& data)
    CPPFile& operator>>(type_int8& data);
    CPPFile& operator>>(type_uint8& data);
    CPPFile& operator>>(type_int16& data);
    CPPFile& operator>>(type_uint16& data);
    CPPFile& operator>>(type_int32& data);
    CPPFile& operator>>(type_uint32& data);
    CPPFile& operator>>(type_int64& data);
    CPPFile& operator>>(type_uint64& data);
    CPPFile& operator>>(type_float& data);
    CPPFile& operator>>(type_double& data);
CPPFile& operator>>(std::string& data);
...
};
```

CPPFile 的重载>>操作符的实现如下。

```cpp
// src/base/basedll/file.cpp
CPPFile& CPPFile::operator>>(type_char& data){
    read((char*)&data, sizeof(data));
    return *this;
}
CPPFile& CPPFile::operator>>(type_wchar& data){
    read((char*)&data, sizeof(data));
    return *this;
}
CPPFile& CPPFile::operator>>(type_int8& data){
    read((char*)&data, sizeof(data));
    return *this;
}
CPPFile& CPPFile::operator>>(type_uint8& data){
    read((char*)&data, sizeof(data));
    return *this;
}
CPPFile& CPPFile::operator>>(type_int16& data){
    read((char*)&data, sizeof(data));
    NetworkToHost(&data, sizeof(data)); // 需要转换字节序
    return *this;
}
CPPFile& CPPFile::operator>>(type_uint16& data){
    read((char*)&data, sizeof(data));
    NetworkToHost(&data, sizeof(data)); // 需要转换字节序
    return *this;
}
CPPFile& CPPFile::operator>>(type_int32& data){
    read((char*)&data, sizeof(data));
    NetworkToHost(&data, sizeof(data)); // 需要转换字节序
    return *this;
}
CPPFile& CPPFile::operator>>(type_uint32& data){
    read((char*)&data, sizeof(data));
    NetworkToHost(&data, sizeof(data)); // 需要转换字节序
    return *this;
}
CPPFile& CPPFile::operator>>(type_int64& data){
    read((char*)&data, sizeof(data));
    NetworkToHost(&data, sizeof(data)); // 需要转换字节序
    return *this;
}
CPPFile& CPPFile::operator>>(type_uint64& data){
    read((char*)&data, sizeof(data));
    NetworkToHost(&data, sizeof(data)); // 需要转换字节序
```

```
        return *this;
}
CPPFile& CPPFile::operator>>(type_float& data){
        read((char*)&data, sizeof(data));
        NetworkToHost(&data, sizeof(data)); // 需要转换字节序
        return *this;
}
CPPFile& CPPFile::operator>>(type_double& data){
        read((char*)&data, sizeof(data));
        NetworkToHost(&data, sizeof(data)); // 需要转换字节序
        return *this;
}
CPPFile& CPPFile::operator>>(std::string& data){
        type_uint64 len = 0;
        read((char*)&len, sizeof(len));
        NetworkToHost(&len, sizeof(len));
        char* buf = new char[len + 1];
        memset(buf, 0, len + 1);
        read(buf, len);
        data = buf;
        delete buf;
        buf = NULL;
        return *this;
}
```

为了从文件中恢复 CCountry 对象的数据，需要为 CCountry 添加反持久化接口，如代码清单 4-31 所示。添加两个 deSerializeBinary() 接口的目的也是为了适应不同的调用场景。

代码清单 4-31

```
// src/chapter04/ks04_08/country.h
#pragma once
...
// 国家类
class CCountry {
public:
    ...
    ESerializeCode deSerializeBinary(const std::string& fileName, std::string* pError);
    ESerializeCode deSerializeBinary(ns_train::CPPFile &file, std::string* pError);    ...
};
```

CContry 类的反持久化接口实现见代码清单 4-32。如标号①处所示，在读取省的尺寸数据时，需要使用同保存文件时一致的定长数据类型 type_uint16。在标号②处，调用了 CProvince 类的反序列化接口。

代码清单 4-32

```cpp
// src/chapter04/ks04_08/country.cpp
ESerializeCode  CCountry::deSerializeBinary(const  std::string&  strFile,
std::string* pError){
    CPP_UNUSED(pError);
    if (0 == strFile.length()) {
        return ESERIALIZECODE_FILENOTFOND;
    }
    std::string strFileName = ns_train::getPath(strFile);
    ns_train::CPPFile file(strFileName.c_str());
    if (!file.open("r")) {
        return ESERIALIZECODE_FILENOTFOND;
    }
    ESerializeCode ret = deSerializeBinary(file, pError);
    file.close();
    return ret;
}
ESerializeCode CCounty::deSerializeBinary(ns_train::CPPFile &file,
std::string* pError){
    CPP_UNUSED(pError);
    clear();
    ESerializeCode retcode = ESERIALIZECODE_OK;
    file >> m_strName;
    file >> m_strContinent;
    type_uint16 nCount = 0; // 需要明确指定为定长数据类型,否则跨平台时可能出问题,  ①
//如 int 在各个平台上可能长度不一样
    file >> nCount;
    type_uint16 idx = 0;
    CProvince* pProvince = NULL;
    for (idx = 0; idx < nCount; idx++) {
        pProvince = new CProvince();
        pProvince->deSerializeBinary(file, pError);                              ②
        addProvince(pProvince);
        pProvince->setCountry(this);
    }
    return retcode;
}
```

CProvince 的反持久化接口声明如下。

```cpp
// src/chapter04/ks04_08/province.h
class CProvince {
public:
    ...
    ESerializeCode deSerializeBinary(ns_train::CPPFile &file, std::string* pError);
    ...
```

};

CProvince 的反持久化接口实现如下。

```
// src/chapter04/ks04_08/province.cpp
ESerializeCode    CProvince::deSerializeBinary(ns_train::CPPFile    &file,
std::string* pError){
    ESerializeCode retcode = ESERIALIZECODE_OK;
    file >> m_strName;
    return retcode;
}
```

为了进行演示，添加了 example01()接口用来读取二进制文件中的数据，并用来构建内存对象。

```
// src/chapter04/ks04_09/example.cpp
void example01() {
    CCountry* pCountry = new CCountry("");
    if(NULL == pCountry) {
        return;
    }
    std::cout << ">>>读取文件之前:" << std::endl;
    print(pCountry);
    // 序列化
    std::string strFileName = ns_train::getPath("$PROJECT_DEV_HOME/test/chapter04/ks04_09/country.dat");
    pCountry->deSerializeBinary(strFileName, NULL);

    std::cout << ">>>从文件中读出的数据" << std::endl;
    print(pCountry);
    // 释放内存
    delete pCountry;
    pCountry = NULL;
}
```

最后，在 main.cpp 中进行调用。

```
// src/chapter04/ks04_09/main.cpp
void prepare();
void example01();
bool initialize() {
    /* do initialize work */
    prepare();
    example01();
    return true;
}
```

本节的示例程序中，设计了一个简单的二进制文件格式。对于这个方案来说，软件开发人员需要明确规定二进制文件的格式,也就是需要明确规定文件中数据的存放顺序、数据类型、数据长度,解析时也要按照保存时的顺序进行解析。然而,实际开发过程中,可能碰到无法明确规定下一个数据的情况。比如,当统计某些数据时,有些数据是可选项,因此数据项为空。另外,统计到的数据的先后顺序可能无法确定,对于某项数据来说,有时顺序靠前,有时顺序靠后。那么,对于这两种情况该怎样处理呢?在第 27 天的学习内容中将介绍针对这两种情况的解决方案。

视频讲解

第 27 天　升级的二进制文件格式

今天要学习的案例对应的源代码目录:src/chapter04/ks04_10。本案例不依赖第三方类库。程序运行效果如图 4-8 所示。

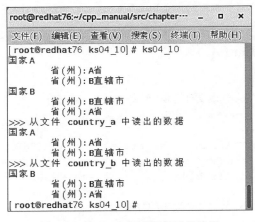

图 4-8　第 27 天案例程序运行效果

今天的目标是掌握如下内容。
- 当数据项有可能不存在时,该怎样处理?
- 当数据项存入文件的顺序不固定时,该怎样处理?

在第 26 天的学习内容中提出了关于二进制文件的两个问题,这两个问题也就是本节要解决的主要问题。下面分别介绍其解决方案。

1. 当数据项有可能不存在时的解决方案

为了方便演示,设计了 CState 作为 CProvince 的基类。CState 类的头文件是 state.h。CState 提供了 setCentralHeatingDays()接口用来设置供暖起止日期。并且,CState 提供了默认的持久化、反持久化接口。

```
// src/chapter04/ks04_10/state.h
#pragma once
#include <list>
#include <string>
```

```cpp
#include "serialize.h"
#include "customtype.h"
namespace ns_train {
    class CPPFile;
}
class CCountry;
// 省(州)基类
class CState {
public:
    CState();
    virtual ~CState();
public:
    void setName(const std::string& str) { m_strName = str; }
    std::string getName(void) const { return m_strName; }
    virtual std::string getTypeName(void) const = 0;
    virtual void setCountry(CCountry* pCountry) { m_pCountry = pCountry; }
    virtual CCountry* getCountry(void) const { return m_pCountry; }
    void setCentralHeatingDays(type_uint8 startMonth, type_uint8 startDay, type_uint8 endMonth, type_uint8 endDay);
    void getCentralHeatingDays(type_uint8& startMonth, type_uint8& startDay, type_uint8& endMonth, type_uint8& endDay);
    virtual ESerializeCode serializeBinary(ns_train::CPPFile &file, std::string* pError) const;
    virtual ESerializeCode deSerializeBinary(ns_train::CPPFile &file, std::string* pError);
private:
    std::string m_strName;          // 名字
    CCountry* m_pCountry;           // 所属的国家对象
    type_uint8 m_startMonth;        // 集中供暖的起始月份
    type_uint8 m_startDay;          // 集中供暖的起始日期
    type_uint8 m_endMonth;          // 集中供暖的终止月份
    type_uint8 m_endDay;            // 集中供暖的终止日期
};
```

CState 的实现见代码清单 4-33。在国内，并非所有的省份在冬季都提供供暖，因此有些省份的功能日期是无效的。在持久化接口中，如标号①处所示，判断供暖日期是否有效，如果无效则借用一个定长的 type_bool 类型的变量 b，并且为 b 赋值为 0，然后将该值存入文件；如标号②处所示，如果供暖日期有效，则将 b 赋值为 1，并将该值存入文件，然后才将供暖日期存入文件。如标号③处所示，在反持久化（读取文件）时，首先定义一个定长的 type_bool 类型的变量 b，然后将文件中的数据读入 b，此时 b 中的数值表示文件中该数据后面是否还有供暖日期的数据，如果有，就读出供暖日期数据。因此，对于数据项有可能在文件中并不存在的解决方案是：借助定长数据类型 type_bool 先把数据的存在状态（有效状态）保存到文件中，在读取文件时可以据此判断文件中是否含有期望数据。

代码清单 4-33

```cpp
// src/chapter04/ks04_10/state.cpp
#include "state.h"
#include <string>
#include "base_file.h"
CState::CState(): m_pCountry(NULL), m_startMonth(0), m_startDay(0),
m_endMonth(0),m_endDay(0){
}
CState::~CState() {
}
void CState::setCentralHeatingDays(type_uint8 startMonth, type_uint8
startDay, type_uint8 endMonth, type_uint8 endDay){
    m_startMonth = startMonth;
    m_startDay = startDay;
    m_endMonth = endMonth;
    m_endDay = endDay;
}
void CState::getCentralHeatingDays(type_uint8 &startMonth, type_uint8
&startDay, type_uint8 &endMonth, type_uint8 &endDay){
    startMonth = m_startMonth;
    startDay = m_startDay;
    endMonth = m_endMonth;
    endDay = m_endDay;
}
ESerializeCode  CState::serializeBinary(ns_train::CPPFile &file,
std::string* pError) const {
    CPP_UNUSED(pError);
    file << getTypeName();
    file << m_strName;
    type_bool b = 0;
    if (0 == m_startMonth) {          ①
        file << b;
    }
    else {                             ②
        b = 1;
        file << b;
        file << m_startMonth;
        file << m_startDay;
        file << m_endMonth;
        file << m_endDay;
    }
    return ESERIALIZECODE_OK;
}
ESerializeCode CState::deSerializeBinary(ns_train::CPPFile &file,
std::string* pError){
    CPP_UNUSED(pError);
```

```
    ESerializeCode retcode = ESERIALIZECODE_OK;
    // typeName 已经在 CCountry 的反持久化中读出来了，所以这里从 m_strName 开始
    file >> m_strName;
    type_bool b = 0;
    file >> b;                                                                    ③
    if (b) {
        file >> m_startMonth;
        file >> m_startDay;
        file >> m_endMonth;
        file >> m_endDay;
    }
    return retcode;
}
```

2．当数据项存入文件的顺序不固定时的解决方案

为了方便演示，设计了直辖市类 CMunicipality 作为 CProvince 的派生类。两者的不同在于 getTypeName()接口的实现。CMunicipality 类的 getTypeName()接口实现如下。

```
// src/chapter04/ks04_10/municipality.cpp
std::string CMunicipality::getTypeName(void) const {
    return "municipality";
}
```

CProvince 类的 getTypeName()接口实现如下。

```
// src/chapter04/ks04_10/municipality.cpp
std::string CProvince::getTypeName(void) const {
    return "province";
}
```

因为 CMunicipality 派生自 CProvince，所以，当一个 CMunicipality 对象和一个 CProvince 对象都存到文件中时，如果两者的顺序不固定，那么在读取这个文件时，就无法判断读出的对象应该是什么类型。因此，在持久化到文件时，把各自的类型先存到文件中，见代码清单 4-34 中标号①处。而在反持久化的过程中需要在构造对象之前判断对象的类型，然后才能构建对象，因此把反持久化对象类型的代码放在外部（CCountry 的反持久化接口中），在对象内部的反持久化接口中，从 m_strName 开始处理，见标号②处。

代码清单 4-34

```
// src/chapter04/ks04_10/state.cpp
ESerializeCode  CState::serializeBinary(ns_train::CPPFile &file,
std::string* pError) const {
    CPP_UNUSED(pError);
    file << getTypeName();                                                        ①
    file << m_strName;
    ...
```

```
}
ESerializeCode CState::deSerializeBinary(ns_train::CPPFile &file,
std::string* pError){
    CPP_UNUSED(pError);
    ESerializeCode retcode = ESERIALIZECODE_OK;
    // typeName 已经在 CCountry 的反持久化中读出来了，所以这里从 m_strName 开始    ②
    file >> m_strName;
}
```

CCountry 的持久化接口没有变化，它的反持久化接口见代码清单 4-35。在标号①处，读取对象类型，然后在标号②、标号③处，根据对象类型生成对应的对象。采用这种方案，不论先向文件中保存的是哪一种类型，都可以通过文件中的对象类型进行识别并生成正确的对象。

代码清单 4-35

```
// src/chapter04/ks04_10/country.cpp
ESerializeCode CCountry::deSerializeBinary(ns_train::CPPFile &file,
std::string* pError){
    clear();
    ESerializeCode retcode = ESERIALIZECODE_OK;
    file >> m_strName;
    file >> m_strContinent;
    type_uint16 nCount = 0; // 需要明确指定为定长数据类型，否则跨平台时可能出问题，
    //比如 bool 在各个平台上可能长度不一样
    file >> nCount;
    type_uint16 idx = 0;
    CProvince* pProvince = NULL;
    std::string strTypeName;
    for (idx = 0; idx < nCount; idx++) {
        file >> strTypeName;                                                    ①
        if (strTypeName == "province") {                                        ②
            pProvince = new CProvince();
        }
        else if (strTypeName == "municipality") {                               ③
            pProvince = new CMunicipality();
        }
        pProvince->deSerializeBinary(file, pError);
        addProvince(pProvince);
        pProvince->setCountry(this);
    }
    return retcode;
}
```

验证代码分为写文件和读文件两部分。先来看写文件的代码，见代码清单 4-36。在 prepare()接口中，新建了两个二进制文件 country_a.dat、country_b.dat。其中，写入 country_a.

dat 中的顺序是 A 省、B 直辖市，写入 country_b.dat 中的顺序是 B 直辖市、A 省。这样就可以验证在读取文件时是否可以解析出正确的对象。

代码清单 4-36

```cpp
// src/chapter04/ks04_10/example.cpp
void prepare(void) {
    CProvince* pProvince = NULL;
    CCountry* pCountry = NULL;
    // 文件 A
    {
        pCountry = new CCountry("国家 A");
        if(NULL == pCountry) {
            return;
        }
        // add province
        pProvince = new CProvince();
        pCountry->addProvince(pProvince);
        pProvince->setCountry(pCountry);
        pProvince->setName("A 省");
        pProvince->setCentralHeatingDays(11, 15, 3, 15);
        // add province
        pProvince = new CMunicipality();
        pCountry->addProvince(pProvince);
        pProvince->setCountry(pCountry);
        pProvince->setName("B 直辖市");
        print(pCountry);
        // 持久化到文件
        std::string strFileName = ns_train::getPath("$PROJECT_DEV_HOME/test/chapter04/ks04_10/country_a.dat");
        pCountry->serializeBinary(strFileName, NULL);
        // 释放内存
        delete pCountry;
    }
    // 文件 B
    {
        pCountry = new CCountry("国家 B");
        if(NULL == pCountry) {
            return;
        }
        // add province
        pProvince = new CMunicipality();
        pCountry->addProvince(pProvince);
        pProvince->setCountry(pCountry);
        pProvince->setName("B 直辖市");
        // add province
        pProvince = new CProvince();
```

```cpp
        pCountry->addProvince(pProvince);
        pProvince->setCountry(pCountry);
        pProvince->setName("A 省");
        pProvince->setCentralHeatingDays(11, 15, 3, 15);
        print(pCountry);
        // 持久化到文件
        std::string strFileName = ns_train::getPath("$PROJECT_DEV_HOME/test/chapter04/ks04_10/country_b.dat");
        pCountry->serializeBinary(strFileName, NULL);
        // 释放内存
        delete pCountry;
    }
}
```

验证读取文件的代码见代码清单 4-37。

代码清单 4-37

```cpp
// src/chapter04/ks04_10/example.cpp
void example01() {
    {
        CCountry* pCountry = new CCountry("");
        if (NULL == pCountry) {
            return;
        }
        // 从文件中反持久化
        std::string strFileName = ns_train::getPath("$PROJECT_DEV_HOME/test/chapter04/ks04_10/country_a.dat");
        pCountry->deSerializeBinary(strFileName, NULL);
        std::cout << ">>>从文件 country_a 中读出的数据" << std::endl;
        print(pCountry);
        // 释放内存
        delete pCountry;
        pCountry = NULL;
    }
    {
        CCountry* pCountry = new CCountry("");
        if (NULL == pCountry) {
            return;
        }
        // 从文件中反持久化
        std::string strFileName = ns_train::getPath("$PROJECT_DEV_HOME/test/chapter04/ks04_10/country_b.dat");
        pCountry->deSerializeBinary(strFileName, NULL);
        std::cout << ">>>从文件 country_b 中读出的数据" << std::endl;
        print(pCountry);
        // 释放内存
        delete pCountry;
```

```
            pCountry = NULL;
    }
}
```

3. 小结

本节的案例介绍了数据项有可能不存在以及数据项存入文件的顺序不固定这两个问题的处理方案。通过借助定长的数据类型 type_bool 将数据项的有效性存入文件，可以解决数据项是否存在的问题；通过将数据对象的类型存入文件，可以解决数据存入文件时顺序不固定的问题。开发人员可以通过编程实践不断积累经验，针对碰到的各种问题设计自己独特的解决方案。

第 28 天　设计向后兼容的二进制文件

今天要学习的案例对应的源代码目录：src/chapter04/ks04_11。本案例不依赖第三方类库。程序运行效果如图 4-9 所示。

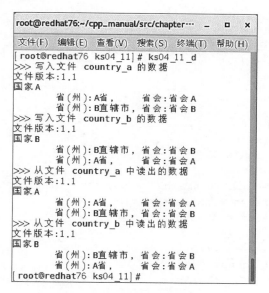

图 4-9　第 28 天案例程序运行效果

今天的目标是掌握如下内容。
- 什么是向后兼容？
- 怎样设计并实现向后兼容的二进制文件格式？

众所周知，软件在其整个生命周期过程中会不断更新，而软件保存的文件格式一般也会发生变化。如果一款软件将数据保存到二进制格式的文件中，那么二进制文件格式的变化将是一个比较难处理的问题。本节将讨论怎样设计一款向后兼容的二进制文件格式。什么叫向后兼容呢？这里的"后"指的是"以前"，也就是旧的。因此，所谓的向后兼容指的是"新程序打开旧文件"，旧文件指的是用旧版本的程序保存的文件。相对于旧程序来说，新程序有可能在保存文件时新增了一些数据，而旧的文件中是没有这些数据的。因此，为了在读取文件时能够区分是旧文件还是新文件，可以为文件设置版本信息。这样不但能够区分新文件、旧文件，还可以区分到底是哪个版本的旧文件。

1. 文件版本类 CFileHead

为此，设计 CFileHead 类用来处理文件版本，见代码清单 4-38。类 CFileHead 设计了文件的主版本号、次版本号。其中主版本号主要对应文件格式中较大的改动，如文件结构发生变化；次版本号主要对应较小的改动，这种改动不会涉及文件结构的变化，只会涉及诸如新增属性保存到文件等小改动。

代码清单 4-38

```cpp
// include/base/basedll/filehead.h
#pragma once
#include <string>
#include "base_file.h"
#include "customtype.h"
#include "serialize.h"
namespace ns_train {
// 文件头类
class CFileHead {
public:
    CFileHead() {
        m_nMainVersion = 0;
        m_nSubVersion = 0;
    }
    CFileHead(type_uint16 nMainVersion, type_uint16 nSubVersion){
        m_nMainVersion = nMainVersion;
        m_nSubVersion = nSubVersion;
    }
    // 是否有效
    bool isValid() const    {
        return (0 != m_nMainVersion)&&(0 != m_nSubVersion);
    }
    // 设置主版本号
    void setMainVersion(type_uint16 uMainVersion) {
        m_nMainVersion = uMainVersion;
    }
    // 设置次版本号
    void setSubVersion(type_uint16 uSubVersion) {
        m_nSubVersion = uSubVersion;
    }
    // 获取主版本号
    type_uint16 getMainVersion() const    {
```

```cpp
        return m_nMainVersion;
    }
    // 获取次版本号
    type_uint16 getSubVersion() const    {
        return m_nSubVersion;
    }
...
private:
    type_uint16 m_nMainVersion;       // 主版本号
    type_uint16 m_nSubVersion;        // 次版本号
};
```

为了方便使用，CFileHead 还提供了一批易用性接口，见代码清单 4-39。为了节省篇幅，对部分接口的实现做了省略，完整代码请见本书配套资源。在代码清单 4-39 中，不但为 CFileHead 提供了复制构造函数、赋值构造函数，还提供了从 CPPFile 文件对象中读写 CFileHead 数据的接口，见标号①、标号②处。在标号③处。此外，还提供了读取指定文件中的 CFileHead 数据的接口，这样不需要读取整个文件就可以得到文件版本信息。

代码清单 4-39

```cpp
// include/base/basedll/base_filehead.h
namespace ns_train {
// 文件头类
class CFileHead {
public:
    ...
    // 当前文件(程序)版本号是否比传入的版本号旧
    bool isEarlierVersion(type_uint16 nMainVersion, type_uint16 nSubVersion) const    {
        if ((m_nMainVersion < nMainVersion)
            || (m_nMainVersion == nMainVersion && m_nSubVersion < nSubVersion)){
            return true;
        }
        else    {
            return false;
        }
    }
    // 当前文件版本号是否比传入的版本号新
    bool isLaterVersion(type_uint16 nMainVersion, type_uint16 nSubVersion) const    {
        if ((m_nMainVersion > nMainVersion)
            || (m_nMainVersion == nMainVersion && m_nSubVersion >= nSubVersion)){
            return true;
        }
        else    {
            return false;
```

```cpp
        }
    }
    // 当前文件主版本号是否比传入的主版本号新
    bool isLaterMainVersion(type_uint16 nMainVersion) const {
        if (m_nMainVersion > nMainVersion) {
            return true;
        }
        else {
            return false;
        }
    }
    // 当前文件版本号是否与传入的版本号相同
    bool isSameVersion(type_uint16 nMainVersion, type_uint16 nSubVersion) const {
        if ((m_nMainVersion == nMainVersion)
            &&(m_nSubVersion == nSubVersion))
        {
            return true;
        }
        else    {
            return false;
        }
    }
    // 将版本号转化为QString类型字符串，如版本1.0，转化后为"1.0"
    std::string toStdString() const {
        ...
    }
    // 将QString类型字符串转化为版本号，如字符串"1.0"，转化后为版本1.0
    static CFileHead fromStdString(std::string str) {
        ...
    }
    // 赋值构造
    CFileHead& operator = (const CFileHead& fileHead)  {
        if (this != &fileHead)  {
            this->m_nMainVersion = fileHead.m_nMainVersion;
            this->m_nSubVersion = fileHead.m_nSubVersion;
        }
        return *this;
    }
    // 判断两者是否相等
    bool operator == (const CFileHead& r)   {
        if ((this->m_nMainVersion == r.m_nMainVersion)&&(this->m_nSubVersion == r.m_nSubVersion))    {
            return true;
        }
        else    {
            return false;
```

```
            }
        }
    };
    // 序列化文件的自定义属性(二进制)
    BASE_API CPPFile& operator<<(CPPFile& file, const CFileHead& attrs);    ①
    // 反序列化文件的自定义属性(二进制)
    BASE_API CPPFile& operator>>(CPPFile& file, CFileHead& attrs);          ②
    //! 读取文件的属性-二进制方式
    /**
     * @param[in]  fileName   文件全路径名
     * @param[out] fileHead   文件头信息
     * @retval ESerializeCode
     */
    BASE_API ESerializeCode readFileHeadFromBinary(const std::string& fileName,
    CFileHead& fileHead);                                                   ③
}
```

为 **CPPFile** 与 **CFileHead** 重载的<<、>>操作符的实现如下。

```
// src/base/basedll/filehead.cpp
namespace ns_train {
CPPFile& operator<<(CPPFile& file, const CFileHead& fileHead){
    file << fileHead.getMainVersion();
    file << fileHead.getSubVersion();
    return file;
}
CPPFile& operator>>(CPPFile& file, CFileHead& fileHead){
    type_uint16 uMainVersion = 0;
    type_uint16 uSubVersion = 0;
    file >> uMainVersion ;
    file >> uSubVersion ;
    fileHead.setMainVersion(uMainVersion);
    fileHead.setSubVersion(uSubVersion);
    return file;
}
ESerializeCode readFileHeadFromBinary(const std::string& fileName,
CFileHead& fileHead){
    ESerializeCode code = ESERIALIZECODE_OK;
    CPPFile file(fileName.c_str());
    if (file.open("r")) {
        file >> fileHead;
        file.close();
    }
    else {
        code = ESERIALIZECODE_FILENOTFOND;
    }
    return code;
```

}
}

2. 使用 CFileHead 为文件设置版本信息

定义了 CFileHead 之后，还需要在软件中做些配合工作。

1) 定义软件的最新版本

首先，要定义软件的最新版本，也就是用当前的软件保存的文件版本。为此，设计 fileversion.h，见代码清单 4-40。在标号①处，编写文件版本的变更记录，每当变更文件的格式时，不论修改主版本还是次版本，都要更新版本变更记录。编写版本变更记录的目的是便于软件的维护，以便追溯版本变更的具体内容。在标号②、标号③处，定义了当前文件的主、次版本号，并提供接口访问主、次版本号。

代码清单 4-40

```
// src/chapter04/ks04_11/fileversion.h
#pragma once
#include "customtype.h"
///////////////////////////////////
// 版本变更记录                                                    ①
// 1.0 初始版本
///////////////////////////////////
static const type_uint16 c_MainVersion= 1; // 当前文件的主版本号   ②
static const type_uint16 c_SubVersion = 0; // 当前文件的次版本号   ③
// 获取当前系统的主版本号(使用本程序保存文件时的版本号)
static type_uint16 getSystemMainVersion() {
    return c_MainVersion;
}
// 获取当前系统的次版本号(使用本程序保存文件时的版本号)
static type_uint16 getSystemSubVersion() {
    return c_SubVersion;
}
```

2) 在文件中保存版本信息

然后，就可以将版本信息保存到文件中了。如代码清单 4-41 所示，在 CCountry 的持久化接口中，在标号①处，首先定义 fileHead 对象，并设置为当前文件的最新版本。然后，将 fileHead 写入文件，见标号②处。

代码清单 4-41

```
ns_train::ESerializeCode      CCountry::serializeBinary(ns_train::CPPFile
&file, std::string* pError) const {
    // 保存文件头信息(保存时总是保存为当前程序版本所对应的文件格式)
    ns_train::CFileHead fileHead(getSystemMainVersion(),
getSystemSubVersion());                                              ①
    file << fileHead;                                                ②
```

```
        file << m_strName;
        file << m_strContinent;
        ...
        return ret;
    }
```

3）读取文件中的版本信息

在读取文件时,需要先解析文件版本信息,如代码清单 4-42 所示。在标号①处,先把文件版本信息读出来。在标号②处,将文件版本信息传入下一层解析接口。

代码清单 4-42

```
// src/chapter04/ks04_11/country.cpp
ns_train::ESerializeCode    CCountry::deSerializeBinary(ns_train::CPPFile
&file, std::string* pError){
    clear();
    ns_train::ESerializeCode retcode = ns_train::ESERIALIZECODE_OK;
    ns_train::CFileHead fileHead;
    file >> fileHead;                                                       ①
    ...
    for (idx = 0; idx < nCount; idx++) {
        ...
        pProvince->deSerializeBinary(file, fileHead, pError);               ②
        addProvince(pProvince);
        pProvince->setCountry(this);
    }
    return retcode;
}
```

4）修改文件格式并更新文件版本

为了演示文件的版本变更,为 CState 添加了省会成员,并将它持久化,见代码清单 4-43 中标号①处。

代码清单 4-43

```
// src/chapter04/ks04_11/country.cpp
CState::serializeBinary(ns_train::CPPFile &file, std::string* pError) const {
    CPP_UNUSED(pError);
    file << getTypeName();
    file << m_strName;
    ...
    file << m_strProvincialCapital; // 1.1 及以后的版本才开始保存省会。       ①
    return ns_train::ESERIALIZECODE_OK;
}
```

除此之外,还需要更新文件版本变更记录,见代码清单 4-44 中标号①处。在标号②处,更新当前文件的次版本号。这里没有修改文件的主版本号的原因是本次修改并未对文件结构做大的改动。

代码清单 4-44

```
// src/chapter04/ks04_11/fileversion.h
#pragma once
#include "customtype.h"
/////////////////////////////////////
// 版本变更记录
// 1.0 初始版本
// 1.1 增加了省会的存、取                                          ①
/////////////////////////////////////
static const type_uint16 c_MainVersion= 1; // 当前文件的主版本号
static const type_uint16 c_SubVersion = 1; // 当前文件的次版本号   ②
// 获取当前系统的主版本号(使用本程序保存文件时的版本号)
static type_uint16 getSystemMainVersion() {
    return c_MainVersion;
}
// 获取当前系统的次版本号(使用本程序保存文件时的版本号)
static type_uint16 getSystemSubVersion() {
    return c_SubVersion;
}
```

5）向下一层解析接口传递版本信息

其实，在处理文件时可能存在多层处理接口。比如本案例中，CCountry 的 deSerializeBinary()接口需要调用 CProvince 的 deSerializeBinary()接口。而在不同层次的解析接口中，可能都需要针对不同版本做相应处理。为此，需要将版本信息递归传入下一层的解析接口。如代码清单 4-45 所示，为 CState（CProvince 的基类）修改 deSerializeBinary()接口，并添加 const CFileHead&类型的参数，见标号①处。在标号②处，根据文件版本判断是否需要执行对应的操作。即使该接口中并未使用 fileHead，也要保留该参数，这样的话，将来用到该版本对象时就不需要再调整接口了。因为调整接口可能要修改所有调用该接口的代码，这会提高维护成本。因此应该尽早把文件版本信息作为参数添加到反持久化接口中。

代码清单 4-45

```
// src/chapter04/ks04_11/country.cpp
ns_train::ESerializeCode CState::deSerializeBinary(ns_train::CPPFile &file,
const ns_train::CFileHead& fileHead, std::string* pError) {        ①
    CPP_UNUSED(pError);
    ns_train::ESerializeCode retcode = ns_train::ESERIALIZECODE_OK;
    // typeName 已经在 CCountry 的反持久化中读出来了，所以这里从 m_strName 开始。
    file >> m_strName;
    type_bool b = 0;
    file >> b;
    if (b) {
```

```
        file >> m_startMonth;
        file >> m_startDay;
        file >> m_endMonth;
        file >> m_endDay;
    }
    if (fileHead.isLaterVersion(1, 1)) {                                        ②
        file >> m_strProvincialCapital;
    }
    return retcode;
}
```

修改 print()接口以适应不同的文件版本。见代码清单 4-46 中标号①处。

代码清单 4-46

```
// src/chapter04/ks04-11/example.cpp
void print(CCountry* pCountry, const ns_train::CFileHead& fileHead) {
    std::cout << "文件版本:" << fileHead.getMainVersion()<< "." << fileHead.getSubVersion()<< std::endl;
    std::list<CProvince*> lstProvinces;
    std::list<CProvince*>::iterator iteProvince;
    if (NULL == pCountry) {
        return;
    }
    std::cout << pCountry->getName()<< std::endl;
    pCountry->getProvinces(lstProvinces);
    iteProvince = lstProvinces.begin();
    while (iteProvince != lstProvinces.end()) {
        std::cout << "\t省(州):" <<(*iteProvince)->getName();
        if (fileHead.isLaterVersion(1, 1)) {                                    ①
            std::cout << ",\t省会:" <<(*iteProvince)->getProvincialCapital()<< std::endl;
        }
        iteProvince++;
    }
}
```

第 29 天　温故知新

1. 当使用 FILE* fopen（char const* _FileName, char const* _Mode）以只读方式打开二进制文件时，_Mode 的取值可以写为（　　）。

2. 在 64 位 Linux 系统中，不需要 fopen64()，只需要调用 fopen()就可以打开超过 2GB 的文件，这种说法是否正确？

3. C++中的内置数据类型在各种操作系统、各种编译器下都是可以跨平台的，这种说法是否正确？

4. 数据在内存中存放是分为大端字节序、小端字节序的，在进行通信时，网络字节序为（　　）。

5. 当把类对象保存到二进制文件时，如果某个成员是指针类型，而该成员的值为空，那么是否需要将它保存到文件？

第 5 章

多线程和进程内通信

对于计算机上运行的程序来说,其最小的 CPU 执行单位其实是线程。通过多线程开发,可以充分利用 CPU 资源,并且使程序的业务逻辑更加清晰。本章将讨论如何开发多线程程序并在各个线程之间进行通信。

第 30 天 跨平台的多线程应用

视频讲解

今天要学习的案例对应的源代码目录:src/chapter05/ks05_01。本案例不依赖第三方类库。程序运行效果如图 5-1 所示。

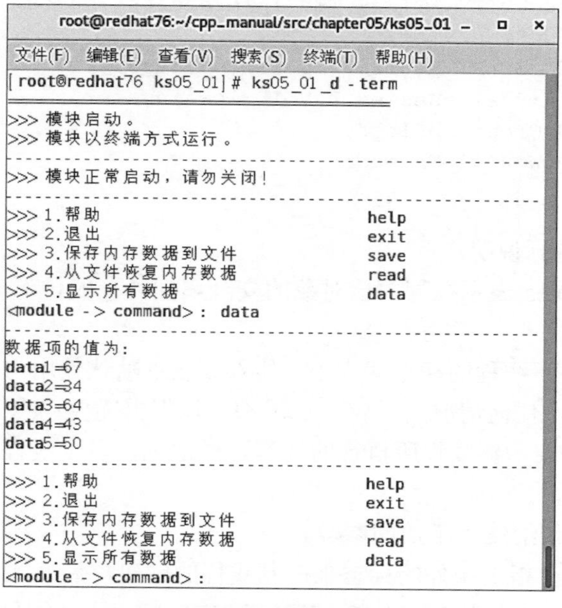

图 5-1 第 30 天案例程序运行效果

今天的目标是掌握如下内容。
- 开发跨平台的多线程类。

- 开发多线程应用程序。

注意：C++ 11 之后有了标准的线程库：std::thread。本案例并未采用 C++11。

在 C 语言编程中，开发的程序是面向过程的，简单来说就是让程序一口气把活干完。而在 C++语言编程中，采用面向对象的开发方法，一个程序可能同时要做很多事情。比如，既要从 A 模块接收数据，又要向 B 模块发送数据，还要统计数据的最大值、最小值。如果采用面向过程的开发方法，很难满足 C++程序所面对的需求。在 C++中，可以使用线程来实现程序中的并发任务。众所周知，进程对应的是一个可执行程序，而线程则是操作系统进行运算调度的最小单位，线程用来在进程内部完成某个特定任务。一个进程可以包含一个线程完成一个独立的任务，也可以创建多个线程来完成不同的并发任务。操作系统启动一个进程后，会为进程分配一块内存空间，其中就包含分配给线程的内存空间。当进程退出时，也需要编写代码通知各个线程先退出。在 Windows 上创建线程的接口为 CreateThread，其原型如下。

```
#include <windows.h>
WINBASEAPI
_Ret_maybenull_
HANDLE
WINAPI
CreateThread(
    _In_opt_ LPSECURITY_ATTRIBUTES lpThreadAttributes,
    _In_ SIZE_T dwStackSize,
    _In_ LPTHREAD_START_ROUTINE lpStartAddress,
    _In_opt_ __drv_aliasesMem LPVOID lpParameter,
    _In_ DWORD dwCreationFlags,
    _Out_opt_ LPDWORD lpThreadId
);
```

下面对各个参数进行说明。

- **lpThreadAttributes** 表示线程内核对象的安全属性，一般传入 NULL 表示使用默认设置。
- **dwStackSize** 表示线程的栈空间大小。传入 0 表示默认使用与调用该函数的线程相同的栈空间大小。任何情况下，Windows 都可以根据需要动态延长堆栈的大小。
- **lpStartAddress** 表示新线程所执行的线程函数地址，多个线程可以使用同一个函数地址。
- **lpParameter** 是传给线程函数的参数。
- **dwCreationFlags** 指定额外的标志来控制线程的创建，为 0 表示线程创建之后立即就可以进行调度，如果为 CREATE_SUSPENDED 则表示线程创建后暂停运行，这样它就无法调度，直到调用 ResumeThread()。
- **lpThreadId** 将返回线程的 ID 号，传入 NULL 表示不需要返回该线程 ID。

在 Linux 上，创建线程的接口为 pthread_create()，其原型如下。

```
#include<pthread.h>
int pthread_create(pthread_t *tidp, const pthread_attr_t *attr,
(void*)(*start_rtn)(void*), void *arg);
```

下面对各个参数进行说明。

- tidp 表示新创建的线程对象地址。
- attr 表示线程属性，默认为 NULL。
- start_rtn 表示新创建的线程从 start_rtn 函数的地址开始运行。
- arg 表示传递给函数 start_rtn 的参数，默认为 NULL。

Linux 系统下的多线程遵循 POSIX 线程接口，称为 pthread。因为 pthread 并非 Linux 系统的默认库，而是 POSIX 线程库。在 Linux 中将其作为一个库来使用，因此在项目的 pro 文件中应加上-lpthread。

1. 开发跨平台的多线程类

基于上述知识，设计多线程类 CPPThread 以及多线程辅助数据类 CPPThreadData。CPPThread 类定义见代码清单 5-1。标号①处的 start()接口用来启动线程，该接口提供一个参数用来传入业务数据。在标号②处，getParam()用来获取 start()接口传入的业务数据。在标号③处，定义一个纯虚接口 run()，这表示 CPPThread 只是一个基类，如果需要实现真正的线程类，则需要从该类派生并实现 run()接口。在标号④处，设计 isWorking()接口用来判断线程是否在正常运行，派生类的 run()中的主循环应该以 isWorking()作为判断条件之一，如果 isWorking()的值为 false，那么派生类的 run()中的主循环就应该终止。除此之外，CPPThread 还定义了几个成员变量，这些变量将在 CPPThread 的实现代码中进行详细介绍。

代码清单 5-1

```
// include/base/basedll/base_class.h
class CPPThreadData;
class BASE_API CPPThread {
public:
    CPPThread();
    virtual ~CPPThread();
    bool start(void *i_pParam=NULL);                        ①
    void* getParam() {                                      ②
        return m_pParam;
    }
    virtual void run() = 0;                                 ③
    bool isWorking();                                       ④
    virtual void exitThread();
protected:
    CPPThreadData* getPrivateData();
    void closeThreadHandle();
private:
    CPPThreadData *m_pThreadData;
```

```
    void *m_pParam;        // 应用层传入的参数
    bool m_bWorking;       // 线程正在工作
    bool m_bFinished;      // 线程已停止工作
    friend CPPThreadData;
};
```

1）在 Windows 系统中实现线程类 CPPThread

Windows 系统中 CPPThreadData 的实现代码如代码清单 5-2 所示。在标号①处的 closeHandle()接口中，先终止线程，然后关闭句柄。在标号②处的 init()接口中，调用 CreateThread()创建一个线程，设置线程的启动接口为 start_thread，传入的参数为 CPPThread 类型的对象指针。CreateThread()调用完成后，程序会继续执行该调用之后的代码，不会等待线程执行，这是因为操作系统采用异步方式调用 start_thread()。在 start()接口中，依次调用 CPPThread 对象的 run()接口、closeThreadHandle()接口，见标号③、标号④处。其中 run()接口是线程类 CPPThread 的主要接口，线程的主要工作在该接口中执行，只有当 run()执行完毕，才会执行 closeThreadHandle()。在标号⑤处，在 start_thread()接口中调用静态接口 start()，并将 start_thread()接口参数 pParam 传递给 start()，其中 pParam 参数来自标号②处 CreateThread()调用中的参数 pThread。

代码清单 5-2

```cpp
// src/base/basedll/thread_windows.cpp
#include "base_class.h"
#include <windows.h>
#include "service_api.h"
namespace ns_train {
extern "C" {static DWORD WINAPI start_thread(LPVOID pParam);}
class CPPThreadData {
public:
    CPPThreadData():m_hThread(NULL), m_dwThreadID(0){
    }
    ~CPPThreadData() {
        closeHandle();
    }
    void closeHandle() {                                               ①
        if (m_hThread != NULL) {
            CloseHandle(m_hThread);  // 关闭句柄
            m_hThread = NULL;
        }
        m_dwThreadID = 0;
    }
    bool init(CPPThread *pThread)  {
        m_hThread = CreateThread(NULL, 0, start_thread, (void*)pThread, 0,
&m_dwThreadID);                                                        ②
        if (m_hThread == NULL) {
```

```
            return false;
        }
        else {
            return true;
        }
    }
    static void start(CPPThread *pThread){
        pThread->run();                                                    ③
        pThread->closeThreadHandle();                                      ④
    }
private:
    HANDLE m_hThread;
    DWORD m_dwThreadID;
};
extern "C" {
    static DWORD WINAPI start_thread(LPVOID pParam){
        CPPThreadData::start((CPPThread*)pParam);                          ⑤
        return 0;
    }
}
```

Windows 系统中 CPPThread 的实现代码如代码清单 5-3 所示。在标号①处，是启动线程的接口 start()。在标号②处，先设置 m_bFinished 为 false 之后再调用 init()，否则将导致 exitThread()在 run()还没有退出时就先执行完毕并返回了，正确的顺序是 exitThread()一直等待 run()完全退出后才能返回。标号③处，在调用 init()启动线程之前，应将 m_bWorking 设置为 true，这是因为在线程的主循环中应该以 while（isWorking()）来判断线程是否需要继续循环，如果调用 init()之前 m_bWorking 的值为 false，将导致线程 run()接口中的主循环直接终止并退出，这将在 CPPThread 派生类的 run()中进行详细介绍。在标号④处，exitThread()接口用来退出线程并等待线程完全退出才返回。

代码清单 5-3

```
// src/base/basedll/thread_windows.cpp
CPPThread::CPPThread() : m_bWorking(false),m_bFinished(true){
    m_pThreadData = new CPPThreadData;
}
CPPThread::~CPPThread() {
    exitThread();
    delete m_pThreadData;
}
bool CPPThread::start(void* pParam){                                       ①
    if (pParam != NULL) {
        m_pParam = pParam;
    }
    m_bFinished = false;                                                   ②
    m_bWorking = true;                                                     ③
```

```cpp
        bool bOK = m_pThreadData->init(this);
        m_bWorking = bOK;
        return bOK;
    }
    bool CPPThread::isWorking() {
        return m_bWorking;
    }
    void CPPThread::closeThreadHandle() {
        m_pThreadData->closeHandle();
        m_bWorking = false;
        m_bFinished = true;
    }
    void CPPThread::exitThread() {                                            ④
        m_bWorking = false;
        while (!m_bFinished) { // 等待线程完全退出
            ns_train::api_sleep(10);
        }
        closeThreadHandle();
    }
```

2）在 Linux 系统中实现线程类 CPPThread

Linux 系统中 CPPThreadData 的实现代码如代码清单 5-4 所示。在标号①处的 init()接口中，构建了一个 pthread_attr_t 对象并对它初始化，该对象用来表示分离属性，如果既不需要新线程向创建它的线程返回信息，也不需要创建它的线程等待它返回，就可以设置分离属性，把新线程创建为 "脱离线程"，简单理解就是让线程跟创建它的线程脱离。在标号②处，设定线程调度策略的继承属性,PTHREAD_INHERIT_SCHED 表示新线程将继承创建它的线程的调度策略和参数。在标号③处，设置线程为分离线程，表示线程在退出时自动回收资源和线程 ID 并且无返回值。在标号④处，创建一个新线程，新线程将通过 start_thread()接口启动，并且为它传递参数 pThread。在标号⑤处，销毁 attr 对象，并且使它在重新初始化之前不能重新使用。

代码清单 5-4

```cpp
// src/base/basedll/thread_linux.cpp
#include <pthread.h>
#include "base_class.h"
#include "service_api.h"
namespace ns_train {
extern "C" {static void *start_thread(void *t);}
class CPPThreadData {
public:
    CPPThreadData():m_nThreadID(0) {
    }
    ~CPPThreadData() {
        closeHandle();
```

```cpp
    }
    void closeHandle() {
        if (m_nThreadID != 0) {
            pthread_cancel(m_nThreadID); // 线程的 run() 接口中，需要调用 pthread_
//testcancel()才能接收到 pthread_cancel()
            m_nThreadID = 0;
        }
    }
    bool init(CPPThread *pThread){
        pthread_attr_t attr;
        int ret;
        pthread_attr_init(&attr);                                              ①
        pthread_attr_setinheritsched(&attr, PTHREAD_INHERIT_SCHED);            ②
        pthread_attr_setdetachstate(&attr, PTHREAD_CREATE_DETACHED);           ③
        ret = pthread_create(&m_nThreadID, &attr, start_thread,
(void*)pThread);                                                               ④
        pthread_attr_destroy(&attr);                                           ⑤
        if (ret == 0) {
            return true;
        }
        else {
            return false;
        }
    }
    static void start(CPPThread *pThread){                                     ⑥
        pThread->run();
        pThread->closeThreadHandle();
    }
private:
    pthread_t m_nThreadID;
};
extern "C" {
    static void *start_thread(void *t){                                        ⑦
        CPPThreadData::start(reinterpret_cast<CPPThread*>(t));
        return NULL;
    }
}
}
```

Linux 系统中 CPPThread 的实现代码如代码清单 5-5 所示，与 Windows 系统基本一致。

代码清单 5-5

```cpp
// src/base/basedll/thread_linux.cpp
CPPThread::CPPThread():m_bWorking(false),m_bFinished(true){
    m_pThreadData = new CPPThreadData;
}
CPPThread::~CPPThread() {
```

```cpp
        if (m_pThreadData != NULL) {
            delete m_pThreadData;
        }
        m_pThreadData = NULL;
    }
    bool CPPThread::start(void *pParam) {
        if (pParam != NULL)    {
            m_pParam = pParam;
        }
        m_bFinished = false;
        m_bWorking = true;
        bool bOK = m_pThreadData->init(this);
        m_bWorking = bOK;
        return bOK;
    }
    bool CPPThread::isWorking() {
        return m_bWorking;
    }
    void CPPThread::closeThreadHandle() {
        m_pThreadData->closeHandle();
        m_bWorking = false;
        m_bFinished = true;
    }
    void CPPThread::exitThread() {
        m_bWorking = false;
        while (!m_bFinished) {  // 等待线程完全退出
            ns_train::api_sleep(10);
        }
        closeThreadHandle();
    }
```

2. 开发多线程应用程序

实现了跨平台线程类 CPPThread 之后，就可以开发多线程应用程序了。为此，先要做一下准备工作，设计一个业务数据容器类，以便模拟在多线程中操作业务数据。

1）业务数据容器类 CDataVector

设计业务数据容器类 CDataVector，它的定义见代码清单 5-6。CDataVector 是数据容器类，用来模拟对双精度浮点数数组的操作。

代码清单 5-6

```cpp
// src/chapter05/ks05_01/datavector.h
#pragma once
#include "customtype.h"
struct SData {
    type_uint32 nId;           // 数据项 Id
    type_double dataValue;     // 数据当前值
```

```
        type_double maxValue;    // 数据最大值
        type_double minValue;    // 数据最小值
        SData();
};
class CDataVector {
public:
        CDataVector();
        virtual ~CDataVector();
        bool initialize();
        type_uint32 getSize();
        bool getData(type_uint32 nId, type_double &dValue);
        bool setData(type_uint32 nId, type_double dNewValue);
private:
        SData *m_pDataVector;
        type_uint32 m_nSize;
};
```

CDataVector 的实现如代码清单 5-7 所示。需要注意的是，如标号①处所示，数据的最大值应初始化为该数据类型的最小值，只有这样，在更新数据时，比它大的数据才能更新到 maxValue 中。同理，minValue 也应该设置为该数据类型的最大值，如标号②处所示。在标号③、标号④处，当更新数据时，应同时更新该数据的最大最小值。

代码清单 5-7

```
// src/chapter05/ks05_01/datavector.cpp
#include "datavector.h"
SData::SData() {
    nId = 0;
    dataValue = 0.f;
    maxValue = -3.402823466e+38F;  // 把最大值初始化为最小浮点数，因为只有这样，当
//更新 dataValue 时才有可能将新的最大值更新到 maxValue 中                           ①
    minValue = 3.402823466e+38F;   // 把最小值初始化为最大浮点数，因为只有这样，当
//更新 dataValue 时才有可能将新的最小值更新到 minValue 中                           ②
}
CDataVector::CDataVector() : m_pDataVector(NULL), m_nSize(0) {
}
CDataVector::~CDataVector() {
    if (NULL != m_pDataVector) {
        delete m_pDataVector;
        m_pDataVector = NULL;
    }
}
type_uint32 CDataVector::getSize() {
    return m_nSize;
}
bool CDataVector::initialize() {
    m_nSize = 5;  // 假设只有 5 个数据，此处模拟从数据库中读取记录
```

```cpp
        m_pDataVector = new SData[m_nSize];
        for (type_uint32 i = 0; i < m_nSize; i++){
            m_pDataVector[i].nId = i+1;              // 有效 Id 值从 1 开始
            m_pDataVector[i].dataValue = 0.f;        // 数据
        }
        return true;
    }
    bool CDataVector::getData(type_uint32 nId, type_double &dValue){
        dValue = 0.f;
        if ((nId < 1) || (nId > m_nSize)) {
            return false;       // 数据项 Id 无效
        }
        if (NULL == m_pDataVector) {
            return false;
        }
        dValue = m_pDataVector[nId-1].dataValue;
        return true;
    }
    bool CDataVector::setData(type_uint32 nId, type_double dNewValue){
        if ((nId < 1) || (nId > m_nSize)) {
            return false;       // 数据项 Id 无效
        }
        if (NULL == m_pDataVector) {
            return false;
        }
        type_uint32 index = nId - 1;
        m_pDataVector[index].dataValue = dNewValue;
        if (m_pDataVector[index].maxValue < dNewValue){
            m_pDataVector[index].maxValue = dNewValue;   // 更新最大值            ③
        }
        if (m_pDataVector[index].minValue > dNewValue){
            m_pDataVector[index].minValue = dNewValue;   // 更新最小值            ④
        }
        return true;
    }
```

2）开发线程类实现业务功能

做完准备工作之后，就要设计并实现线程类 CDataThread 了。除了 main() 函数所在的主线程外，本案例将构建线程类 CDataThread 的一个实例，并且在该线程中模拟业务功能，也就是更新数据。CDataThread 的定义如下。

```cpp
// src/chapter05/ks05_01/datathread.h
#pragma once
#include "base_class.h"
class CDataThread : public ns_train::CPPThread{
public:
```

```cpp
        CDataThread();
        virtual void run() override;
};
```

CDataThread 的实现如代码清单 5-8 所示。需要注意的是，如标号①处所示，在线程的 run()接口中，通过一个 while()循环来进行持续工作，如果确实不需要循环，也可以根据实际需要进行开发。但是，如果需要执行循环操作，那就使用 isWorking()作为判断条件，否则，当调用线程对象的 exitThread()接口时，将无法终止线程。

代码清单 5-8

```cpp
// src/chapter05/ks05_01/datathread.cpp
#include "datathread.h"
#include "datavector.h"
#include "service_api.h"
CDataThread::CDataThread() {
}
void CDataThread::run() {
    type_double dValue = 0.f;
    type_uint32 i = 0;
    CDataVector *pDataVector = reinterpret_cast<CDataVector*>(getParam());
    if (NULL == pDataVector) {
        return;
    }
    while (isWorking()) {                                                    ①
        ns_train::api_sleep(1000);
        for (i=0; i<pDataVector->getSize(); i++) {
            dValue = rand() % 100;
            pDataVector->setData(i+1, dValue);
        }
    }
}
```

3）构建线程对象并启动线程

在程序启动时，构建线程对象并启动线程。如代码清单 5-9 所示，在标号①处，定义数据处理线程对象，并在启动线程时传入所需参数，这里将 pDataVector 作为业务数据传递给线程对象。在标号②处，退出线程并销毁线程对象。需要注意的是，应该先停止访问数据的线程，然后才能销毁数据，见标号③处。

代码清单 5-9

```cpp
// src/chapter05/ks05_01/main.cpp
...
CDataVector *pDataVector = NULL;    // 数据容器指针
CDataThread *pDataThread = NULL;    // 数据处理线程
bool initialize(void){
```

```
    /* do initialize work */
    pDataVector = new CDataVector;
    if (NULL != pDataVector){
        pDataVector->initialize();
    }
    pDataThread = new CDataThread;  // 数据更新线程                            ①
pDataThread->start((void*)reinterpret_cast<void*>(pDataVector));
    return true;
}
void beforeExit(void){
    if (NULL != pDataThread){                                                  ②
        pDataThread->exitThread();
      delete pDataThread;
      pDataThread = NULL;
    }
    // 必须先停止线程，再销毁数据
    if (NULL != pDataVector){                                                  ③
        delete pDataVector;
        pDataVector = NULL;
    }
}
```

第 31 天　在多线程应用中使用互斥锁保护数据

今天要学习的案例对应的源代码目录：src/chapter05/ks05_02。本案例不依赖第三方类库。程序运行效果如图 5-2 所示。

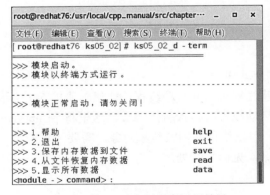

图 5-2　第 31 天案例程序运行效果

今天的目标是掌握如下内容。
- 什么是互斥锁。
- 怎样使用互斥锁保护数据。

我们通常所说的程序在运行其实指的是 CPU 在运行指令,有些指令可以在一个 CPU 指令周期内完成,有些则不能。这些不能在一个 CPU 指令周期内完成的指令将导致一个潜在的问题,即对内存数据访问的同步问题。在多线程环境下,操作系统通过将 CPU 的运行时段分配给各个线程,从而实现多线程的并行运行效果。假设数据 d=10,如果线程 A、B 都要对数据 d 进行自加操作,按通常的理解,当线程 A、B 执行完后 d 应该为 12。但是自加操作并不能在一个 CPU 指令周期内完成,如果线程 A 的指令只执行了一部分,还没有把自加后的结果 11 写回数据 d 中,此时切换到线程 B,d 中的数据仍然为 10,当线程 B 完成对 d 的自加操作并将数据写回 d 后又切换回线程 A,这时线程 A 再把它计算的结果 11 写入 d 中,就会导致错误。多个不可被打乱或切割的操作,可以称为原子操作。显然,上述两个线程对 d 的自加操作并不是原子操作。那么,怎样才能让多线程中的指令在执行过程中保持原子操作属性呢?这就引入了互斥锁的概念。互斥锁可以用来保证对共享数据操作的完整性,也就是在任一时刻,只能有一个线程访问该对象。在 Windows 系统中可以用临界区实现互斥锁,在 Linux 系统中使用线程互斥量 pthread_mutex_t 实现互斥锁。为此定义互斥锁类 CPPMutex,其类定义如下。

```
// include/base/basedll/base_class.h
namespace ns_train {
struct SMutexData;
class BASE_API CPPMutex {
public:
    CPPMutex();
    ~CPPMutex();
    type_bool tryLock();
    void lock(void);
    void unlock(void);
private:
    SMutexData *m_pMutexData;
};
}
```

下面看一下 CPPMutex 的实现。

1. Windows 系统实现互斥锁

CPPMutex 类在 Windows 系统的实现见代码清单 5-10。在标号①处,为结构体设计了一个临界区对象成员 m_nMutex。在标号②处的构造函数中,初始化临界区对象。在标号③处的析构函数中,删除临界区对象。CPPmutex 还提供了 tryLock()接口,该接口用来尝试是否可以锁定,见标号④处。在标号⑤处,通过调用 EnterCriticalSection()实现锁定功能,锁定后,其他线程将无法访问被该锁(临界区)保护的数据。在标号⑥处,通过 LeaveCriticalSection()实现解锁操作,解锁后,其他线程可以正常访问被该锁保护的数据。注意,这里所说的其他线程应该通过同一个锁(临界区)访问受保护的数据,如果其他线程不通过锁而直接访问数据,可能也能访问到数据,但很有可能出现异常。

代码清单 5-10

```cpp
// include/base/basedll/mutex_windows.cpp
#include "base_class.h"
#include <windows.h>
namespace ns_train {
struct SMutexData {
    CRITICAL_SECTION m_nMutex;          // 临界区对象                            ①
};
CPPMutex::CPPMutex() {
    m_pMutexData = new SMutexData;      // 申请私有结构内存
    InitializeCriticalSection(&m_pMutexData->m_nMutex);// 初始化临界区对象②
}
CPPMutex::~CPPMutex() {
    DeleteCriticalSection(&m_pMutexData->m_nMutex);    // 删除临界区对象  ③
    delete m_pMutexData;                               // 释放私有结构内存
}
type_bool CPPMutex::tryLock() {                                            ④
    if (TryEnterCriticalSection(&m_pMutexData->m_nMutex)) { // 尝试进入临界区
        return true;
    }
    return false;
}
void CPPMutex::lock() {
    EnterCriticalSection(&m_pMutexData->m_nMutex); // 进入临界区             ⑤
}
void CPPMutex::unlock() {
    LeaveCriticalSection(&m_pMutexData->m_nMutex); // 退出临界区             ⑥
}
}
```

2. Linux 系统实现互斥锁

CPPMutex 类在 Linux 系统的实现见代码清单 5-11。在标号①处，为结构体设计了一个线程互斥锁对象成员 m_mutex。在标号②处的构造函数中，初始化互斥锁属性对象 tMutexAttr，如果要使用互斥锁，这是必须执行的操作。调用 pthread_mutexattr_init()后，操作系统会为 tMutexAttr 分配内存。在标号③处，设置互斥锁属性类型为 PTHREAD_MUTEX_RECURSIVE，该值表示，在未解锁的情况下重复锁定时不会导致死锁。在标号④处，初始化互斥锁对象。在标号⑤处，销毁互斥锁属性对象。对于互斥锁属性对象，必须首先通过调用 pthread_mutexattr_destroy()将其销毁，才能重新初始化该对象。如果未销毁该对象，则会导致标号①处分配的内存被泄漏。在标号⑥处的析构函数中，删除临界区对象。在标号⑦处，是 Linux 版本的 tryLock()接口的实现代码。在标号⑧处，通过调用 pthread_mutex_lock()实现锁定功能，锁定后，其他线程将无法访问被该锁保护的数据。在标号⑨处，通过pthread_mutex_unlock()实现解锁操作，解锁后，其他线程可以正常访问被该锁保护的数据。

代码清单 5-11

```cpp
// include/base/basedll/mutex_linux.cpp
#include "base_class.h"
#include <pthread.h>
namespace ns_train {
struct SMutexData {
    pthread_mutex_t m_mutex;                                                    ①
};
CPPMutex::CPPMutex() {
m_pMutexData = new SMutexData;
pthread_mutexattr_t tMutexAttr;
    pthread_mutexattr_init(&tMutexAttr);                                        ②
    pthread_mutexattr_settype(&tMutexAttr, PTHREAD_MUTEX_RECURSIVE);            ③
    pthread_mutex_init(&m_pMutexData->m_mutex, &tMutexAttr);                    ④
    pthread_mutexattr_destroy(&tMutexAttr);                                     ⑤
}
CPPMutex::~CPPMutex() {
    pthread_mutex_destroy(&m_pMutexData->m_mutex);                              ⑥
    delete m_pMutexData;
}
type_bool CPPMutex::tryLock() {
    return (pthread_mutex_trylock(&m_pMutexData->m_mutex) == 0);                ⑦
}
void CPPMutex::lock() {
    pthread_mutex_lock(&m_pMutexData->m_mutex);                                 ⑧
}
void CPPMutex::unlock() {
    pthread_mutex_unlock(&m_pMutexData->m_mutex);                               ⑨
}
}
```

3. 使用互斥锁保护数据

下面介绍如何用 CPPMutex 保护数据。首先，为线程类 CPPThread 添加互斥锁成员变量 m_mtxRunning，用来保护其他的成员数据。

```cpp
// include/base/basedll/base_class.h
class CPPThreadData;
class BASE_API CPPThread {
   ...
private:
    CPPMutex m_mtxRunning; // 用来保护成员变量的锁
   ...
};
```

如代码清单 5-12 所示，在标号①处，把操作数据的代码写在互斥锁 m_mtxRunning 的 lock()、unlock()之间即可。需要注意的是，当 lock()、unlock()之间的代码段比较长时，如果中间有 return 语句，请务必在 return 之前调用 unlock()进行解锁，否则将有可能导致死锁。

代码清单 5-12

```
// include/base/basedll/thread_windows.cpp
bool CPPThread::isWorking() {
    m_mtxRunning.lock();
    bool bWorking = m_bWorking;                                    ①
    m_mtxRunning.unlock();
    return bWorking;
}
```

4．使用自动锁简化操作

前面介绍了 CPPMutex 的基本使用，从代码清单 5-12 可以看出，每次对数据操作时都要调用 lock()、unlock()，这稍微有点麻烦，为了简化操作，设计自动锁类 CPPMutexLocker。

```
// include/base/basedll/base_class.h
class BASE_API CPPMutexLocker {
public:
    CPPMutexLocker(CPPMutex *Mutex, type_bool bLock = true);
    ~CPPMutexLocker();
    type_bool tryLock(type_int32 mseconds = 1000);
private:
    CPPMutex*   m_pMutex;
    type_bool   m_bLocked;
};
```

CPPMutexLocker 的实现代码如代码清单 5-13 所示。在标号①处的 CPPMutexLocker 的构造函数中，可以根据需要自动锁定。在标号②处的 CPPMutexLocker 的析构函数中，可以根据需要自动解锁。

代码清单 5-13

```
// include/base/basedll/thread_windows.cpp
#include "base_class.h"
#include "service_api.h"
namespace ns_train {
CPPMutexLocker::CPPMutexLocker(CPPMutex* pMutex, type_bool bLock) {
    m_pMutex = pMutex;
    m_bLocked = false;
    if (bLock) {
        m_pMutex->lock();                                          ①
        m_bLocked = true;
    }
}
CPPMutexLocker::~CPPMutexLocker() {
    if (m_bLocked)
```

```cpp
            m_pMutex->unlock();                                              ②
    }
    type_bool CPPMutexLocker::tryLock(type_int32 mseconds){
        if (!m_bLocked) {
            if (mseconds < 0) {
                m_pMutex->lock();
                m_bLocked = true;
            }
            else {
                m_bLocked = m_pMutex->tryLock();
                while (!m_bLocked && mseconds > 0)  {
                    api_sleep(10);
                    m_bLocked = m_pMutex->tryLock();
                    mseconds -= 10;
                }
            }
        }
        return m_bLocked;
    }
}
```

CPPMutexLocker 的用法如代码清单 5-14 所示。在标号①、标号②、标号③、标号④处、标号⑤处，通过巧妙地控制 CPPMutexLocker 对象的生存期减少了锁定时间，降低了对其他代码的影响。

代码清单 5-14

```cpp
// include/base/basedll/thread_linux.cpp
bool CPPThread::start(void *pParam){
    if (pParam != NULL)    {
        m_pParam = pParam;
    }
    {
        CPPMutexLocker locker(&m_mtxRunning);                                ①
        m_bFinished = false;
        m_bWorking = true;
    }
    bool bOK = m_pThreadData->init(this);
    {
        CPPMutexLocker locker(&m_mtxRunning);                                ②
        m_bWorking = bOK;
    }
    return bOK;
}
bool CPPThread::isWorking() {
    CPPMutexLocker locker(&m_mtxRunning);                                    ③
    return m_bWorking;
}
```

```cpp
void CPPThread::closeThreadHandle() {
    m_pThreadData->closeHandle();
    {
        CPPMutexLocker locker(&m_mtxRunning);                    ④
        m_bWorking = false;
        m_bFinished = true;
    }
}
void CPPThread::exitThread() {
    {
        CPPMutexLocker locker(&m_mtxRunning);                    ⑤
        m_bWorking = false;
    }
    while (!m_bFinished) { // 等待线程完全退出。
        api_sleep(10);
    }
    closeThreadHandle();
}
```

5．使用互斥锁/自动锁保护数据对象

在本节案例中，为 CDataVector 添加 CPPMutex 类型的互斥锁对象，用来保护 m_pDataVector 数据区。

```cpp
// include/chapter05/ks05_02/datavector.h
class CDataVector {
    ...
private:
    ns_train::CPPMutex m_mutex;// 用来保护对数据区 m_pDataVector 的访问
    ...
};
```

在 CDataVector 的实现代码中，分别使用 CPPMutex、CPPMutexLocker 对数据进行保护。

```cpp
// include/chapter05/ks05_02/datavector.cpp
type_uint32 CDataVector::getSize() {
    ns_train::CPPMutexLocker mutexLocker(&m_mutex);
    return m_nSize;
}
bool CDataVector::initialize() {
    m_mutex.lock();
    ...
    m_mutex.unlock();
    return true;
}
bool CDataVector::getData(type_uint32 nId, type_double &dValue){
    dValue = 0.f;
    ns_train::CPPMutexLocker mutexLocker(&m_mutex);
```

```
        ...
        return true;
}
bool CDataVector::setData(type_uint32 nId, type_double dNewValue){
    ns_train::CPPMutexLocker mutexLocker(&m_mutex);
        ...
        return true;
}
```

第 32 天　在多线程中使用事件进行同步

视频讲解

今天要学习的案例对应的源代码目录：src/chapter05/ks05_03。本案例不依赖第三方类库。程序运行效果如图 5-3 所示。

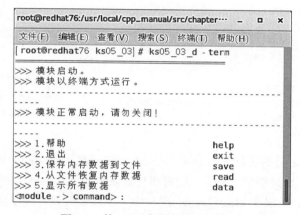

图 5-3　第 32 天案例程序运行效果

今天的目标是掌握如下内容。
- 多线程开发中的事件指的是什么，事件有什么作用。
- 怎样在多线程应用中使用事件实现操作之间的同步。

在开发多线程应用时，有些情况下需要保持各个线程之间动作的同步。比如，当线程 A 执行完某个任务 a 后，线程 B 才能开始执行任务 b；或者当到达某个特定时刻或者满足指定的时间间隔后，通知指定线程执行特定任务。在这些情况下可以使用事件来解决问题。所谓事件，指的是当满足某些条件后就发射特定信号，以便事件的监听者在收到信号后执行特定任务。因此，事件可以用来保证各个线程之间工作的同步。这种设计类似于监听者模式，只不过没有使用回调。在这种设计中，提供一个事件管理者和一个事件监听者。当满足条件时，可以向事件管理者中添加特定事件，事件监听者可以轮询事件管理者中的事件，当查询到事件时，事件监听者可以取出事件并做相应处理。

1. 事件管理者与事件监听者

1) 事件管理者

事件管理者的定义如代码清单 5-15 所示。在标号①处，addEvent()接口用来向事件管理者中添加事件，其中 nEventId 是事件 Id，可以使用统一定义的枚举等整型常量作为事件 Id。在标号②处，提供接口 clearQueue()清空事件队列。在标号③处，getOneEvent()接口用来从队列中取出一个事件并返回。如标号④处所示，事件队列采用了 std::queue<type_int32>数据结构。

代码清单 5-15

```cpp
// src/base/basedll/base_class.h
class BASE_API CPPEventManager {
public:
    CPPEventManager();
    ~CPPEventManager();
    bool addEvent(type_int32 nEventId);                         // ①
    void clearQueue();                                          // ②
    type_int32 getOneEvent();                                   // ③
private:
    CPPMutex    m_mutex;                        // 互斥锁
    std::queue<type_int32> m_eventsQueue;       // 事件队列        ④
    type_int32 m_nEventCount;                   // 队列中的事件个数
};
```

CPPEventManager 类的实现见代码清单 5-16。在 addEvent()接口中，在标号①处，尝试锁定，最多等待 5 秒，如果能成功锁定，则将事件添加到队列，否则返回失败。因为 std::queue 没有提供 clear()接口，所以在 clearQueue()接口中，在标号②处，为了将队列 m_eventsQueue 清空，首先定义一个空的队列对象，然后将它赋值给 m_eventsQueue。在标号③处，将队列中的事件取出后，将该元素从队列中弹出。

代码清单 5-16

```cpp
// src/base/basedll/base_class.cpp
#include "base_class.h"
#include <algorithm>
#include "base_api.h"
#include "service_api.h"
namespace ns_train {
// CPPEventManager
CPPEventManager::CPPEventManager(){
}
CPPEventManager::~CPPEventManager(){
}
bool CPPEventManager::addEvent(type_int32 nEventId){
    CPPMutexLocker tMutex(&m_mutex, false);
```

```
        if (tMutex.tryLock(5000)){                                  ①
            m_eventsQueue.push(nEventId);
            return true;
        }
        return false;
    }
    void CPPEventManager::clearQueue(){
        CPPMutexLocker tMutex(&m_mutex);
        if (tMutex.tryLock(5000)){
            std::queue<type_int32> q;                               ②
            m_eventsQueue = q;
        }
    }
    type_int32 CPPEventManager::getOneEvent(){
        type_int32 nEventId = -1;
        CPPMutexLocker tMutex(&m_mutex, false);
        if (tMutex.tryLock(5000)){
            if (m_eventsQueue.size()> 0){
                nEventId = m_eventsQueue.front();
                m_eventsQueue.pop();                                ③
            }
        }
        return nEventId;
    }
```

2）事件监听者

事件监听者类为 **CPPEventListener**，其定义见代码清单 5-17。在标号①处，在构造函数中传入事件管理者对象作为参数，为了避免隐式类型转换，使用 explicit 关键字进行声明。在标号②处，接口 waitForEvent() 接口用来监听事件，nTimeOut 是超时时间。

代码清单 5-17

```
// src/base/basedll/base_class.h
class BASE_API CPPEventListener {
public:
    CPPEventListener();
    explicit CPPEventListener(CPPEventManager *pEventManager);     ①
    bool setEventManager(CPPEventManager *pEventManager);
    type_int32 waitForEvent(type_uint32 nTimeout=0);               ②
private:
    type_int32  m_nEventCount;            // 事件个数
    type_int32  m_nEventType;             // 事件类型
    type_int32  m_nTimeout;               // 超时时间(毫秒)
    CPPEventManager *m_pEventManager;     // 事件管理对象指针
};
```

CPPEventListener 的实现见代码清单 5-18。

代码清单 5-18

```cpp
// src/base/basedll/base_class.cpp
#include "base_class.h"
#include <algorithm>
#include "base_api.h"
#include "service_api.h"
namespace ns_train {
// CPPEventListener
CPPEventListener::CPPEventListener(){
}
CPPEventListener::CPPEventListener(CPPEventManager *pEventManager){
    setEventManager(pEventManager);
}
bool CPPEventListener::setEventManager(CPPEventManager *pEventManager){
    m_pEventManager = pEventManager;
    return true;
}
type_int32 CPPEventListener::waitForEvent(type_uint32 nTimeout){
    type_int32 nEventId = -1;
    type_uint32 nWaitTime = 0;
    STimeGapMS tBeginTime = get_current_time_ms();
    STimeGapMS tEndTime;

    type_bool bFlag = VALUE_TRUE;
    while (true){
        nEventId = m_pEventManager->getOneEvent();
        if (nEventId >= 0){
            return nEventId;
        }
        if (nTimeout == 0){
            return -1;
        }
        api_sleep(10);
        nWaitTime += 10;
        if (nWaitTime >= nTimeout){
            return -1;
        }
        if (nTimeout > 0){
            tEndTime = get_current_time_ms();
            if ((tEndTime.nSecond - tBeginTime.nSecond)*1000 +
                tEndTime.nMSecond - tBeginTime.nMSecond >= nTimeout){
                return -1;
            }
        }
```

```
        else {
            return -1;
        }
    }
}
}
```

2. 事件管理者与事件监听者的应用

为了演示事件管理者、事件监听者的用法,在示例程序中添加定时线程类 CTimerThread、数据持久化线程类 CSavedataThread。其中定时线程用来发射不同的定时事件,如一分钟事件、五分钟事件、整点事件、零点事件等;数据持久化线程用来在特定时间执行特定任务。例如,当收到一分钟事件后,统计数据的一分钟最值,当收到整点事件后,将整点数据存入数据库或写入文件。

1) 定时线程类 CTimerThread

定时线程类 CTimerThread 负责发射定时事件,其定义如代码清单 5-19 所示。其中定义了事件枚举 ETIME_EVENT,并提供了几个事件值。

代码清单 5-19

```cpp
// src/chapter05/ks05_03/timerthread.h
#pragma once
#include "base_class.h"
// 事件枚举
enum ETIME_EVENT {
    ETIME_EVENT_MINUTE = 1,   // 1:一分钟事件
    ETIME_EVENT_5MINUTE,      // 2:五分钟事件
    ETIME_EVENT_HOUR,         // 3:整点事件
    ETIME_EVENT_ZERO,         // 4:零点事件
    ETIME_EVENT_MAX
};
class CTimerThread : public ns_train::CPPThread {
public:
    CTimerThread();
    virtual void run() override;
private:
    type_int32  m_nMin;       // 时间的分钟值
};
```

CTimerThread 的实现见代码清单 5-20。在线程的 run() 函数中,在标号①处,先获取系统当前时间,并取出分钟、秒并分别存放到变量 tMin、tSec 中。在标号②处,执行判断,如果分钟数值发生变化,则更新 m_nMin 的值为 tMin,并发射一分钟事件,如标号③处所示。在标号④处,根据 tMin 的数值进行计算并判断是否需要发射五分钟事件。在标号⑤处、标号⑥处,使用类似的方法进行判断,并分别发射整点事件、零点事件。需要注意的是,在线程主循环中进行睡眠时,睡眠时间不要超过发射事件所需的最小间隔,原则上是越小越好,

因为越小精度越高。但是，在 Windows 中最高精度是 10 毫秒，所以即使把睡眠时间设置为小于 10 毫秒的数值，也不会按照指定的时间进行睡眠。

代码清单 5-20

```cpp
// src/chapter05/ks05_03/timerthread.cpp
#include "timerthread.h"
#include "base_class.h"
#include "datavector.h"
#include "service_api.h"
ns_train::CPPEventManager gTimeEventManager;
CTimerThread::CTimerThread() : ns_train::CPPThread(), m_nMin(100){
}
void CTimerThread::run(){
    ns_train::CPPTime  tTime;
    type_int32  tMin, tSec;
    while (isWorking()){
        // 当前时间
        tTime.setCurrentTime();                                            ①
        tMin = tTime.getMinute();
        tSec = tTime.getSecond();
        if (m_nMin != tMin){ // 定时计算标志判断                            ②
            m_nMin = tMin;
            // 一分钟事件
            gTimeEventManager.addEvent(ETIME_EVENT_MINUTE);                 ③
            if (tMin%5 == 0){
                // 五分钟事件
                gTimeEventManager.addEvent(ETIME_EVENT_5MINUTE);            ④
            }
            if (tMin == 0){                                                 ⑤
                // 整点事件
                gTimeEventManager.addEvent(ETIME_EVENT_HOUR);
                if (tTime.getHour() == 0){                                  ⑥
                    // 零点事件
                    gTimeEventManager.addEvent(ETIME_EVENT_ZERO);
                }
            }
        }
        ns_train::api_sleep(50); // 睡眠 50 毫秒。不能超过 60 秒(一分钟)，否则将导致
//无法正确触发"一分钟事件"                                                  ⑦
    }
}
```

2）数据持久化线程类 CSavedataThread

数据持久化线程类 CSavedataThread 负责在收到定时事件后执行数据持久化操作，其定义如代码清单 5-21 所示。

代码清单 5-21

```cpp
// src/chapter05/ks05_03/savedatathread.h
#pragma once
#include "base_class.h"
class CSavedataThread : public ns_train::CPPThread {
public:
    CSavedataThread();
    virtual void run() override;
};
```

CSavedataThread 的实现见代码清单 5-22。在线程的 run() 函数中，在标号①处，先获取数据容器指针。在标号②处，定义事件监听者对象，并传入全局事件管理对象地址。在标号③处，在线程主循环中，调用事件监听对象的 waitForEvent()，等待并获取事件，这里设置的最长等待事件为 3 秒，研发人员可以根据实际需要进行设置。在标号④处，根据实际获取的事件进行相应处理。在标号⑤处，出让 CPU 供其他线程使用，目的是防止频繁获取到事件时导致 CPU 利用率过高。因为如果每次循环都能获取到事件，那么标号③处的 waitForEvent（3000）中的 3 秒是不会发生等待的，如果相关事件的处理代码很少，就有可能导致 while() 循环产生类似空转的效果，为了避免这种情况，需要在 while() 循环中执行睡眠，以防止本线程导致 CPU 使用率过高。

代码清单 5-22

```cpp
// src/chapter05/ks05_03/savedatathread.cpp
#include "savedatathread.h"
#include "base_class.h"
#include "datavector.h"
#include "service_api.h"
#include "timerthread.h"
extern ns_train::CPPEventManager gTimeEventManager;
CSavedataThread::CSavedataThread(){
}
void CSavedataThread::run(){
    type_double dValue = 0.f;
    type_uint32 i = 0;
    CDataVector *pDataVector = reinterpret_cast<CDataVector*>(getParam()); ①
    if (NULL == pDataVector){
        return;
    }
    ns_train::CPPEventListener listener(&gTimeEventManager);// 事件监听者 ②
    type_int32 nEventId= 0;
    while (isWorking()){
        nEventId = listener.waitForEvent(3000); // 最多等待 3 秒            ③
        // 需要确保针对某次事件的处理尽快完成，并且不能影响其他事件的处理，
        // 否则将导致不能及时处理其他事件
        switch (nEventId){// 暂时只处理部分事件                              ④
```

```cpp
        case ETIME_EVENT_MINUTE:
            // 获取数据，统计数据的1分钟最值
            for (i=0; i<pDataVector->getSize(); i++){
                pDataVector->getData(i+1, dValue);
                // todo, 统计数据的1分钟最值
            }
            break;
        case ETIME_EVENT_HOUR:
            // 获取数据，并保存到文件
            for (i=0; i<pDataVector->getSize(); i++){
                pDataVector->getData(i+1, dValue);
                // todo, 将数据保存到文件
            }
            break;
        default:
            break;
        }
        ns_train::api_sleep(10); // 出让CPU                                    ⑤
    }
}
```

3) 构建线程对象并启动线程

在程序启动时，构建线程对象并启动线程。如代码清单5-23所示，在标号①、标号②处，定义定时线程对象、数据持久化线程对象。在标号③、标号④处，构建定时线程对象、数据持久化线程对象，并在启动线程时传入所需参数。在标号⑤、标号⑥处，退出线程并销毁线程对象。

代码清单 5-23

```cpp
// src/chapter05/ks05_03/main.cpp
...
CDataVector *pDataVector = NULL;            // 数据容器指针
CDataThread *pDataThread = NULL;            // 数据处理线程
CTimerThread *pTimerThread = NULL;          // 定时线程                        ①
CSavedataThread *pSaveDataThread = NULL;    // 数据持久化线程                  ②
bool initialize(void){
    /* do initialize work */
    pDataVector = new CDataVector;
    if (NULL != pDataVector){
        pDataVector->initialize();
    }
    pDataThread = new CDataThread;          // 数据更新线程
    pDataThread->start((void*)reinterpret_cast<void*>(pDataVector));
    pTimerThread= new CTimerThread;         // 定时线程                        ③
    pTimerThread->start(NULL);
    pSaveDataThread= new CSavedataThread;   // 保存数据线程                    ④
```

```
            pSaveDataThread->start((void*)reinterpret_cast<void*>(pDataVector));
            return true;
        }
        void beforeExit(void){
            if (NULL != pTimerThread){                                              ⑤
              pTimerThread->exitThread();
              delete pTimerThread;
              pTimerThread = NULL;
            }
            if (NULL != pDataThread){
              pDataThread->exitThread();
              delete pDataThread;
              pDataThread = NULL;
            }
            if (NULL != pSaveDataThread){                                           ⑥
              pSaveDataThread->exitThread();
              delete pSaveDataThread;
              pSaveDataThread = NULL;
            }
            // 必须先停止线程，再销毁数据
            if (NULL != pDataVector){
              delete pDataVector;
              pDataVector = NULL;
            }
        }
```

在本案例中，利用 **CTimerThread** 线程产生各种定时事件，然后在数据存储线程 **CSavedataThread** 中等待接收定时事件并进行处理。请思考，如果还有其他线程也像 **CSavedataThread** 一样需要用到这些定时事件，这时该怎么办呢？

第 33 天　使用单体模式保证数据唯一性

视频讲解

今天要学习的案例对应的源代码目录：src/chapter05/ks05_04。本案例不依赖第三方类库。程序运行效果如图 5-4 所示。

今天的目标是掌握如下内容。
- 理解单体模式的作用。
- 掌握单体类的开发方法。
- 掌握单体类的访问方法。

在本章的前面几个章节中，介绍了如何在多线程应用中操作某个数据容器对象。在这些案例中，通过将数据容器对象声明为全局对象来保证数据容器的唯一性，以便在各个线程中访问同一个数据容器。其实，在设计模式中有一种模式可以满足对象的唯一性访问，那就是单体模式（Singleton）。在 C++语言中，变量的生命周期可以分为静态生命期、动态生命期、

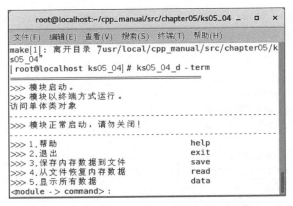

图 5-4 第 33 天案例程序运行效果

局部生命期。其中，静态生命期指的是变量的生命期与程序运行期相同，只要程序一开始运行，这种生命期的变量就存在；当程序结束时，其生命期就结束。static 对象（也就是静态全局对象）具有静态生命期。因此，C++中的单体模式其实是通过定义一个静态全局对象来实现对象的唯一性访问。本节将利用 static 对象实现单体类并介绍单体类对象的使用方法。

1. 开发单体类

本节将 CDataVector 改造为单体类。改造后的 CDataVector 的定义见代码清单 5-24。在标号①处，设计一个静态接口用来访问数据容器对象。在标号②处，将构造函数定义为私有的目的是防止他人使用该类构造对象。需要注意的是不需要对构造函数的实现代码进行修改。在标号③处，将复制构造函数定义为私有的目的是防止编译器调用默认的复制构造函数从而隐式构造该类的对象。对于单体类来说，可以只提供复制构造函数的声明而不提供实现。在标号④处，将析构函数定义为私有的目的是防止他人用 delete 语句删除单体对象，因此也不需要对析构函数的实现代码进行修改。

代码清单 5-24

```
// src/chapter05/ks05_04/datavector.h
class CDataVector {
public:
    static CDataVector *instance();                    ①
    ...
private:
    CDataVector();                                     ②
    CDataVector(const CDataVector&);                   ③
    virtual ~CDataVector();                            ④
private:
    ...
};
```

CDataVector 的 instance()接口的实现见代码清单 5-25。在标号①处，为了保证对 instance()

接口内部对象的互斥访问，定义全局互斥锁对象 g_mutex。在标号②处，使用自动互斥对象进行锁定。在标号③处，定义静态对象 dataVector，并将它的地址作为接口的返回值。

代码清单 5-25

```
// src/chapter05/ks05_04/datavector.cpp
...
ns_train::CPPMutex g_mutex;                                              ①
CDataVector* CDataVector::instance(){
    ns_train::CPPMutexLocker mutexLocker(&g_mutex);                      ②
    static CDataVector dataVector;                                       ③
    return &dataVector;
}
```

2．访问单体类对象

可以通过 CDataVector 的 instance()接口访问单体类对象，如代码清单 5-26 中标号①处所示。

代码清单 5-26

```
// src/chapter05/ks05_04/datathread.cpp
void CDataThread::run(){
    type_double dValue = 0.f;
    type_uint32 i = 0;
    CDataVector *pDataVector = CDataVector::instance();                  ①
    if (NULL == pDataVector){
        return;
    }
    while (isWorking()){
        ...
    }
}
```

相应的，修改初始化代码，如代码清单 5-27 所示。在标号①处，利用 CDataVector::instance()接口实现对单体类对象的访问。在标号②、标号③处，不再传入数据容器对象的指针，因为在 CDataThread 线程、CSavedataThread 线程中可以通过 CDataVector::instance()实现对数据容器单体类对象的访问。

代码清单 5-27

```
// src/chapter05/ks05_04/main.cpp
bool initialize(void){
    /* do initialize work */
    pDataVector = CDataVector::instance();                               ①
    if (NULL != pDataVector){
        pDataVector->initialize();
    }
```

```
    pDataThread = new CDataThread;              // 数据更新线程
    pDataThread->start(NULL);                                          ②
    pTimerThread= new CTimerThread;              // 定时线程
    pTimerThread->start(NULL);
    pSaveDataThread= new CSavedataThread;        // 保存数据线程
    pSaveDataThread->start(NULL);                                      ③
    return true;
}
```

如代码清单 5-28 中标号①处所示，在 beforeExit()接口中，不再销毁数据容器对象。这是因为数据容器对象采用单体设计模式，它是一个 static 对象，该对象由操作系统自动销毁，不需要开发人员关注。

代码清单 5-28

```
// src/chapter05/ks05_04/main.cpp
void beforeExit(void){
    if (NULL != pTimerThread){
        pTimerThread->exitThread();
        delete pTimerThread;
        pTimerThread = NULL;
    }
    if (NULL != pDataThread){
        pDataThread->exitThread();
        delete pDataThread;
        pDataThread = NULL;
    }
    if (NULL != pSaveDataThread){
        pSaveDataThread->exitThread();
        delete pSaveDataThread;
        pSaveDataThread = NULL;
    }
    // 静态对象不允许被销毁，操作系统会自动释放资源。
    //if (NULL != pDataVector){
    //    delete pDataVector;
    //    pDataVector = NULL;
    //}
}
```
①

这样就利用单体模式实现了在不同线程中对同一个对象的访问。在设计单体类时，需要注意下面几点：

（1）将单体类的构造函数、析构函数、复制构造函数声明为私有成员。复制构造函数可以只定义不实现，即只提供函数定义而不写函数的实现代码。

（2）为单体类添加一个 static 成员接口用来访问单体对象，比如 instance()。该成员接口无参数，返回类型为单体类的引用或指针；该接口内部返回 static 变量的引用或指针。

（3）如果在静态接口 instance() 内部构造一个 static 对象并返回该对象的引用，那么建议使用全局锁保护该 static 对象。

（4）在今天的案例中，虽然单体模式被用于多线程程序，但是，其应用场景还不止于此，单体模式还可以用作 Exe 项目、Dll 项目之间共享同一份数据实例。

第 34 天　检测线程的运行状态

今天要学习的案例对应的源代码目录：src/chapter05/ks05_05。本案例不依赖第三方类库。程序运行效果如图 5-5 所示。

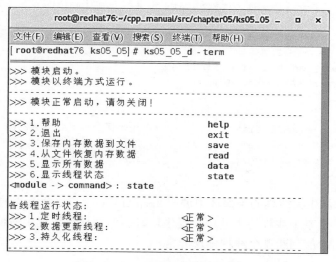

图 5-5　第 34 天案例程序运行效果

今天的目标是掌握如下内容：检测线程运行状态是否正常。

当服务器程序启动运行后，一般会采取终端方式或者后台服务方式运行，所以不太方便查看线程的运行状态。本节的案例将介绍一种检测线程运行状态的简单方法。当程序以终端方式运行时，可以通过命令菜单查询线程的运行状态。本节的主要思路：在线程的主循环中更新线程的当前存活时间，在检测代码中判断（当前时间-线程报告的存活时间）的数值是否合理，当该数值低于某个阈值时，就认为线程出现异常，否则认为线程工作正常。因此，先修改线程基类 CPPThread，为其添加相关接口，见代码清单 5-29。在标号①处，定义枚举值 ETHREAD_ALIVE_MAXTIME，该值用来确定线程存活的最长时间。在标号②处，isAlive() 接口用来根据线程报告的存活时间判断线程运行是否正常。在标号③处，keepAlive() 接口用来在线程主循环中更新线程存活时间为当前时间。在标号④处，getAliveTime() 接口用来获取线程的存活时间。在标号⑤处，设置线程存活时长阈值。线程存活时长=当前时间-线程存活时间，它的含义是距离线程上次更新存活时间所经历的时长。

代码清单 5-29

```cpp
// include/base/basedll/base_class.h
class BASE_API CPPThread {
public:
    enum ETHREAD_ALIVE_TIME {
        ETHREAD_ALIVE_MAXTIME = 5 * 1000, // 5分钟           ①
    };
    ...
    bool isAlive(void);                                       ②
    virtual void keepAlive(void);                             ③
    type_time_t getAliveTime(void);                           ④
    void setAliveTimeLimit(type_time_t tAliveTimeLimit = ETHREAD_ALIVE_
MAXTIME) {                                                    ⑤
        m_tAliveTimeLimit = tAliveTimeLimit;
    }
    type_time_t getAliveTimeLimit(){
        return m_tAliveTimeLimit;
    }
private:
    CPPMutex m_mtxAliveTime;            // 用来保护 m_tAlive 的锁
    type_time_t m_tAliveTimeLimit;      // 线程存活时长阈值
    type_time_t m_tAlive;               // 线程最近存活时间
};
```

下面，在各个派生类线程的主循环中调用 keepAlive() 接口更新线程的生命值，从而保证线程生命值正常。当某个线程的主循环中发生耗时操作并导致线程生命值无法持续更新时，就能根据线程的生命值判断哪个线程出现异常。

```cpp
// src/chapter05/ks05_05/datathread.cpp
void CDataThread::run(){
    ...
    while (isWorking()){
        ns_train::api_sleep(1000);
        keepAlive();
        ...
    }
}
// src/chapter05/ks05_05/savedatathread.cpp
void CSavedataThread::run(){
    ...
    while (isWorking()){
        keepAlive();
        ...
    }
}
// src/chapter05/ks05_05/timerthread.cpp
```

```
void CTimerThread::run(){
    ...
    while (isWorking()){
        keepAlive();
        ...
    }
}
```

在main()函数中,当程序以后台服务方式启动后,可以调用各个线程的isAlive()接口判断线程存活状态。如代码清单5-30所示,在标号①处,仅处理了非Windows系统的情况。Widdows系统中,可以把从标号②处开始的检测代码放到一个专用的检测线程中执行。如标号③处所示,在main()函数里通过isWorking()接口、isAlive()接口判断线程是否在正常工作,如果线程出现异常,可以将异常信息输出到日志文件。

代码清单 5-30

```
// src/chapter05/ks05_05/main.cpp
int main(int argc, char* argv[]){
    ...
    if (bTerminal){           // 进程以终端方式运行
        CommandProc();        // 交互命令处理
    }
    else {                    // 进程以服务方式运行
        ns_train::api_start_as_service("ks05_05", "ks05_05");
#ifndef WIN32                                                          ①
        /* 监视工作线程的运行状态 */
        while (g_bProcRun){                                            ②
            ns_train::api_sleep(5000);
            // 对线程运行状态进行检测
            if (!pTimerThread->isWorking() || !pTimerThread->isAlive()){  ③
                // todo, 保存到日志
            }
            if (!pDataThread->isWorking() || !pDataThread->isAlive()){
                // todo, 保存到日志
            }
            if (!pSaveDataThread->isWorking() || !pSaveDataThread->isAlive()){
                // todo, 保存到日志
            }
        }
#endif
    }
    beforeExit();
    ...
}
```

可以通过程序提供的命令菜单查询各个线程的运行状态,见代码清单5-31。在标号①处执行判断，如果输入命令是 state，则输出各个线程的运行状态。在标号②处，增加了命令提示。

代码清单 5-31

```cpp
// src/chapter05/ks05_05/main.cpp
// 交互命令处理
void CommandProc(){
    ...
    while (g_bProcRun){
        ...
        else if (strInput.compare("state") == 0){                              ①
            std::cout << "------------------" << std::endl;
            std::cout << "各线程运行状态:" << std::endl;
            if (!pTimerThread->isWorking() || !pTimerThread->isAlive()){
                std::cout << ">>> 1.定时线程:\t\t\t<异常>" << std::endl;
            }
            else {
                std::cout << ">>> 1.定时线程:\t\t\t<正常>" << std::endl;
            }
            if (!pDataThread->isWorking() || !pDataThread->isAlive()){
                std::cout << ">>> 2.数据更新线程:\t\t<异常>" << std::endl;
            }
            else {
                std::cout << ">>> 2.数据更新线程:\t\t<正常>" << std::endl;
            }
            if (!pSaveDataThread->isWorking() || !pSaveDataThread->isAlive()){
                std::cout << ">>> 3.持久化线程:\t\t<异常>" << std::endl;
            }
            else {
                std::cout << ">>> 3.持久化线程:\t\t<正常>" << std::endl;
            }
        }
        else {
            ...
        }
    }
}
void printMenu(void){
    std::cout << "----------------------" << std::endl;
    std::cout << ">>> 1.帮助            help" << std::endl;
    ...
    std::cout << ">>> 6.显示线程状态     state" << std::endl;               ②
}
```

这样，就完成了线程运行状态检测。注意，这里介绍的检测线程运行状态的方法，需要利用本书配套代码中的线程类，如果使用第三方类库中的线程类，就要确保所用的线程类具有 keepAlive()、isAlive()等功能接口；如果没有，可以参照本书配套代码进行添加。如果项目中所引用的第三方类库中的线程类已经提供了线程检测功能，则可以直接使用，不必单独开发。在今天的案例中，如果某个线程内部正在执行耗时操作而且长时间未结束该操作，那么通过 state 命令就能判断出该线程状态异常。如果能创建一个独立线程，专门用于检测各个工作线程的运行状态就更好了。下面针对今天的内容进行总结。

（1）在各个线程的主循环中，调用 keepAlive()来刷新各自的生命值，以便说明线程运行正常。

（2）利用 isWorking()检测线程生命值是否正常，如果不正常，则采取措施进行处理，如输出日志或产生告警等。可以在程序的主线程中检测其他线程的生命值，如代码清单 5-30 中标号②处所示，也可以单独创建一个线程专门用来监测其他线程的生命值。

第 35 天　使用 POCO 库开发多线程应用

今天要学习的案例对应的源代码目录：src/chapter05/ks05_06。本案例依赖 POCO 库。程序运行效果如图 5-6 所示。

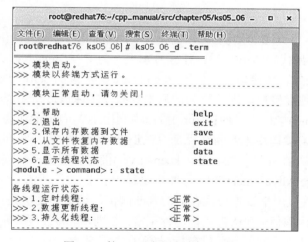

图 5-6　第 35 天案例程序运行效果

今天的目标是掌握如下内容：使用 POCO 库开发多线程应用。

在前面章节中，通过自定义类 CPPThread 实现了多线程应用程序的开发，本节将介绍如何利用 POCO 库中的类实现多线程应用的开发。在 POCO 库中，可以使用 Thread、Runnable 两个类配合实现开发多线程应用。利用 POCO 库实现的一个简单的多线程案例如代码清单 5-32 所示。在标号①处，定义 CCustomRunnable 类，它派生自 Poco::Runnable。在标号②处，实现该类的 run()接口，在该接口中需要编写线程的业务代码，也就是线程要完成的具体工作的代码。在标号③处定义一个 Poco::Thread 对象，并为它设置线程名称。在标号④处，定义一个 CCustomRunnable 对象 runnableObject。在标号⑤处，启动线程并将 runnableObject

对象传给线程。在标号⑥处，调用线程的 join()接口以便等待 runnableObject 的 run()执行完毕。

代码清单 5-32

```cpp
#include "Poco/Thread.h"
#include "Poco/Runnable.h"
#include<iostream>
class CCustomRunnable : public Poco::Runnable {                    ①
public:
    void run(){
        std::cout << "CCustomRunnable." << std::endl;              ②
    }
};
int main(int argc, char* argv[]){
    Poco::Thread t1("CCustomRunnable");                            ③
    CCustomRunnable runnableObject;                                ④
    t1.start(runnableObject);                                      ⑤
    t1.join();                                                     ⑥
    return 0;
}
```

根据代码清单 5-32 介绍的知识,可以定义 CPPRunnable 类,该类派生自 Poco::Runnable。CPPRunnable 的定义见代码清单 5-33。在标号①处，为 CPPRunnable 设计了 start()接口，用来在启动时进行初始化，该接口应该先于 Poco::Thread 对象的 start()调用。在标号②处，仍然定义 run()接口为纯虚接口，因此该类的派生类必须实现该接口才能进行实例化。在标号③处，定义 isWorking()接口，以便在 run()接口中利用 isWorking()作为主循环的判断条件。在标号④处，isAlive()接口用来判断线程是否在正常运行，如果长时间未更新其存活时间，则认为线程运行异常。在标号⑤处，定义 keepAlive()接口以便更新线程的存活时间为当前时间。在标号⑥处，getAliveTime()接口用来获取最近报告的线程存活时间。在标号⑦处，setAliveTimeLimit()接口用来设置线程存活的判断阈值，该值的用法是：当前时间-线程最近报告的存活时间<存活阈值，则认为线程运行正常；否则，认为线程异常。在标号⑧处，join()接口用来通知 run()接口退出运行。在标号⑨处，定义专门的互斥锁用来保护成员变量 m_tAlive。

代码清单 5-33

```cpp
// src/chapter05/ks05_06/runnable.h
#include "base_api.h"
#include "base_class.h"
#include "Poco/Runnable.h"
class CPPRunnable :public Poco::Runnable {
public:
    enum ERUNNABLE_ALIVE {
        ERUNNABLE_ALIVE_MAXTIME = 5 * 1000, // 5分钟
```

```
    };
    CPPRunnable();
    virtual ~CPPRunnable();
    void start();                                                          ①
    virtual void run(void) = 0;                                            ②
    bool isWorking(void);                                                  ③
    bool isAlive(void);                                                    ④
    void keepAlive();                                                      ⑤
    type_time_t getAliveTime(void);                                        ⑥
    void setAliveTimeLimit(type_time_t tAliveTimeLimit = ERUNNABLE_ALIVE_
MAXTIME){                                                                  ⑦
        m_tAliveTimeLimit = tAliveTimeLimit;
    }
    type_time_t getAliveTimeLimit(){
        return m_tAliveTimeLimit;
    }
    virtual void join(void);                                               ⑧
protected:
    void setFinished(bool b){
        m_bFinished = b;
    }
    bool getFinished(){
        return m_bFinished;
    }
private:
    ns_train::CPPMutex m_mtxRunning;        // 用来保护成员变量的锁
    ns_train::CPPMutex m_mtxAliveTime;      // 用来保护 m_tAlive 的锁⑨
    bool m_bWorking;                        // 线程正在工作
    bool m_bFinished;                       // 线程已停止工作
    type_time_t m_tAliveTimeLimit;          // 线程存活时长阈值
    type_time_t m_tAlive;                   // 线程最近存活时间
};
```

CPPRunnable 的实现如代码清单 5-34 所示。在标号①处，应先设置 m_bFinished 为 false。正确的顺序是 join() 之后一直等待 run() 完全退出后才返回。在该类的派生类对象的 run() 接口中，以 while (isWorking()) 作为主循环的判断条件，因此在启动线程之前，应将 m_bWorking 设置为 true。在标号②处，应该调用一次 keepAlive() 以便更新存活时间。在标号③处，在 join() 接口中，先将 m_bWorking 设置为 false，以便 run() 可以退出循环。在标号④处，循环等待 m_bFinished 的值变为 true，因此，在 run() 接口的实现代码中，应该将 m_bFinished 设置为 true 之后才能退出。

代码清单 5-34

```
// src/chapter05/ks05_06/runnable.cpp
#include "runnable.h"
#include "service_api.h"
```

```cpp
#include <assert.h>

CPPRunnable::CPPRunnable() : m_bWorking(false), m_bFinished(false),
    m_tAliveTimeLimit(ERUNNABLE_ALIVE_MAXTIME){
}
CPPRunnable::~CPPRunnable(){

}
void CPPRunnable::start(){
    {
        ns_train::CPPMutexLocker locker(&m_mtxRunning);
        m_bFinished = false;                                             ①
        m_bWorking = true;
    }
    keepAlive();                                                         ②
}
bool CPPRunnable::isWorking(void){
    ns_train::CPPMutexLocker locker(&m_mtxRunning);
    return m_bWorking;
}
void CPPRunnable::keepAlive(){
    ns_train::CPPMutexLocker locker(&m_mtxAliveTime);
    m_tAlive = ns_train::get_current_time();
}
void CPPRunnable::join(){                                                ③
    {
        ns_train::CPPMutexLocker locker(&m_mtxRunning);
        m_bWorking = false;
    }
    while (!m_bFinished){ // 等待线程完全退出                              ④
        ns_train::api_sleep(10);
    }
}
bool CPPRunnable::isAlive(void){                                         ⑤
    ns_train::CPPMutexLocker locker(&m_mtxAliveTime);
    type_time_t tCurrent = ns_train::get_current_time();
    return ((tCurrent - m_tAlive)< m_tAliveTimeLimit) ? true : false;
}
```

因此，可以将各个线程类改为从 CPPRunnable 派生。将 CTimerThread 类改为 CTimerThreadRunnable，如代码清单 5-35 所示。在标号①处，在 run() 的主循环中，仍然以 isWorking() 作为判断条件。在标号②处，run() 的主循环内部，调用 keepAlive() 更新存活时间为当前时间。在标号③处，退出 run() 之前，应该先将基类的成员变量 m_bFinished 设置为 true。

代码清单 5-35

```cpp
// src/chapter05/ks05_06/timerthread.h
```

```
#include "runnable.h"
class CTimerThreadRunnable : public CPPRunnable {
    ...
};

// src/chapter05/ks05_06/timerthread.cpp
CTimerThreadRunnable::CTimerThreadRunnable() : CPPRunnable(), m_nMin(100){
}
void CTimerThreadRunnable::run(){
    ...
    while (isWorking()){                                               ①
        keepAlive();                                                   ②
        ...
        ns_train::api_sleep(50);
    }
    setFinished(true);                                                 ③
}
```

用同样的方法将 CDataThread 改为 CDataThreadRunnable，CSavedataThread 改为 CSavedataThreadRunnable。如代码清单 5-36 所示，在标号①处，定义 CDataThreadRunnable 对象 pDataThreadRunnable，以及与之对应的线程对象 pDataThread，并定义其他线程的 Runnable 对象和线程对象。在标号②处，利用 Runnable 对象代替线程对象来判断线程的运行状态。

代码清单 5-36

```
// src/chapter05/ks05_06/main.cpp
...
CDataThreadRunnable* pDataThreadRunnable = NULL; // 数据处理线程 runnable 对象  ①
Poco::Thread *pDataThread = NULL;          // 数据处理线程
CTimerThreadRunnable* pTimerThreadRunnable = NULL; // 定时线程 runnable 对象
Poco::Thread *pTimerThread = NULL;         // 定时线程
CSavedataThreadRunnable* pSaveDataThreadRunnable = NULL; // 数据持久化线程
//runnable 对象
Poco::Thread *pSaveDataThread = NULL;      // 数据持久化线程
int main(int argc, char* argv[]){
    ...
    if (bTerminal){                        // 进程以终端方式运行
        CommandProc();                     // 交互命令处理
    }
    else {                                 // 进程以服务方式运行
        ns_train::api_start_as_service("ks05_06", "ks05_06");
#ifndef WIN32
        /* 监视工作线程的运行状态 */
        while (g_bProcRun){
            ns_train::api_sleep(5000);
```

```cpp
            // 对线程运行状态进行检测
            if (!pTimerThreadRunnable->isWorking() || !pTimerThreadRunnable->isAlive()){                                                                    ②
                // todo, 保存到日志
            }
            if (!pDataThreadRunnable->isWorking() || !pDataThreadRunnable->isAlive()){
                // todo, 保存到日志
            }
            if (!pSaveDataThreadRunnable->isWorking() || !pSaveDataThreadRunnable->isAlive()){
                // todo, 保存到日志
            }
        }
#endif
    }
    beforeExit();
    ...
}
```

同样的，修改 CommandProc()，见代码清单 5-37。在标号①处，利用 Runnable 对象代替线程对象来判断线程的运行状态。

代码清单 5-37

```cpp
// src/chapter05/ks05_06/main.cpp
// 交互命令处理
void CommandProc(){
    ...
    while (g_bProcRun){
        ...
        else if (strInput.compare("state") == 0){
            ...
            if (!pTimerThreadRunnable->isWorking() ||!pTimerThreadRunnable->isAlive()){                                                                    ①
                std::cout << ">>> 1.定时线程:\t\t\t<异常>" << std::endl;
            }
            else {
                std::cout << ">>> 1.定时线程:\t\t\t<正常>" << std::endl;
            }
            if (!pDataThreadRunnable->isWorking() || !pDataThreadRunnable->isAlive()){
                std::cout << ">>> 2.数据更新线程:\t\t<异常>" << std::endl;
            }
            else {
                std::cout << ">>> 2.数据更新线程:\t\t<正常>" << std::endl;
            }
```

```
                if (!pSaveDataThreadRunnable->isWorking() || !pSaveDataThreadRunnable
-> isAlive()){
                    std::cout << ">>> 3.持久化线程:\t\t<异常>" << std::endl;
                }
                else {
                    std::cout << ">>> 3.持久化线程:\t\t<正常>" << std::endl;
                }
            }
            else {
                ...
            }
        }
    }
```

如代码清单 5-38 所示，在 initialize()、beforeExit()中针对 Runnable 对象增加处理。需要注意的是，在标号①处，应该先调用 Runnable 对象的 start()进行初始化，然后再调用线程对象的 start()。如标号②处所示，在退出时，应该先调用 Runnable 对象的 join()以便退出 run()接口，然后再调用线程对象的 join()。

代码清单 5-38

```cpp
// src/chapter05/ks05_06/main.cpp
bool initialize(void){
    /* do initialize work */
    pDataVector = CDataVector::instance();
    if (NULL != pDataVector){
        pDataVector->initialize();
    }
    pDataThreadRunnable = new CDataThreadRunnable;       // 数据更新线程
    pDataThreadRunnable->start();                                                    ①
    pDataThread = new Poco::Thread;
    pDataThread->start(pDataThreadRunnable);
    pTimerThreadRunnable = new CTimerThreadRunnable;     // 定时线程
    pTimerThreadRunnable->start();
    pTimerThread = new Poco::Thread;
    pTimerThread->start(pTimerThreadRunnable);
    pSaveDataThreadRunnable = new CSavedataThreadRunnable; // 保存数据线程
    pSaveDataThreadRunnable->start();
    pSaveDataThread = new Poco::Thread;
    pSaveDataThread->start(pSaveDataThreadRunnable);
    return true;
}
void beforeExit(void){
    if (NULL != pTimerThread){
        pTimerThreadRunnable->join();
        pTimerThread->join();                                                        ②
        delete pTimerThread;
```

```
        pTimerThread = NULL;
    }
    if (NULL != pDataThread){
        pDataThread->join();
        pDataThreadRunnable->join();
        delete pDataThread;
        pDataThread = NULL;
    }
    if (NULL != pSaveDataThread){
        pSaveDataThread->join();
        pSaveDataThreadRunnable->join();
        delete pSaveDataThread;
        pSaveDataThread = NULL;
    }
}
```

视频讲解

第 36 天　为线程专门分配一个 CPU 内核

今天要学习的案例对应的源代码目录：src/chapter05/ks05_07。本案例不依赖第三方类库。程序运行效果如图 5-7 所示。

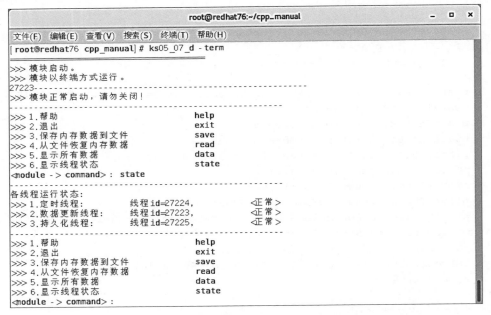

图 5-7　第 36 天案例程序运行效果

今天的目标是掌握如下内容：将线程运行在指定的 CPU 上。

大多数情况下，软件的性能是研发人员需要重点关注的因素之一。当计算机中存在多个

CPU 时，把程序运行在指定 CPU 上会比不指定 CPU 时要快。这主要有以下两个原因。

（1）线程在 CPU 之间切换时会损耗性能。

（2）对于 Windows 系统来说，Intel 的自动降频技术跟 Windows 平衡负载机制之间存在冲突。Windows 可以将一个线程在不同时间分配到不同 CPU，从而防止某个 CPU "太累"。然而，Intel 有一项技术叫 SpeedStep，当某个 CPU 没有满负荷运行时该 CPU 会自动降频从而达到节能目的。但是，这两个功能是冲突的。一个程序被分配到多个 CPU 协同工作时，将导致每个 CPU 都不是满载工作，因此每个 CPU 都会降频，从而导致每个 CPU 性能都降低了，最终的结果是程序执行速度也降低了。

因此，在某些情况下，将线程（或进程）绑定到指定 CPU 从而提高单线程的效率是有必要的。

1．将线程绑定到指定 CPU 的操作系统接口

1）Windows 系统

在 Windows 中可以通过 SetThreadAffinityMask()将指定线程绑定到指定 CPU。SetThreadAffinityMask()原型如下。

```
DWORD_PTR SetThreadAffinityMask(HANDLE hThread, DWORD_PTR dwMask);
```

其中：第一个参数 hThread 为线程句柄，可以通过函数 GetCurrentThread()得到线程句柄；第二个参数为一个掩码，可取值为 $0\sim 2^{31}$（32 位）和 $0\sim 2^{63}$（64 位），每一位代表一个 CPU 是否使用。比如，将某个线程运行到指定 CPU 上可以使用如下的掩码。

- 将线程运行到第 0 个 CPU 上，则 dwMask=0x01。
- 将线程运行到第 1 个 CPU 上，则 dwMask=0x02。
- 将线程运行到第 2 个 CPU 上，则 dwMask=0x04。
- 将线程运行到第 3 个 CPU 上，则 dwMask=0x08。
- 其他，以此类推。

如果要指定多个 CPU，如第 0 个、第 2 个，那么可以将两个掩码相"或"，即 dwMask=0x01|0x04 = 0x05，其他以此类推。另外，还有一个函数 GetSystemInfo()用来获取当前 CPU 的核心数量，它输出的是逻辑核心数量。比如，I3 处理器就是双核心四线程，输出 4；I5 处理器是四核心四线程，输出也是 4。这样可以方便地知道当前系统一共有多少个 CPU，同时也方便了线程数选择。

```
SYSTEM_INFO info;
GetSystemInfo(&info);
printf("Number of processors: %d.\n",info.dwNumberOfProcessors);
```

2）Linux 系统

Linux 系统也有自己的线程切换机制。Linux 有一个系统自带的服务叫作 irqbalance，该服务默认启动，它的作用是把多线程平均分配到 CPU 的每个核上面。只要这个服务不退出，多线程分配就可以自动实现。但是，如果某个线程的运行函数内部有某个循环，且该循环内没有任何系统调用,那就可能导致这个线程的 CPU 时间无法被切换出去,就会出现占满 CPU 的现象。此时为线程增加一个系统调用,如 sleep(),那么线程所占的 CPU 时间就可以切换出去了。在 Linux 系统中可以通过 pthread_setaffinity_np() 将线程绑定到指定 CPU。pthread_setaffinity_np() 原型如下。

```
int pthread_setaffinity_np(pthread_t thread, size_t cpusetsize,
const cpu_set_t *cpuset);
```

其中：第一个参数 thread 为线程句柄,可以通过函数 pthread_self() 得到线程句柄；第二个参数是第三个参数 cpuset 的尺寸,也就是 sizeof(cpu_set_t),第三个参数的类型 cpu_set_t 是一个结构体,这个结构体的理解类似于套接字 API 中 select() 中的 fd_set,可以理解为 CPU 集,该结构体对象也是通过约定好的宏来进行清除、设置以及判断。

```
// 初始化,设为空
void CPU_ZERO (cpu_set_t *set);
// 将某个 cpu 加入 cpu 集中
void CPU_SET (int cpu, cpu_set_t *set);
// 将某个 cpu 从 cpu 集中移出
void CPU_CLR (int cpu, cpu_set_t *set);
// 判断某个 cpu 是否已在 cpu 集中设置过
int CPU_ISSET (int cpu, const cpu_set_t *set);
```

那么,将某个线程运行到第一个 CPU 上可以使用如下代码。

```
int  cupid = 1;
cpu_set_t mask;
CPU_ZERO(&mask);
CPU_SET(cpuid, &mask);
pthread_setaffinity_np(pthread_self(), sizeof(mask), &mask);
```

2. 将线程运行在指定 CPU 的功能封装到通用接口中

为了使用方便,可以将线程运行在指定 CPU 的功能封装到通用接口 api_setCPU() 中。

```
// include/base/basedll/service_api.h
/**
* @brief 将当前线程运行在指定 CPU 上, @param[in] cpuId  指定 CPU 索引
* @return void
*/
BASE_API void api_setCPU(int cpuId);
/**
* @brief 获取当前线程 Id, * @return 当前线程 Id
*/
BASE_API type_uint64 api_getCurrentThreadId();
```

1）Windows 系统的实现

```cpp
// src/base/basedll/api_windows.cpp
type_uint64 api_getCurrentThreadId() {
    HANDLE pThreadHandle = GetCurrentThread();
    type_uint64 u64CurrentThreadId = type_uint64(pThreadHandle);
    return u64CurrentThreadId;
}
void api_setCPU(int cpuId){
    HANDLE pThreadHandle = GetCurrentThread();
    DWORD cpuMask = 0x1;
    if (cpuId > 0)
        cpuMask = cpuMask << cpuId;
    SetThreadAffinityMask(pThreadHandle, cpuMask);
}
```

2）Linux 系统的实现

```cpp
// src/base/basedll/api_linux.cpp
#include<sys/syscall.h>
type_uint64 api_getCurrentThreadId() {
    type_uint64 u64CurrentThreadId = type_uint64(syscall(SYS_gettid));
    return u64CurrentThreadId;
}
void api_setCPU(int cpuId){
    cpu_set_t mask;
    CPU_ZERO(&mask);
    CPU_SET(cpuId, &mask);
    pthread_setaffinity_np(pthread_self(), sizeof(mask), &mask);
}
```

3. 在项目中调用 api_setCPU()

可以在项目中调用 api_setCPU()，从而将线程运行在指定 CPU 上。

```cpp
// src/chapter05/ks05_07/data_thread.cpp
void CDataThread::run(){
    type_double dValue = 0.f;
    type_uint32 i = 0;
    CDataVector *pDataVector = CDataVector::instance();
    if (NULL == pDataVector){
        return;
    }
    printf("threadid of CDataThread is:%u,cpu:2", ns_train::api_getCurrentThreadId());
    ns_train::api_setCPU(2);    // 将线程运行在 2 号 CPU 上
    ...
}
```

在 Linux 系统中，可以使用 ps-eLF 命令查看进程的某个子线程运行在哪个 CPU 上，其中"|grep ks05_07"表示仅输出含有 ks05_07 字样的记录。如图 5-8 所示，连续执行两次 ps-eLF 命令后，线程 27224 分别运行在 3 号 CPU、2 号 CPU 上，线程 27225 分别运行在 3 号 CPU、1 号 CPU 上，而指定运行在 2 号 CPU 的 27223 号线程 CDataThread，一直运行在 2 号 CPU 上。

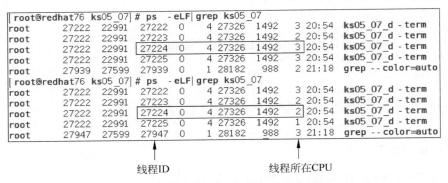

图 5-8　使用 ps -eLF 命令查看线程运行在哪个 CPU 上

第 37 天　温故知新

1. 开发多线程程序时，如果不用 C++11 标准中的 STL 库，那么在 Windows 上可以调用（　　）创建一个线程。

2. 在一个多线程程序中，当多个线程都可能访问某个数据时，不需要使用互斥锁保护该数据。这种说法是否正确？

3. 在同一个项目的不同 DLL 中，如果希望仅保存某些数据的一份备份，应该采用什么方案？

4. 使用本章介绍的 CPPThread 开发多线程程序时，如果某个线程需要保持生命值（即更新线程存活时间为当前时间），应该调用（　　）。

5. 在 Windows 中可以通过（　　）将指定线程绑定到指定 CPU。

第 6 章

进程间通信

很多软件在运行过程中需要同其他软件通信以便进行数据交互。软件之间的通信可以称作进程间通信（Inter-Process Communication，IPC）。根据进程是否运行在同一台机器，进程间通信一般分为同一台机器内部的通信和不同机器之间的通信；根据通信所采用的技术，进程间通信机制分为套接字通信、消息队列通信、共享内存通信等。其中使用套接字的通信方式还可以分为：TCP/IP 通信、UDP 通信等。本章将主要介绍套接字通信和使用共享内存的进程间通信技术。

第 38 天　阻塞式网络通信程序

今天要学习的案例对应的源代码目录：src/chapter06/ks06_01。本案例不依赖第三方类库。程序运行效果如图 6-1、图 6-2 所示。

图 6-1　第 38 天服务器案例程序运行效果

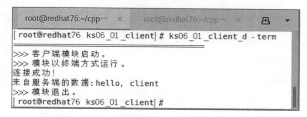

图 6-2　第 38 天客户端案例程序运行效果

今天的目标是掌握如下内容。
- 如何使用套接字 API 开发网络通信程序。

- 什么叫发阻塞式通信。

根据进程是否允许在同一台机器上来分,进程间通信可以分为同一台机器内的通信和不同机器之间的通信。运行在同一台机器上的进程之间可以选择的通信方式有很多,如共享内存、管道、消息队列等;运行在不同机器上的进程之间进行通信时,一般选择网络通信方式,网络通信也称套接字(Socket)通信。国际上通行的网络协议栈是 OSI 模型,该协议栈分为 7 层,但是现实中实际使用的是 TCP/IP (Transmission Control Protocol/Internet Protocol,传输控制协议/网际协议)协议栈。本节介绍如何利用操作系统 API 并基于 TCP/IP 开发网络通信程序。为了便于理解网络通信过程,先介绍一个日常生活中的例子。假设 A、B 两人约好时间 A 给 B 打电话,那么整个过程如图 6-3 所示。

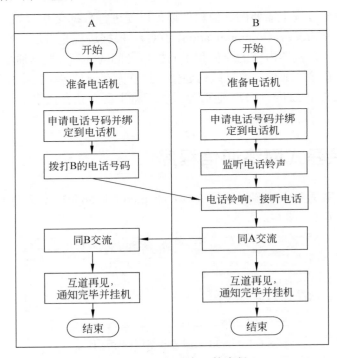

图 6-3 A 打电话给 B 的流程

TCP/IP 的基本流程与此类似,如图 6-4 所示。

1. 开发服务器应用程序

首先介绍服务器的开发方法。

1)准备工作

在开始通信之前,先要做一些准备工作,如引入相关头文件、定义某些特殊的数据类型等,见代码清单 6-1。

(1)引入不同的头文件。如标号①、标号②处所示,在 Windows 系统需要引入 WinSock.h,在其他平台需要引入 sys/socket.h。

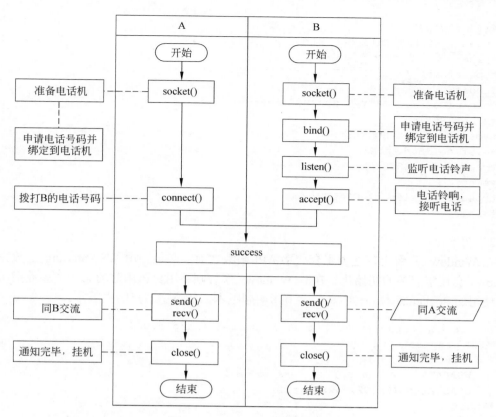

图 6-4 TCP/IP 基本通信流程

（2）定义套接字类型。如标号③、标号④处所示，在 Windows 系统套接字类型为 SOCKET，而在其他平台为 int 类型。

（3）定义套接字 API 中某些参数的数据类型。如标号⑤、标号⑥、标号⑦处所示，在 Solaris 系统中，套接字 API 参数中的数据长度的数据类型采用 size_t 类型，在 Windows 系统中采用 int 类型，在其他平台中采用 socklen_t 类型。

代码清单 6-1

```cpp
// src/chapter06/ks06_01/ks06_01_server/example.cpp
#include <string>
#include <iostream>
#include <string.h>
#include "base_api.h"
#include "host_network_api.h"
#if defined(WIN32)
#include <WinSock.h>                                                    ①
#else
#include <sys/socket.h>                                                 ②
#endif
```

```
#ifdef WIN32
typedef SOCKET TYPE_SOCKET;                                          ③
#else
typedef int TYPE_SOCKET;                                             ④
#endif
void closeSocket(TYPE_SOCKET socket);
#ifdef SUN
typedef size_t SOCKLEN;                                              ⑤
#elif defined WIN32
typedef int SOCKLEN;                                                 ⑥
#else
typedef socklen_t SOCKLEN;                                           ⑦
#endif
```

2）初始化

在 Windows 系统上，在调用套接字 API 函数之前，必须调用 WSAStartup()函数完成对 Windows 套接字服务的初始化，在非 Windows 系统则不用。该函数的第一个参数指明程序请求使用的 Socket 版本，其中高位字节指明副版本，低位字节指明主版本。

```
// src/chapter06/ks06_01/ks06_01_server/example.cpp
void prepare(void) {
#if defined(WIN32)
    WSADATA    wsaData;              // 版本信息
    WSAStartup(0x202, &wsaData);
#endif
}
```

3）阻塞式套接字通信

下面就可以进行通信了，本案例采用阻塞式套接字通信方式。所谓阻塞式套接字通信，指的是调用套接字 API 时，等待操作系统把任务执行完毕才返回。阻塞式操作一般也称作同步操作。参照图 6-4 所示通信过程中的服务器部分，实现代码见代码清单 6-2。

（1）如果要进行套接字通信，就需要定义套接字对象。如标号①处所示，定义套接字对象 tSocket，这是套接字句柄，在后续的 API 调用中将使用 tSocket 进行通信。

（2）除了套接字对象之外，还需要定义 sockaddr_in 类型的对象 sockAddress，以便设置通信参数。如标号②处所示，AF_INET 表示使用 TCP/IP 或 UDP 协议等进行通信。如标号③处所示，设置监听端口号。然后，调用 bind()接口将网络参数与套接字 tSocket 绑定。需要注意的是，sockAddress 本来是 sockaddr_in 类型，但是传入 bind()时却把它的地址转换为 sockaddr*，这是因为采用 AF_INET 方式进行通信时，bind()接口的参数虽然是 sockaddr*类型的指针，但是该接口内部却使用 sockaddr_in 类型的对象。IP 地址"127.0.0.1"表示本机。

（3）一切准备就绪之后，服务器就在设置的端口号上启动监听，以便监听有没有客户端接入，见标号⑤处。

（4）启动监听之后，服务器将调用 accept()接口以便接收客户端连接。当有客户端连接时，accept()将返回，否则将一直阻塞。如标号⑥处所示，当有客户端接入时，accept()接口返回客户端对应的套接字句柄，并将它保存到 clientSocket 中。

（5）在得到客户端的套接字句柄之后，就可以跟客户端通信了。在第 21 天的学习内容中曾介绍过，网络字节序统一为大端序，因此，在向网络发送数据或者从网络接收数据时，需要进行字节序转换。如标号⑦处所示，将文本长度发送给对方之前，应先把它转换到网络字节序，关于大小端、字节序转换的内容，请参见第 21 天的学习内容。在标号⑧处，将文本长度发送给客户端。在标号⑨处，将文本内容发送给客户端。需要注意的是，默认情况下，recv()、send()这些 API 接口的调用都属于阻塞式调用。这意味着，只有操作系统处理完毕后，这些接口才返回。而当采用非阻塞式通信时，API 内部只负责从操作系统缓冲区复制当前已有数据到调用者的内存中或者把这些数据复制到操作系统缓冲区，并不会等待数据接收完毕或者发送完毕。

（6）结束通信之后，应该关闭套接字对象，见标号⑩处。至此，服务器的基本通信代码开发完毕。

代码清单 6-2

```cpp
// src/chapter06/ks06_01/ks06_01_server/example.cpp
void example(bool bTerm) {
    TYPE_SOCKET tSocket = socket(AF_INET, SOCK_STREAM, 0);                    ①
    int portNumber = 9999; // 端口号
    sockaddr_in    sockAddress;
    sockAddress.sin_family = AF_INET;                                         ②
    sockAddress.sin_port = htons(portNumber);                                 ③
    sockAddress.sin_addr.s_addr = inet_addr("127.0.0.1");
    int ret = bind(tSocket, (sockaddr*)&sockAddress, sizeof(sockaddr));       ④
    if (ret < 0) {
        return;
    }
    int nClientCount = 1;
    ret = listen(tSocket, nClientCount);                                      ⑤
    TYPE_SOCKET clientSocket = 0;
    sockaddr client_addr;
    SOCKLEN length = sizeof(client_addr);
    memset(&client_addr, 0, sizeof(client_addr));
    clientSocket = accept(tSocket, &client_addr, &length);                    ⑥
    if (clientSocket < 0) {
        return;
    }
    if (bTerm) {
        std::cout << "接收到一个客户端连接" << std::endl;
    }
    const char* data = "hello, client";
    type_int32 dataLength = static_cast<type_int32>(strlen(data));
    type_int32 tmpLength = ns_train::HostToNetwork(dataLength);               ⑦
```

```cpp
    int writeCount = send(clientSocket, (char*)&tmpLength, sizeof(tmpLength),
0);                                                                              ⑧
    writeCount = send(clientSocket, (char*)data, dataLength,0);                  ⑨
    closeSocket(tSocket);                                                        ⑩
}
void closeSocket(TYPE_SOCKET socket) {
    if (socket > 0) {
#if defined(WIN32)
        closesocket(socket);
#else
        close(socket);
#endif
    }
}
```

4）在主程序中调用 example()

在本案例主程序的 initialize() 中，调用 prepare()、example() 接口，以便使服务器启动相关功能。

```cpp
// src/chapter06/ks06_01/ks06_01_server/main.cpp
bool initialize(bool bTerminal) {
    /* do initialize work */
    prepare();
    example(bTerminal);
    return true;
}
```

5）程序退出之前清理套接字资源

在 Windows 系统上，退出应用程序之前，应释放套接字资源，其他平台不用执行该操作。

```cpp
// src/chapter06/ks06_01/ks06_01_server/main.cpp
void beforeExit(void) {
#if defined(WIN32)
    WSACleanup();
#endif
}
```

2．开发客户端应用程序

下面介绍客户端的开发方法。

1）准备工作、初始化工作

如代码清单 6-3 所示，客户端的开发同服务器类似，也要在开始通信之前做一些准备工作及初始化工作。

代码清单 6-3

```cpp
// src/chapter06/ks06_01/ks06_01_client/example.cpp
#include <string>
#include <iostream>
#include "base_api.h"
#include "host_network_api.h"
#if defined(WIN32)
#include <WinSock.h>
#else
#include <sys/socket.h>
#endif
#ifdef WIN32
typedef SOCKET TYPE_SOCKET;
#else
typedef int TYPE_SOCKET;
#endif
void closeSocket(TYPE_SOCKET socket);
void prepare(void) {
#if defined(WIN32)
    WSADATA wsaData;           // 版本信息
    WSAStartup(0x202, &wsaData);
#endif
}
```

2）同服务器通信

下面就可以跟服务器进行通信了，见代码清单 6-4。

（1）如果要进行套接字通信，就需要定义套接字对象。如标号①处所示，定义套接字对象 tSocket，这是套接字句柄，在后续的 API 调用中将使用 tSocket 进行通信。

（2）除了套接字对象之外，还需要定义 sockaddr_in 类型的对象 sockAddress，以便设置通信参数。AF_INET 表示使用 TCP/IP 或 UDP 协议等进行通信。如标号②处所示，设置服务器的端口号，该端口号必须与服务器的监听端口号一致。在标号③处，设置服务器的 IP。如果服务器、客户端运行在不同的机器上，就应该设置为服务器的真实 IP 地址。

（3）一切准备就绪之后，客户端调用 connect() 接口连接到服务器，见标号④处。如果连接超时或者连接失败，则 ret<0。

（4）连接成功之后，就可以跟服务器通信了。首先调用 recv() 接收服务器发过来的文本长度数据，见标号⑤处。得到数据之后，应将字节序从网络序转换为本机序，见标号⑥处。在标号⑦处，继续接收服务器发过来的问候文本。

（5）结束通信之后，关闭套接字对象，见标号⑧处。至此，客户端的基本通信代码开发完毕。

代码清单 6-4

```
// src/chapter06/ks06_01/ks06_01_client/example.cpp
```

```cpp
void example(bool bTerm) {
    TYPE_SOCKET tSocket = socket(AF_INET, SOCK_STREAM, 0);       ①
    int portNumber = 9999;  // 端口号
    sockaddr_in      sockAddress;
    sockAddress.sin_family = AF_INET;
    sockAddress.sin_port = htons(portNumber);                    ②
    sockAddress.sin_addr.s_addr = inet_addr("127.0.0.1");        ③
    int ret = connect(tSocket,(sockaddr*)&sockAddress, sizeof(sockAddress));  ④
    if (ret < 0) {
        return;
    }
    if (bTerm) {
        std::cout << "连接成功!" << std::endl;
    }
    char data[128] = {'\0'};
    type_int32 dataLength = 0;
    int readCount = recv(tSocket,(char*)&dataLength, sizeof(dataLength),0);   ⑤
    dataLength = ns_train::NetworkToHost(dataLength);            ⑥
    readCount = recv(tSocket, data, dataLength, 0);              ⑦
    if (bTerm) {
        std::cout << "来自服务器的数据:" << data << std::endl;
    }
    closeSocket(tSocket);                                        ⑧
}
void closeSocket(TYPE_SOCKET socket) {
    if (socket > 0) {
#if defined(WIN32)
        closesocket(socket);
#else
        close(socket);
#endif
    }
}
```

3）在主程序中调用 example()

在本案例主程序的 initialize()中，调用 prepare()、example()接口，以便使服务器启动功能。

```cpp
// src/chapter06/ks06_01/ks06_01_client/main.cpp
bool initialize(bool bTerminal) {
    /* do initialize work */
    prepare();
    example(bTerminal);
    return true;
}
```

4）程序退出之前清理套接字资源

在 Windows 系统上，退出应用程序之前，应释放套接字资源，其他平台不用执行该操作。

```cpp
// src/chapter06/ks06_01/ks06_01_client/main.cpp
void beforeExit(void) {
#if defined(WIN32)
    WSACleanup();
#endif
}
```

下面对本节内容进行总结。

（1）在 Windows 上开发网络通信程序时，需要先调用 WSAStartup()，在通信结束后，需要调用 WSACleanup()。

（2）服务器、客户端都需要调用 socket() 申请套接字句柄，然后才能进行网络通信。

（3）服务器需要先启动监听，然后才能调用 accept() 接收客户端连接。

（4）服务器、客户端成功建立连接后，双方之间可以互相收、发数据。

第 39 天　非阻塞式套接字

今天要学习的案例对应的源代码目录：src/base/communicate。本案例不依赖第三方类库。今天的目标是掌握如下内容。

- 怎样利用 API 实现自定义的套接字。
- 怎样实现非阻塞式套接字通信。

在第 38 天的学习内容中介绍了阻塞式通信程序的基本通信过程。采用阻塞式通信方式时，调用套接字 API 之后，程序会一直等待 API 执行成功才会返回。为了不影响其他功能，可以采用非阻塞式套接字通信（也称异步套接字通信）。与阻塞式通信不同，非阻塞式通信在调用套接字 API 时，只会等待很短时间就会返回，调用者可以根据相关数据集检查 API 执行情况，然后进行相应的处理。为了方便使用，本案例将套接字 API 封装到 CPPSocket 类中。

1. 在项目配置文件中引入套接字相关的库

在 Windows 系统中使用套接字通信，需要在项目中引入套接字相关的库，见代码清单 6-5。

代码清单 6-5

```
// src/base/communicate/communicate.pro
win32{
    LIBS        += -lwsock32
}
```

2. 自定义非阻塞式套接字类

自定义 CPPSocket 类，该类封装套接字 API 并采用非阻塞方式进行通信。

1）定义通信相关的数据类型、结构体

为了配合 CPPSocket 类的定义，需要先自定义相关的数据类型、结构体，如代码清单 6-6 所示。其中 SOCKLEN、TYPE_SOCKET 在第 38 天的学习内容中已经介绍过。如标号①处所示，定义网络通信枚举类型 ESOCKETTYPE，该枚举用来区分 TCP 客户端通信、TCP 服务器通信、UDP 通信。如标号②处所示，定义套接字地址结构 s_socket_config，该结构用来描述套接字的通信参数。如标号③处所示，定义通信状态枚举 ESOCKET_CONNECT_STATE，用来区分套接字通信过程中的通信状态。

代码清单 6-6

```cpp
// include/base/communicate/com_socket.h
#pragma once
#include <string>
#include "stdio.h"
#if defined(WIN32)
    #include <WinSock.h>
#else
    #include <sys/socket.h>
    #include <netinet/in.h>
    #include <arpa/inet.h>
#endif
#include "customtype.h"
#include "com_export.h"
namespace ns_train {
// 定义数据长度类型 SOCKELEN
#ifndef SOCKLEN
#ifdef SUN
    typedef size_t SOCKLEN;
#elif defined WIN32
    typedef int SOCKLEN;
#else
    typedef socklen_t SOCKLEN;
#endif
#endif // !SOCKLEN
// 定义套接字类型 TYPE_SOCKET
#ifdef WIN32
    typedef SOCKET TYPE_SOCKET;
#else
    typedef int TYPE_SOCKET;
#endif
// 网络通信协议类型
enum ESOCKETTYPE {                                             ①
    TCPCLIENT_TYPE = 0,      // TCP 客户端
```

```
        TCPSERVER_TYPE = 1,        // TCP 服务器
        UDP_TYPE = 2,              // UDP 通信
    };
    // 套接字地址结构
    struct COM_API s_socket_config {                                              ②
        ESOCKETTYPE     socketType;        // 通信协议类型
        type_uint16     portNumber;        // 端口号
        std::string     strIPAddress;      // IP 地址，如"255.255.255.255"
        s_socket_config();
        s_socket_config(ESOCKETTYPE type, type_uint16 port, std::string ip);
        s_socket_config(const s_socket_config &right);
        s_socket_config& operator = (const s_socket_config &right);
    };
    // 通信状态枚举
    enum ESOCKET_CONNECT_STATE {                                                  ③
        SOCKETSTATE_NOTCONNECTTED = -1,    // 未连接
        SOCKETSTATE_CONNECTTING,           // 正在连接
        SOCKETSTATE_CONNECTTED             // 已连接
    };
}
```

2）自定义套接字类 CPPSocket

完成相关数据类型、数据结构的定义后，就可以引入自定义套接字类 CPPSocket 了。CPPSocket 的定义见代码清单 6-7。当客户端连接服务器时，可以调用 connect()接口，见标号①处。而服务器启动监听时，可以调用 listen()接口，见标号②处。在启动监听之后，服务器可以调用 accept()接口得到客户端对象指针，并且根据该指针判断是否有客户端接入，见标号③处。当通信结束后，调用 close()，见标号④处。如标号⑤、标号⑥、标号⑦处所示，定义读写集、异常集来判断当前是否允许读写或者出现异常。另外，标号⑧、标号⑨处还定义了启动套接字服务、清理套接字服务的接口。关闭套接字的接口为 api_closeSocket()，见标号⑩处。

代码清单 6-7

```
// include/base/communicate/com_socket.h
...
namespace ns_train {
class COM_API CPPSocket {
public:
    ~CPPSocket();
    explicit CPPSocket(const s_socket_config& socketConfig);
    CPPSocket(TYPE_SOCKET sock, const s_socket_config& socketConfig);
public:
    ESOCKET_CONNECT_STATE connect();                                              ①
    bool listen(type_int32 clientCount);                                          ②
    CPPSocket* accept();                                                          ③
    bool close();                                                                 ④
```

```cpp
    ESOCKET_CONNECT_STATE getConnectState() {
        return m_eConnectState;
    }
    bool isAlreadyListen();
    int read(char *data, int count);
    int write(const char *data, int count);
    s_socket_config getSocketConfig();
    std::string getIP();
private:
    void convertSockAddr(const s_socket_config& socketConfig, sockaddr_in& socketAddress, bool bListenFlag);
    void initialReadWriteSet(long nSec, long uSec);
    TYPE_SOCKET initialSocket(void);
private:
    sockaddr_in        m_sockAddress;      // 套接字地址信息
    TYPE_SOCKET        m_socket;           // 套接字句柄
    ESOCKETTYPE        m_eSocketType;      // socket 类型
    fd_set  m_readSet;                     // 读记录集                    ⑤
    fd_set  m_writeSet;                    // 写记录集                    ⑥
    fd_set  m_exceptSet;                   // 异常集                      ⑦
    timeval m_tTimeout;                    // 线程阻塞间隔
    bool    m_isAlreadyListen;             // 已经启动监听
    bool    m_bServer;                     // true:服务器,false:客户端
    ESOCKET_CONNECT_STATE m_eConnectState; // 连接状态
    s_socket_config m_socketConfig;        // 对方的套接字对象
    std::string m_strIp;                   // IP 地址
};
COM_API void api_wsaStartup();                                            ⑧
COM_API void api_wsaCleanup();                                            ⑨
COM_API void api_closeSocket(TYPE_SOCKET socket);                         ⑩
}
```

3）实现 CPPSocket

下面介绍 CPPSocket 的实现。

（1）构造函数、析构函数的实现如代码清单 6-8 所示。

代码清单 6-8

```cpp
// src/base/communicate/com_socket.cpp
#include "com_socket.h"
#include <signal.h>
#include <string.h>
#ifndef WIN32
    #include <netinet/tcp.h>
    #include <sys/wait.h>
    #include <errno.h>
    #include <fcntl.h>
```

```cpp
    #include <sys/types.h>
    #include <unistd.h>
#endif
namespace ns_train {
s_socket_config::s_socket_config() :
    socketType(TCPCLIENT_TYPE),
    portNumber(0),
    strIPAddress("") {
}
s_socket_config::s_socket_config(ESOCKETTYPE type, type_uint16 port, std::string ip) :
    socketType(type),
    portNumber(port),
    strIPAddress(ip){
}
s_socket_config::s_socket_config(const s_socket_config& right) {
    socketType = right.socketType;
    portNumber = right.portNumber;
    strIPAddress = right.strIPAddress;
}
s_socket_config& s_socket_config::operator=(const s_socket_config& right){
    socketType = right.socketType;
    portNumber = right.portNumber;
    strIPAddress = right.strIPAddress;
    return *this;
}
CPPSocket::CPPSocket(const s_socket_config& socketConfig) {
    m_eSocketType = socketConfig.socketType;        // 网络协议类型
    m_socket = 0;
    m_eConnectState = SOCKETSTATE_NOTCONNECTTED;
    m_socketConfig = socketConfig;
    m_bServer = (socketConfig.socketType == TCPSERVER_TYPE);
    convertSockAddr(socketConfig, m_sockAddress, m_bServer);
    m_isAlreadyListen = false;
}
CPPSocket::CPPSocket(TYPE_SOCKET sock, const s_socket_config& socketConfig){
    m_socket = sock;
    m_socketConfig = socketConfig;
    m_bServer = false;
    convertSockAddr(socketConfig, m_sockAddress, m_bServer);
    SOCKLEN len = sizeof(m_sockAddress);
    getsockname(m_socket, (struct sockaddr*)&m_sockAddress, &len);
    m_eConnectState = SOCKETSTATE_CONNECTTED;
}
CPPSocket::~CPPSocket() {
    if (m_socket > 0) {
        close();
```

```cpp
        }
    }
    // 断开连接
    bool CPPSocket::close() {
        api_closeSocket(m_socket);
        m_socket = 0;
        m_isAlreadyListen = false;
        m_eConnectState = SOCKETSTATE_NOTCONNECTTED;
        return true;
    }
    ...
}
```

（2）在进行通信之前，首先需要构建套接字对象。如代码清单 6-9 所示，initialSocket() 用来构建并初始化套接字。如标号①、标号②处所示，socket()接口用来申请套接字资源并返回套接字句柄，根据套接字类型不同，可以为 socket()设置不同的参数。当申请 UDP（用户数据报）协议的套接字时，使用 SOCK_DGRAM 作为参数；当申请 TCP/IP 的套接字时，使用 SOCK_STREAM 作为参数。因为要使用非阻塞方式，因此需要对套接字运行环境进行初始化。在 Windows 系统中，调用 ioctlsocket()接口，如标号③处所示，并将 FIONBIO 属性设置为 1，该属性的作用是"允许或者禁止套接字的非阻塞模式"。如果某个套接字的 FIONBIO 属性设置为 true，那么就意味着将此套接字设置为非阻塞模式，反之则为阻塞模式。如标号④处所示，设置调用 close()时操作系统的行为。之前已经将 ling.l_onoff 值设置为非零、将 line.l_linger 设置为零，这表示当调用 close()的时候，TCP 连接会立即断开，发送缓冲区中未被发送的数据将被丢弃。如果该属性设置失败，则关闭套接字。对于网络通信的服务器来说，只有处于 TIME_WAIT 状态下的套接字，才可以重复绑定使用，当某个端口释放后，需要等待一段时间才能再被使用。SO_REUSEADDR 是让端口被释放后立即就可以被再次使用，见标号⑤处。Linux 系统的处理与 Windows 类似，只是调用了不同的接口。

代码清单 6-9

```cpp
// src/base/communicate/com_socket.cpp
...
namespace ns_train {
TYPE_SOCKET CPPSocket::initialSocket() {
    if (!m_socket) {
        if (m_eSocketType == UDP_TYPE) {
            m_socket = socket(AF_INET, SOCK_DGRAM, 0);                      ①
        }
        else {
            m_socket = socket(AF_INET, SOCK_STREAM, 0);                     ②
        }
        struct linger ling;
        ling.l_onoff = 1;
        ling.l_linger = 0;
```

```
#ifdef WIN32
    if (m_socket != INVALID_SOCKET) {
        // 设置为非阻塞方式连接
        unsigned long ul = 1;
        if (ioctlsocket(m_socket, FIONBIO, &ul) == SOCKET_ERROR) {           ③
            close();
        }
        if (setsockopt(m_socket, SOL_SOCKET, SO_LINGER, (char*)&ling,
sizeof(struct linger)) != 0) {                                              ④
            close();
        }
        // 复用IP
        if (m_bServer) {
            BOOL bBroadcast = TRUE;
            if (setsockopt(m_socket, SOL_SOCKET, SO_REUSEADDR,
(char*)&bBroadcast, sizeof(bBroadcast)) != 0) {                             ⑤
                close();
            }
        }
    }
#else
    if (m_socket > 0) {
        // 设置为非阻塞方式
        if (fcntl(m_socket, F_SETFL, O_NONBLOCK) < 0) {
            close();
        }
        if (setsockopt(m_socket, SOL_SOCKET, SO_LINGER, (char*)&ling,
sizeof(struct linger)) != 0) {
            close();
        }
        // 复用IP
        if (m_bServer) {
            const int bBroadcast = 1;
            if (setsockopt(m_socket, SOL_SOCKET, SO_REUSEADDR, (char*)
&bBroadcast, sizeof(bBroadcast)) != 0) {
                close();
            }
        }
        // 把错误码设为0，为了在后面的连接判断错误码的时候,不会被以前的错误码影响
        errno = 0;
    }
#endif
    else {
        m_socket = 0;
    }
}
return m_socket;
```

}
}

（3）在进行读写操作之前，需要先判断网络通道是否允许读写，这就要通过读写集、异常集进行判断。在使用之前，首先需要对读写集、异常集进行初始化，initialReadWriteSet()接口用来对读写集、异常集进行初始化，该接口的实现见代码清单6-10。FD_ZERO()可以用来对m_readSet（读集）、m_writeSet（写集）、m_exceptSet（异常集）进行初始化。FD_SET()用来把集合关联到套接字句柄m_socket。同时，本接口还可以用来设置超时时间。

代码清单 6-10

```
// src/base/communicate/com_socket.cpp
namespace ns_train {
// 读写设备初始化
void CPPSocket::initialReadWriteSet(long nSec, long uSec) {
   FD_ZERO(&m_readSet);
   FD_SET(m_socket, &m_readSet);
   FD_ZERO(&m_writeSet);
   FD_SET(m_socket, &m_writeSet);
   FD_ZERO(&m_exceptSet);
   FD_SET(m_socket, &m_exceptSet);
   m_tTimeout.tv_sec = nSec; // 超时时间，秒
   m_tTimeout.tv_usec = uSec;// 超时时间，微秒
}
}
```

（4）在进行网络通信之前，服务器首先需要启动监听。listen()接口用来启动监听，该接口的实现见代码清单6-11。如标号①处所示，通过bind()接口将套接字句柄m_socket关联到套接字地址m_sockAddress。如标号②处所示，调用listen()接口启动监听。这里采用::listen()的形式表示调用全局listen()接口，以便同CPPSocket::listen()进行区分。

代码清单 6-11

```
// src/base/communicate/com_socket.cpp
namespace ns_train {
bool CPPSocket::listen(type_int32 nClientCount) {
   int ret = 0;
   //socket 初始化成功
   if (!m_bServer) {
       return false;    // 如果是客户端，则不能进执行启动监听操作
   }
   if (m_socket) {
       return true;
   }
   if (initialSocket()) {
       ret = bind(m_socket, (sockaddr*)&m_sockAddress, sizeof(sockaddr));①
```

```
            if (ret >= 0) {
                ret = ::listen(m_socket, nClientCount);                      ②
            }
            if (ret < 0) {
                int errNum = 0;
#ifdef WIN32
                errNum = WSAGetLastError();
#else
                errNum = errno;
#endif
                close();
                return false;
            }
        }
        else {
            return false;
        }
        m_isAlreadyListen = true;
        return true;
    }
}
```

（5）服务器启动监听之后，就可以等待客户端连接了。通过调用 accept()接口，服务器可以获得客户端的套接字句柄。accept()接口的实现见代码清单 6-12。在该接口中，也是通过 select()接口获得 m_readSet（读集）、m_exceptSet（异常集）的值，并根据数据集是否置位来判断网络通道是否可读或者出现异常。如标号①处所示，通过调用::accept()接口可以获得客户端的套接字句柄。在标号②处，根据得到的套接字句柄构建客户端的 CPPSocket 对象并将其返回。

代码清单 6-12

```
// src/base/communicate/com_socket.cpp
namespace ns_train {
CPPSocket* CPPSocket::accept() {
    TYPE_SOCKET clientSocket = 0;
    sockaddr_in client_addr;
    SOCKLEN length = sizeof(client_addr);
    memset(&client_addr, 0, sizeof(client_addr));
    initialReadWriteSet(0, 1);
#ifdef WIN32
    if (select(0, &m_readSet, NULL, &m_exceptSet, &m_tTimeout) > 0) {
#else
    if (select(m_socket + 1, &m_readSet, NULL, &m_exceptSet, &m_tTimeout) > 0) {
#endif
        if (FD_ISSET(m_socket, &m_exceptSet)) {  // 有异常
            close();
```

```cpp
            return NULL;
        }
        if (FD_ISSET(m_socket, &m_readSet)) {
            SOCKLEN length = sizeof(client_addr);
            clientSocket = ::accept(m_socket,(sockaddr*)&client_addr, &length);①
        }
    }
    if (clientSocket < 0) {
#ifdef WIN32
        int nError = WSAGetLastError();
        if (nError != WSAEWOULDBLOCK) {
            close();
        }
#else
        if (errno != EWOULDBLOCK && errno != 0) {
            close();
        }
#endif
        return NULL;
    }
    else if (clientSocket == 0) {
        return NULL;
    }
    s_socket_config clientConfig;
    clientConfig.socketType = TCPCLIENT_TYPE;
    clientConfig.strIPAddress = inet_ntoa(client_addr.sin_addr);
    clientConfig.portNumber = ntohs(client_addr.sin_port);
    return new CPPSocket(clientSocket, clientConfig);                    ②
}
}
```

（6）在进行网络通信之前，客户端首先需要通过 connect()接口连接到服务器，connect()接口的实现见代码清单 6-13。对于网络通信中的服务器来说，本接口直接返回"未连接"；对于客户端来说，将根据连接状态 m_eConnectState 进行判断。当 m_eConnectState 的值为 SOCKETSTATE_CONNECTTING（正在连接）时，需要根据 m_writeSet（写集）、m_exceptSet（异常集）是否置位来判断通信状态。如标号①处所示，需要通过调用 select()接口读取 m_writeSet、m_exceptSet 的状态。select()接口的参数 1 为套接字句柄，在 Windows 系统中该参数填写为 0，在 Linux 系统中，该参数填写为 m_socket+1；select()接口的参数 2 为读集合的地址，这里并未使用，因此填写为 NULL；select()接口的参数 3、参数 4 分别为写集、异常集的地址；select()接口的参数 5 为超时时间，也就是调用 select()接口时的等待时间，当超时后，select()接口将返回读取到的写集、异常集的状态。通过 FD_ISSET()可以判断集合是否被置位。如标号②处所示，如果 m_writeSet（写集）被置位，说明通道目前允许写入。此时，可以通过 getsockopt()接口判断通道是否有错误，见标号③处。如果通道没有错误，则 error=0，此时认为通道正常，见标号④处；否则，将关闭套接字。如标号⑤处所示，如果 m_exceptSet（异常集）被置位，说明出现异常，此时将关闭套接字。如标号⑥处所示，当通道状态处于 SOCKETSTATE_NOTCONNECTTED（未连接）时，应先调用 initialSocket() 构建套接字并进行初始化操作。完成初始化之后，调用 connect()接口连接到服务器，见标号⑦处。这里使用了::connect()的写法，表示调用全局的 connect()接口，这是因为 CPPSocket 类也定义了名称为 connect()的接口，为了进行区分需要使用::connect()以便表示调用全局接口而非 CPPSocket 类的 connect()接口。如标号⑧处所示，当调用 connect()返回负数时，表示出现错误，在 Windows 系统可以通过操作系统的 API 接口 WSAGetLastError()判断错误码，在 Linux 系统可以通过全局错误号 errno 来判断错误码。如果错误码属于期望的取值范围，则认为正在连接，否则认为连接错误。

代码清单 6-13

```
// src/base/communicate/com_socket.cpp
namespace ns_train {
ESOCKET_CONNECT_STATE CPPSocket::connect() {
    if (m_bServer) { // 服务器
        return SOCKETSTATE_NOTCONNECTTED;
    }
    if (m_eConnectState == SOCKETSTATE_CONNECTTING) { // 正在连接
        initialReadWriteSet(0, 1); // 初始化超时时间和 fd_set
        int nResult = 0;
#ifdef WIN32
        nResult = select(0, NULL, &m_writeSet, &m_exceptSet, &m_tTimeout); ①
#else
        nResult = select(m_socket + 1, NULL, &m_writeSet, &m_exceptSet,
&m_tTimeout);
#endif
        if (nResult < 0) {
            close();
        }
        else if (nResult > 0) {
            if (FD_ISSET(m_socket, &m_writeSet)) { // 是否可写            ②
                m_eConnectState = SOCKETSTATE_CONNECTTED;
                int error = 1;
                SOCKLEN len = sizeof(int);
                getsockopt(m_socket,SOL_SOCKET,SO_ERROR,(char*)&error, &len); ③
                if (!error) {
                    m_eConnectState = SOCKETSTATE_CONNECTTED;              ④
                }
                else {
                    close();
                }
            }
            else {
```

```cpp
                    close();
                }
            }
            else {
                if (FD_ISSET(m_socket, &m_exceptSet)) {                    ⑤
                    close();
                }
            }
        }
        else if (m_eConnectState == SOCKETSTATE_NOTCONNECTTED) {
            if (initialSocket()) {  // socket 初始化                        ⑥
                int ret = ::connect(m_socket, (struct sockaddr*) & m_sockAddress,
sizeof(m_sockAddress));                                                    ⑦
                if (ret < 0) {                                             ⑧
#ifdef WIN32
                    if (WSAGetLastError() == WSAEWOULDBLOCK) { // 非阻塞方式，连接
//不会立即完成
                        m_eConnectState = SOCKETSTATE_CONNECTTING;
                    }
#else
                    if (errno == EINPROGRESS || errno == 0) { // 非阻塞方式，连接
//不会立即完成
                        m_eConnectState = SOCKETSTATE_CONNECTTING;
                    }
#endif
                    else { // 连接失败
                        close();
                    }
                }
                else { // 连接成功
                    m_eConnectState = SOCKETSTATE_CONNECTTED;
                }
            }
        }
        SOCKLEN len = sizeof(m_sockAddress);
        getsockname(m_socket, (sockaddr*)&m_sockAddress, &len);
        return m_eConnectState;
    }
}
```

（7）连接正常之后，就可以进行读写操作了，首先介绍 read()接口，如代码清单 6-14 所示。read()接口中也是通过调用 select()之后得到 m_readSet（读集）、m_exceptSet（异常集）的状态，然后根据 m_readSet 是否置位判断通道中是否有数据可读，根据 m_exceptSet 是否置位判断是否出现异常。read()接口的 data 参数用来存放读取到的数据，count 表示最多读取的字节数。

代码清单 6-14

```cpp
// src/base/communicate/com_socket.cpp
namespace ns_train {
int CPPSocket::read(char *data, int count) {
    int readCount = 0;
    initialReadWriteSet(0, 1);
#ifdef WIN32
    int nResult = select(0, &m_readSet, NULL, &m_exceptSet, &m_tTimeout);
#else
    int nResult = select(m_socket + 1, &m_readSet, NULL, &m_exceptSet, &m_tTimeout);
#endif
    if (nResult < 0) {
#ifdef WIN32
        readCount = -1;
#else
        if (errno == EINTR) {
            readCount = 0;
        }
#endif
    }
    else if (nResult > 0) {
        if (FD_ISSET(m_socket, &m_exceptSet)) {
            return -1;
        }
        if (FD_ISSET(m_socket, &m_readSet)) {
            readCount = recv(m_socket, (char*)data, count, 0);
            if (readCount <= 0) {
#ifdef WIN32
                int nwsaErr = WSAGetLastError();
                if (nwsaErr == WSAEWOULDBLOCK) {
                    readCount = 0;
                }
#else
#ifdef HPUX
                if (errno == ENOBUFS || errno == EAGAIN || errno == EWOULDBLOCK || errno == EINPROGRESS || errno == EINTR) {
#else
                if (errno == ENOBUFS || errno == EAGAIN || errno == EWOULDBLOCK) {
#endif
                    readCount = 0;
                }
#endif
                else {
                    readCount = -1;
                }
```

```cpp
            }
        }
        else {
            readCount = -1;
        }
    }
    else { // nResult<=0
        if (FD_ISSET(m_socket, &m_exceptSet)) {
            readCount = -1;
        }
    }
    if (readCount == -1) {
        close();
    }
    return readCount;
}
}
```

（8）write()接口的实现同 read()类似，如代码清单 6-15 所示。write()接口的 data 参数表示将要写入通道中的数据的起始地址，count 表示写入的字节数。

代码清单 6-15

```cpp
// src/base/communicate/com_socket.cpp
namespace ns_train {
// 发送数据
int CPPSocket::write(const char *data, int count) {
    int writeCount = 0;
    initialReadWriteSet(0, 1);
#ifdef WIN32
    int nResult = select(0, NULL, &m_writeSet, &m_exceptSet, &m_tTimeout);
#else
    int nResult = select(m_socket + 1, NULL, &m_writeSet, &m_exceptSet, &m_tTimeout);
#endif
    if (nResult < 0) {
        // 出错处理
#ifdef WIN32
        writeCount = -1;
#else
        if (errno == EINTR) {
            writeCount = 0;
        }
#endif
    }
    else if (nResult > 0) {
        if (FD_ISSET(m_socket, &m_exceptSet)) {
```

```cpp
                close();
                return -1;
            }
            if (FD_ISSET(m_socket, &m_writeSet)) {
                writeCount = send(m_socket, (char*)data, count, 0);
                if (writeCount < 0) {// 有错误
#ifdef WIN32
                    if (WSAGetLastError() == WSAEWOULDBLOCK) {
                        writeCount = 0;
                    }
#else
                    if ((errno == EWOULDBLOCK) || (errno == EINTR)) {
                        writeCount = 0;
                    }
#endif
                    else {
                        writeCount = -1;
                    }
                }
            }
            else {
                writeCount = -1;
            }
        }
        else {
            if (FD_ISSET(m_socket, &m_exceptSet)) {
                close();
                return -1;
            }
        }
        if (writeCount == -1) {
            close();
        }
        return writeCount;
    }
    bool CPPSocket::listen(type_int32 nClientCount) {
        int ret = 0;
        //socket 初始化成功
        if (!m_bServer) {
            return false;//如果是客户 socket，则不能进行连接操作
        }
        if (m_socket) {
            return true;
        }
        if (initialSocket()) {
            ret = bind(m_socket, (sockaddr*)&m_sockAddress, sizeof(sockaddr));
            if (ret >= 0) {
```

```cpp
            ret = ::listen(m_socket, nClientCount);
        }
        if (ret < 0) {
            int errNum = 0;
#ifdef WIN32
            errNum = WSAGetLastError();
#else
            errNum = errno;
#endif
            close();
            return false;
        }
    }
    else {
        return false;
    }
    m_isAlreadyListen = true;
    return true;
}
```

（9）除了 CPPSocket 之外，communicate 库还封装了几个接口以方便使用。api_closeSocket()、api_wsaStartup()、api_wsaCleanup()接口的实现见代码清单 6-16。

代码清单 6-16

```cpp
// src/base/communicate/com_socket.cpp
namespace ns_train {
void api_closeSocket(TYPE_SOCKET socket) {
    if (socket > 0) {
#ifdef WIN32
        closesocket(socket);
#else
        close(socket);
#endif
    }
}
void api_wsaStartup() {
#ifdef WIN32
    WSADATA wsaData;        // 版本信息
    WSAStartup(0x202, &wsaData);
#endif
}
void api_wsaCleanup() {
#ifdef WIN32
    WSACleanup();
#endif
```

    }
}

3. 小结

本节介绍了非阻塞式套接字类 CPPSocket 的定义及实现。通过本节的介绍，可以掌握非阻塞式套接字的开发方法。通过调用 select()接口获得读写集、异常集的状态，并根据读写集、异常集的置位状态可以获得通道是否有数据可读、通道是否可写、通道是否正常等信息。本节并未介绍 CPPSocket 的具体使用案例，第 40 天的学习内容中将通过一个案例介绍使用 CPPSocket 类实现非阻塞式套接字通信的方法。

第 40 天　单客户端的网络通信程序

今天要学习的案例对应的源代码目录：src/chapter06/ks06_03。本案例不依赖第三方类库。程序运行效果如图 6-5、图 6-6 所示。

图 6-5　第 40 天客户端案例程序运行效果

今天的目标是掌握如下内容：基于非阻塞式套接字开发单客户端的网络通信程序。

在第 39 天的学习内容中介绍了非阻塞式套接字的知识，本节将通过一个案例介绍如何利用非阻塞式套接字开发网络通信程序。在本节中，先介绍如何开发一个单客户端的通信程序。所谓单客户端，指的是在任意时刻最多只有一个客户端连接到服务器。介绍单客户端案例的目的是，先从简单的案例开始，等弄清楚单客户端的通信方式后，再去开发多客户端的通信程序就会容易得多。本节案例实现的功能是，服务器运行后先启动监听并等待客户端接入；客户端运行后自动连接到服务器，可以通过终端菜单向服务器发送数据，也可以从服务

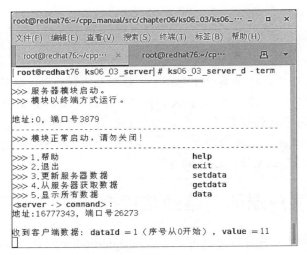

图 6-6　第 40 天服务器案例程序运行效果

器获取数据；可以通过终端菜单在服务器、客户端查询自己内存中的数据。为了更加规范，本节案例中将 main.cpp 中的打印菜单、轮询线程状态、退出程序前的预处理等功能封装到一个类中，该类取名为 CApp。下面按照服务器、客户端的顺序分别进行介绍。

1. 服务器开发

首先介绍服务器中封装的 CApp 类，该类被设计为单体类。

1）CApp 类

服务器封装的 CApp 类的头文件如代码清单 6-17 所示。因为 CApp 类是单体类，因此设计 instance()接口用来访问单体对象。如标号①处所示，initialize()接口用来执行初始化工作，可以将模块启动时的读取配置、访问数据库等工作放在该接口中实现。如标号②出所示，CApp 类提供了 setArgs()接口用来接收命令行参数。beforeExit()接口用来在模块退出前进行预处理，见标号③处。getRunningFlag()、setRunningFlag()用来获取、设置模块的退出状态，当模块以终端方式运行时，用户可以输入 exit 使模块退出运行。getTerminalFlag()、setTerminalFlag()接口用来获取、设置模块的终端运行方式。exec()接口是该类最主要的接口，所有的功能都可以封装到该接口中实现，见标号④处。printMenu()接口用来打印终端菜单，CommandProc()用来以终端方式与用户交互。

代码清单 6-17

```
// src/chapter06/ks06_03/ks06_03_server/app.h
#pragma once
#include "customtype.h"
#include "base_class.h"
#include "com_socket.h"
namespace ns_train {
    class CPPSocket;
}
```

```cpp
class CApp {
public:
    static CApp *instance();
    bool initialize(void);                               ①
    void setArgs(int argc, char* argv[]);                ②
    void beforeExit(void);                               ③
    bool getRunningFlag(void);
    void setRunningFlag(bool bRunningFlag);
    bool getTerminalFlag();
    void setTerminalFlag(bool bTerminal);
    void exec(void);                                     ④
    void printMenu(void);
    void CommandProc(void);
private:
    CApp();
    CApp(const CApp&);
    virtual ~CApp(void);
    void prepare(void);
private:
    ns_train::CPPMutex m_mutex;        // 用来保护对成员的访问
    bool m_bProcRun;                   // 用来控制程序是否继续运行

bool m_bTerminal;                      // 是否以终端方式启动

bool m_bHelp;                  // true:用户需要查看帮助信息。false:不需要输出帮助信息
    ns_train::CPPSocket* m_pSocket;    // 服务器套接字
    CServerThread* m_pServerThread;    // 服务器维护线程
};
```

CApp 类的构造函数、析构函数等的实现如代码清单 6-18 所示。

代码清单 6-18

```cpp
// src/chapter06/ks06_03/ks06_03_server/app.cpp
...
ns_train::CPPMutex g_mutexApp;
CApp* CApp::instance() {
    ns_train::CPPMutexLocker mutexLocker(&g_mutexApp);
    static CApp app;
    return &app;
}
CApp::CApp(): m_bProcRun(true), m_bTerminal(false), m_bHelp(false),
m_pSocket(NULL), m_pServerThread(NULL){
}

CApp::~CApp() {
```

```cpp
        ns_train::CPPMutexLocker mutexLocker(&m_mutex);
    }
    void CApp::setArgs(int argc, char* argv[]) {
        bool bTerminal = false;  // true:程序以终端(前台)方式运行。false:程序以后台
//服务方式运行
        bool bFileMode = false;  // true:程序启动时从文件加载数据。false:程序从其他
//途径加载数据
        bool bFileName = false;  // true:用户在命令参数中输入了合法的文件名。false:
//用户未提供合法的文件名
        char* szFileName = NULL; // 文件名
        bool bTestState = false; // true:程序以测试态运行。false：程序以正常态运行
        ...
    }
    void CApp::setTerminalFlag(bool bTerminal) {
        ns_train::CPPMutexLocker mutexLocker(&m_mutex);
        m_bTerminal = bTerminal;
    }
    bool CApp::getTerminalFlag() {
        ns_train::CPPMutexLocker mutexLocker(&m_mutex);
        return m_bTerminal;
    }
    bool CApp::getRunningFlag() {
        ns_train::CPPMutexLocker mutexLocker(&m_mutex);
        return m_bProcRun;
    }
    void CApp::setRunningFlag(bool bRunningFlag) {
        ns_train::CPPMutexLocker mutexLocker(&m_mutex);
        m_bProcRun = bRunningFlag;
    }
```

CApp 类的其他接口实现如代码清单 6-19 所示。如标号①处所示，先对网络服务进行初始化。在标号②处，构建一个服务器的套接字对象。在标号③处，编写 initialize()接口，将初始化工作在该接口中实现。在标号④处的 beforeExit()接口中，执行退出模块前的预处理工作。在标号⑤处的 exec()接口中完成模块的主要功能，在该接口中区分终端运行方式、后台服务运行方式，并做相应处理。

代码清单 6-19

```cpp
// src/chapter06/ks06_03/ks06_03_server/app.cpp
...
void CApp::prepare(void) {
    // 初始化套接字
    ns_train::api_wsaStartup();                                              ①
    ns_train::s_socket_config socketConfig;
    socketConfig.socketType = ns_train::TCPSERVER_TYPE;                      ②
    socketConfig.portNumber = 9999;
```

```cpp
        socketConfig.strIPAddress = "127.0.0.1";
        m_pSocket = new ns_train::CPPSocket(socketConfig);
        m_pSocket->listen(1);
    }
    bool CApp::initialize() {                                                    ③
        /* do initialize work */
        prepare();
        CDataVector* pDataVector = CDataVector::instance();  // 数据容器指针
        if (NULL != pDataVector) {
            pDataVector->initialize();
        }
        m_pServerThread = new CServerThread();
        m_pServerThread->start(m_pSocket);

        return true;
    }
    void CApp::beforeExit(void) {                                                ④
        // 先退出线程，再释放套接字资源
        if (NULL != m_pServerThread) {
            m_pServerThread->exitThread();
            delete m_pServerThread;
            m_pServerThread = NULL;
        }
        if (NULL != m_pSocket) {
            m_pSocket->close();
        }


ns_train::api_wsaCleanup();
    if (!m_bHelp) {
        std::cout << ">>> 模块退出。" << std::endl;
    }
}
void CApp::exec(void) {                                                          ⑤
    if (m_bTerminal) {              // 进程以终端方式运行
        CommandProc();              // 交互命令处理
    }
    else {                          // 进程以服务方式运行
        ns_train::api_start_as_service("ks06_03_server", "ks06_03_server");
#ifndef WIN32
        /* 监视工作线程的运行状态 */
        while (getRunningFlag()) {
            ns_train::api_sleep(5000); // 5 秒
            if (!m_pServerThread->isWorking() || !m_pServerThread->isAlive()) {
                // todo, 保存到日志
            }
        }
#endif
```

        }
    }

2) 服务器的工作线程

为了处理客户端的连接、数据交互工作，专门定义服务器线程类 **CServerThread**。该类头文件如下。**CServerThread** 派生自 **CPPThread**。为了同客户端交互数据，设计 parseFrame_SetData()接口用来响应客户端设置数据的请求，设计 parseFrame_GetData()接口用来响应客户端获取数据的请求。

```cpp
// src/chapter06/ks06_03/ks06_03_server/serverthread.h
#pragma once
#include "base_class.h"
#include "com_socket.h"
class CServerThread : public ns_train::CPPThread{
public:
    CServerThread();
    virtual void run() override;
private:
    bool parseFrame_SetData(ns_train::CPPSocket* pClientSocket, char *buf);
    bool parseFrame_GetData(ns_train::CPPSocket* pClientSocket, char* buf);
};
```

CServerThread 类的 run()的实现如代码清单 6-20 所示。如标号①处所示，首先获得套接字对象指针以便对套接字进行访问。如标号②处所示，在线程的主循环中，首先调用套接字的 accept()接口获取接入的客户端套接字对象指针，因为采用了非阻塞式套接字通信，所以并不是每次调用都会得到客户端套接字对象指针。只有得到有效的客户端套接字指针之后，才能继续执行后续操作，见标号③处。当有客户端接入后，就可以利用 pClientSocket 同客户端通信了，见标号④处。需要注意的是，用来存放接收数据的接收缓冲区 buf 的容量要足够大，否则可能导致接收失败或者缓冲区溢出。一般情况下，服务器与客户端通信时应约定通信规约。通信规约，通俗来讲就是通信的格式。双方需要遵循统一的通信规约才能进行正常的数据交互。本案例中，客户端发送给服务器的命令有两种：第一种是更新服务器数据的命令，其格式见表 6-1；第二种是从服务器获取数据的命令，其格式见表 6-2。

代码清单 6-20

```cpp
// src/chapter06/ks06_03/ks06_03_server/serverthread.cpp
...
void CServerThread::run() {
    CDataVector *pDataVector = CDataVector::instance();
    if (NULL == pDataVector) {
        return;
    }
    if (NULL == getParam()) {
        return;
```

```
    }
    ns_train::CPPSocket* pServerSocket = static_cast<ns_train::CPPSocket*>
(getParam());                              // 服务器套接字                    ①
    ns_train::CPPSocket* pClientSocket = NULL;
    bool bSendData = false;
    char buf[128] = { '\0' };
    char chCommand = 0;
    bool bOk = true;
    int readCount = 0;
    while (isWorking()) {
        ns_train::api_sleep(10); // 睡眠时间不宜过长，否则影响后续代码
        keepAlive();
        if (NULL == pClientSocket) {
            pClientSocket = pServerSocket->accept();                       ②
        }
        if (NULL == pClientSocket) {                                       ③
            continue;
        }
        readCount = pClientSocket->read(&chCommand, sizeof(chCommand));    ④
        if (0 == readCount) {     // 没有数据，下一个循环继续尝试读取
            continue;
        }
        if (readCount < 0) {      // 出现错误
            pClientSocket->close();
            delete pClientSocket;
            pClientSocket = NULL;
            continue;
        }
        bOk = true;
        switch (chCommand) {
        case 's':     // set: 设置数据
        case 'S':     // set: 设置数据
            bOk = parseFrame_SetData(pClientSocket, buf);
            break;
        case 'g':     // get: 获取数据
        case 'G':     // get: 获取数据
            bOk = parseFrame_GetData(pClientSocket, buf);
            break;
        }
        if (!bOk) {
            pClientSocket->close();
            delete pClientSocket;
            pClientSocket = NULL;
        }
    }
}
```

表 6-1 客户端更新数据到服务器

字节序号	字节数	含义
0	1	字符's'或'S'，表示 setdata，即更新服务器数据
1-4	4	数据项序号，4 字节无符号整数
5-11	8	数据项的值，双精度浮点数

表 6-2 客户端获取服务器的数据

字节序号	字节数	含义
0	1	字符'g'或'G'，表示 getdata，即从服务器获取数据
1-4	4	数据项序号，4 字节无符号整数

parseFrame_SetData()接口用来解析客户端发过来的更新服务器数据的命令，见代码清单 6-21。在该接口中，首先确定需要读取的字节总数，见标号①处。然后循环读取直到所有数据接收完毕。这种设计经常用在阻塞式的数据通信中，如果是非阻塞式（异步）通信，则不采用。如标号②处所示，从网络中接收数据后，应进行字节序转换，将网络字节序转换为本机字节序。

代码清单 6-21

```cpp
// src/chapter06/ks06_03/ks06_03_server/serverthread.cpp
bool CServerThread::parseFrame_SetData(ns_train::CPPSocket* pClientSocket,
char* buf) {
    CDataVector* pDataVector = CDataVector::instance();
    if (NULL == pDataVector) {
        return false;
    }
    bool bError = false;
    type_uint32 uDataId = 0;
    type_double dValue = 0.f;
    type_int32 dataLength = 0;
    int readCount = 0;
    readCount = 0;
    const int nAllData = (sizeof(uDataId) + sizeof(dValue));①
    while (readCount < nAllData) {
        int nRead = pClientSocket->read(buf + readCount, nAllData - readCount);
        if (nRead >= 0) {
            readCount += nRead;
        }
        else {
            pClientSocket->close();
            bError = true;
            return false;
        }
    }
```

```
    if (bError) {
        return false;
    }
    uDataId = ns_train::NetworkToHost(*((type_uint32*)buf));    ②
    dValue      =      ns_train::NetworkToHost(*((type_double*)(buf    +
sizeof(uDataId))));
    if (uDataId < pDataVector->getSize()) {
        pDataVector->setData(uDataId + 1, dValue);
    }
    std::cout << std::endl << "收到客户端数据: dataId = " << uDataId << "(序
号从 0 开始), value = " << dValue << std::endl;
    return true;
}
```

parseFrame_GetData()接口用来解析客户端发过来的获取服务器数据的命令，见代码清单 6-22。需要注意的是，服务器接收并正确解析该命令后，需要将数据发送给客户端，见标号①处，该命令的数据帧格式同表 6-1 类似，只是将字符 's' 换成了字符 'r'。在标号②处，为了将数据填写到发送缓冲区中，采用了强制类型转换的语法，这种方式比使用 memcpy()进行内存复制效率要高。

代码清单 6-22

```
// src/chapter06/ks06_03/ks06_03_server/serverthread.cpp
bool CServerThread::parseFrame_GetData(ns_train::CPPSocket* pClientSocket,
char* buf) {
    CDataVector* pDataVector = CDataVector::instance();
    if (NULL == pDataVector) {
        return false;
    }
    bool bError = false;
    type_uint32 uDataId = 0;
    type_double dValue = 0.f;
    type_int32 dataLength = 0;
    int readCount = 0;
    uDataId = ns_train::NetworkToHost(*((type_uint32*)buf));
    const int nAllData = sizeof(uDataId);
    readCount = 0;
    while (readCount < sizeof(uDataId)) {
        int nRead = pClientSocket->read(buf + readCount, nAllData - readCount);
        if (nRead >= 0) {
            readCount += nRead;
        }
        else {
            pClientSocket->close();
            bError = true;
            return false;
```

```cpp
                }
            }
            if (bError) {
                return false;
            }
            bool bSend = false;
            int nSend = 0;
            uDataId = ns_train::NetworkToHost(*((type_uint32*)buf));
            if (uDataId < pDataVector->getSize()) {
                bSend = true;                                                    ①
                pDataVector->getData(uDataId + 1, dValue);
                char* pBuf = buf;
                *(pBuf) = 'r';
                nSend += 1;
                pBuf = buf + nSend;
                uDataId = ns_train::HostToNetwork(uDataId);
                *((type_uint32*)pBuf) = uDataId;                                 ②
                nSend += sizeof(uDataId);
                pBuf = buf + nSend;
                dValue = ns_train::HostToNetwork(dValue);
                *((type_double*)pBuf) = dValue;
                nSend += sizeof(dValue);
                pBuf = buf + nSend;
                int nWrite = pClientSocket->write(buf, nSend);
                if (nWrite < 0) {
                    pClientSocket->close();
                    return false;
                }
            }
            return true;
        }
```

3）在 main() 函数中使用 CApp 类

一切准备就绪后，可以修改 main() 函数，并使用 CApp 类实现功能。

```cpp
// src/chapter06/ks06_03/ks06_03_server/main.cpp
int main(int argc, char* argv[]) {
    CApp* pApp = CApp::instance();    // 获取应用程序的单体对象
    pApp->setArgs(argc, argv);
    pApp->initialize();
    pApp->exec();
    pApp->beforeExit();
}
```

2. 客户端开发

下面介绍客户端的开发过程。

1) CApp 类

客户端封装的 CApp 类与服务器类似，不同之处在于成员变量。

```cpp
// src/chapter06/ks06_03/ks06_03_client/app.h
...
class CApp {
    ...
private:
    ...
    ns_train::CPPSocket* m_pSocket;        // 客户端套接字
    CClientThread* m_pClientThread;        // 客户端维护线程
};
```

客户端 CApp 类的实现与服务器类似，在此仅列出不同之处的代码，如代码清单 6-23 所示。如标号①处所示，构建一个服务器的套接字对象。在标号②处，编写 initialize() 接口，在该接口中实现初始化工作。在标号③处，在 beforeExit() 接口中执行退出模块前的预处理工作。在标号④处，在 exec() 接口中完成模块的主要功能，在该接口中区分终端运行方式、后台服务运行方式，并做相应处理。

代码清单 6-23

```cpp
// src/chapter06/ks06_03/ks06_03_client/app.cpp
...
void CApp::prepare(void) {
    // 初始化套接字
    ns_train::api_wsaStartup();
    ns_train::s_socket_config socketConfig;
    socketConfig.socketType = ns_train::TCPCLIENT_TYPE;
    socketConfig.portNumber = 9999;
    socketConfig.strIPAddress = "127.0.0.1";
    m_pSocket = new ns_train::CPPSocket(socketConfig);           ①
}
bool CApp::initialize() {                                        ②
    /* do initialize work */
    prepare();
    CDataVector* pDataVector = CDataVector::instance(); // 数据容器指针
    if (NULL != pDataVector) {
        pDataVector->initialize();
    }
    m_pClientThread = new CClientThread();
    m_pClientThread->start(m_pSocket);
    return true;
}
void CApp::beforeExit(void) {                                    ③
    // 先退出线程，再释放套接字资源
    if (NULL != m_pClientThread) {
```

```cpp
        m_pClientThread->exitThread();
        delete m_pClientThread;
        m_pClientThread = NULL;
    }
    if (NULL != m_pSocket) {
        m_pSocket->close();
    }
    ns_train::api_wsaCleanup();
}
void CApp::exec(void) {                                              ④
    if (m_bTerminal) {         // 进程以终端方式运行
        CommandProc();         // 交互命令处理
    }
    else {                     // 进程以服务方式运行
        ns_train::api_start_as_service("ks06_03_client", "ks06_03_client");
#ifndef WIN32
        /* 监视工作线程的运行状态 */
        while (getRunningFlag()) {
            ns_train::api_sleep(5000);  // 5秒
            if (!m_pClientThread->isWorking()||!m_pClientThread->isAlive()){
                // todo, 保存到日志
            }
        }
#endif
    }
}
```

2）客户端的工作线程

为了处理同服务器的连接、数据交互工作，专门定义客户端线程类 CClientThread。该类头文件如下。CClientThread 派生自 CPPThread。为了向线程添加命令，设计 addCommand_GetData()接口用来添加获取数据的命令，设计 addCommand_SetData()接口用来添加设置数据命令。

```cpp
// src/chapter06/ks06_03/ks06_03_client/clientthread.h
#pragma once
#include "base_class.h"
#include <list>
#include "com_socket.h"
struct s_IDValue {
    s_IDValue(type_uint32 id, type_double value);
    type_uint32 nId;
    type_double dValue;
};
class CClientThread : public ns_train::CPPThread{
public:
    CClientThread();
```

```
    virtual void run() override;
    void addCommand_GetData(type_uint32 uDataId);
    void addCommand_SetData(type_uint32 uDataId, type_double dValue);
private:
    bool parseFrame_Data(ns_train::CPPSocket *pClientSocket, char *buf);
    bool makeFrame(ns_train::CPPSocket* pClientSocket);
private:
    ns_train::CPPMutex m_mutex;
    std::list<type_uint32> m_lstGetId;
    std::list<s_IDValue> m_lstSetIdValue;
};
```

CClientThread 的 run()接口的实现见代码清单 6-24。与服务器线程不同之处在于，客户端线程中需要先连接到服务器，见标号①处，只有连接状态正常之后，客户端才可以同服务器进行正常的数据交互。

代码清单 6-24

```
// src/chapter06/ks06_03/ks06_03_client/clientthread.cpp
s_IDValue::s_IDValue(type_uint32 id, type_double value) {
    nId = id; dValue = value;
}
CClientThread::CClientThread() {
}
void CClientThread::run() {
    type_double dValue = 0.f;
    CDataVector* pDataVector = CDataVector::instance();
    if (NULL == pDataVector) {
        return;
    }
    if (NULL == getParam()) {
        return;
    }
    ns_train::CPPSocket* pClientSocket = static_cast<ns_train::CPPSocket*>(getParam());    // 客户端套接字
    if (NULL == pClientSocket) {
        return;
    }
    char buf[128] = { '\0' };
    char chCommand = 0;
    bool bError = false;
    int readCount = 0;
    bool bOk = true;
    ns_train::ESOCKET_CONNECT_STATE eState = ns_train::SOCKETSTATE_NOTCONNECTTED;
```

```cpp
    while (isWorking() && bOk) {
        bError = false;
        ns_train::api_sleep(10);        // 睡眠时间不宜过长，否则影响后续代码
        keepAlive();
        eState = pClientSocket->connect();                                      ①
        if (ns_train::SOCKETSTATE_CONNECTTED != eState) {
            continue;
        }
        makeFrame(pClientSocket);       // 首先检查有没有需要发送的命令
        readCount = pClientSocket->read(&chCommand, sizeof(chCommand));
        if (0 == readCount) {           // 没有数据，下一个循环继续尝试读取
            continue;
        }
        if (readCount < 0) {            // 出现错误
            pClientSocket->close();
            break;
        }
        switch (chCommand) {
        case 'r':                       // returned data: 服务器返回的数据
        case 'R':                       // returned data: 服务器返回的数据
            bOk = parseFrame_Data(pClientSocket, buf);
            break;
        default:
            break;
        }
    }
}
```

addCommand_GetData()、addCommand_SetData()接口的实现如下。

```cpp
// src/chapter06/ks06_03/ks06_03_client/clientthread.cpp
void CClientThread::addCommand_GetData(type_uint32 uDataId) {
    ns_train::CPPMutexLocker mutexLocker(&m_mutex);
    m_lstGetId.push_back(uDataId);
}
void CClientThread::addCommand_SetData(type_uint32 uDataId, type_double dValue) {
    ns_train::CPPMutexLocker mutexLocker(&m_mutex);
    m_lstSetIdValue.push_back(s_IDValue(uDataId, dValue));
}
```

客户端向服务器组帧发送数据的 makeFrame() 接口的实现见代码清单 6-25。

代码清单 6-25

```cpp
// src/chapter06/ks06_03/ks06_03_client/clientthread.cpp
bool CClientThread::makeFrame(ns_train::CPPSocket* pClientSocket) {
    char buf[128] = { '\0' };
```

```cpp
        char *pBuf = buf;
        type_uint32 uDataId = 0;
        type_double dValue = 0.f;
        int nWrite = 0;
        bool bSend = false;
        int nSend = 0;
        {
            ns_train::CPPMutexLocker mutexLocker(&m_mutex);
            std::list<s_IDValue>::iterator ite = m_lstSetIdValue.begin();
            if (ite != m_lstSetIdValue.end()) {
                bSend = true;
                uDataId = (*ite).nId;
                dValue = (*ite).dValue;
                uDataId = ns_train::HostToNetwork(uDataId);
                dValue = ns_train::HostToNetwork(dValue);
                *(pBuf) = 's';
                nSend += 1;
                pBuf = buf + nSend;
                *((type_uint32*)pBuf) = uDataId;
                nSend += sizeof(uDataId);
                pBuf = buf + nSend;
                *((type_double*)pBuf) = dValue;
                nSend += sizeof(dValue);
                pBuf = buf + nSend;
                nWrite = pClientSocket->write(buf, nSend);
                m_lstSetIdValue.erase(ite);
            }
        }
        if (!bSend) {
            ns_train::CPPMutexLocker mutexLocker(&m_mutex);
            std::list<type_uint32>::iterator ite = m_lstGetId.begin();
            if (ite != m_lstGetId.end()) {
                bSend = true;
                uDataId = *ite;
                uDataId = ns_train::HostToNetwork(uDataId);
                *(pBuf) = 'g';
                nSend += 1;
                pBuf = buf + nSend;
                *((type_uint32*)pBuf) = uDataId;
                nSend += sizeof(uDataId);
                pBuf = buf + nSend;
                nWrite = pClientSocket->write(buf, nSend);
                m_lstGetId.erase(ite);
            }
        }
        return true;
    }
```

客户端收到服务器的数据时，可以调用 parseFrame_Data()接口进行数据解帧，见代码清单 6-26。

代码清单 6-26

```cpp
// src/chapter06/ks06_03/ks06_03_client/clientthread.cpp
bool    CClientThread::parseFrame_Data(ns_train::CPPSocket    *pClientSocket,
char *buf) {
    CDataVector* pDataVector = CDataVector::instance();
    if (NULL == pDataVector) {
        return false;
    }
    bool bError = false;
    type_uint32 uDataId = 0;
    type_double dValue = 0.f;
    type_int32 dataLength = 0;
    int readCount = 0;
    readCount = 0;
    const int nAllData = (sizeof(uDataId) + sizeof(dValue));
    while (readCount < nAllData) {
        int nRead = pClientSocket->read(buf + readCount, nAllData - readCount);
        if (nRead >= 0) {
            readCount += nRead;
        }
        else {
            pClientSocket->close();
            bError = true;
            break;
        }
    }
    if (bError) {
        return false;
    }
    uDataId = ns_train::NetworkToHost(*((type_uint32*)buf));
    dValue = ns_train::NetworkToHost(*((type_double*)(buf + sizeof(uDataId))));
    if (uDataId < pDataVector->getSize()) {
        pDataVector->setData(uDataId + 1, dValue);
    }
    std::cout << std::endl << "服务器返回数据: dataId = " << uDataId << "(序号从 0 开始), value = " << dValue << std::endl;
    return true;
}
```

客户端的 main()函数与服务器的实现类似，在此不再赘述。

第 41 天　TCP/IP 多客户端通信

今天要学习的案例对应的源代码目录：src/chapter06/ks06_04。本案例不依赖第三方类库。程序运行效果如图 6-7、图 6-8 所示。

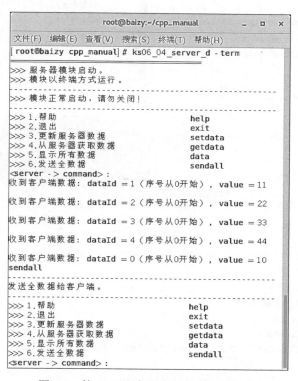

图 6-7　第 41 天服务器案例程序运行效果

今天的目标是掌握如下内容：基于非阻塞式套接字开发多客户端的网络通信程序。

在第 40 天的学习内容中，介绍了使用非阻塞式套接字开发单客户端的网络通信程序的方法。今天将介绍多客户端网络通信程序的开发方法。其实，多客户端的网络通信程序与单客户端程序类似，其不同之处在于：多客户端的程序在接收到客户端连接时，会单独为该客户端创建一个线程用来进行通信链路维护及处理数据交互。

1. 服务器开发

对服务器进行改造，在接收到客户端连接后构建线程从而维护客户端连接。

1）服务器线程类

如代码清单 6-27 所示，首先，修改服务器线程类 CServerThread，为其添加成员变量 m_lstClientThread 用来维护客户端线程列表，并添加发送全数据接口 sendAllData()。

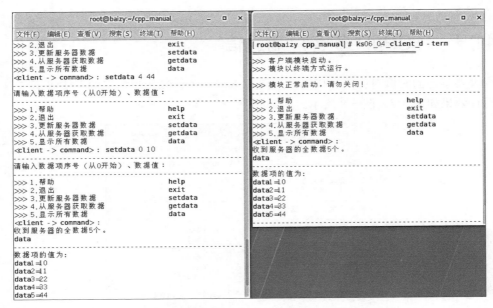

图 6-8　第 41 天客户端 A 程序、客户端 B 程序运行效果

代码清单 6-27

```
// src/chapter06/ks06_04/ks06_04_server/serverthread.h
#pragma once
#include <list>
#include "base_class.h"
#include "com_socket.h"
class CClientThread;
class CServerThread : public ns_train::CPPThread{
public:
    CServerThread();
    virtual void run() override;
    void sendAllData(void);
private:
    std::list<CClientThread*> m_lstClientThread;
};
```

CServerThread 的实现见代码清单 6-28。如标号①处所示，当接收到一个新客户端连接时，首先构建一个客户端线程对象 pClientThread，然后将对应的客户端套接字 pClientSocket 传给该线程，在启动客户端线程后，将 pClientThread 添加到客户端线程列表，此后，针对该客户端的所有数据交互都在线程 pClientThread 中执行。sendAllData()接口用来发送全数据给所有客户端，该接口的实现见标号②处。

代码清单 6-28

```
// src/chapter06/ks06_04/ks06_04_server/serverthread.cpp
```

```cpp
#include "serverthread.h"
#include <iostream>
#include "datavector.h"
#include "service_api.h"
#include "com_socket.h"
#include "host_network_api.h"
#include "clientthread.h"
CServerThread::CServerThread() {
}
void CServerThread::run() {
    CDataVector *pDataVector = CDataVector::instance();
    if (NULL == pDataVector) {
        return;
    }
    if (NULL == getParam()) {
        return;
    }
    ns_train::CPPSocket* pServerSocket = static_cast<ns_train::CPPSocket*>(getParam());                  // 服务器套接字
    ns_train::CPPSocket* pClientSocket = NULL;
    CClientThread* pClientThread = NULL;
    while (isWorking()) {
        ns_train::api_sleep(10); // 睡眠时间不宜过长，否则影响后续代码
        keepAlive();
        pClientSocket = NULL;
        if (NULL == pClientSocket) {
            pClientSocket = pServerSocket->accept();
        }
        if (NULL == pClientSocket) {
            continue;
        }
        pClientThread = new CClientThread();                                                            ①
        pClientThread->start(pClientSocket);
        m_lstClientSocket.push_back(pClientThread);
    }
}
void CServerThread::sendAllData(void) {                                                                 ②
    std::list<CClientThread*>::iterator ite = m_lstClientThread.begin();
    while (ite != m_lstClientThread.end()) {
        (*ite)->setSendAllFlag(true);
        ite++;
    }
}
```

2）客户端线程类

将维护客户端连接以及同客户端交互的功能封装到线程类 CClientThread，该类的定义

见代码清单 6-29。

代码清单 6-29

```cpp
// src/chapter06/ks06_04/ks06_04_server/clientthread.h
#pragma once
#include "base_class.h"
#include "com_socket.h"
class CClientThread : public ns_train::CPPThread {
public:
    CClientThread();
    virtual void run() override;
    bool getSendAllFlag();
    void setSendAllFlag(bool bSendAllData);
private:
    bool parseFrame_SetData(ns_train::CPPSocket* pClientSocket, char *buf);
    bool parseFrame_GetData(ns_train::CPPSocket* pClientSocket, char* buf);
private:
    bool sendAllData(ns_train::CPPSocket* pClientSocket);
private:
    ns_train::CPPMutex m_mutex;      // 保护数据成员的互斥锁
    bool m_bSendAllData;             // 发送全数据标志
};
```

CClientThread 类的 run()接口的实现见代码清单 6-30。如标号①处所示，在主循环中，首先判断是否需要发送全数据，然后才读取通信链路(以下简称通道)中的数据。当收到客户端发来的数据时，调用相应接口进行解帧操作，见标号②、标号③处。

代码清单 6-30

```cpp
// src/chapter06/ks06_04/ks06_04_server/clientthread.cpp
#include "clientthread.h"
#include <iostream>
#include <string.h>
#include "datavector.h"
#include "service_api.h"
#include "com_socket.h"
#include "host_network_api.h"
CClientThread::CClientThread() : m_bSendAllData(false){
}
void CClientThread::run() {
    CDataVector *pDataVector = CDataVector::instance();
    if (NULL == pDataVector) {
        return;
    }
    if (NULL == getParam()) {
        return;
    }
```

```
        ns_train::CPPSocket* pClientSocket = static_cast<ns_train::CPPSocket*>
(getParam());                            // 客户端套接字
        char buf[128] = { '\0' };
        char chCommand = 0;
        bool bOk = true;
        int readCount = 0;
        while (isWorking()) {
            ns_train::api_sleep(10);     // 睡眠时间不宜过长，否则影响后续代码
            keepAlive();
            sendAllData(pClientSocket);  // 检查一下是否需要发送全数据              ①
            readCount = pClientSocket->read(&chCommand, sizeof(chCommand));
            if (0 == readCount) {        // 没有数据，下一个循环继续尝试读取
                continue;
            }
            if (readCount < 0) {         // 出现错误
                break;
            }
            bOk = true;
            switch (chCommand) {
            case 's':                    // set: 设置数据
            case 'S':                    // set: 设置数据
                bOk = parseFrame_SetData(pClientSocket, buf);               ②
                break;
            case 'g':                    // get: 获取数据
            case 'G':                    // get: 获取数据
                bOk = parseFrame_GetData(pClientSocket, buf);               ③
                break;
            }
            if (!bOk) {
                break;
            }
        }
        pClientSocket->close();
}
```

CClientThread 类的解帧接口 parseFrame_SetData()、parseFrame_GetData()的实现见代码清单 6-31。

代码清单 6-31

```
// src/chapter06/ks06_04/ks06_04_server/clientthread.cpp
bool CClientThread::parseFrame_SetData(ns_train::CPPSocket* pClientSocket,
char* buf) {
    CDataVector* pDataVector = CDataVector::instance();
    if (NULL == pDataVector) {
        return false;
    }
```

```cpp
        bool bError = false;
        type_uint32 uDataId = 0;
        type_double dValue = 0.f;
        int readCount = 0;
        readCount = 0;
        const int nAllData = (sizeof(uDataId) + sizeof(dValue));
        while (readCount < nAllData) {
            int nRead = pClientSocket->read(buf + readCount, nAllData - readCount);
            if (nRead >= 0) {
                readCount += nRead;
            }
            else {
                pClientSocket->close();
                bError = true;
                return false;
            }
        }
        if (bError) {
            return false;
        }
        uDataId = ns_train::NetworkToHost(*((type_uint32*)buf));
        dValue  =         ns_train::NetworkToHost(*((type_double*)(buf        + sizeof(uDataId))));
        if (uDataId < pDataVector->getSize()) {
            pDataVector->setData(uDataId + 1, dValue);
        }
        std::cout << std::endl << "收到客户端数据: dataId = " << uDataId << "(序号从 0 开始), value = " << dValue << std::endl;
        return true;
}
bool CClientThread::parseFrame_GetData(ns_train::CPPSocket* pClientSocket, char* buf) {
        CDataVector* pDataVector = CDataVector::instance();
        if (NULL == pDataVector) {
            return false;
        }
        bool bError = false;
        type_uint32 uDataId = 0;
        type_double dValue = 0.f;
        int readCount = 0;
        uDataId = ns_train::NetworkToHost(*((type_uint32*)buf));
        const int nAllData = sizeof(uDataId);
        readCount = 0;
        while (readCount < sizeof(uDataId)) {
            int nRead = pClientSocket->read(buf + readCount, nAllData - readCount);
            if (nRead >= 0) {
                readCount += nRead;
```

```
        }
        else {
            pClientSocket->close();
            bError = true;
            return false;
        }
    }
    if (bError) {
        return false;
    }
    bool bSend = false;
    int nSend = 0;
    uDataId = ns_train::NetworkToHost(*((type_uint32*)buf));
    if (uDataId < pDataVector->getSize()) {
        bSend = true;
        pDataVector->getData(uDataId + 1, dValue);
        char* pBuf = buf;
        *(pBuf) = 'r';
        nSend += 1;
        pBuf = buf + nSend;
        uDataId = ns_train::HostToNetwork(uDataId);
        *((type_uint32*)pBuf) = uDataId;
        nSend += sizeof(uDataId);
        pBuf = buf + nSend;
        dValue = ns_train::HostToNetwork(dValue);
        *((type_double*)pBuf) = dValue;
        nSend += sizeof(dValue);
        pBuf = buf + nSend;
        int nWrite = pClientSocket->write(buf, nSend);
        if (nWrite < 0) {
            pClientSocket->close();
            return false;
        }
    }
    return true;
}
```

如代码清单 6-32 所示，在标号①处，是发送全数据的接口 sendAllData()的实现代码。全数据帧结构定义见表 6-3。

代码清单 6-32

```
// src/chapter06/ks06_04/ks06_04_server/clientthread.cpp
bool CClientThread::getSendAllFlag() {
    ns_train::CPPMutexLocker locker(&m_mutex);
    return m_bSendAllData;
}
```

```cpp
void CClientThread::setSendAllFlag(bool bSendAllData) {
    ns_train::CPPMutexLocker locker(&m_mutex);
    m_bSendAllData = bSendAllData;
}
bool CClientThread::sendAllData(ns_train::CPPSocket* pClientSocket) {    ①
    if (!m_bSendAllData) {
        return false;
    }
    CDataVector* pDataVector = CDataVector::instance();
    type_uint32 uDataId = 0;
    type_double dValue = 0.f;
    int nSend = 0;
    type_uint32 i = 0;
    type_int32 n32DataLength = pDataVector->getSize() * (sizeof(uDataId) + sizeof(dValue));
    type_int32 n32FrameLength = sizeof('a') + +sizeof(n32DataLength) + n32DataLength;
    char* pBuf = new char[n32FrameLength];
    *(pBuf) = 'a';  // 数据帧类型：全数据
    nSend += sizeof('a');
    char* pBufPointer = pBuf + nSend;
    *((type_uint32*)pBufPointer) = ns_train::HostToNetwork(n32DataLength);
// 数据长度
    nSend += sizeof(n32DataLength);
    pBufPointer = pBuf + nSend;
    for (i = 0; i < pDataVector->getSize(); i++) {
        pDataVector->getData(i+1, dValue);
        uDataId = ns_train::HostToNetwork(i);
        *((type_uint32*)pBufPointer) = uDataId;
        nSend += sizeof(uDataId);
        pBufPointer = pBuf + nSend;
        dValue = ns_train::HostToNetwork(dValue);
        *((type_double*)pBufPointer) = dValue;
        nSend += sizeof(dValue);
        pBufPointer = pBuf + nSend;
    }
    int nWrite = pClientSocket->write(pBuf, nSend);
    m_bSendAllData = false;
    if (nWrite < 0) {
        pClientSocket->close();
        return false;
    }
    return true;
}
```

表 6-3 全数据帧结构

字节序号	字节数	含 义
0	1	字符'a'，表示 alldata，即服务器发送全数据
1-4	4	数据帧长度：sizeof(type_uint32)。数据帧长度=数据项个数×单个数据项的尺寸。单个数据项包括：数据项的序号、数据项的值
5-8	4	数据项 N 的序号，4 字节无符号整数
9-16	8	数据项 N 的值，双精度浮点数

2．客户端开发

同第 40 天的学习内容相比，客户端的改动不大，只是添加了解析全数据的接口。

为客户端的 CClientThread 类添加全数据解析接口，见代码清单 6-33。

代码清单 6-33

```
// src/chapter06/ks06_04/ks06_04_client/clientthread.h
class CClientThread : public ns_train::CPPThread {
    ...
private:
    ...
    bool parseFrame_AllData(ns_train::CPPSocket *pClientSocket);
};
```

parseFrame_AllData()的实现见代码清单 6-34。需要注意的是，应根据数据帧格式从前向后一步步解析数据。比如，应该首先解析数据帧长度，见标号①处。然后，根据数据帧长度构建接收缓冲区，见标号②处，当然，也可以在栈中构建足够大的缓冲区用来接收并解析数据。接着，读取所有的数据项，见标号③处。最后，解析所有的数据项，见标号④处。

代码清单 6-34

```
// src/chapter06/ks06_04/ks06_04_client/clientthread.cpp
void CClientThread::run() {
    ...
    while (isWorking() && bOk) {
        ...
        switch (chCommand) {
        case 'r': // returned data：服务器返回的数据
        case 'R': // returned data：服务器返回的数据
            bOk = parseFrame_Data(pClientSocket, buf);
            break;
        case 'a': // all data：服务器返回全数据
            bOk = parseFrame_AllData(pClientSocket);
            break;
        default:
            break;
```

```cpp
            }
        }
    }
    bool CClientThread::parseFrame_AllData(ns_train::CPPSocket *pClientSocket) {
        CDataVector* pDataVector = CDataVector::instance();
        if (NULL == pDataVector) {
            return false;
        }
        bool bError = false;
        type_uint32 uDataId = 0;
        type_double dValue = 0.f;
        int readCount = 0;
        readCount = 0;
        type_int32 n32DataLength = 0;
        while (readCount < sizeof(n32DataLength)) {                              ①
            int nRead = pClientSocket->read((char*)&n32DataLength + readCount,
    sizeof(n32DataLength) - readCount);
            if (nRead >= 0) {
                readCount += nRead;
            }
            else {
                pClientSocket->close();
                bError = true;
                break;
            }
        }
        n32DataLength = ns_train::NetworkToHost(n32DataLength);
        char* buf = new char[n32DataLength];                                     ②
        readCount = 0;
        while (readCount < n32DataLength) {                                      ③
            int nRead = pClientSocket->read(buf + readCount, n32DataLength -
    readCount);
            if (nRead >= 0) {
                readCount += nRead;
            }
            else {
                pClientSocket->close();
                bError = true;
                break;
            }
        }
        if (bError) {
            delete[] buf;
            buf = NULL;
            return false;
        }
        const int nOneDataItemLength = (sizeof(uDataId) + sizeof(dValue));
```

```
    type_int32 n32DataCount = n32DataLength/ nOneDataItemLength;
    char *pBuf = buf;
    for (type_uint32 i = 0; i < n32DataCount; i++) {                               ④
        uDataId = ns_train::NetworkToHost(*((type_uint32*)pBuf));
        dValue    =    ns_train::NetworkToHost(*((type_double*)(pBuf    +
sizeof(uDataId))));
        pBuf += nOneDataItemLength;
        if (uDataId < pDataVector->getSize()) {
            pDataVector->setData(uDataId + 1, dValue);
        }
    }
    std::cout << std::endl << "收到服务器的全数据" << n32DataCount << "个。"<<
std::endl;
    return true;
}
```

视频讲解

第42天 通信用结构体的内存对齐、位域大小端处理

今天要学习的案例对应的源代码目录：src/chapter06/ks06_05。本案例不依赖第三方类库。程序运行效果如图 6-9、图 6-10 所示。

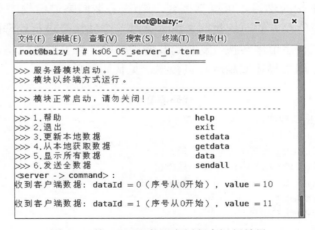

图 6-9 第 42 天服务器案例程序运行效果

今天的目标是掌握如下内容。
- 什么是内存对齐？
- 为什么要设置（取消）内存对齐？
- 怎样取消内存对齐？
- 怎样设计带位域的通信结构体？

图 6-10 第 42 天客户端案例程序运行效果

通过前面章节案例的学习，可以掌握客户端/服务器网络通信程序开发的基本方法。在前一节的案例中，通信双方的通信数据采用了针对单个域挨个进行处理的方法。比如，对量测 Id、量测值单独进行字节序转换、复制到发送缓冲区。为了简化代码，可以定义通信用的结构体_s_doubledata 用来描述双精度浮点数据，见代码清单 6-35。

代码清单 6-35

```
// 状态型量测数据结构体
struct s_u16data {
    type_uint32 uDataId;      // 量测 Id
    type_uint16 u16Value;     // 量测值
    s_u16data();              // 构造函数
    void HostToNet();
    void NetToHost();
};
```

但是，在通信中使用结构体与在单独的程序内部使用结构体有所不同。那么，到底有什么不同呢？先来看一个例子。请问，如代码清单 6-36 所示，在进行 32 位编译时，结构体 s_Data 的尺寸是多少？

代码清单 6-36

```
struct s_Data {
    char   a;
    int    b;
```

```
    short c;
};
```

如果以一般的思路，就会按照 char 占用 1 字节、int 占用 4 字节、short 占用 2 字节的计算方法，并以此得出结论：结构体 s_Data 在进行 32 位编译时将占用 7 字节。但是，这个结论是错误的。默认情况下，C++编译器明确规定，如果结构体（struct）中存在长度大于 CPU 位数的成员，那么就以 CPU 位数（转换为字节数）的倍数为对齐单位（又称对齐模数），否则应该以其最大成员的长度作为对齐单位。比如代码清单 6-36 中的 s_Data，其中，长度最大的成员是 b，在进行 32 位编译时，其长度为 4 字节，4 字节没有超过 32 位 CPU 所代表的长度（也是 4 字节）。因此，结构体 s_Data 在进行 32 位编译时是按照 4 字节对齐的，其内存布局如图 6-11 所示，因此可以得出结论，这时该结构体占用的内存应该是 12 字节。那么内存对齐有什么用呢？为什么要进行内存对齐呢？

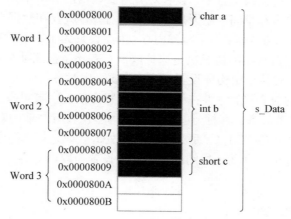

图 6-11 结构体 s_Data 在执行 32 位编译时的布局（按 4 字节对齐）

如果要理解内存对齐，就要从 CPU 对内存的访问机制说起。CPU 访问内存时，并不是逐个字节访问，而是以字长（Word Size）为单位访问。比如，32 位的 CPU 其字长为 4 字节，那么 CPU 访问内存的单位也是 4 字节，也就是每次访问内存时一次性读取 4 字节数据。这样设计的目的，是为了减少 CPU 访问内存的次数，并提高访问内存的吞吐量。比如，同样读取 int b 这个成员的数据，按照一次读取 4 字节的情况，如果以 4 字节进行对齐，那么只需要读取 Word 2 就可以一次性将 b 读出，如图 6-11 所示；而如果未进行内存对齐，如图 6-12 所示，因为 b 占用的内存空间为 0x0008001～0x0008004，它跨越 Word 1 和 Word 2，所以要先读取 Word 1，再读取 Word 2，然后把 Word 1 的后 3 字节和 Word 2 的第 1 字节拼接起来，才能得到 b。这样操作比较麻烦，所以，为了提高 CPU 访问内存的性能，可以设置内存对齐。

对于代码清单 6-35 中的结构体来说，如果两个程序都要使用该结构体进行互相通信，但是两个程序在编译时采用了不同的对齐方式，那么就会导致变量在内存中布局不同，这又

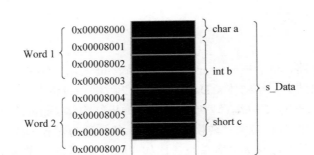

图 6-12 结构体 s_Data 在执行 32 位编译时的布局（取消对齐后）

将导致通信时结构体的数据在解析时出现错位，进而导致通信异常。为了避免这种情况，就要为通信双方建立约定，要求通信双方引用同一个头文件中的结构体，并在该头文件中设置对齐方式。在不同的编译器或平台中，设置对齐方式的语法有所不同。需要提醒的是，如果设置内存对齐，将浪费内存空间，原因是为了实现对齐，就要在数据之间留白，这必然导致内存空间的浪费。推荐的方式是：为了节省内存空间，设置为 1 字节对齐，也就是取消对齐。软件开发组织可以根据自身实际情况决定选择取消对齐还是按照某个指定长度进行对齐。在 Windows 中，如果需要对某个结构体设置对齐，就要采用对齐语法。如代码清单 6-37 所示，在标号①处保存当前的对齐设置，并在标号②处设置为按 1 字节对齐，也就是取消对齐，其中 pack(1) 表示按 1 字节对齐。在标号③处，恢复为本次设置之前的对齐方式。如果在标号①处的代码之前是按照 4 字节对齐，那么在标号③处的代码之后，程序恢复为按照 4 字节对齐。因此只有标号①处至标号③处中间的结构体被设置为取消对齐。

代码清单 6-37

```
// Windows 中设置 1 字节对齐
#pragma pack(push)                                                ①
#pragma pack(1)                                                   ②
// 状态型量测数据结构体
struct s_u16data {
    type_uint32 uDataId;        // 量测 Id
    type_uint16 u16Value;       // 量测值
    s_u16data();                // 构造函数
    void HostToNet();
    void NetToHost();
};
#pragma pack(pop)                                                 ③
```

在使用 GCC 编译器时，如果需要设置对齐，需要使用 _ _attribute_ _((packed))。如代码清单 6-38 所示，在标号①处，需要把 _ _attribute_ _((packed)) 写在需要取消对齐的结构体之后。请注意，在 attribute 的前后各有两个下画线。

代码清单 6-38

```
// 状态型量测数据结构体
struct s_u16data {
    type_uint32 uDataId;        // 量测 Id
    type_uint16 u16Value;       // 量测值
    s_u16data();                // 构造函数
    void HostToNet();
    void NetToHost();
} __attribute__ ((packed));                                                    ①
```

可以看出，在不同的编译器或系统中，取消对齐的方式并不相同，为了进行统一，可以采用如下方法。

1．编写相关的宏定义

从前文介绍可以看出，在设置对齐方式时，不同语法的区别在于是否使用 GCC 编译器，因此为 GCC 编译器和非 GCC 编译器设计不同的方案。

1）GCC 编译器

对于 GCC 编译器来说，需要使用 __attribute__ ((packed)) 关键字，并且把它放置在需要取消对齐的结构体后面。因此，定义 DISALIGN 宏，见代码清单 6-39。在标号①处，根据是否定义 __GNUG__ 宏来判断是否为 GCC 编译器，如果是 GCC 编译器，则将 DISALIGN 宏定义为 __attribute__ ((packed))。在标号②处，如果不是 GCC 编译器，则仅仅对 DISALIGN 宏进行定义，表示这是一个合法的宏定义，在编译时该宏将被展开成一个空值。

代码清单 6-39

```
// include/customtype.h
...
#ifndef DISALIGN
#   if defined(__GNUG__)      // GCC 编译器预定义的宏                        ①
#       define DISALIGN __attribute__ ((packed))
#   else                                                                      ②
#       define DISALIGN
#   endif
#endif
```

使用 DISALIGN 宏之后，结构体 s_u16data 的定义见代码清单 6-40。在标号①处，展示了 DISALIGN 在普通结构体中的使用方法。在标号②处，展示了 DISALIGN 在使用 typedef 的结构体中的用法。请注意 DISALIGN 在代码中的具体位置。

代码清单 6-40

```
// include/base/Comdata/Comdata.h
#include "customtype.h"
// 状态型量测数据结构体
struct s_u16data {
```

```
        type_uint32 uDataId;         // 量测 Id
        type_uint16 u16Value;        // 量测值
        _s_u16data();                // 构造函数
        void HostToNet();
        void NetToHost();
} DISALIGN;
```
①

```
// 双精度量测数据结构体
typedef struct COMDATA_API _s_doubledata {
        type_uint32 uDataId;         // 量测 Id
        type_double dValue;          // 量测值
        YCFlag     ycFlag;           // 量测标志
        _s_doubledata();             // 构造函数
        void HostToNet();
        void NetToHost();
} DISALIGN s_doubledata;
```
②

2）非 GCC 编译器

对于非 GCC 编译器来说，需要在通信结构体的前后进行对齐设置与恢复操作。因此定义两个头文件，分别用来设置新对齐、恢复旧对齐。

（1）在 prealign.h 中保存当前的对齐方式，并设置新的对齐方式为 1 字节对齐，也就是取消对齐。如代码清单 6-41 所示，针对非 GCC 编译器下各种不同的操作系统，使用了不同的方式设置对齐方式为 1 字节对齐。

代码清单 6-41

```
// include/prealign.h
#include "customtype.h"
// 定义对齐方式
// 使用方式：定义需要取消对齐的结构体前包含 prealgn.h 文件，并在结构体定义完毕后包含
//postalign.h
#ifndef __GNUG__
    #if defined WIN32
        // 解决 pragma pack(push)/pack(pop) 在不同文件中的 4103 编译警告
        #pragma warning (disable:4103)
        #pragma pack(push)
        #pragma pack(1)
    #elif ALPHA
        #pragma pack(push)
        #pragma pack(1)
    #elif defined HPUX
        #pragma pack(push)
        #pragma pack(1)
    #elif defined AIX
        #pragma align(packed)
    #elif defined SUN
        #pragma pack(1)
```

```
        #endif
    #endif
```

（2）在 postalign.h 中将对齐方式恢复为之前的设置。如代码清单 6-42 所示，为非 GCC 编译器恢复对齐设置。

代码清单 6-42

```
// include/postalign.h
#include "customtype.h"
// 定义对齐方式
// 使用方式：定义需要取消对齐的结构体前包含 prealgn.h 文件，并在结构体定义完毕后包含
postalign.h
#ifndef _ _GNUG_ _
    #if defined WIN32
        #pragma pack(pop)
    #elif ALPHA
        #pragma pack(pop)
    #elif defined HPUX
        #pragma pack(pop)
    #elif defined AIX
        #pragma align(power)
    #elif defined SUN
        #pragma pack()
    #endif
#endif
```

2．在通信用的结构体中使用这些宏定义

在通信用结构体所在的头文件中的结构体前后引用 prealign.h、postalign.h。如代码清单 6-43 所示，在标号①处，结构体 sTest 是普通结构体，并不会被用在通信上，所以被排除在 prealign.h、postalign.h 头文件的包含范围之外。在标号②、标号⑤处，在通信用的结构体 s_u16data、_s_doubledata 定义的前后分别引入 prealign.h、postalign.h 头文件，以便保存当前对齐设置、设置新的对齐方式为 1 字节对齐（取消对齐）、恢复之前的对齐方式。在标号③、标号④处，在通信用的结构体 s_u16data、_s_doubledata 后面编写 DISALIGN 宏，以便处理 GCC 编译器的对齐方式。这样就把 GCC 编译器、非 GCC 编译器对于对齐方式的处理完美地统一起来了。

代码清单 6-43

```
// include/base/Comdata/comdata.h
...
struct sTest {                                  ①
    type_int16 nTestId;         // Id
    type_uint32 nCode;          // 代码
};
// 仅需要把通信用的结构体进行取消对齐操作，其他结构体可以排除在外
```

```cpp
#include "prealign.h"
// 状态型量测数据结构体
struct COMDATA_API s_u16data {
    type_uint32 uDataId;        // 量测Id
    type_uint16 u16Value;       // 量测值
    s_u16data();                // 构造函数
    void HostToNet();
    void NetToHost();
} DISALIGN;

// 双精度量测数据结构体
typedef struct COMDATA_API _s_doubledata {
    type_uint32 uDataId;        // 量测Id
    type_double dValue;         // 量测值
    YCFlag   ycFlag;            // 量测标志
    _s_doubledata();            // 构造函数
    void HostToNet();
    void NetToHost();
} DISALIGN s_doubledata;

#include "postalign.h"
...
// 该行代码后面仍然可以定义结构体，只是这些结构体不会用于进程间通信
```
②
③
④
⑤

注意：通信用的结构体应编写在一个代码区段内，以便在该代码区段前后引入 prealigin.h、postalign.h，非通信用的结构体请不要编写在引入 prealigin.h、postalign.h 的代码区段内。

结构体 s_u16data、_s_doubledata 的实现见代码清单 6-44。

代码清单 6-44

```cpp
// src/base/Comdata/comdata.cpp
#include "comdata.h"
#include <string.h>
#include "host_network_api.h"
namespace ns_train {
YCFlag::YCFlag() {
    memset(this, 0, sizeof(YCFlag));
}
s_u16data::s_u16data() :uDataId(0), u16Value(0) {
}
void s_u16data::HostToNet() {
    uDataId = ns_train::HostToNetwork(uDataId);
    u16Value = ns_train::HostToNetwork(u16Value);
}
void s_u16data::NetToHost() {
    HostToNet();
}
```

```
_s_doubledata::_s_doubledata() :uDataId(0), dValue(0.f), ycFlag() {
}
void _s_doubledata::HostToNet() {
    uDataId = ns_train::HostToNetwork(uDataId);
    dValue = ns_train::HostToNetwork(dValue);
    ycFlag.HostToNet();
}
void _s_doubledata::NetToHost() {
    HostToNet();
}
}
```

3. 在项目中使用新定义的结构体

1）客户端

首先，在客户端使用新定义的结构体，见代码清单 6-45 中标号①、标号②、标号④、标号⑤处。需要注意，接收到网络数据时应调用 doubleData.NetToHost()进行字节序转换，见标号③处，向网络发送数据之前应调用 doubleData.HostToNet()，见标号⑥处。

代码清单 6-45

```
// src/chapter06/ks06_05/ks06_05_client/clientthread.cpp
bool CClientThread::parseFrame_Data(ns_train::CPPSocket   *pClientSocket,
char *buf) {
    ...
    bool bError = false;
    int readCount = 0;
    readCount = 0;
    ns_train::s_doubledata doubleData;                                          ①
    const int nAllData = sizeof(doubleData);
    ...
    doubleData =*(ns_train::s_doubledata*)buf;                                  ②
    doubleData.NetToHost();                                                     ③
    if (doubleData.uDataId < pDataVector->getSize()) {
        pDataVector->setData(doubleData.uDataId + 1, doubleData.dValue);
    }
    ...
}
bool CClientThread::parseFrame_AllData(ns_train::CPPSocket *pClientSocket) {
    ...
    ns_train::s_doubledata doubleData;
    ...
    const int nOneDataItemLength = sizeof(doubleData);
    type_uint32 u32DataCount = n32DataLength/ nOneDataItemLength;
    char *pBuf = buf;
    for (type_uint32 i = 0; i < u32DataCount; i++) {
        doubleData = *((ns_train::s_doubledata*)buf+i);                         ④
```

```cpp
            doubleData.NetToHost();
            pBuf += nOneDataItemLength;
            if (doubleData.uDataId < pDataVector->getSize()) {
                pDataVector->setData(doubleData.uDataId + 1, doubleData.dValue);
            }
        }
        ...
    }

bool CClientThread::makeFrame(ns_train::CPPSocket* pClientSocket) {
    ...
    ns_train::s_doubledata doubleData;
    ...
    {
        ns_train::CPPMutexLocker mutexLocker(&m_mutex);
        std::list<s_IDValue>::iterator ite = m_lstSetIdValue.begin();
        if (ite != m_lstSetIdValue.end()) {
            bSend = true;
            doubleData.uDataId = (*ite).nId;                                    ⑤
            doubleData.dValue = (*ite).dValue;
            doubleData.HostToNet();                                             ⑥
            *(pBuf) = 's';
            nSend += 1;
            pBuf = buf + nSend;
            *((ns_train::s_doubledata*)pBuf) = doubleData;
            nSend += sizeof(doubleData);
            pBuf = buf + nSend;
            nWrite = pClientSocket->write(buf, nSend);
            m_lstSetIdValue.erase(ite);
        }
    }
    ...
}
```

2）服务器

在服务器应用新的结构体，方法同客户端类似，见代码清单6-46。

代码清单6-46

```cpp
// src/chapter06/ks06_05/ks06_05_server/clientthread.cpp
bool CClientThread::parseFrame_SetData(ns_train::CPPSocket* pClientSocket,
char* buf) {
    ...
    ns_train::s_doubledata doubleData;
    ...
    doubleData = *(ns_train::s_doubledata*)buf;
    doubleData.NetToHost();
```

```cpp
        if (doubleData.uDataId < pDataVector->getSize()) {
            pDataVector->setData(doubleData.uDataId + 1, doubleData.dValue);
        }
        ...
}
bool CClientThread::parseFrame_GetData(ns_train::CPPSocket* pClientSocket, char* buf) {
    ...
    ns_train::s_doubledata doubleData;
    type_double dValue = 0.f;
    int readCount = 0;
    const int nAllData = sizeof(doubleData.uDataId);
    ...
    doubleData.uDataId = ns_train::NetworkToHost(*((type_uint32*)buf));
    if (doubleData.uDataId < pDataVector->getSize()) {
        bSend = true;
        pDataVector->getData(doubleData.uDataId + 1, dValue);
        doubleData.dValue = dValue;
        char* pBuf = buf;
        *(pBuf) = 'r';
        nSend += 1;
        pBuf = buf + nSend;
        doubleData.HostToNet();
        *((ns_train::s_doubledata*)pBuf) = doubleData;
        nSend += sizeof(ns_train::s_doubledata);
        pBuf = buf + nSend;
        int nWrite = pClientSocket->write(buf, nSend);
        if (nWrite < 0) {
            pClientSocket->close();
            return false;
        }
    }
    return true;
}
bool CClientThread::sendAllData(ns_train::CPPSocket* pClientSocket) {
    ...
    ns_train::s_doubledata doubleData;
    type_double dValue = 0.f;
    ...
    for (i = 0; i < pDataVector->getSize(); i++) {
        pDataVector->getData(i+1, dValue);
        doubleData.dValue = dValue;
        doubleData.uDataId = i;
        doubleData.HostToNet();
        *((ns_train::s_doubledata*)pBufPointer) = doubleData;
        nSend += sizeof(doubleData);
        pBufPointer = pBuf + nSend;
```

```
        }
        ...
}
```

4．通信用结构体中的位域设计

在通信用的结构体中，除了各种基本数据类型之外，还会用到位域，以便表示一些标志信息。在 Sun 公司的 Sparc 以及 IBM 公司的 PowerPC(AIX)平台上，除了字节序与 Intel/Alpha 平台相反外，位结构的定义也不同,在定义位结构时要根据具体平台使用不同的定义。需要注意的是：以位结构方式定义结构体时，这两类平台的位成员并非按位进行高低位交换，对于超过一位的位域，其域内的位序在不同平台上是一致的，因此不能将每一位按高低位交换，而是要对每个域进行换位。先来看一个案例，见代码清单 6-47。

代码清单 6-47

```
struct A {
    unsigned char   f1:1,
                    f2:1,
                    f3:2,
                    f4:4;
};
A a;
a.f1 = 1; a.f2 = 0; a.f3 = 2; a.f4 = 5;
```

如代码清单 6-47 所示，定义结构体 A。结构体 A 以位结构方式定义，它含有 4 个成员变量，每个成员包含一定的位数。定义变量 a，为 a 的成员赋值。在 Intel/Alpha 上，将变量 a 按位右移得到的序列为 1 0 01 1010，而在 Sparc/PowerPC 上，按位右移得到的序列为 1010 01 0 1，而不是按位交换后的 0101 10 0 1。因此，为使各平台上的值在相互通信时保持一致，应根据平台不同按如下方式定义该结构，见代码清单 6-48。

代码清单 6-48

```
struct A {
#if defined(_ _sparc) || defined (_AIX) || defined(HPUX)
    unsigned char   f4:4,
                    f3:2,
                    f2:1,
                    f1:1;
#else   // Intel(Windows/Solaris X86/Linux)及 Alpha(Tru64)平台
    unsigned char   f1:1,
                    f2:1,
                    f3:2,
                    f4:4;
#endif
};
```

当使用多于 1 字节的整数类型（如 short,int,long）定义位结构时，除了要交换域顺序外，还要在传输时转换字节序,为避免由此所带来的麻烦,在定义位结构时最好不要使用单字节外的其他整数类型。如代码清单 6-49 所示,不建议将 unsigned char 换成 unsigned short。

代码清单 6-49

```
struct A {
#if defined(_ _sparc) || defined (_AIX) || defined(HPUX)
    unsigned short  f5:8,
                    f4:4,
                    f3:2,
                    f2:1,
                    f1:1;
#else // Intel(Windows/Solaris X86/Linux)及 Alpha(Tru64)平台
    unsigned short  f1:1,
                    f2:1,
                    f3:2,
                    f4:4,
                    f5:8;
#endif
};
```

此外,为保证位结构在各平台上值的一致性,当位结构不足所使用的整数类型的位长度时,应使用空域将其补足,见代码清单 6-50 中标号①、标号②处。

代码清单 6-50

```
struct A {
#if defined(_ _sparc) || defined (_AIX) || defined(HPUX)
    unsigned char  padding:4,                                          ①
                   f3:2,
                   f2:1,
                   f1:1;
#else // Intel(Windows/Solaris X86/Linux)及 Alpha(Tru64)平台
    unsigned char  f1:1,
                   f2:1,
                   f3:2,
                   padding :4;                                         ②
#endif
};
```

完整的位结构定义示例见代码清单 6-51。

代码清单 6-51

```
// include/base/comdata/comdata.h
#include "prealign.h"    // 仅需要把通信用的结构体进行取消对齐操作,其他结构体可以
//排除在外
// 遥测类返回值结构
struct COMDATA_API YCFlag {
```

```cpp
#if defined CPP_LITTLE_ENDIAN
    type_uint8  bInvalid : 1,       // 数据不可用标志
                bNotInit : 1,       // 未初始化标志
                bNormal : 1,        // 正常数据标志
                bRemote : 1,        // 遥传标志
                bSet : 1,           // 人工设置标志
                bCalculate : 1,     // 计算标志
                bReplace : 1,       // 被替代标志
                bDoubtVal : 1;      // 可疑数据标志

    type_uint8  bNoFresh : 1,       // 不刷新标志
                bFlash : 1,         // 闪烁标志
                bOverUp : 1,        // 越有效上限
                bOverDown : 1,      // 越有效下限
                bNoAlarm : 1,       // 报警屏蔽/开放状态
                bDoubleCol : 1,     // 双采集点标志
                bNoCollect : 1,     // 该数据无采集点
                bStart : 1;         // 已启动

    type_uint8  bCheck : 1,         // 检修
                bPad0 : 7;          // 保留

#else // !CPP_LITTLE_ENDIAN，交换字节内各域顺序
    type_uint8  bDoubtVal : 1,      // 可疑数据标志
                bReplace : 1,       // 被替代标志
                bCalculate : 1,     // 计算标志
                bSet : 1,           // 人工设置标志
                bRemote : 1,        // 遥传标志
                bNormal : 1,        // 正常数据标志
                bNotInit : 1,       // 未初始化标志
                bInvalid : 1;       // 数据不可用标志

    type_uint8  bStart : 1,         // 已启动
                bNoCollect : 1,     // 该数据无采集点
                bDoubleCol : 1,     // 双采集点标志
                bNoAlarm : 1,       // 报警屏蔽/开放状态
                bOverDown : 1,      // 越有效下限
                bOverUp : 1,        // 越有效上限
                bFlash : 1,         // 闪烁标志
                bNoFresh : 1;       // 不刷新标志

    type_uint8  bPad0 : 7,          // 保留
                bCheck : 1;         // 检修
#endif
    YCFlag();
    void HostToNet() {/*无须转换*/ }
    void NetToHost() {/*无须转换*/ }
```

```
} DISALIGN;
...
#include "postalign.h"
```

5．小结

今天我们学习了利用结构体进行通信的开发方法，请注意以下几点。

（1）通信双方应事先约定通信规约，并根据通信规约中的通信帧格式定义对应的结构体。

（2）一般情况下，每一种帧格式对应一种结构体。结构体中的每个变量对应通信帧中的一个域。为了方便开发，在结构体中还会定义一些辅助变量。

（3）通信规约中的通信帧根据其帧长度可以分为固定长度帧、可变长度帧。所谓固定长度帧，指的是其通信帧的长度为固定值。所谓可变长度帧，指的是每次通信时，其帧长度有可能是变化的。比如，当传送 double 类型的数据时，第 1 帧中含有 10 个数据，第 2 帧可能含有 20 个数据，这两帧中包含的 double 数据个数不同，因此这两帧的帧长度也不同。对于固定长度的通信帧，直接定义对应的结构体即可。对于可变长度帧，一般情况下，在结构体中只定义固定部分的域，把可变域排除在外。对于本部分的详细案例，请参见第 49 天的学习内容。

（4）在开发跨平台通信程序时，应考虑内存对齐问题，可以参考今天的内容使用 DISALIGN 宏、prealign.h、postalign.h 取消结构体的内存对齐。

（5）对于通信用结构体中的位域，应考虑大小端问题。

第43天　温故知新

1．在 Windows 系统上，在调用套接字 API 函数之前，必须调用（　　）函数完成对 Windows 套接字服务的初始化。退出应用程序之前，应通过调用（　　）释放套接字资源。

2．开发网络通信程序时，创建套接字句柄时需要调用（　　）。

3．阻塞式网络通信程序与非阻塞式网络通信程序，其区别在于（　　）。

4．开发网络通信程序时，服务器调用 acept() 得到套接字对象指针 pClientSocket 后，可以直接操作该指针同对应的客户端通信。这种说法是否正确？

5．开发网络通信程序时，通信中用的结构体、位域等不需要处理大小端、对齐方式。这种说法是否正确？

6．如果希望在同一台机器的两个进程之间共享数据，可以考虑使用（　　）。

第 7 章 异步串口通信

在常见的通信方式中，除了网络通信之外，串口通信也是比较常见的方式。当采用近距离有线传输时，如果对速度要求不太高，可以考虑使用串口通信。当然，串口通信也可以用于远距离传输，但是需要借助其他通信线路并采取措施防止信号衰减。通信双方通过商定通信规约、配置通信参数、连接串口线之后，就可以进行串口通信了。

阅读本章时，请尽量从前向后依次学习各个章节，避免跳过某一章节，因为后面的章节要靠前面章节的知识做铺垫。

第 44 天　串口通信的基础知识

今天的目标是掌握如下内容。
- 串口是什么样的。
- 什么是波特率、数据位、停止位、校验位。

1. 串口是什么样的

串行接口（Serial Interface）简称串口，也称串行通信接口（通常指 COM 接口），是采用串行通信方式的扩展接口。串行接口是指数据一位一位地顺序传送。其特点是通信线路简单，只要一对传输线就可以实现双向通信（可以直接利用电话线作为传输线），从而大大降低了成本，特别适用于远距离通信，但传送速度较慢。串行接口按电气标准及协议来分包括 RS-232-C、RS-422、RS-485 等。RS-232-C、RS-422 与 RS-485 标准只对接口的电气特性做出规定，不涉及接插件、电缆或协议。RS-232 也称标准串口，是最常用的一种串行通信接口，它是在 1970 年由美国电子工业协会（EIA）联合贝尔系统、调制解调器厂家及计算机终端生产厂家共同制定的用于串行通信的标准。传统的 RS-232-C 接口标准有 22 根线，采用标准 25 芯 D 型插头/座（DB25），后来多使用简化的 9 芯 D 型插头/座（DB9），现在应用中 25 芯插头/座已很少采用。

串口通信是一种常见的通信方式。图 7-1 所示是 DB9 针的 RS-232 串口，分别是公头、母头，这两种串口可以连接在一起。DB9 针的串口信号脚编号如图 7-2 所示，信号脚的具体含义见表 7-1。

图 7-1　RS-232 串口（DB9）

(a) 公头　　(b) 母头

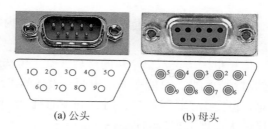

图 7-2　RS-232 串口（DB9）信号脚编号

(a) 公头　　(b) 母头

表 7-1　DB9 针串口信号脚说明

信号脚序号	含　义	信号方向来自	缩　写
1	数据载波检测	调制解调器	DCD
2	接收数据	PC	RxD
3	发送数据	PC	TxD
4	数据终端准备	调制解调器	DTR
5	信号地	—	GND
6	数据设备准备好	调制解调器	DSR
7	请求发送	PC	RTS
8	清除发送	调制解调器	CTS
9	振铃指示	调制解调器	RI

注意：禁止带电拔插串口，否则可能导致串口损坏。

2．异步串口通信参数

如图 7-2 所示，串口通信可以使用 3 根线完成，对应信号脚分别是：2 接收、3 发送、5 地线。对此，有个简单的记法：2 收、3 发、5 地。串口通信分为同步、异步两种方式。同步串口通信时，发送方除了发送数据之外，还要把时钟信号也同步发送给对方，这就要求非常高的时钟精度，实施起来成本很高。而采用异步通信方式时，发送端、接收端可以由各自的时钟来控制数据的发送和接收，这两个时钟源彼此独立，互不同步。异步通信是计算机通信中最常用的数据信息传输方式。在进行异步串口通信时，最重要的参数是波特率、数据位、停止位和校验位。对于两个需要进行通信的串口，必须采用相同的配置。

1）波特率

波特率用来衡量数据传输速率，它表示每秒钟传送的符号（位）的个数。例如，300 波特率表示每秒钟发送 300 个符号，即 300 位。波特率与距离成反比。高波特率常用于距离很近的设备间的通信。当距离较长时，应该选取较低的波特率，并且需要防止电磁干扰，否则将导致误码率提高。

2）数据位

数据位用来衡量通信中实际数据位数。当计算机发送一个信息包时，可选的数据位标准值是 5、6、7、8 位。如何设置取决于传送的信息。比如，标准的 ASCII 码是 0～127（7 位），那么每个数据包使用 7 位数据位。数据包的内容包括开始/停止位、数据位和奇偶校验位。

3）停止位

停止位用于表示单个包的最后一位，可选值为 1 位、1.5 位、2 位。由于每个设备有自己的时钟，因此，可能在通信中两台设备间出现不同步的现象。所以停止位不仅表示传输的结束，也提供了计算机校正时钟同步的机会。停止位的位数越多，不同设备的时钟同步的容忍度越大，但数据传输也越慢。

4）校验位

校验位用来在串口通信中进行简单的错误检查。在串口通信中，可选的校验为：无校验、奇校验、偶校验。接收设备能够据此知道是否有噪声干扰了通信，也可以判断传输数据、接收数据是否同步。

注意：串口通信是独占式通信，也就是说，当某个进程 A 打开串口 X 后，其他进程无法访问串口 X，只有当进程 A 关闭串口 X 后，其他进程才能访问串口 X。当然，也可以在操作系统层监听串口通信，本书不做讨论。

第 45 天　封装跨平台的异步串口通信类库

今天要学习的案例对应的源代码目录：src/base/communicate。本案例不依赖第三方类库。

今天的目标是掌握如下内容：开发跨平台的异步串口通信类。

在第 44 天的学习中，我们了解了串口通信的基础知识，那么到底该怎样开发串口通信程序呢？在进行跨平台串口通信时，Windows 系统与 Linux 系统的实现方式并不相同，为了实现统一、跨平台的串口通信功能，需要把串口通信功能进行封装。本节主要讨论异步串口通信。

下面介绍如何开发跨平台的串口通信类 CPPSerial。

1. 开发跨平台的串口通信类 CPPSerial

如代码清单 7-1 所示，com_serial.h 是跨平台串口类 CPPSerial 的头文件。为了区分串口的不同工作状态，定义枚举类型 ESERIAL_STATE，见标号①处。在标号②处，定义串口通信结构体 s_serial_config，该结构体包含了串口通信常用的配置信息。在标号③、标号④处定义两个成员，分别用来配置串口的发送、接收缓冲区的大小，这两个配置只用于 Windows，在 Linux 上不用。CPPSerial 类定义见标号⑤处，该类提供了打开串口、关闭串口、读写串口数据等常用功能。setSerialConfig()、getSerialConfig()接口分别用来设置、获取串口通信的配置参数，见标号⑥、标号⑦处。

代码清单 7-1

```
// include/base/communicate/com_serial.h
#pragma once
#include "com_export.h"
#include "customtype.h"
```

```cpp
namespace ns_train {
// 串口状态
enum ESERIAL_STATE {                                                        ①
    ESERIAL_OPEN = 0,     // 串口打开
    ESERIAL_CLOSE,        // 串口关闭
    ESERIAL_ERROR,        // 串口错误
    ESERIAL_STATE_MAX
};
const int c_nDeviceNameLength = 18;
// 串口通信参数定义
struct s_serial_config {                                                    ②
    type_uint16 u32Baudrate;        // 波特率(串口通信速率)
    type_uint8  byDatabits;         // 数据位数,如:5, 6, 7, 8
    type_char   chStopbit;  // 停止位, 0 or '0':1位, 1 or '1':1.5位, 2 or '2':2位
    type_char   chParity;           // 校验,'N':无,'O':奇校验,'E':偶校验
    type_char   strDevicename[c_nDeviceNameLength];
                                    // 设备名, 如 COM1,/dev /tty01等
    type_uint32 u32SendBufferLength;// 发送缓冲区长度, Windows用, Linux 不用  ③
    type_uint32 u32RecvBufferLength;// 接收缓冲区长度, Windows用, Linux 不用  ④
};
class CSerialProxy; // 串口代理类
class COM_API CPPSerial {                                                   ⑤
public:
    explicit CPPSerial(const s_serial_config& serialConfig);
    virtual ~CPPSerial();
    bool open();
    bool isOpen();
    bool close();
    int read(char* data, int count);
    int write(char* data, int count);
    bool setSerialConfig(const s_serial_config& serialConfig);              ⑥
    s_serial_config getSerialConfig();                                      ⑦
    bool setBaudrate(type_uint16 baudrate);
    type_uint16 getBaudrate();
private:
    CSerialProxy* m_pData;
};
}
```

如代码清单 7-2 所示,CPPSerial 类的实现依赖于 CSerialProxy 类。如标号①、标号②处所示,在 Windows 系统、Linux 系统中引用了不同的头文件,以便为 CSerialProxy 类提供不同的定义与实现。

代码清单 7-2

```cpp
// include/base/communicate/com_serial.cpp
#include "com_serial.h"
```

```cpp
#ifdef WIN32
#include "com_serialproxy_windows.h"                              ①
#else
#include "com_serialproxy_linux.h"                                ②
#endif
namespace ns_train {
CPPSerial::CPPSerial(const s_serial_config& config) : m_pData(new
CSerialProxy(config)){
}
CPPSerial::~CPPSerial() {
    if (NULL != m_pData) {
        delete m_pData;
        m_pData = NULL;
    }
}
bool CPPSerial::open() {
    if (NULL != m_pData) {
        return m_pData->open();
    }
    return true;
}
bool CPPSerial::close() {
    if (NULL != m_pData) {
        return m_pData->close();
    }
    return false;
}
int CPPSerial::read(char* data, int count) {
    if (NULL != m_pData) {
        return m_pData->readData(data, count);
    }
    return 0;
}
int CPPSerial::write(char* data, int count) {
    if (NULL != m_pData) {
        return m_pData->writeData(data, count);
    }
    return 0;
}
bool CPPSerial::setSerialConfig(const s_serial_config& config) {
    if (NULL != m_pData) {
        return m_pData->setSerialConfig(config);
    }
    return false;
}
bool CPPSerial::setBaudrate(type_uint16 baudrate) {
    if (NULL != m_pData) {
```

```
        return m_pData->setBaudrate(baudrate);
    }
    return false;
}
type_uint16 CPPSerial::getBaudrate() {
    if (NULL != m_pData) {
        return m_pData->getBaudrate();
    }
    return 0;
}
```

2. CSerialProxy 类在 Windows 上的定义与实现

CSerialProxy 类在 Windows 上的头文件是 com_serialproxy_windows.h，见代码清单 7-3。

代码清单 7-3

```cpp
// src/base/communicate/com_serialproxy_windows.h
#pragma once
#include "com_serial.h"
// #include "stdio.h"
#include "windows.h"
namespace ns_train {
class CSerialProxy {
public:
    CSerialProxy(const s_serial_config& config);
    ~CSerialProxy();
    bool open();
    bool isOpen();
    bool close();
    bool setSerialConfig();
    bool setSerialConfig(const s_serial_config& serialConfig);
    s_serial_config getSerialConfig() {
        return m_serialConfig;
    }
    bool setBaudrate(type_uint16 baudrate);
    type_uint16 getBaudrate();
    int readData(char* data, int count);
    int writeData(char* data, int count);
private:
    HANDLE m_hCom;                              // 句柄
    ESERIAL_STATE m_eSerialState;               // 串口状态
    s_serial_config m_serialConfig;             // 串口通信参数
};
}
```

CSerialProxy 类在 Windows 上的实现文件是 com_serialproxy_windows.cpp，见代码清

单 7-4。如标号①处所示，在打开串口的接口 open()中，调用 CreateFile()创建一个文件句柄，指向打开的串口。打开成功后，设置串口通信的配置参数，见标号②处。在标号③处，设置用于监视的串口事件掩码，这里只监视接收数据事件。在标号④处，根据串口配置参数对象中的接收、发送缓冲区的大小，设置串口通信的收发缓冲区长度。在标号⑤处，PurgeComm()用来清空缓冲区，该接口的标志参数的取值见表 7-2。在标号⑥处，先获取串口通信状态，然后更新波特率、校验方式、数据位、停止位等配置。在标号⑦处，将通信配置设置到串口。如标号⑧、标号⑨处所示，在读、写串口之前，需要调用 ClearCommError()函数清除硬件的通信错误并获取通信设备的当前状态，根据串口状态决定是否继续进行读、写操作。

代码清单 7-4

```cpp
// src/base/communicate/com_serialproxy_windows.cpp
#include "com_serialproxy_windows.h"
#include "stdio.h"
// #include "windows.h"
namespace ns_train {
CSerialProxy::CSerialProxy(const s_serial_config& config) :
    m_hCom(INVALID_HANDLE_VALUE),
    m_eSerialState(ESERIAL_CLOSE),
    m_serialConfig(config){
}
CSerialProxy::~CSerialProxy() {
    if (m_hCom) {
        CloseHandle(m_hCom);
        m_hCom = INVALID_HANDLE_VALUE;
    }
}
bool CSerialProxy::open() {
    bool bRet = false;
    if (INVALID_HANDLE_VALUE != m_hCom) {
        return bRet;
    }
    m_hCom = CreateFile((LPCTSTR)m_serialConfig.strDevicename,        ①
                        GENERIC_READ | GENERIC_WRITE, // 用于读、写
                        0,                            // 不共享
                        NULL,                         // 不设置安全属性
                        OPEN_EXISTING,                // 文件(串口)必须已存在
                        FILE_ATTRIBUTE_NORMAL,        // 默认属性
                        NULL);                        // 不设置复制文件句柄
    if (m_hCom == INVALID_HANDLE_VALUE) {
        m_eSerialState = ESERIAL_ERROR;
        bRet = false;
    }
    else { // 打开串口成功
        m_eSerialState = ESERIAL_OPEN;
```

```cpp
        bRet = setSerialConfig();  // 设置串口通信参数                    ②
    }
    return bRet;
}
bool CSerialProxy::setSerialConfig(const s_serial_config& config) {
    DCB comdcb;
    BOOL bComFlag;
    SetCommMask(m_hCom, EV_RXCHAR);                                      ③
    SetupComm(m_hCom, config.u32RecvBufferLength,
config.u32SendBufferLength);                                             ④
    PurgeComm(m_hCom, PURGE_TXABORT | PURGE_RXABORT | PURGE_TXCLEAR |
        PURGE_RXCLEAR);                                                  ⑤
    GetCommState(m_hCom, &comdcb);                                       ⑥
    // 通信参数
    comdcb.BaudRate = config.u32Baudrate;       // 波特率
    switch (config.chParity) {
    case 'O':
    case 'o':
        comdcb.Parity = ODDPARITY;              // 奇校验
        break;
    case 'E':
    case 'e':
        comdcb.Parity = EVENPARITY;             // 偶校验
        break;
    case 'N':
    case 'n':
        comdcb.Parity = NOPARITY;               // 无校验
        break;
    default:
        comdcb.Parity = NOPARITY;               // 无校验
        break;
    }
    switch (config.chStopbit) {
    case 1:
    case '1':
        comdcb.StopBits = ONE5STOPBITS;         // 1.5 位停止位
        break;
    case 2:
    case '2':
        comdcb.StopBits = TWOSTOPBITS;          // 2 位停止位
        break;
    case 0:
    case '0':
    default:
        comdcb.StopBits = ONESTOPBIT;           // 1 位停止位
        break;
    }
```

```cpp
        comdcb.ByteSize = config.byDatabits;              // 数据位
        bComFlag = SetCommState(m_hCom, &comdcb);                              ⑦
        if (!bComFlag) {
            close();
            return false;
        }
        return true;
    }
    bool CSerialProxy::isOpen() {
        return ((ESERIAL_OPEN == m_eSerialState) ? true : false);
    }
    bool CSerialProxy::close() {
        if (INVALID_HANDLE_VALUE != m_hCom) {
            CloseHandle(m_hCom);
            m_hCom = INVALID_HANDLE_VALUE;
            m_eSerialState = ESERIAL_CLOSE;
        }
        return true;
    }
    int CSerialProxy::readData(char* data, int count) {
        DWORD      dwErrorFlags;
        COMSTAT    ComStat;
        DWORD      sReadByteCount = 0;
        BOOL       bReadState = FALSE;
        if (INVALID_HANDLE_VALUE == m_hCom) {
            return -1;
        }
        ClearCommError(m_hCom, &dwErrorFlags, &ComStat);                       ⑧
        if (ComStat.cbInQue) {
            if ((DWORD)count > ComStat.cbInQue) {      // 读缓冲区有数据
                count = ComStat.cbInQue;
            }
            bReadState = ReadFile(m_hCom, data, count, &sReadByteCount, NULL);
            if (!bReadState) {
                if ( ERROR_IO_PENDING != GetLastError()) {
                    sReadByteCount = -1;
                }
            }
        }
        return sReadByteCount;
    }
    int CSerialProxy::writeData(char* data, int count) {
        DWORD      dwErrorFlags;
        unsigned long sendCount = 0;
        COMSTAT    ComStat;
        if (!m_hCom) {
            return -1;
```

```cpp
    }
    ClearCommError(m_hCom, &dwErrorFlags, &ComStat);                        ⑨
    if (!ComStat.cbOutQue) {        //发送缓冲区没有数据可以发送
        if (!WriteFile(m_hCom, data, count, &sendCount, NULL)) {
            if (GetLastError() != ERROR_IO_PENDING) {
                sendCount = -1;
            }
        }
    }
    return sendCount;
}
bool CSerialProxy::setSerialConfig() {
    return setSerialConfig(m_serialConfig);
}
type_uint16 CSerialProxy::getBaudrate() {
    return m_serialConfig.u32Baudrate;
}
bool CSerialProxy::setBaudrate(type_uint16 baudrate) {
    DCB     comdcb;
    GetCommState(m_hCom, &comdcb);
    m_serialConfig.u32Baudrate = baudrate;
    if (comdcb.BaudRate != baudrate) {
        comdcb.BaudRate = baudrate;
    }
    if (SetCommState(m_hCom, &comdcb)) {
        return true;
    }
    close();
    return false;
}
```

表 7-2　PurgeComm()的第 2 个参数含义

标　　志	含　　义
PURGE_TXABORT	终止所有正在进行的字符输出操作，完成一个正处于等待状态的重叠 I/O 操作，这将产生一个事件，指明完成了写操作
PURGE_RXABORT	终止所有正在进行的字符输入操作，完成一个正在进行中的重叠 I/O 操作，并带有已设置的适当事件
PURGE_TXCLEAR	这个命令指导设备驱动程序清除输出缓冲区，经常与 PURGE_TXABORT 命令标志一起使用
PURGE_RXCLEAR	这个命令用于设备驱动程序清除输入缓冲区，经常与 PURGE_RXABORT 命令标志一起使用

3．CSerialProxy 类在 Linux 上的定义与实现

CSerialProxy 类在 Linux 上的头文件是 com_serialproxy_linux.h，见代码清单 7-5。

代码清单 7-5

```cpp
// src/base/communicate/com_serialproxy_linux.h
#pragma once
#include "com_serial.h"
#include <termios.h>
namespace ns_train {
class CSerialProxy {
public:
    CSerialProxy(const s_serial_config& config);
    ~CSerialProxy();
    bool open();
    bool isOpen();
    bool close();
    bool setSerialConfig();
    bool setSerialConfig(const s_serial_config& serialConfig);
    s_serial_config getSerialConfig() {
        return m_serialConfig;
    }
    bool setBaudrate(int baudrate);
    int getBaudrate();
    int readData(
        char* data,
        int count);
    int writeData(
        char* data,
        int count);
private:
    void setParam();                            // 设置串口参数
    bool setBPS(type_int32 baudrate);           // 仅设置波特率
    void setFlowControl(int fctrl);             // 设置流控制
    void setDataBit(int databit);               // 设置数据位
    void setStopBit(char stopbit);              // 设置停止位
    void setParityCheck(char parity);           // 设置校验
    int makeBaudrate(int baudrate);             // 波特率转换
private:
    int m_fd;                                   // 文件描述符
    struct termios m_termio2;                   // 设备参数
    struct termios m_termio1;                   // 设备参数
    ESERIAL_STATE m_eSerialState;               // 串口状态
    s_serial_config m_serialConfig;             // 串口通信参数
};
}
```

CSerialProxy 类在 Linux 上的实现文件是 com_serialproxy_linux.cpp,见代码清单 7-6。在标号①处,打开串口时,使用::open ()函数,其原型为 int open(const char *pathname, int oflag, ...),其中 oflag 取值解释如下。

- O_RDWR 表示读写模式。
- O_NOCTTY 表示如果路径名指向终端设备，不要把这个设备用作控制终端。
- O_NDELAY 表示不关心 DCD 信号所处的状态（端口的另一端为激活或者停止）。

代码清单 7-6

```cpp
// src/base/communicate/com_serialproxy_linux.cpp
#include "com_serialproxy_linux.h"
#include "customtype.h"
#include <stdlib.h>
#include <stdio.h>
#include <strings.h>
#include <unistd.h>
#include <sys/types.h>
#include <sys/time.h>
#include <fcntl.h>
#include <errno.h>

namespace ns_train {
CSerialProxy::CSerialProxy(const s_serial_config& config) :
    m_fd(-1),  // -1 表示设备处于关闭状态
    m_eSerialState(ESERIAL_CLOSE),
    m_serialConfig(config){
}
CSerialProxy::~CSerialProxy() {
    if (m_fd > 0) {
        close();
    }
}
bool CSerialProxy::open() {
    bool bRet = false;
    if (m_fd > 0) {
        return true;
    }
    m_fd = ::open(m_serialConfig.strDevicename, O_RDWR|O_NOCTTY|O_NDELAY); ①
    if (m_fd < 0) {
        m_eSerialState = ESERIAL_ERROR;
    }
    else {
        isatty(m_fd);    // 判断描述符是否为终端
        int flags = fcntl(m_fd, F_GETFL, 0);
        m_eSerialState = ESERIAL_OPEN;
        bzero(&m_termio1, sizeof(m_termio1));
        bzero(&m_termio2, sizeof(m_termio2));
        tcgetattr(m_fd, &m_termio1);
        bRet = setSerialConfig();
        tcgetattr(m_fd, &m_termio2);
```

```cpp
    }
    return bRet;
}
bool CSerialProxy::isOpen() {
    return ((ESERIAL_OPEN == m_eSerialState) ? true : false);
}
bool CSerialProxy::close() {
    tcsetattr(m_fd, TCSADRAIN, &m_termio1);
    if (m_fd > -1) {
        ::close(m_fd);
    }
    m_fd = -1;
    m_eSerialState = ESERIAL_CLOSE;
    return true;
}
int CSerialProxy::readData(char* data, int count) {
    if (m_eSerialState != ESERIAL_OPEN) {
        return -1;
    }
    int nRead = read(m_fd, data, count);
    if (nRead <= 0) {
        return 0;
    }
    return nRead;
}
int CSerialProxy::writeData(char* data, int count) {
    if (m_eSerialState != ESERIAL_OPEN) {
        return -1;
    }
    int nWrite = -1;
    nWrite = write(m_fd, data, count);
    if (nWrite <= 0) {
        return 0;
    }
    return nWrite;
}
int CSerialProxy::makeBaudrate(int baudrate) {
    switch (baudrate) {
    case 0:
        return (B0);
    case 50:
        return (B50);
    case 75:
        return (B75);
    case 110:
        return (B110);
    case 134:
```

```cpp
            return (B134);
        case 150:
            return (B150);
        case 200:
            return (B200);
        case 300:
            return (B300);
        case 600:
            return (B600);
        case 1200:
            return (B1200);
        case 2400:
            return (B2400);
        case 4800:
            return (B4800);
        case 9600:
            return (B9600);
        case 19200:
            return (B19200);
        case 38400:
            return (B38400);
        default:
            return (B9600);
    }
}
bool CSerialProxy::setSerialConfig() {
    return setSerialConfig(m_serialConfig);
}
bool CSerialProxy::setSerialConfig(const s_serial_config& config) {
    setBPS(config.u32Baudrate);
    setDataBit(config.byDatabits);
    setParityCheck(config.chParity);
    setStopBit(config.chStopbit);
    setParam();
    return true;
}
bool CSerialProxy::setBPS(int baudrate) {
    struct termios options;
    bzero(&options, sizeof(options));

    tcgetattr(m_fd, &options);
    cfsetispeed(&options, makeBaudrate(baudrate));
    cfsetospeed(&options, makeBaudrate(baudrate));
    options.c_cflag |= (CLOCAL | CREAD);// | CRTSCTS
    tcflush(m_fd, TCIOFLUSH);
    tcsetattr(m_fd, TCSANOW, &options);
    return true;
```

```cpp
}
void CSerialProxy::setDataBit(int databit) {
    struct termios options;
    bzero(&options, sizeof(options));
    tcgetattr(m_fd, &options);
    options.c_cflag &= ~CSIZE;
    switch (databit) {
    case 5:
        options.c_cflag |= CS5;
        break;
    case 6:
        options.c_cflag |= CS6;
        break;
    case 7:
        options.c_cflag |= CS7;
        break;
    case 8:
    default:
        options.c_cflag |= CS8;
        break;
    }
    tcflush(m_fd, TCIOFLUSH);
    tcsetattr(m_fd, TCSANOW, &options);
}
void CSerialProxy::setStopBit(char stopbit) {
    struct termios options;
    bzero(&options, sizeof(options));
    tcgetattr(m_fd, &options);
    switch (stopbit) {
    case 2:
    case '2':
        options.c_cflag |= CSTOPB;
        break;
    case 0:
    case '0':
    case 1:
    case '1':
    default:
        options.c_cflag &= ~CSTOPB;
        break;
    }
    tcflush(m_fd, TCIOFLUSH);
    tcsetattr(m_fd, TCSANOW, &options);
}
void CSerialProxy::setParityCheck(char parity) {
    struct termios options;
    bzero(&options, sizeof(options));
```

```cpp
    tcgetattr(m_fd, &options);
    switch (parity) {
    case 'E':
    case 'e':
        options.c_cflag |= PARENB;
        options.c_cflag &= ~PARODD;
        break;
    case 'O':
    case 'o':
        options.c_cflag |= PARENB;
        options.c_cflag |= PARODD;
        break;
    case 'N':
    case 'n':
    default:
        options.c_cflag &= ~PARENB;
        break;
    }
    tcflush(m_fd, TCIOFLUSH);
    tcsetattr(m_fd, TCSANOW, &options);
}
void CSerialProxy::setParam() {
    struct termios options;
    bzero(&options, sizeof(options));

    tcgetattr(m_fd, &options);
    options.c_lflag = 0;
    options.c_iflag = IXON | IXOFF;
    options.c_oflag = 0;
    tcflush(m_fd, TCIOFLUSH);
    tcsetattr(m_fd, TCSANOW, &options);
}
int CSerialProxy::getBaudrate() {
    return (makeBaudrate(cfgetospeed(&m_termio2)));
}
bool CSerialProxy::setBaudrate(int bps) {
    setBPS(bps);
    tcgetattr(m_fd, &m_termio2);
    return true;
}
}
```

第46天 简单的串口通信程序

视频讲解

今天要学习的案例对应的源代码目录：src/chapter07/ks07_03。本案例不依赖第三方类库。程序运行效果如图7-3所示。

图 7-3　第 46 天案例程序运行效果

今天的目标是掌握如下内容：利用封装的串口通信类实现两个模块间的串口通信。

在第 45 天的学习内容中介绍了如何开发跨平台的串口通信类 CPPSerial，下面介绍如何利用 CPPSerial 开发串口通信应用程序。

因为服务器、客户端都要通过 communicate 库的 CPPSerial 类实现串口通信功能，因此，在这两个项目的 pro 文件中，都要通过 LIBS 配置项引入 communicate 库。

```
debug_and_release {
    CONFIG(debug, debug|release) {
        LIBS    += -lcommunicate_d
        ...
    }
    CONFIG(release, debug|release) {
        LIBS    += -lcommunicate
        ...
    }
} else {
    debug {
        LIBS    += -lcommunicate_d
        ...
    }
    release {
        LIBS    += -lcommunicate
        ...
    }
}
```

1. 服务器开发

对于串口通信来说，服务器、客户端的说法并不十分严格，因为通信双方的地位有可能是平等的，即双方都可以进行收发数据操作。这里采用服务器的说法，是为了从应用层区分本案例中的两个程序，本节的服务器程序负责提供数据，即主动发送数据给客户端。如代码清单 7-7 所示，首先对 CApp 类进行改造，为其添加通过串口向客户端发送数据的功能，该功能由接口 sendData() 提供，见标号①处。然后，将通信对象改为串口对象，见标号②处。

代码清单 7-7

```
// src/chapter07/ks07_03/ks07_03_server/app.h
...
namespace ns_train {
    class CPPSerial;
}
class CApp {
public:
...
    void sendData(void);                                            ①
private:
    ...
    ns_train::CPPSerial* m_pSerial;     //串口对象指针              ②
};
```

CApp 类的实现也做相应改动，以适应串口通信，见代码清单 7-8。在标号①、标号②处，应该根据实际情况设置串口名称，如 Linux 系统中可能为/dev/tty01。在标号③处，初始化时创建串口通信对象并设置串口通信参数。在标号④处，在退出程序前，关闭串口并释放内存。

代码清单 7-8

```
// src/chapter07/ks07_03/ks07_03_server/app.cpp
#include <string.h>
...
CApp::CApp() : m_bProcRun(true), m_bTerminal(true), m_bHelp(false),
m_pSerial(NULL) {
}
void CApp::prepare(void) {
    // 初始化
    ns_train::s_serial_config serialConfig;
#ifdef WIN32
    strcpy(serialConfig.strDevicename, "\\\\.\\COM2");              ①
#else
    strcpy(serialConfig.strDevicename, "/dev/tty01");               ②
#endif
    serialConfig.u32Baudrate = 1200;       // 波特率
    serialConfig.byDatabits = 8;           // 8 位数据位
    serialConfig.chParity = 'N';           // 无校验
    serialConfig.chStopbit = 0;            // 1 位停止位
    m_pSerial = new ns_train::CPPSerial(serialConfig);              ③
    bool bOpen = m_pSerial->open();
    if (m_bTerminal) {
        std::cout << "打开串口:" << serialConfig.strDevicename << std::endl;
        std::cout << "波特率:" << serialConfig.u32Baudrate << std::endl;
```

```cpp
            std::cout << "数据位:" << (int)serialConfig.byDatabits << std::endl;
            std::cout << "校验:" << serialConfig.chParity << std::endl;
            if (bOpen) {
                std::cout << "打开串口成功。" << std::endl;
            }
            else {
                std::cout << "打开串口失败。" << std::endl;
            }
        }
    }
    bool CApp::initialize() {
        prepare();
        return true;
    }
    void CApp::beforeExit(void) {
        if (NULL != m_pSerial) {                                    ④
            m_pSerial->close();
            delete m_pSerial;
            m_pSerial = NULL;
        }
        ...
    }
```

下面介绍 CApp::sendData()接口的实现，见代码清单 7-9。sendData()接口的功能是将数据项序号、数据值这两个数据，通过串口发送给客户端。如标号①处所示，在发送数据时，首先判断串口是否已正常打开，如果未打开串口，则尝试打开串口并返回，等待下次调用。定义一个游标指针 pBuf 指向发送缓冲区起始地址，见标号②处，定义游标指针的目的是可以很方便地调整指针指向的内存位置。如标号③处所示，为数据项序号 uDataId 赋值后，需要将其进行字节序转换，然后写入发送缓冲区，这点与网络通信类似，关于大小端、字节序转换的内容，请参见第 21 天的学习内容。在写入发送缓冲区后，根据 uDtaId 占用的字节数，将其累加到待发送字节数 nSend，见标号④处。然后，将游标指针 pBuf 更新到下一个可用位置，见标号⑤处。用相同的方法，将数据项的值 dValue 写入发送缓冲区，之后，写入第 2 组数据。完成数据组帧工作之后，将数据写入串口，见标号⑥处。接下来，在程序的主循环中，周期性调用 sendData()将数据发送给客户端。

代码清单 7-9

```cpp
// src/chapter07/ks07_03/ks07_03_server/app.cpp
void CApp::sendData(void) {
    if (!m_pSerial->isOpen()) {                                    ①
        m_pSerial->open();
        return;
    }
    char buf[128] = { '\0' };      // 发送缓冲区
    int nSend = 0;                 // 待发送的字节数
```

```
    char *pBuf = buf;                                                  ②
    bool bSend = false;
    type_uint32 uDataId = 0;
    type_double dValue = 0.f;
    // 组帧，发送第 1 个数：数据序号、数据值
    uDataId = 0;
    *((type_uint32*)pBuf) = ns_train::HostToNetwork(uDataId);          ③
    nSend += sizeof(uDataId);                                          ④
    pBuf = buf + nSend;                                                ⑤
    dValue = 100.f;
    *((type_double*)pBuf) = ns_train::HostToNetwork(dValue);
    nSend += sizeof(dValue);
    pBuf = buf + nSend;

    // 组帧，发送第 2 个数：数据序号、数据值
    uDataId = 1;
    *((type_uint32*)pBuf) = ns_train::HostToNetwork(uDataId);
    nSend += sizeof(uDataId);
    pBuf = buf + nSend;
    dValue = 200.f;
    *((type_double*)pBuf) = ns_train::HostToNetwork(dValue);
    nSend += sizeof(dValue);
    // 开始发送
    int nWrite = m_pSerial->write(buf, nSend);                         ⑥
}
void CApp::exec(void) {
    while (getRunningFlag()) {
        ns_train::api_sleep(1000); // 1 秒
        sendData();                                                    ⑦
    }
}
```

2. 客户端开发

对于客户端来说，主要改动是为 CApp 类添加串口通信对象，并添加接收数据集处理功能，见代码清单 7-10 中标号①、标号②处。

代码清单 7-10

```
// src/chapter07/ks07_03/ks07_03_client/app.h
...
namespace ns_train {
    class CPPSerial;
}
class CApp {
public:
...
    void recvData(void);                                               ①
```

```cpp
private:
    ...
    ns_train::CPPSerial* m_pSerial;        //串口对象指针                    ②
};
```

先对 CApp 启动、退出时的改动进行介绍，见代码清单 7-11。如标号①处所示，在程序启动时，在 prepare()中，构建串口对象，并为它设置通信参数。在程序退出前，关闭串口并释放内存，见标号②处。

代码清单 7-11

```cpp
// src/chapter07/ks07_03/ks07_03_client/app.cpp
...
#include "base/basedll/host_network_api.h"
#include "base/communicate/com_serial.h"
#include "customtype.h"
CApp::CApp() : m_bProcRun(true), m_bTerminal(true), m_bHelp(false),
m_pSerial(NULL){
}
void CApp::prepare(void) {                                                  ①
    // 初始化
    ns_train::s_serial_config serialConfig;
#ifdef WIN32
    strcpy(serialConfig.strDevicename, "\\\\.\\COM1");
#else
    strcpy(serialConfig.strDevicename, "/dev/tty01");
#endif
    serialConfig.u32Baudrate = 1200;       // 波特率
    serialConfig.byDatabits = 8;           // 8 位数据位
    serialConfig.chParity = 'N';           // 无校验
    serialConfig.chStopbit = 0;            // 1 位停止位
    m_pSerial = new ns_train::CPPSerial(serialConfig);
    bool bOpen = m_pSerial->open();
    if (m_bTerminal) {
        std::cout << "打开串口:" << serialConfig.strDevicename << std::endl;
        std::cout << "波特率:" << serialConfig.u32Baudrate << std::endl;
        std::cout << "数据位:" << serialConfig.byDatabits << std::endl;
        std::cout << "校验:" << serialConfig.chParity << std::endl;
        if (bOpen) {
            std::cout << "打开串口成功。" << std::endl;
        }
        else {
            std::cout << "打开串口失败。" << std::endl;
        }
    }
}
void CApp::beforeExit(void) {
```

```
        if (NULL != m_pSerial) {
            m_pSerial->close();
            delete m_pSerial;                                               ②
            m_pSerial = NULL;
        }
        ...
    }
```

客户端模块的主要功能是周期性读取串口数据并进行解析,见代码清单 7-12。读取数据的接口为 recvData()。如标号①处所示,先设置待读取的数据总长度,也就是两组数据序号以及数据值的长度。在标号②处,利用 while() 循环,读取串口数据,直到读到的字节数满足 nAllData 为止。数据收齐后,开始按顺序解析,也就是按照服务器发送的顺序进行解析。如标号③处所示,将第 1 个数据项序号进行字节序转换后,保存到变量 uDataId。然后,将接收缓冲区游标指针向后移动,读取第 1 个数据项的值。用相同的方法读取第 2 个数据。在程序主循环中周期性调用 recvData() 实现周期性读取串口数据并解析的功能,见标号④处。

代码清单 7-12

```
// src/chapter07/ks07_03/ks07_03_client/app.cpp
...
void CApp::recvData(void) {
    type_uint32 uDataId = 0;       // 数据项的 Id
    type_double dValue = 0.f;      // 数据值
    int readCount = 0;
    const int nAllData = 2*(sizeof(uDataId) + sizeof(dValue)); // 有两组数据
//要读取
    char buf[nAllData] = {'\0'};                                              ①
    bool bError = false;
    if (!m_pSerial->isOpen()) {
        m_pSerial->open();
    }
    while (readCount < nAllData) {                                            ②
        int nRead = m_pSerial->read(buf + readCount, nAllData - readCount);
        if (nRead >= 0) {
            readCount += nRead;
        }
        else {
            m_pSerial->close();
            bError = true;
            break;
        }
    }
    if (bError) {
        return;
    }
    char *pBuf = buf;
```

```
        // 解析第 1 个数据项序号、数据值
        uDataId = ns_train::NetworkToHost(*((type_uint32*)pBuf));
        pBuf += sizeof(uDataId);
        dValue = ns_train::NetworkToHost(*((type_double*)pBuf));
        pBuf += sizeof(dValue);
        std::cout << "id1 = " << uDataId << ", value1 = " << dValue << std::endl;
        // 解析第 2 个数据项序号、数据值
        uDataId = ns_train::NetworkToHost(*((type_uint32*)pBuf));
        pBuf += sizeof(uDataId);
        dValue = ns_train::NetworkToHost(*((type_double*)pBuf));
        pBuf += sizeof(dValue);
        std::cout << "id2 = " << uDataId << ", value2 = " << dValue << std::endl;
}
void CApp::exec(void) {
        // 因为案例的需要，删除人机交互的处理部分，仅读取数据
        while (getRunningFlag()) {
                ns_train::api_sleep(10); // 接收数据时，周期要短，降低延迟，提高读取速率，
//及时读取数据
                recvData();
        }
}
```
③

④

本节通过一个简单的案例，介绍了利用封装的跨平台串口通信类进行串口通信的基本方法。其基本顺序是，在开始通信前设置串口通信参数并打开串口，在结束通信后关闭串口，释放资源。其中需要注意的是，利用串口进行数据通信时，也需要对收发数据进行字节序转换。

第 47 天　开发简单的通信规约

今天要学习的案例对应的源代码目录：src/chapter07/ks07_04。本案例不依赖第三方类库。程序运行效果如图 7-4 所示。

图 7-4　第 47 天案例程序运行效果

今天的目标是掌握如下内容。
- 创建独立的线程用来进行串口通信。
- 根据规约对串口通信数据进行组帧、解帧。

在第 46 天的学习中，我们掌握了简单串口通信程序的开发方法，今天，我们将介绍怎样使用通信规约进行串口通信。在今天的案例中，仍然采用 C/S 模式进行开发。自本案例开始，在本章后续案例中，将为通信双方各自创建独立的线程用来进行串口通信，并且在通信中采用简单的通信规约格式。所谓通信规约（简称规约），也可以称作通信协议，表示双方约定好的通信数据格式。如果通信双方均按照约定的通信规约进行数据的组帧、解帧及相关处理，那么就可以进行正常通信。如果其中一方未按照规约要求执行，那么通信就无法正常继续下去。本案例实现的主要功能如下。

（1）客户端、服务器双方按照相同的串口通信参数进行配置，并进行通信。
（2）服务器周期性发送全数据给客户端，数据来自数据容器单体对象。
（3）客户端周期性扫描窗口，将读取到的数据进行解帧，并保存到数据容器单体对象。
（4）通信时，双方按照指定的规约进行组帧、解帧操作。

1．服务器

服务器负责通过串口向客户端周期性地发送全数据，可以将该功能设计在独立线程 CServerThread 中完成。总体设计思路是，在线程的 run()函数中，循环调用发送组帧接口 makeFrameAndSend()，在 makeFrameAndSend()中每 5 秒调用一次 makeFrameAndSend_Analogs()用来发送模拟量数据集合给客户端。

1）服务器的工作线程 CServerThread

先介绍服务器的工作线程类 CServerThread，其头文件见代码清单 7-13。因各个接口已提供注释，因此不再一一说明。其中需要介绍的是 freeBuffer()，该接口用于释放申请的内存，见标号①处，如释放接收缓冲区、发送缓冲区指针指向的内存，这两个变量的定义见标号②、标号③处。

代码清单 7-13

```
// src/chapter07/ks07_04/ks07_04_server/serverthread.h
...
#pragma once
#include "base_class.h"
namespace ns_train {
    class CPPSerial;
}
class CServerThread : public ns_train::CPPThread {
public:
    CServerThread();
    /**
     * @brief 线程主循环函数。内部必须采用 while(isWorking())作为主循环。
     * @return 无
```

```cpp
     */
    virtual void run() override;
private:
    /**
     * @brief  将待发送数据进行组帧并发送。
     * @return true:成功, false: 失败。当写入串口失败时，将导致返回 false。
     */
    bool makeFrameAndSend();
    /**
     * @brief  将待发送数据进行组帧并发送模拟量数据集合。
     * @return true:成功, false: 失败。当写入串口失败时，将导致返回 false。
     */
    bool makeFrameAndSend_Analogs();
    /**
     * @brief  复位与发送数据相关的变量。
     * @return 无
     */
    void reset_send();
    /**
     * @brief  释放申请的内存。
     * @return 无
     */
    void freeBuffer();                                                         ①
private:
    ns_train::CPPSerial* m_pSerial;  // 串口通信对象
    char *m_pReceiveBuf;                  // 接收缓冲区               ②
    char *m_pSendBuf;                     // 发送缓冲区               ③
    bool m_bSendData;                // true:有数据等待发送, false：无数据等待发送
    ns_train::CPPTime m_tmLastSendAllData;// 上次发送全部模拟量数据的时间
};
```

CServerThread 的实现见代码清单 7-14。首先，定义接收缓冲区、发送缓冲区的大小，见标号①、标号②处，当然，这两个缓冲区的大小也可以使用其他方式进行配置，如从数据库中读取。在构造函数中，为接收缓冲区、发送缓冲区申请内存，并进行初始化，见标号③处。服务器发送数据的功能在 run()中完成。如标号④处所示，首先判断数据访问单体对象指针是否有效，如果无效，则线程停止工作并返回。接下来，判断串口通信对象是否有效，见标号⑤处，该对象来自线程的参数，该参数在线程启动时被传入。在 run()的主循环中，判断线程是否在正常工作，见标号⑥处。当线程的接口 exitThread()被调用后，isWorking()将返回 false，线程就会退出主循环。线程通过调用 makeFrameAndSend()判断是否有数据需要发送，见标号⑦处。makeFrameAndSend()的实现，见标号⑩处，该接口中，每 5 秒调用 makeFrameAndSend_Analogs()向客户端发送模拟量集合。当线程退出时，将调用 freeBuffer() 释放申请的内存，见标号⑧处。freeBuffer()的实现，见标号⑨处。

代码清单 7-14

```cpp
// src/chapter07/ks07_04/ks07_04_server/serverthread.cpp
...
static const int c_nReceiveBufferLength = 12800;  // 需要注意:确保内存够用, 也
//就是至少能够容纳一帧接收到的数据                                              ①
static const int c_nSendBufferLength = 12800;     // 需要注意:确保内存够用, 也就
//是至少能够容纳一帧待发送的数据                                                ②
CServerThread::CServerThread() {                                              ③
    m_pReceiveBuf = new char[c_nReceiveBufferLength];
    memset(m_pReceiveBuf, 0, c_nReceiveBufferLength*sizeof(char));
    m_pSendBuf = new char[c_nSendBufferLength];
    memset(m_pSendBuf, 0, c_nSendBufferLength*sizeof(char));
}
void CServerThread::run() {
    CDataVector *pDataVector = CDataVector::instance();                       ④
    if (NULL == pDataVector) {
        return;
    }
    if (NULL == getParam()) {
        return;
    }
    m_pSerial = static_cast<ns_train::CPPSerial*>(getParam());// 串口通信对象⑤
    if (NULL == m_pSerial) {
        return;
    }
    bool bOk = true;
    bool bOpened = false;
    while (isWorking() && bOk) {                                              ⑥
        ns_train::api_sleep(10);    // 睡眠时间不宜过长, 否则影响后续代码
        keepAlive();                // 请安, 汇报心跳
        bOpened = m_pSerial->open();// 首先打开串口
        if (!bOpened) {
            continue;
        }
        makeFrameAndSend();         // 检查有没有需要发送的命令                ⑦
    }
    freeBuffer();                   // 释放资源                               ⑧
}
void CServerThread::reset_send() {
}
void CServerThread::freeBuffer() {                                            ⑨
    delete[] m_pReceiveBuf;
    m_pReceiveBuf = NULL;
    delete[] m_pSendBuf;
    m_pSendBuf = NULL;
}
```

```cpp
bool CServerThread::makeFrameAndSend() {                              ⑩
    bool bOk = true;
    ns_train::CPPTime tmNow;
    tmNow.setCurrentTime();
    if ((tmNow.getTime() - m_tmLastSendAllData.getTime()) > 5) {
                            // 每 5 秒发送一次全部模拟量数据
        bOk &= makeFrameAndSend_Analogs();
    }
    return bOk;
}
...
```

本节的主要目的是展示通信规约的开发方法，因此需要先为通信双方制定通信规约。因为本节的主要功能是服务器向客户端发送模拟量集合数据，因此本节的通信规约仅定义服务器向客户端发送的模拟量集合的数据格式，见表 7-3。

表 7-3　通信规约中服务器发送模拟量集合的数据格式

含　义	占用的内存大小	内存中的字节序号
同步字 0x68	1 字节	字节 0
帧类型	1 字节	字节 1
起始数据序号	4 字节	字节 2~5
本帧数据个数	4 字节	字节 6~9
1 个数据	8 字节	字节 10~17
...	...	...
1 个数据	8 字节	字节 n~n+7

服务器要按照表 7-3 中的通信规约组织模拟量集合数据，该功能在 makeFrameAndSend_Analogs()中实现，见代码清单 7-15。如标号①处所示，在该接口开头部分，展示了通信规约中模拟量集合数据帧的格式，这样做的目的是方便开发人员作为参考，同时也可以在调试时用作参考。该接口中通过注释的方式展示了规约开发的详细步骤。第 1 步，定义通信规约中相关的各个变量。第 2 步，计算发送缓冲区每次能够容纳多少模拟量数据，计算时，用缓冲区总大小减去表 7-3 通信规约中【同步字】【帧类型】【起始数据序号】【本帧数据个数】这几个固定数据的大小，然后除以 8（双精度浮点数，数据大小为 8 字节），得到每帧数据的个数。第 3 步，按照通信规约定义的数据帧格式进行组帧发送。因为要发送模拟量数据的集合，所以，通过 while()循环来判断全部数据是否发送完毕，见标号②处。如标号③处所示，将发送游标指针指向发送缓冲区开头。然后，开始对发送数据进行组帧，见标号④处。这里的组帧，就是按照表 7-3 中定义的通信规约，将数据填写到发送缓冲区中，并进行必要的字节序转换。当完成某个域（字段）的填写后，将发送游标做相应的位移，位移的大小取决于刚写入的数据的大小，见标号⑤处，这样做的好处是仍然可以对 pBuf[0]的写法进行操作，见标号⑥处。当超过 1 字节的数据（非字符型数据）写入发送缓冲区时，需要执行字节序转

换,从本地字节序转换到网络序,见标号⑦处。其他域的写入方法以此类推。当所有数据组帧完毕后,就可以将数据写入串口了,见标号⑧处。如果发送成功,则将已发送数据个数 nSendDataCount 进行累加,否则认为出错,函数返回。

代码清单 7-15

```
// src/chapter07/ks07_04/ks07_04_server/serverthread.cpp
...
bool CServerThread::makeFrameAndSend_Analogs() {                                    ①
    /*
    *     |同步字 0x68        |   【1 字节】- 字节 0
    *     |帧类型             |   【1 字节】- 字节 1
    *     |起始数据序号       |   【4 字节】- 字节 2~5
    *     |本帧数据个数       |   【4 字节】- 字节 6~9
    *     |1 个数据           |   【8 字节】- 字节 10~17
    *     |...                |
    *     |1 个数据           |   【8 字节】- 字节 n~n+7
    */
    CDataVector* pDataVector = CDataVector::instance();
    if (NULL == pDataVector) {
        return false;
    }
    // 1. 定义通信数据帧中各个字段对应的变量。请注意,要保证变量的数据类型与通信帧中
    //对应的字段完全一致
    bool bError = false;
    const type_uint8 uchStart       = 0x68;              // 同步字
    type_uint8 uchFrameType         = type_uint8(ESERVERFRAME_ANALOGDATAS);
                                                         // 帧类型
    type_uint32 u32StartDataId = 0;                      // 起始数据序号
    type_uint32 u32CurrentFrameDataCount = 0;            // 本帧数据个数
    type_double dValue = 0.0;                            // 数据的值
    // 2. 计算该缓冲区能容纳多少有效数据
    const type_int32 nFrameMaxDataCount = (c_nSendBufferLength -
sizeof(uchStart)-sizeof(uchFrameType)-sizeof(u32StartDataId)
-sizeof(u32CurrentFrameDataCount))/ sizeof(dValue);      // 一帧最多可发送的数据个数
    // 3. 定义相关变量
    type_uint32 nAllDataCount = pDataVector->getSize();  // 待发送数据总个数
    type_uint32 nSendDataCount = 0;                      // 已经发送的数据个数
    type_int32 nFrameLength = 0;                         // 本帧数据总长度
    type_uint8 *pBuf = NULL;                             // 发送缓冲区游标指针
    while (nSendDataCount < nAllDataCount) {  // 数据都发出去了吗    ②
        pBuf = (type_uint8*)m_pSendBuf;                                  ③
        pBuf[0] = uchStart;                   // 同步字                  ④
        pBuf++;                                                          ⑤
        pBuf[0] = uchFrameType;               // 帧类型                  ⑥
        pBuf++;
        *(reinterpret_cast<type_uint32*>(pBuf))                    =
```

```cpp
        ns_train::HostToNetwork(u32StartDataId);   // 起始数据序号                ⑦
        pBuf += sizeof(u32StartDataId);
        if ((nAllDataCount-nSendDataCount) < nFrameMaxDataCount) {
            u32CurrentFrameDataCount = nAllDataCount-nSendDataCount;
        }
        else {
            u32CurrentFrameDataCount = nFrameMaxDataCount;
        }
        nFrameLength = static_cast<int>(sizeof(uchStart) +
 sizeof(uchFrameType) + sizeof(u32StartDataId) +
            sizeof(u32CurrentFrameDataCount) + u32CurrentFrameDataCount *
sizeof(dValue));                          // 本帧数据长度
        *(reinterpret_cast<type_uint32*>(pBuf)) = ns_train::HostToNetwork
(u32CurrentFrameDataCount);        // 本帧数据个数
        pBuf += sizeof(u32CurrentFrameDataCount);

        for (type_uint32 idx = 0; idx < u32CurrentFrameDataCount; idx++) {
            pDataVector->getData(idx+1+ u32StartDataId, dValue);
            *(reinterpret_cast<type_double*>(pBuf)) =
ns_train::HostToNetwork(dValue);    // 数据
            pBuf += sizeof(dValue);
        }
        u32StartDataId += u32CurrentFrameDataCount;
        // 数据组帧完毕，开始发送
        int nWrite = m_pSerial->write(m_pSendBuf, nFrameLength);        ⑧
        if (nWrite > 0) {
            nSendDataCount += u32CurrentFrameDataCount; // 更新已发送数据个数
        }
        else {
            m_pSerial->close();
            bError = true;
            return false;
        }
        // ns_train::ii_sleep(1);  // 如果数据量比较多，导致循环次数太多，可能导致
//CPU占用率高，那么可以用睡眠释放CPU
    }
    m_tmLastSendAllData.setCurrentTime();
    return true;
}
```

2）服务器的应用程序类 CApp

下面介绍服务器的应用程序类 CApp，对该类的改造，主要是添加串口通信对象、启动工作线程。其中，串口对象的创建、配置串口参数、打开串口、退出前关闭串口的相关内容，在第 46 天的学习内容中已经介绍过，本节主要介绍启动工作线程的内容。首先，在 CApp 中添加工作线程对应的成员变量，见代码清单 7-16。

代码清单 7-16

```cpp
// src/chapter07/ks07_04/ks07_04_server/app.h
...
class CApp {
    ...
    ns_train::CPPSerial* m_pSerial;     // 串口对象指针
    CServerThread* m_pServerThread;     // 服务器维护线程
};
```

然后，在 CApp 的实现中，构建工作线程对象并启动该线程，见代码清单 7-17。如标号①处所示，创建工作线程对象后，在启动该线程时，传入串口通信对象指针作为参数，以便在线程中使用该串口通信对象。在程序退出前，退出工作线程并释放资源，见标号②处。

代码清单 7-17

```cpp
// src/chapter07/ks07_04/ks07_04_server/app.cpp
...
bool CApp::initialize() {
    /* do initialize work */
    prepare();
    CDataVector* pDataVector = CDataVector::instance();  // 数据容器指针
    if (NULL != pDataVector) {
        pDataVector->initialize();
    }
    m_pServerThread = new CServerThread();
    m_pServerThread->start(m_pSerial);                                   ①
    return true;
}
void CApp::beforeExit(void) {
    // 先退出线程，再释放套接字资源
    if (NULL != m_pServerThread) {                                       ②
        m_pServerThread->exitThread();
        delete m_pServerThread;
        m_pServerThread = NULL;
    }
    if (NULL != m_pSerial) {
        m_pSerial->close();
        delete m_pSerial;
        m_pSerial = NULL;
    }
    if (!m_bHelp) {
        std::cout << ">>> 模块退出。" << std::endl;
        //char ch = '\0';
        //std::cin >> ch;
    }
}
```

2. 客户端

本案例的客户端负责从串口接收服务器发送的模拟量数据集并进行解析，解析后将数据写入数据容器单体对象中。客户端的总体设计思路是，创建独立的线程来处理串口通信数据的接收、解帧，在线程的 run() 函数中，通过切换通信数据的解帧状态实现正确的解帧过程。

1）客户端的工作线程 CClientThread

先介绍客户端的工作线程类 CClientThread，其头文件见代码清单 7-18。各个接口已提供注释，其详细功能将在 CClientThread 的实现文件中进行介绍。其中需要说明的是，定义枚举类型 EFRAME_STATUS 用来表示对所接收到的数据帧的处理状态，见标号①处。

代码清单 7-18

```cpp
// src/chapter07/ks07_04/ks07_04_client/clientthread.h
#pragma once

#include "base_class.h"
#include <list>

struct s_IDValue {
    s_IDValue(type_uint32 id, type_double value);
    type_uint32 nId;
    type_double dValue;
};

namespace ns_train {
    class CPPSerial;
}

class CClientThread : public ns_train::CPPThread {
public:
    CClientThread();
    /**
    * @brief  线程主循环函数。内部必须采用while(isWorking())作为主循环。
    * @return 无
    */
    virtual void run() override;
private:
    /**
    * @brief  将待发送数据进行组帧并发送。
    * @return true:成功, false: 失败。当写入串口失败时，将导致返回false。
    */
    bool makeFrameAndSend();
    /**
    * @brief  接收数据并解帧。
    * @param[in] pSerial 串口对象。
```

```
 * @return true:成功, false: 失败。当写入串口失败时,将导致返回false。
 */
bool recvAndParseFrame();
/**
 * @brief    获取帧类型。
 * @return 无
 */
bool parseFrame_GetFrameType();
/**
 * @brief    搜索同步字。
 * @return 无
 */
bool parseFrame_Synchronization();
/**
 * @brief    获取帧长度。
 * @return 无
 */
bool parseFrame_GetFrameLength();
/**
 * @brief    获取模拟量数据帧(ESERVERFRAME_ANALOGDATAS)的帧长度。
 * @return 无
 */
bool parseFrame_GetFrameLength_Analogs();
/**
 * @brief    解析数据。
 * @return 无
 */
bool parseFrame_Parse();
/**
 * @brief    解析模拟量数据帧(ESERVERFRAME_ANALOGDATAS)。
 * @return 无
 */
bool parseFrame_Analogs();
/**
 * @brief    复位与接收数据相关的变量。
 * @return 无
 */
void reset_receive();
/**
 * @brief    复位与发送数据相关的变量。
 * @return 无
 */
void reset_send();
/**
 * @brief    释放申请的内存。
 * @return 无
 */
```

```cpp
        void freeBuffer();
    private:
        enum EFRAME_STATUS {                                                    ①
            EFRAME_SYNCHRONIZATION = 0,     // 搜索同步字
            EFRAME_GET_FRAMETYPE,           // 搜索帧类型
            EFRAME_GET_FRAMELENGTH,         // 获取帧长度
            EFRAME_PARSEDATA,               // 解析数据
        };
        ns_train::CPPSerial* m_pSerial;                 // 串口通信对象
        type_int32 m_nReceivedCount;                    // 已经接收到的数据字节数
        EFRAME_STATUS m_eFrameStatus;                   // 数据解帧状态
        type_uint8 m_byFrameType;                       // 帧类型
        type_int32 m_nFrameLength;                      // 帧长度
        type_uint32 m_u32StartId;                       // 起始数据序号
        type_uint32 m_u32CurrentFrameDataCount;         // 本帧数据个数
        char *m_pReceiveBuf;                            // 接收缓冲区
        char *m_pSendBuf;                               // 发送缓冲区
};
```

CClientThread 的实现见代码清单 7-19。在构造函数中，为接收缓冲区、发送缓冲区申请内存，并对接收数据相关的变量进行初始化，见标号①处。在线程的 run()函数中，首先打开串口，见标号②处。然后，调用 makeFrameAndSend()检查有没有数据需要发送给服务器，见标号③处。接下来，调用 recvAndParseFrame()进行数据的接收、解帧处理，见标号④处。当线程结束后，调用 freeBuffer()释放资源，见标号⑤处。

代码清单 7-19

```cpp
// src/chapter07/ks07_04/ks07_04_client/clientthread.cpp
#include "clientthread.h"
#include <iostream>
#include <string.h>
#include "datavector.h"
#include "service_api.h"
#include "com_serial.h"
#include "host_network_api.h"
#include "ks07_04/ks07_04_frametype.h"
s_IDValue::s_IDValue(type_uint32 id, type_double value) {
    nId = id; dValue = value;
}
static const int c_nReceiveBufferLength = 12800; // 需要注意:确保内存够用，也
//就是能够至少容纳完整的一帧接收到的数据
static const int c_nSendBufferLength = 12800;    // 需要注意:确保内存够用，也就
//是能够至少容纳完整的一帧待发送的数据
CClientThread::CClientThread() {
    m_pReceiveBuf = new char[c_nReceiveBufferLength];
    memset(m_pReceiveBuf, 0, c_nReceiveBufferLength*sizeof(char));
```

```cpp
        m_pSendBuf = new char[c_nSendBufferLength];
        memset(m_pSendBuf, 0, c_nSendBufferLength*sizeof(char));
        reset_receive();                                                           ①
    }
    void CClientThread::freeBuffer() {
        delete[] m_pReceiveBuf;
        m_pReceiveBuf = NULL;
        delete[] m_pSendBuf;
        m_pSendBuf = NULL;
    }
    void CClientThread::reset_receive() {
        m_nReceivedCount = 0;
        m_byFrameType = ESERVERFRAME_ANALOGDATAS;
        m_eFrameStatus = EFRAME_SYNCHRONIZATION;
        m_nFrameLength = 0;
        m_u32StartId = 0;
        m_u32CurrentFrameDataCount = 0;
    }
    void CClientThread::reset_send() {
    }
    bool CClientThread::makeFrameAndSend() {
        return true;
    }
    void CClientThread::run() {
        CDataVector* pDataVector = CDataVector::instance();
        if (NULL == pDataVector) {
            return;
        }
        if (NULL == getParam()) {
            return;
        }
        m_pSerial = static_cast<ns_train::CPPSerial*>(getParam()); // 串口通信对象
        if (NULL == m_pSerial) {
            return;
        }
        bool bError = false;
        bool bOpened = false;
        while (isWorking()) {
            bError = false;
            ns_train::api_sleep(10);           // 睡眠时间不宜过长，否则影响后续代码
            keepAlive();                       // 请安，发送心跳信号
            bOpened = m_pSerial->open();       // 打开串口                              ②
            if (!bOpened) {
                continue;
            }

            bError = makeFrameAndSend(); // 检查有没有需要发送的命令                    ③
```

```
        if (bError) {
            break;
        }
        bError = recvAndParseFrame(); // 接收数据、解帧    ④
        if (bError) {
            break;
        }
    }
    freeBuffer();                                          ⑤
}
...
```

客户端接收数据处理的流程如图 7-5 所示。

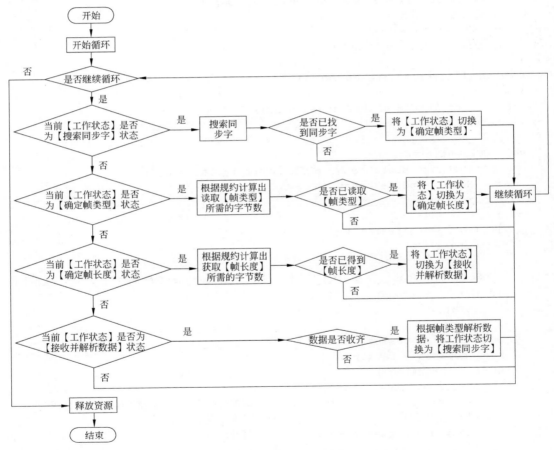

图 7-5 接收数据处理流程

CClientThread::recvAndParseFrame()的实现，见代码清单 7-20。如标号①处所示，在该接口内部，首先用注释的方式展示了通信规约的公共部分，以便开发时作为参考。接下来是规约处理的核心设计，如标号②处所示，使用成员变量 m_eFrameStatus 判断当前数据帧的处理状态，然后调用不同的接口进行相应处理。

代码清单 7-20

```cpp
// src/chapter07/ks07_04/ks07_04_client/clientthread.cpp
bool CClientThread::recvAndParseFrame() {
    /*
     *  |同步字 0x68  |    【1 字节】- 字节 0                                    ①
     *  |帧类型       |    【1 字节】- 字节 1
     *  |...          |    不同的"帧类型"有不同的帧格式，请查看后续代码。
     */
    // 接收数据并解析
    bool bOk = true;
    switch (m_eFrameStatus) {                                                    ②
    case EFRAME_SYNCHRONIZATION:    // 搜索同步字
        bOk = parseFrame_Synchronization();
        break;
    case EFRAME_GET_FRAMETYPE:      // 确定帧类型
        bOk = parseFrame_GetFrameType();
        break;
    case EFRAME_GET_FRAMELENGTH:    // 确定帧长度
        bOk = parseFrame_GetFrameLength();
        break;
    case EFRAME_PARSEDATA:          // 接收数据并解析
        parseFrame_Parse();
        break;
    default:
        reset_receive();
        return false;
    }
    return true;
}
```

先来看接收数据处理时的第一个状态，也是默认状态，即【搜索同步字】状态。如代码清单 7-21 所示，该功能由 parseFrame_Synchronization()实现。首先，将接收数据有关的变量进行复位，这样做的目的是防止前一帧数据对本帧数据产生影响。接下来，按照 6 个步骤，完成【搜索同步字】的处理。

（1）设置需要读取的总字节数。当执行【搜索同步字】状态的时候，最主要的目的就是找到同步字，使通信双方进入同步状态，这相当于打电话时说的"喂，你好"。而不同的规约，其同步字可能有所不同。比如，有的串口通信规约要求使用 3 组十六进制表示的"EB 90"作为同步字，也就是 "EB 90 EB 90 EB 90"，有的则用 "D7 09 D7 09 D7 09" 作为同步字，本案例中采用十六进制的 "68" 作为同步字。因此，第一步应确定同步字到底占有几字节，以便为下一步的读取同步字、确认同步字做准备。

（2）读取数据。本步骤负责根据第一步中设置的同步字的字节数，从串口中将同步字读取到接收缓冲区中。

（3）判断是否从串口读取到数据，没有读取到数据则返回。

（4）如果从串口读取数据失败，则调用 reset_receive()进行复位操作，并返回。

（5）如果从串口成功读取到一定字节的数据，则更新接收到的字节数 m_nReceivedCount。

（6）如果读取的字节数满足第一步中计算出来的字节数要求，则判断同步字是否正确。如果接收到正确的同步字，则将工作状态切换为【确定帧类型】，否则仍调用 reset_receive()进行复位，也就是重新回到【搜索同步字】状态。

代码清单 7-21

```cpp
// src/chapter07/ks07_04/ks07_04_client/clientthread.cpp
bool CClientThread::parseFrame_Synchronization() {
    const type_uint8 uchStart = 0x68;           // 同步字
    // 1. 设置需要读取的总字节数
    type_int32 nAllData = static_cast<int>(sizeof(uchStart)); // 【同步字】
    // 2. 读取数据
    type_int32 readCount = m_pSerial->read(m_pReceiveBuf + m_nReceivedCount,
nAllData - m_nReceivedCount);
    // 3. 没有数据则返回
    if (0 == readCount) {     // 没有数据，等下一个循环再尝试读取。
        return true;
    }
    // 4. 出现错误则将数据复位，返回 false
    if (readCount < 0) {       // 出现错误
        reset_receive();
        return false;
    }
    // 5. 更新接收到的字节数
    m_nReceivedCount += readCount;
    // 6. 当数据收全后，解析并保存数据，切换工作状态
    if (m_nReceivedCount == nAllData) { // 已经读取完毕
        if (m_pReceiveBuf[0] == 0x68) {
            m_eFrameStatus = EFRAME_GET_FRAMETYPE;      // 切换到下一个工作状态
        }
        else {
            reset_receive();
        }
    }
    return true;
}
```

当完成同步之后，将进入【确定帧类型】状态。如代码清单 7-22 所示，【确定帧类型】接口 parseFrame_GetFrameType()，也是分为 6 步。重点介绍前两步。在第 1 步中，设置需要读取的总字节数，因为在【搜索同步字】过程中，已经将同步字读到了接收缓冲区中，所以，

计算 nAllData 时，应该包含【同步字】的长度，见标号①处。既然【同步字】已经从串口读出来并保存到接收缓冲区了，所以在第 2 步取数据时，又将已经读取的字节数从 nAllData 中减掉了，见标号②处。当所需数据已读取完毕时，将帧类型解析出来并保存到成员变量中，并切换工作状态为【确定帧长度】，见标号③处。

代码清单 7-22

```cpp
// src/chapter07/ks07_04/ks07_04_client/clientthread.cpp
bool CClientThread::parseFrame_GetFrameType() {
    const type_uint8 uchStart = 0x68;              // 同步字
    // 1. 设置需要读取的总字节数
    type_int32 nAllData = static_cast<int>(sizeof(uchStart)+
sizeof(m_byFrameType));           // 【同步字】+【帧类型】           ①
    // 2. 读取数据
    type_int32 readCount = m_pSerial->read(m_pReceiveBuf + m_nReceivedCount,
nAllData - m_nReceivedCount);                                      ②
    // 3. 没有数据则返回
    if (0 == readCount) {     // 没有数据，等下一个循环再尝试读取
        return true;
    }
    // 4. 出现错误则将数据复位，返回 false
    if (readCount < 0) {      // 出现错误
        reset_receive();
        return false;
    }
    // 5. 更新接收到的字节数
    m_nReceivedCount += readCount;
    // 6. 当数据收全后，解析并保存数据，切换工作状态
    if (m_nReceivedCount == nAllData) { // 已经读取完毕              ③
        m_byFrameType = *(reinterpret_cast<type_uint8*>(m_pReceiveBuf+
sizeof(uchStart)));            // 保存【帧类型】
        m_eFrameStatus = EFRAME_GET_FRAMELENGTH;        // 切换到下一个工作状态
    }
    return true;
}
```

当接收到帧类型之后，将进入【确定帧长度】状态。如代码清单 7-23 所示，【确定帧长度】接口 parseFrame_GetFrameLength()中，根据不同的帧类型调用相应的接口来确定数据帧的具体长度。本案例中，服务器发给客户端的是模拟量数据集，因此封装接口 parseFrame_GetFrameLength_Analogs()来进行专门处理，该接口实现见标号①处,在接口内部，也是通过注释的形式将通信规约进行展示，以便指导后续开发，或者作为开发、调试时的参考。parseFrame_GetFrameLength_Analogs()的实现也是分为 6 步。如标号②处所示，当数据接收完毕后，根据接收到的数据更新相关成员变量，并切换工作状态为【接收并解析数据】，也就是最后一个状态。

代码清单 7-23

```cpp
// src/chapter07/ks07_04/ks07_04_client/clientthread.cpp
bool CClientThread::parseFrame_GetFrameLength() {
    switch (m_byFrameType) {
    case ESERVERFRAME_ANALOGDATAS:
        parseFrame_GetFrameLength_Analogs();
        break;
    default:
        reset_receive();
        return false;
    }
    return true;
}
bool CClientThread::parseFrame_GetFrameLength_Analogs() {                    ①
    /*
     *    |同步字 0x68    |    字节 0        -【1 字节】
     *    |帧类型         |    字节 1        -【1 字节, SERVERFRAME_ANALOGDATAS】
     *    |起始数据序号    |    字节 2~5      -【4 字节】
     *    |本帧数据个数    |    字节 6~9      -【4 字节】
     *    |1 个数据       |    字节 10~17    -【8 字节, double】
     *    |...            |
     *    |1 个数据       |    字节 n~n+7   -【8 字节, double】
     */
    const type_uint8 uchStart = 0x68; // 同步字
    type_int32 nAllData = 0;
    type_int32 readCount = 0;
    // 1. 设置需要读取的字节数。 需要把前面的字段都算上，然后得到【本帧数据个数】，从而
    //计算帧长度
    nAllData = sizeof(uchStart) + sizeof(m_byFrameType) + sizeof(m_u32StartId)
+ sizeof(m_u32CurrentFrameDataCount);
    // 2. 读取数据
    readCount = m_pSerial->read(m_pReceiveBuf + m_nReceivedCount, nAllData
- m_nReceivedCount);
    // 3. 没有数据则返回
    if (0 == readCount) { // 没有数据，下一个循环继续尝试读取
        return true;
    }
    // 4. 出现错误则将数据复位，返回 false
    if (readCount < 0) { // 出现错误
        reset_receive();
        return false;
    }
    // 5. 更新接收到的字节数
    m_nReceivedCount += readCount;
    // 6. 当数据收全后，解析并保存数据，切换工作状态
    if (m_nReceivedCount == nAllData) {                                      ②
```

```
            m_u32StartId = ns_train::NetworkToHost(*(reinterpret_cast<
type_uint32*>(m_pReceiveBuf + sizeof(uchStart) + sizeof(m_byFrameType))));
            m_u32CurrentFrameDataCount = ns_train::NetworkToHost
(*(reinterpret_cast <type_uint32*>(m_pReceiveBuf + sizeof(uchStart) +
sizeof(m_byFrameType)+ sizeof(m_u32StartId))));
            m_nFrameLength = static_cast<type_int32>(sizeof(uchStart)
                                            + sizeof(m_byFrameType)
                                            + sizeof(m_u32StartId)
                                            +
sizeof(m_u32CurrentFrameDataCount)
                                            +
m_u32CurrentFrameDataCount*sizeof(type_double));
            m_eFrameStatus = EFRAME_PARSEDATA; // 切换到下一个工作状态
    }
    return true;
}
```

如代码清单 7-24 所示，在解帧处理的最后一步，是在 parseFrame_Parse()中根据帧类型调用相应的接口进行处理。本案例中采用 parseFrame_Analogs()接口来处理服务器发来的模拟量数据集合。在 parseFrame_Analogs()接口中，通过 5 个步骤来进行数据处理。其中需要说明的是，按照规约格式说明，【同步字】【帧类型】【起始数据序号】【本帧数据个数】等域（字段）已经处理完毕，因此，在该接口中定义 pBuf 游标指针，指向规约中的模拟量数据集合的起始地址，见标号①处。

代码清单 7-24

```
// src/chapter07/ks07_04/ks07_04_client/clientthread.cpp
bool CClientThread::parseFrame_Parse() {
    switch (m_byFrameType) {
    case ESERVERFRAME_ANALOGDATAS:
        parseFrame_Analogs();
        break;
    default:
        reset_receive();
        return false;
    }
    return true;
}
bool CClientThread::parseFrame_Analogs() {
    /*
     * |同步字 0x68     | 字节 0      -【1 字节】
     * |帧类型          | 字节 1      -【1 字节，SERVERFRAME_ANALOGDATAS】
     * |起始数据序号    | 字节 2~5    -【4 字节】
     * |本帧数据个数    | 字节 6~9    -【4 字节】
     * |1 个数据        | 字节 10~17  -【8 字节，double】
     * |...            |
```

```cpp
 *    |1个数据     | 字节n~n+7 - 【8字节, double】
 */
CDataVector* pDataVector = CDataVector::instance();
if (NULL == pDataVector) {
    return false;
}

const type_uint8 uchStart = 0x68;         // 同步字
type_int32 readCount = 0;
// 1. 读取数据
readCount = m_pSerial->read(m_pReceiveBuf + m_nReceivedCount,
m_nFrameLength - m_nReceivedCount);
// 2. 没有数据则返回
if (0 == readCount) { // 没有数据，下一个循环继续尝试读取
    return true;
}
// 3. 出现错误则将数据复位，返回 false
if (readCount < 0) { // 出现错误
    reset_receive();
    return false;
}
// 4. 更新接收到的字节数
m_nReceivedCount += readCount;
if (m_nReceivedCount < m_nFrameLength) { // 数据还没有收全
    return true;
}
// 5. 当数据收全后，解析并保存数据、切换工作状态
type_uint32 idx = 0;
type_char* pBuf = m_pReceiveBuf
                + sizeof(uchStart)
                + sizeof(m_byFrameType)
                + sizeof(m_u32StartId)
                + sizeof(m_u32CurrentFrameDataCount);    ①
type_uint32 uDataId = 0;
type_double dValue = 0.0;
uDataId = m_u32StartId;
while (idx < m_u32CurrentFrameDataCount) {
    dValue = ns_train::NetworkToHost(*(reinterpret_cast<type_double*>(pBuf)));
    if (uDataId < pDataVector->getSize()) {
        pDataVector->setData(uDataId + 1, dValue);
    }
    idx++;
    uDataId++;
    pBuf += sizeof(dValue);
}
//std::cout << std::endl << "服务器返回数据: dataId = " << uDataId << "(序
```

```
号从 0 开始), value = " << dValue << std::endl;
        reset_receive();
        return true;
    }
```

至此,按照通信规约对接收到的数据进行解析、处理的过程基本介绍完毕。这种处理方法的核心思想是,根据解帧状态将整个过程分为不同的阶段,在各个阶段完成各自阶段内需要完成的任务。贯穿各个阶段的总体思路是,首先需要为通信双方建立同步,因此需要从【搜索同步字】开始,在搜索到同步字之后,需要确定【帧类型】,进而根据【帧类型】获取【帧长度】,最终根据【帧长度】将数据接收完整并解析。

2)客户端的应用程序类 CApp

客户端模块也需要在 CApp 类中创建工作线程对象并启动工作线程,首先为 CApp 类添加工作线程对象。

```
// src/chapter07/ks07_04/ks07_04_client/app.h
...
namespace ns_train {
    class CPPSerial;
}
class CClientThread;
class CApp {
    ...
private:
    ...
    ns_train::CPPSerial* m_pSerial; // 串口对象指针
    CClientThread* m_pClientThread; // 客户端维护线程
};
```

CApp 的实现见代码清单 7-25。其中,对串口通信对象 m_pSerial 的创建、配置等代码与 ks07_03 基本一致,在此不再赘述。不同之处在于,在初始化时创建客户端工作线程,见标号①处,另外一点是,在退出前退出线程并释放资源,见标号②处。

代码清单 7-25

```
// src/chapter07/ks07_04/ks07_04_client/app.cpp
...
bool CApp::initialize() {
    /* do initialize work */
    prepare();
    CDataVector* pDataVector = CDataVector::instance(); // 数据容器指针
    if (NULL != pDataVector) {
        pDataVector->initialize();
    }
    m_pClientThread = new CClientThread();                              ①
    m_pClientThread->start(m_pSerial);
```

```cpp
        return true;
    }
    void CApp::beforeExit(void) {
        // 先退出线程，再释放串口资源
        if (NULL != m_pClientThread) {
            m_pClientThread->exitThread();
            delete m_pClientThread;
            m_pClientThread = NULL;
        }

        // 释放串口资源
        if (NULL != m_pSerial) {
            m_pSerial->close();
            delete m_pSerial;
            m_pSerial = NULL;
        }
        ...
    }
```

②

3．小结

本节通过事先为服务器、客户端双方设置通信规约，实现了模拟量集合的数据发送任务。为了实现通信规约的开发，为服务器、客户端应用程序分别添加了各自的工作线程，其中重点是客户端中设计的按照通信的工作状态实现通信数据的解析功能，其核心思想是通过工作状态的轮转，实现了【搜索同步字】【确定帧类型】【确定帧长度】【接收并解析数据】【搜索同步字】的循环。当然，这种按照通信规约对通信数据进行解析处理的方案，不仅适用于客户端，也适用于服务器。也就是说，这种方案适用于通信双方。第 48 天将通过双向通信案例进行展示。

视频讲解

第 48 天　双向通信

今天要学习的案例对应的源代码目录：src/chapter07/ks07_05。本案例不依赖第三方类库。程序运行效果如图 7-6 所示。

今天的目标是掌握如下内容：服务器响应客户端的请求，从而形成双向通信。

在第 47 天的案例中，我们学会了开发简单的通信规约，那么，串口通信的双方是否只能单向发送数据呢？不是的，今天我们将学习如何实现双向通信。在本案例中，用户在客户端的终端界面输入获取数据、设置数据的指令，客户端将指令转换为通信数据发送给服务器，服务器解析这些指令并根据指令执行相关操作，如将数据更新到内存或者从内存读取数据并返送给客户端。

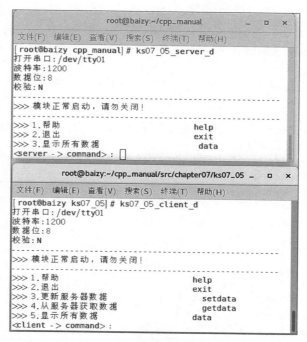

图 7-6　第 48 天案例程序运行效果

根据这个方案，对客户端做如下更新。
（1）接收用户从终端输入的指令，并保存该指令。
（2）根据指令进行组帧并将数据发送给服务器。
（3）接收服务器返回的数据，并更新到内存。
对服务器做如下更新。
（1）接收并解析客户端发来的指令报文。
（2）根据指令将数据进行组帧并发送给客户端。
下面分别进行介绍。

注意：本节的通信规约中新增的数据帧格式不再单独列出，而是在代码中以注释的形式展示。

1．客户端

1）接收用户从终端输入的指令，并保存该指令

如果需要发送指令给服务器，客户端首先需要从终端获取该指令。如代码清单 7-26 所示，在处理终端输入的接口 CommandProc() 中，对用户输入的 "getdata" "setdata" 指令进行处理，调用工作线程对象 m_pClientThread 的相关接口将指令保存下来。

代码清单 7-26

```
// src/chapter07/ks07_05/ks07_05_client/app.cpp
...
```

```cpp
void CApp::CommandProc() {
    ...
    while (m_bProcRun) {
        ...
        else if (strInput.compare("getdata") == 0) {
            std::cout << "-------------------------------------------" << std::endl;
            std::cout << "请输入数据项序号(从 0 开始):" << std::endl;
            /* do something.*/
            type_uint32 uDataId = 0;
            std::cin >> uDataId;
            m_pClientThread->addCommand_GetData(uDataId);                    ①
        }
        else if (strInput.compare("setdata") == 0) {
            std::cout << "-------------------------------------------" << std::endl;
            std::cout << "请输入数据项序号(从 0 开始)、数据值: " << std::endl;
            /* do something.*/
            type_uint32 uDataId = 0;
            type_double dValue = 0.f;
            std::cin >> uDataId >> dValue;
            m_pClientThread->addCommand_SetData(uDataId, dValue);            ②
        }
        ...
    }
}
```

2) 将指令添加到工作线程对象并发送给服务器

用户从终端输入指令后，客户端模块将该指令保存到工作线程对象中。如代码清单 7-27 所示，在标号①、标号②处，为 CClientThread 添加 addCommand_GetData()、addCommand_SetData()用来保存获取数据、设置数据指令。readData()接口用来读取指定长度的数据到接收缓冲区，见标号③处。在标号④、标号⑤处新增的两个接口用来处理新增的单个模拟量数据帧的帧长度和数据解析工作。在标号⑥处，新增变量用来保存"setdata""getdata"指令中的数据项，并提供了锁对象来保护对这些成员数据的访问。

代码清单 7-27

```cpp
// src/chapter07/ks07_05/ks07_05_client/clientthread.h
...
class CClientThread : public ns_train::CPPThread {
public:
    ...
    /**
     * @brief 添加命令：获取服务器数据。采用异步方式，即先把命令压栈。
     * @param[in] uDataId 数据项 Id。
     * @return 无
```

```cpp
     */
    void addCommand_GetData(type_uint32 uDataId);                    ①
    /**
     * @brief  添加命令：更新服务器数据。采用异步方式，即先把命令压栈。
     * @param[in]  uDataId  数据项 Id。
     * @param[in]  dValue   数据。
     * @return  无
     */
    void addCommand_SetData(type_uint32 uDataId, type_double dValue); ②
private:
    ...
    /**
     * @brief  读取指定长度的数据。
     * @param[in]  nAllData  待读取的字节总数，含已经收到的字节数。
     * @return  true: 成功, false: 未读完。
     */
    bool readData(type_int32 nAllData);                              ③
    /**
     * @brief  获取单个模拟量数据帧(ESERVERFRAME_ONEANALOGDATA)的帧长度。
     * @return  无
     */
    bool parseFrame_GetFrameLength_OneAnalog();                      ④
    /**
     * @brief  解析单个模拟量数据帧(ESERVERFRAME_ONEANALOGDATA)。
     * @return  无
     */
    bool parseFrame_OneAnalog();                                     ⑤
    ...
private:
    ns_train::CPPMutex m_mutex;              // 成员锁，用来保护对 m_lstGetId、
//m_lstSetIdValue 的访问                                              ⑥
    std::list<type_uint32> m_lstGetId;       // 待获取的"数据项 Id"列表
    std::list<s_IDValue> m_lstSetIdValue;    // 待设置的"数据项 Id、值"列表
    ...
};
```

下面介绍如何将指令转换成数据帧并发送给服务器。如代码清单 7-28 所示，在 makeFrameAndSend()中，在标号①处，展示了"setdata"指令，也就是【设置数据帧】的帧格式。如标号②处所示，从 m_lstSetIdValue 中取出第一个数据项，并开始组帧。当组帧完毕后，将该项从 m_lstSetIdValue 删除，见标号③处。标号④处所示，是"getdata"指令对应的【获取数据】帧的帧格式及组帧过程。

代码清单 7-28

```
// src/chapter07/ks07_05/ks07_05_client/clientthread.cpp
...
```

```cpp
void CClientThread::addCommand_GetData(type_uint32 uDataId) {
    ns_train::CPPMutexLocker mutexLocker(&m_mutex);
    m_lstGetId.push_back(uDataId);
}
void CClientThread::addCommand_SetData(type_uint32 uDataId, type_double dValue) {
    ns_train::CPPMutexLocker mutexLocker(&m_mutex);
    m_lstSetIdValue.push_back(s_IDValue(uDataId, dValue));
}
bool CClientThread::makeFrameAndSend() {
    if (NULL == m_pSerial) {
        return false;
    }
    char *pBuf = m_pSendBuf;
    type_uint32 uDataId = 0;
    type_double dValue = 0.0;
    int nWrite = 0;
    bool bSend = false;
    int nSend = 0;
    const type_uint8 uchStart = 0x68;          // 同步字
    // 1. 发送—"设置数据"帧
    { // 为了使用自动锁，需要用花括号建立一个局部栈
        /*                                                                      ①
        * |同步字 0x68 |  字节 0     - 【1 字节】
        * |帧类型      |  字节 1     - 【1 字节, ECLIENTFRAME_SETDATA】
        * |数据项 Id   |  字节 2~5   - 【4 字节】
        * |数据值      |  字节 6~13  - 【8 字节, double】
        */
        ns_train::CPPMutexLocker mutexLocker(&m_mutex);
        std::list<s_IDValue>::iterator ite = m_lstSetIdValue.begin();          ②
        if (ite != m_lstSetIdValue.end()) { // 取第一个
            bSend = true;
            uDataId = (*ite).nId;
            dValue = (*ite).dValue;
            uDataId = ns_train::HostToNetwork(uDataId);
            dValue = ns_train::HostToNetwork(dValue);
            *reinterpret_cast<type_uint8*>(pBuf) = static_cast<type_uint8>(uchStart);
            nSend += sizeof(uchStart);
            pBuf = m_pSendBuf + nSend;
            *reinterpret_cast<type_uint8*>(pBuf) = static_cast<type_uint8>(ECLIENTFRAME_SETDATA);
            nSend += sizeof(type_uint8);
            pBuf = m_pSendBuf + nSend;
            *reinterpret_cast<type_uint32*>(pBuf) = uDataId;
            nSend += sizeof(uDataId);
            pBuf = m_pSendBuf + nSend;
```

```cpp
            *reinterpret_cast<type_double*>(pBuf) = dValue;
            nSend += sizeof(dValue);
            pBuf = m_pSendBuf + nSend;
            nWrite = m_pSerial->write(m_pSendBuf, nSend);
            m_lstSetIdValue.erase(ite);                                    ③
        }
    }
    // 2. 发送—"获取数据"帧
    if (!bSend) {
        /*                                                                 ④
         * |同步字 0x68   | 字节 0      - 【1 字节】
         * |帧类型        | 字节 1      - 【1 字节, ECLIENTFRAME_GETDATA】
         * |数据项 Id     | 字节 2~5    - 【4 字节】
         */
        ns_train::CPPMutexLocker mutexLocker(&m_mutex);
        std::list<type_uint32>::iterator ite = m_lstGetId.begin();
        if (ite != m_lstGetId.end()) {
            bSend = true;
            nSend = 0;
            uDataId = *ite;
            uDataId = ns_train::HostToNetwork(uDataId);
            *reinterpret_cast<type_uint8*>(pBuf) = static_cast<type_uint8>(uchStart);
            nSend += sizeof(uchStart);
            pBuf = m_pSendBuf + nSend;
            *reinterpret_cast<type_uint8*>(pBuf) = static_cast<type_uint8>(ECLIENTFRAME_GETDATA);
            nSend += sizeof(type_uint8);
            pBuf = m_pSendBuf + nSend;
            *reinterpret_cast<type_uint32*>(pBuf) = uDataId;
            nSend += sizeof(uDataId);
            pBuf = m_pSendBuf + nSend;
            nWrite = m_pSerial->write(m_pSendBuf, nSend);
            m_lstGetId.erase(ite);
        }
    }
    return true;
}
```

3）接收服务器发来的【单个模拟量】数据帧并解析，更新到内存

将指令发给服务器后，客户端需要等待服务器返回的数据并解析。这里需要单独说明的是 CClientThread 的 readData()接口，见代码清单 7-29 中标号①处。该接口用来从串口读取指定字节的数据。CClientThread 中读取串口数据时都通过调用 readData()实现，见标号③处。获取单个模拟量数据帧长度的接口 parseFrame_GetFrameLength_OneAnalog()的实现代码见标号②处。

代码清单 7-29

```cpp
// src/chapter07/ks07_05/ks07_05_client/clientthread.cpp
bool CClientThread::readData(type_int32 nAllData) {                              ①
    // 2. 读取数据
    type_int32 readCount = m_pSerial->read(m_pReceiveBuf + m_nReceivedCount,
nAllData - m_nReceivedCount);
    // 3. 没有数据则返回
    if (0 == readCount) { // 没有数据，等下一个循环再尝试读取
        return true;
    }
    // 4. 出现错误则将数据复位，返回 false
    if (readCount < 0) { // 出现错误
        reset_receive();
        return false;
    }
    // 5. 更新接收到的字节数
    m_nReceivedCount += readCount;
    return true;
}
bool CClientThread::parseFrame_GetFrameLength() {
    switch (m_byFrameType) {
    case ESERVERFRAME_ONEANALOGDATA:
        parseFrame_GetFrameLength_OneAnalog();
        break;
    case ESERVERFRAME_ANALOGDATAS:
        parseFrame_GetFrameLength_Analogs();
        break;
    default:
        reset_receive();
        return false;
    }
    return true;
}
bool CClientThread::parseFrame_GetFrameLength_OneAnalog() {                     ②
    /*
    * |同步字 0x68| 字节 0     - 【1 字节】
    * |帧类型     | 字节 1     - 【1 字节, ESERVERFRAME_ONEANALOGDATA】
    * |数据项 Id  | 字节 2~5   - 【4 字节】
    * |数据值     | 字节 6~13  - 【8 字节, double】
    */
    const type_uint8 uchStart = 0x68; // 同步字
    type_uint32 uDataId = 0;
    type_double dValue = 0.0;
    // 1. 设置需要读取的字节数
    m_nFrameLength     =     static_cast<type_int32>(sizeof(uchStart)      +
sizeof(m_byFrameType) + sizeof(uDataId) + sizeof(dValue));
```

```cpp
        m_eFrameStatus = EFRAME_PARSEDATA; // 切换到下一个工作状态
        return true;
    }
    bool CClientThread::parseFrame_Parse() {
        switch (m_byFrameType) {
        case ESERVERFRAME_ONEANALOGDATA:
            parseFrame_OneAnalog();
            break;
        case ESERVERFRAME_ANALOGDATAS:
            parseFrame_Analogs();
            break;
        default:
            reset_receive();
            return false;
        }
        return true;
    }
    bool CClientThread::parseFrame_OneAnalog() {
        /*
        * |同步字 0x68| 字节 0       - 【1字节】
        * |帧类型    | 字节 1       - 【1字节, ESERVERFRAME_ONEANALOGDATA】
        * |数据项 Id | 字节 2~5     - 【4字节】
        * |数据值    | 字节 6~13    - 【8字节, double】
        */
        CDataVector* pDataVector = CDataVector::instance();
        if (NULL == pDataVector) {
            return false;
        }
        type_uint32 uDataId = 0;
        type_double dValue = 0.0;
        type_int32 readCount = 0;
        if (!readData(m_nFrameLength)) {                                    ③
            return false;
        }
        if (m_nReceivedCount < m_nFrameLength) {
            return false;
        }
        const type_uint8 uchStart = 0x68; // 同步字
        char* pBuf = m_pReceiveBuf+sizeof(uchStart)+sizeof(m_byFrameType);
        uDataId = ns_train::NetworkToHost(*(reinterpret_cast <type_uint32*>(pBuf)));
        dValue = ns_train::NetworkToHost(*(reinterpret_cast<type_double*>(pBuf + sizeof(uDataId))));
        if (uDataId < pDataVector->getSize()) {
            pDataVector->setData(uDataId + 1, dValue);
        }
        std::cout << std::endl << "收到服务器端数据: dataId = " << uDataId << "(序
```

```cpp
            号从 0 开始), value = " << dValue << std::endl;
    reset_receive();
    return true;
}
```

至此，客户端介绍完毕。因篇幅所限，个别代码未完全展示，请下载配套代码查看。

2. 服务器

本节中，将参考客户端的接收数据解帧的处理逻辑，为服务器添加接收数据并解帧的代码，更新后的 CServerThread 的头文件见代码清单 7-30。

代码清单 7-30

```cpp
// src/chapter07/ks07_05/ks07_05_server/serverthread.h
...
class CServerThread : public ns_train::CPPThread{
public:
    CServerThread();
    virtual void run() override;
private:
    bool makeFrameAndSend();
    bool makeFrameAndSend_OneAnalog();
    bool makeFrameAndSend_Analogs();
    bool recvAndParseFrame();
    bool readData(type_int32 nAllData);
    bool parseFrame_GetFrameType();
    bool parseFrame_Synchronization();
    bool parseFrame_GetFrameLength();
    bool parseFrame_GetFrameLength_SetData();
    bool parseFrame_GetFrameLength_GetData();
    bool parseFrame_Parse();
    bool parseFrame_SetData();
    bool parseFrame_GetData();
    void reset_receive();
    void reset_send();
    void freeBuffer();
private:
    enum EFRAME_STATUS {
        EFRAME_SYNCHRONIZATION = 0,    // 搜索同步字
        EFRAME_GET_FRAMETYPE,          // 搜索帧类型
        EFRAME_GET_FRAMELENGTH,        // 获取帧长度
        EFRAME_PARSEDATA,              // 解析数据
    };
    ns_train::CPPMutex m_mutex;
    ns_train::CPPSerial* m_pSerial;
    type_int32 m_nReceivedCount;       // 已经接收到的数据字节数
    EFRAME_STATUS m_eFrameStatus;      // 数据解帧状态
    type_uint8 m_byFrameType;          // 帧类型
```

```
    type_int32 m_nFrameLength;              // 帧长度
    type_uint32 m_u32CurrentFrameDataCount; // 本帧数据个数
    type_uint32 m_u32StartId;               // 起始数据序号
    char *m_pReceiveBuf;                    // 接收缓冲区
    char *m_pSendBuf;                       // 发送缓冲区
    bool m_bSendData;     // true:有数据等待发送, false：无数据等待发送
    type_uint32 m_u32SendDataId;            // 待发送数据项的序号
    ns_train::CPPTime m_tmLastSendAllData;  // 上次发送全部模拟量数据的时间
};
```

1）接收并解析客户端发来的指令报文

首先介绍 CServerThread 的 run()函数。如代码清单 7-31 所示，该接口中并未做太大改变，只是添加了调用 recvAndParseFrame()对接收数据进行解帧处理的代码，见标号①处。recvAndParseFrame()的实现同客户端的处理逻辑基本一致，见标号②处。

代码清单 7-31

```cpp
// src/chapter07/ks07_05/ks07_05_server/serverthread.cpp
...
CServerThread::CServerThread() {

...

    reset_receive();
}
void CServerThread::run() {

...

    bool bOpened = false;
    while (isWorking()) {
        ns_train::api_sleep(10);       // 睡眠时间不宜过长，否则影响后续代码
        keepAlive();                   // 请安，汇报心跳
        bOpened = m_pSerial->open();   // 首先打开串口
        if (!bOpened) {
            continue;
        }
        makeFrameAndSend();            // 检查有没有需要发送的命令
        recvAndParseFrame();           // 接收数据、解帧                        ①
    }
    freeBuffer();                      // 释放资源
}
void CServerThread::reset_receive() {
    m_nReceivedCount = 0;
    m_byFrameType =static_cast<type_uint8>(ECLIENTFRAME_INVALID);
    m_eFrameStatus = EFRAME_SYNCHRONIZATION;
    m_nFrameLength = 0;
```

```cpp
        m_u32StartId = 0;
        m_u32CurrentFrameDataCount = 0;
    }
    void CServerThread::reset_send() {
    }
    void CServerThread::freeBuffer() {
        delete[] m_pReceiveBuf;
        m_pReceiveBuf = NULL;
        delete[] m_pSendBuf;
        m_pSendBuf = NULL;
    }
    bool CServerThread::recvAndParseFrame() {                                    ②
        /*
         * |同步字 0x68 |    【1 字节】- 字节 0
         * |帧类型      |    【1 字节】- 字节 1
         * |...         |    不同的"帧类型"有不同的帧格式,请查看后续代码
         */
        // 接收数据并解析
        bool bOk = true;
        switch (m_eFrameStatus) {
        case EFRAME_SYNCHRONIZATION:
            bOk = parseFrame_Synchronization();
            break;
        case EFRAME_GET_FRAMETYPE:
            bOk = parseFrame_GetFrameType();
            break;
        case EFRAME_GET_FRAMELENGTH:
            bOk = parseFrame_GetFrameLength();
            break;
        case EFRAME_PARSEDATA:
            parseFrame_Parse();
            break;
        default:
            reset_receive();
            return true;
        }
        return true;
    }
    bool CServerThread::readData(type_int32 nAllData) {
        // 2. 读取数据
        type_int32 readCount = m_pSerial->read(m_pReceiveBuf + m_nReceivedCount,
    nAllData - m_nReceivedCount);
        // 3. 没有数据则返回
        if (0 == readCount) { // 没有数据,等下一个循环再尝试读取
            return true;
        }
        // 4. 出现错误则将数据复位,返回 false
```

```cpp
    if (readCount < 0) {   // 出现错误
        reset_receive();
        return false;
    }
    // 5. 更新接收到的字节数
    m_nReceivedCount += readCount;
    return true;
}
```

如代码清单 7-32 所示，CServerThread 的搜索同步字接口、确定帧类型接口、确定帧长度接口，同客户端基本一致。

代码清单 7-32

```cpp
// src/chapter07/ks07_05/ks07_05_server/serverthread.cpp
bool CServerThread::parseFrame_Synchronization() {
    const type_uint8 uchStart = 0x68;             // 同步字
    // 1. 设置需要读取的总字节数
    type_int32 nAllData = static_cast<int>(sizeof(uchStart));  // 【同步字】
    if (!readData(nAllData)) {
        return false;
    }
    // 6. 当数据收全后，解析并保存数据、切换工作状态
    if (m_nReceivedCount == nAllData) {  // 已经读取完毕
        if (m_pReceiveBuf[0] == 0x68) {
            m_eFrameStatus = EFRAME_GET_FRAMETYPE;      // 切换到下一个工作状态
        }
        else {
            reset_receive();
        }
    }
    return true;
}
bool CServerThread::parseFrame_GetFrameType() {
    const type_uint8 uchStart = 0x68;             // 同步字
    // 1. 设置需要读取的总字节数
    type_int32 nAllData = static_cast<int>(sizeof(uchStart) +
sizeof(m_byFrameType));                                // 【同步字】+【帧类型】
    if (!readData(nAllData)) {
        return false;
    }
    // 6. 当数据收全后，解析并保存数据、切换工作状态
    if (m_nReceivedCount == nAllData) {            // 已经读取完毕
        m_byFrameType = *(reinterpret_cast<type_uint8*>
(m_pReceiveBuf+sizeof(type_uint8)));              // 保存【帧类型】
        m_eFrameStatus = EFRAME_GET_FRAMELENGTH;  // 切换到下一个工作状态
    }
```

```cpp
        return true;
    }
    bool CServerThread::parseFrame_GetFrameLength() {
        switch (m_byFrameType) {
        case ECLIENTFRAME_SETDATA:
            parseFrame_GetFrameLength_SetData();
            break;
        case ECLIENTFRAME_GETDATA:
            parseFrame_GetFrameLength_GetData();
            break;
        default:
            reset_receive();
            return false;
        }
        return true;
    }
    bool CServerThread::parseFrame_GetFrameLength_SetData() {
        /*
        *    |同步字 0x68  |    字节 0       - 【1 字节】
        *    |帧类型       |    字节 1       - 【1 字节,ECLIENTFRAME_SETDATA】
        *    |数据项 Id    |    字节 2~5     - 【4 字节】
        *    |数据值       |    字节 6~13    - 【8 字节,double】
        */
        const type_uint8 uchStart = 0x68; // 同步字
        type_uint32 uDataId = 0;
        type_double dValue = 0.f;
        // 1. 设置需要读取的字节数。 需要把前面的字段都算上,然后得到【本帧数据个数】,从而
//计算帧长度
        m_nFrameLength = sizeof(uchStart) + sizeof(m_byFrameType) + sizeof(uDataId) + sizeof(dValue);
        m_eFrameStatus = EFRAME_PARSEDATA; // 切换到下一个工作状态
        return true;
    }
    bool CServerThread::parseFrame_Parse() {
        switch (m_byFrameType) {
        case ECLIENTFRAME_SETDATA:
            parseFrame_SetData();
            break;
        case ECLIENTFRAME_GETDATA:
            parseFrame_GetData();
            break;
        default:
            reset_receive();
            return false;
        }
        return true;
    }
```

```cpp
bool CServerThread::parseFrame_GetFrameLength_GetData() {
    /*
     *    |同步字 0x68    |    字节 0     - 【1 字节】
     *    |帧类型         |    字节 1     - 【1 字节，ECLIENTFRAME_GETDATA】
     *    |数据项 Id      |    字节 2~5   - 【4 字节】
     */
    const type_uint8 uchStart = 0x68;    // 同步字
    type_uint32 uDataId = 0;
    // 1. 设置需要读取的字节数。 需要把前面的字段都算上，然后得到【本帧数据个数】，从而
//计算帧长度
    m_nFrameLength = sizeof(uchStart) + sizeof(m_byFrameType) + sizeof(uDataId);
    m_eFrameStatus = EFRAME_PARSEDATA;    // 切换到下一个工作状态
    return true;
}
```

如代码清单 7-33 所示，CServerThread::parseFrame_SetData()用来解析客户端发来的【设置数据】指令，CServerThread:: parseFrame_GetData()用来解析客户端发过来的【获取数据】指令。

代码清单 7-33

```cpp
// src/chapter07/ks07_05/ks07_05_server/serverthread.cpp
bool CServerThread::parseFrame_SetData() {
    /*
     *    |同步字 0x68    |    字节 0     - 【1 字节】
     *    |帧类型         |    字节 1     - 【1 字节，ECLIENTFRAME_SETDATA】
     *    |数据项 Id      |    字节 2~5   - 【4 字节】
     *    |数据值         |    字节 6~13  - 【8 字节，double】
     */
    CDataVector* pDataVector = CDataVector::instance();
    if (NULL == pDataVector) {
        return false;
    }
    bool bError = false;
    type_uint32 uDataId = 0;
    type_double dValue = 0.f;
    type_int32 readCount = 0;
    if (!readData(m_nFrameLength)) {
        return false;
    }
    if (m_nReceivedCount < m_nFrameLength) {
        return false;
    }
    const type_uint8 uchStart = 0x68; // 同步字
    char* pBuf = m_pReceiveBuf+sizeof(uchStart)+sizeof(m_byFrameType);
    uDataId = ns_train::NetworkToHost(*(reinterpret_cast <type_uint32*>
```

```cpp
(pBuf)));
    dValue = ns_train::NetworkToHost(*(reinterpret_cast<type_double*>(pBuf
+ sizeof(uDataId))));
    if (uDataId < pDataVector->getSize()) {
        pDataVector->setData(uDataId + 1, dValue);
    }
    reset_receive();
    std::cout << std::endl << "收到客户端数据: dataId = " << uDataId << "(序
号从 0 开始), value = " << dValue << std::endl;
    return true;
}
bool CServerThread::parseFrame_GetData() {
    /*
    *   |同步字 0x68   |   字节 0     -  【1 字节】
    *   |帧类型        |   字节 1     -  【1 字节, ECLIENTFRAME_GETDATA】
    *   |数据项 Id     |   字节 2~5   -  【4 字节】
    */
    CDataVector* pDataVector = CDataVector::instance();
    if (NULL == pDataVector) {
        return false;
    }
    const type_uint8 uchStart = 0x68; // 同步字
    bool bError = false;
    type_int32 readCount = 0;
    readCount = 0;
    if (!readData(m_nFrameLength)) {
        return false;
    }
    if (m_nReceivedCount < m_nFrameLength) {
        return false;
    }
    reset_receive();       // 先复位, 再赋值, 否则数据会被冲掉
    char* pBuf = m_pReceiveBuf+sizeof(uchStart)+sizeof(m_byFrameType);
    m_u32SendDataId       =      ns_train::NetworkToHost(*(reinterpret_cast
<type_uint32*>(pBuf)));
    m_bSendData = true;
    std::cout << std::endl << "收到客户端 getdata 命令: dataId = " <<
m_u32SendDataId << "(序号从 0 开始)。 " << std::endl;
    return true;
}
```

2)根据指令进行组帧并将数据发送给客户端

服务器收到客户端的【获取数据】指令后,需要根据客户端的请求进行响应。如代码清单 7-34 所示,需要在 makeFrameAndSend()中向客户端发送单个模拟量数据。

代码清单 7-34

```cpp
// src/chapter07/ks07_05/ks07_05_server/serverthread.cpp
...
bool CServerThread::makeFrameAndSend() {
    bool bOk = makeFrameAndSend_OneAnalog(); // 根据客户端请求，返回单个模拟量数据
    ns_train::CPPTime tmNow;
    tmNow.setCurrentTime();
    if ((tmNow.getTime() - m_tmLastSendAllData.getTime()) > 5) { // 每5秒发
//送一次全部模拟量数据
        bOk &= makeFrameAndSend_Analogs();
    }
    return bOk;
}
bool CServerThread::makeFrameAndSend_OneAnalog() {
    /*
    * |同步字 0x68   | 字节 0     - 【1字节】
    * |帧类型        | 字节 1     - 【1字节，ESERVERFRAME_ONEANALOGDATA】
    * |数据项 Id     | 字节 2~5   - 【4字节】
    * |数据值        | 字节 6~13  - 【8字节，double】
    */
    if (!m_bSendData) {
        return true;
    }
    CDataVector* pDataVector = CDataVector::instance();
    if (NULL == pDataVector) {
        return false;
    }
    const type_uint8 uchStart = 0x68; // 同步字
    m_bSendData = false;
    type_double dValue = 0.0;
    int nSend = 0;
    if (m_u32SendDataId < pDataVector->getSize()) {
        pDataVector->getData(m_u32SendDataId + 1, dValue);
        std::cout << std::endl << "发送单个数据给客户端: dataId = " << m_u32SendDataId << "(序号从0开始), value = " << dValue << std::endl;
        char* pBuf = m_pSendBuf;
        // 同步字
        *(reinterpret_cast<type_uint8*>(pBuf)) = uchStart;
        nSend += sizeof(uchStart);
        pBuf = m_pSendBuf + nSend;
        // 帧类型
        *(reinterpret_cast<type_uint8*>(pBuf)) = static_cast<type_uint8>(ESERVERFRAME_ONEANALOGDATA);
        nSend += sizeof(type_uint8);
        pBuf = m_pSendBuf + nSend;
        // 数据项 Id
```

```cpp
            m_u32SendDataId = ns_train::HostToNetwork(m_u32SendDataId);
            *(reinterpret_cast<type_uint32*>(pBuf)) = m_u32SendDataId;
            nSend += sizeof(m_u32SendDataId);
            pBuf = m_pSendBuf + nSend;
            // 数据值
            dValue = ns_train::HostToNetwork(dValue);
            *(reinterpret_cast<type_double*>(pBuf)) = dValue;
            nSend += sizeof(dValue);
            pBuf = m_pSendBuf + nSend;
            int nWrite = m_pSerial->write(m_pSendBuf, nSend);
            m_u32SendDataId = 0;
            if (nWrite < 0) {
                m_pSerial->close();
                return false;
            }
        }
    return true;
}
```

3. 小结

本节介绍了客户端接收终端输入形成用户指令，然后将指令通过串口发送给服务器，服务器接收到客户端的指令后进行响应的全过程。这样，就形成了客户端与服务器双方的双向通信。本节所展示的客户端接收终端输入时保存指令的方法比较简单，扩展性不太好，其实保存指令并执行比较好的方案是使用设计模式中的"命令模式"，在第 51 天的学习内容中将介绍该模式的具体应用。

第 49 天　使用结构体组织通信数据

今天要学习的案例对应的源代码目录：src/chapter07/ks07_06。本案例不依赖第三方类库。程序运行效果如图 7-7 所示。

今天的目标是掌握如下内容：借助结构体进行串口通信。

前面几天的案例在介绍串口通信时，都是按照通信规约中定义的通信格式进行组帧、解帧。在组帧、解帧操作时，是按照通信规约帧结构中的域依次进行处理，这样的方法稍微有些麻烦，在本案例中，将介绍利用结构体进行通信的方法。将通信规约中的每种数据帧定义成对应的结构体，在通信中就可以用结构体来操作整个数据帧，这样的话，不但可以把数据帧当作一个整体进行操作，而且还可以方便地计算出数据帧占用的字节数，可谓一举两得。

注意：本节需要先掌握通信中的内存对齐、大小端、位域定义等知识，这些内容在第 42 天的学习内容中已经有过详细介绍。

本案例主要功能如下。

（1）根据通信规约中的数据帧定义对应结构体。

图 7-7　第 49 天案例程序运行效果

（2）在通信中利用结构体实现数据的组帧、解帧。

1．根据通信规约中的数据帧定义结构体

首先，根据通信规约中的数据帧定义对应的结构体。因为通信结构体是通信双方共同使用的，所以把公用结构体定义在 ks07_06_dll 这个 DLL 项目中。如代码清单 7-35 所示，编写 ks07_06_struct.h 用来定义通信用的数据帧结构。如标号①处所示，需要引入 prealign.h，以便设置结构体的对齐，该头文件在第 42 天的学习内容中已经介绍，它的作用是为通信结构体设置对齐方式，与该文件配套使用的是 postalign.h，后者用来取消之前设置的对齐方式。因此，在这两个头文件之间的结构体所采用的对齐方式，就是 prealign.h 中设置的对齐方式。从前面几个案例中用到的通信规约的数据帧格式定义可以看出，有些数据帧的帧格式中有相同的域，如【同步字】【帧类型】，因此可以专门定义一个【帧头】的结构体，见标号②处。代码清单 7-35 中的其他结构体，大部分都是根据通信规约中对应数据帧的帧格式进行定义的，如客户端用来设置服务器数据的指令对应的结构体 KS07_06_Client_SetData，见标号④处。当然，也包括被其他结构体公用的结构体，如模拟量结构体 KS07_06_AnalogData，见标号③处。该头文件中定义的通信用结构体都提供了字节序转换接口 NetToHost()、HostToNet()，用来在通信时将内部的数据成员做字节序转换。

代码清单 7-35

```
// include/ks07_06/ks07_06_struct.h
#pragma once
```

```cpp
#include "customtype.h"
#include "ks07_06_dll_export.h"
#include "prealign.h"                                ①
// 帧头结构体
struct KS07_06_DLL_API KS07_06_FrameHeader {         ②
    KS07_06_FrameHeader();
    type_uint8 byStart;         // 同步字, 0x68
    type_uint8 byFrameType;     // 帧类型
    void NetToHost();           // 网络序转到主机序
    void HostToNet();           // 主机序转到网络序
} DISALIGN;
// 模拟量数据结构体
struct KS07_06_DLL_API KS07_06_AnalogData {          ③
    KS07_06_AnalogData();
    type_uint32 uDataId;        // 数据项 Id, 从 0 开始
    type_double dValue;         // 数据的值
    void NetToHost();           // 网络序转到主机序
    void HostToNet();           // 主机序转到网络序
} DISALIGN;
// 客户端—设置数据命令结构体
struct KS07_06_DLL_API KS07_06_Client_SetData {      ④
    KS07_06_Client_SetData();
    KS07_06_FrameHeader header; // 帧头
    KS07_06_AnalogData data;    // 模拟量数据
    void NetToHost();           // 网络序转到主机序
    void HostToNet();           // 主机序转到网络序
} DISALIGN;
// 客户端—获取数据命令结构体
struct KS07_06_DLL_API KS07_06_Client_GetData {
    KS07_06_Client_GetData();
    KS07_06_FrameHeader header; // 帧头
    type_uint32 uDataId;        // 数据项 Id, 从 0 开始
    void NetToHost();           // 网络序转到主机序
    void HostToNet();           // 主机序转到网络序
} DISALIGN;
// 服务器—单个模拟量结构体
struct KS07_06_DLL_API KS07_06_Server_OneAnalogData {
    KS07_06_Server_OneAnalogData();
    KS07_06_FrameHeader header; // 帧头
    KS07_06_AnalogData data;    // 模拟量数据
    void NetToHost();           // 网络序转到主机序
    void HostToNet();           // 主机序转到网络序
} DISALIGN;
// 服务器—批量模拟量结构体
struct KS07_06_DLL_API KS07_06_Server_AnalogDatas {
    KS07_06_Server_AnalogDatas();
    KS07_06_FrameHeader header; // 帧头
```

```cpp
        type_uint32 u32StartDataId;     // 起始数据序号
        type_uint32 u32CurrentFrameDataCount;// 本帧数据个数
        void NetToHost();               // 网络序转到主机序
        void HostToNet();               // 主机序转到网络序
} DISALIGN;
#include "postalign.h"
```

下面选择其中比较典型的结构体，介绍一下它们的实现，见代码清单 7-36。对于【帧头】KS07_06_FrameHeader 来说，它内部只有两个单字节成员变量，因此，它的字节序转换接口内部其实是空实现，见标号①处。而结构体 KS07_06_AnalogData 的成员并非单字节类型，所以它的字节序转换接口内部对其成员做字节序转换，见标号②处。在客户端设置数据命令对应的结构体 KS07_06_Client_SetData 的字节序转换接口中，则对其成员变量调用了各自的字节序转换接口，见标号③处。

代码清单 7-36

```cpp
// src/chapter07/ks07_06/ks07_06_dll/ks07_06_dll.cpp
KS07_06_FrameHeader::KS07_06_FrameHeader()  {
    byStart = 0;            // 同步字，0x68
    byFrameType = 0;        // 帧类型
}
void KS07_06_FrameHeader::HostToNet()  {                            ①
    // 目前都是单字节变量，不需要处理
    // byStart;             // 同步字，0x68
    // byFrameType;         // 帧类型
}
void KS07_06_FrameHeader::NetToHost()  {
    HostToNet();            // 主机序转到网络序
}
KS07_06_AnalogData::KS07_06_AnalogData()  {
    uDataId = 0;            // 数据项 Id
    dValue = 0.;            // 数据的值
}
void KS07_06_AnalogData::HostToNet()  {                             ②
    uDataId = ns_train::HostToNetwork(uDataId);
    dValue = ns_train::HostToNetwork(dValue);
}
void KS07_06_AnalogData::NetToHost()  {
    HostToNet();            // 主机序转到网络序
}
KS07_06_Client_SetData::KS07_06_Client_SetData()  {
}
void KS07_06_Client_SetData::HostToNet()  {                         ③
    header.HostToNet();
    data.HostToNet();
}
```

```cpp
void KS07_06_Client_SetData::NetToHost() {
    HostToNet();           // 主机序转到网络序
}
...
```

2. 在通信中利用结构体实现数据的组帧、解帧

如代码清单 7-37 所示，定义结构体并在 DLL 中实现这些结构体之后，就可以在通信中利用它们进行通信了。在确定帧类型的接口中，当收取到足够的字节之后，就可以使用【帧头】KS07_06_FrameHeader 结构体对接收缓冲区直接进行类型转换，见标号①处。因为这是读取到的数据，所以要从网络字节序转换到本地字节序，见标号②处。转换完字节序之后，就可以访问其成员了，见标号③处。另外，在计算某种数据帧的长度时，也不用根据通信规约一个域一个域地进行计算，可以直接计算结构体的大小，得到所需字节数，见标号④处。

代码清单 7-37

```cpp
// src/chapter07/ks07_06/ks07_06_client/clientthread.cpp
bool CClientThread::parseFrame_GetFrameType() {
    ...
    // 6. 当数据收全后，解析并保存数据、切换工作状态
    if (m_nReceivedCount == nAllData) {        // 已经读取完毕
        KS07_06_FrameHeader* pHeader = reinterpret_cast<KS07_06_FrameHeader*>
(m_pReceiveBuf);                                                            ①
        pHeader->NetToHost();                                               ②
        m_byFrameType = pHeader->byFrameType;    // 保存【帧类型】           ③
        m_eFrameStatus = EFRAME_GET_FRAMELENGTH; // 切换到下一个工作状态
    }
    return true;
}
bool CClientThread::parseFrame_GetFrameLength_OneAnalog() {
    /*
     * |同步字 0x68| 字节 0      - 【1 字节】
     * |帧类型     | 字节 1      - 【1 字节, ESERVERFRAME_ONEANALOGDATA】
     * |数据项 Id  | 字节 2~5    - 【4 字节】
     * |数据值     | 字节 6~13   - 【8 字节, double】
     */
    // 1. 设置需要读取的字节数
    m_nFrameLength = sizeof(KS07_06_Server_OneAnalogData);                  ④
    m_eFrameStatus = EFRAME_PARSEDATA;    // 切换到下一个工作状态
    return true;
}
```

发送数据时，也可以利用通信结构体进行组帧，见代码清单 7-38。如标号①处所示，在发送【设置数据】指令时，首先将发送缓冲区做类型转换，得到【设置数据】指令对应的 KS07_06_Client_SetData 结构体指针，然后通过操作该结构体指针完成组帧。在将数据发送到串口之前，将数据从本地字节序转换为网络字节序，见标号②处。然后，利用结构体计算

该数据帧所占用的字节数，见标号③处。

代码清单 7-38

```cpp
// src/chapter07/ks07_06/ks07_06_client/clientthread.cpp
bool CClientThread::makeFrameAndSend() {
    ...
    // 1. 发送—"设置数据"帧
    { // 为了使用自动锁，需要用花括号建立一个局部栈。
        /*
        * |同步字 0x68| 字节 0      - 【1 字节】
        * |帧类型     | 字节 1      - 【1 字节, ECLIENTFRAME_SETDATA】
        * |数据项 Id  | 字节 2~5    - 【4 字节】
        * |数据值     | 字节 6~13   - 【8 字节, double】
        */
        KS07_06_Client_SetData* pSetData = reinterpret_cast
<KS07_06_Client_SetData*> (m_pSendBuf);                                    ①
        ns_train::CPPMutexLocker mutexLocker(&m_mutex);
        std::list<s_IDValue>::iterator ite = m_lstSetIdValue.begin();
        if (ite != m_lstSetIdValue.end()) { // 取第一个
            bSend = true;
            pSetData->header.byStart = 0x68;
            pSetData->header.byFrameType = static_cast<type_uint8>
(ECLIENTFRAME_SETDATA);
            pSetData->data.uDataId = (*ite).nId;
            pSetData->data.dValue = (*ite).dValue;
            pSetData->HostToNet();                                         ②
            nSend = sizeof(KS07_06_Client_SetData);                        ③
            nWrite = m_pSerial->write(m_pSendBuf, nSend);
            m_lstSetIdValue.erase(ite);
        }
    }
    ...
}
```

通信过程中，所有对接收数据、发送数据的处理，都可以借助对应的结构体进行处理，在此不再一一赘述，完整的代码请查看配套代码。

3．小结

在通信过程中，按照通信规约的数据帧格式定义对应的结构体，不但可以对数据进行统一组织、统一处理，而且可以简化编程，对代码的易读性、可维护性也非常有帮助。

第 50 天　用串口传输文件

今天要学习的案例对应的源代码目录：src/chapter07/ks07_07。本案例不依赖第三方类库。程序运行效果如图 7-8 所示。

视频讲解

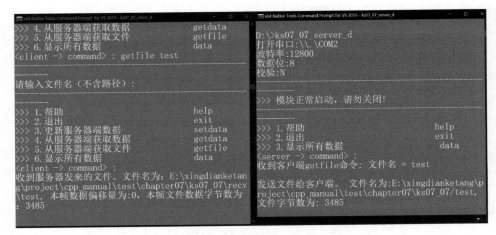

图 7-8　第 50 天案例程序运行效果

今天的目标是掌握如下内容：利用串口传输文件的基本方法。

在前面的学习中，我们利用串口实现了命令请求、数据发送，本节将利用串口实现文件传输功能。其实，用串口传输文件与传输数据本质上没有太大区别。无论是传输文件还是传输其他数据，对于串口来说都是一串数据而已。因此，只需要把文件打开、读取文件中的数据、把数据写入串口，然后，当收到串口中的文件数据时再将数据保存到文件即可。本案例主要功能如下。

（1）定义并实现【请求文件】命令、【文件内容】对应的结构体。

（2）客户端向服务器发送【请求文件】命令，服务器解析该命令。

（3）服务器打开指定文件并将文件按照【文件数据帧】进行组织，然后通过串口发给客户端，客户端解析收到的文件数据并将文件保存到本地。

1. 定义并实现【请求文件】【文件内容】对应的结构体

既然是客户端发送【请求文件】命令给服务器，那么就要先定义【请求文件】命令对应的通信规约中的帧格式。在真实的软件开发工作中，通信双方一般先要形成书面的通信协议，而在本节案例中，通过直接定义【请求文件】【文件内容】对应的结构体来进行介绍，见代码清单 7-39。其中，请求文件对应的结构体为 ks07_07_Client_GetFile，见标号①处。其中表示文件名的成员变量 szFileName 采用了固定长度的字符数组，这样做的目的是方便计算整个结构体的大小，如果使用字符串指针或者可变长度的类型（如 std::string），就无法使用 sizeof() 来计算结构体的大小了。另外，如 szFileName 的注释所示，该数组中只存放文件名，不带路径，路径采用双方约定的默认值，目的是防止路径过长时导致溢出。如果在实际的软件开发中无法约定默认路径，那么只能在 szFileName 中存放文件的全路径。服务器返回的文件数据的帧格式用结构体 ks07_07_Server_File 来表示，见标号②处。因为每一帧数据中文件内容的长度不固定，因此，使用成员变量 u32FrameLength 来表示本数据帧的总长度。另外，为了方便，在该结构体中也设计了 szFileName 成员来存放文件名。成员 byLastFrame

表示当前数据帧是否为最后一帧，当接收方收到该数据时就可以知道文件是否已经完成传输。成员 u32Offset、u32DataLength 分别表示当前数据在文件中的偏移量以及数据的长度，它们用来辅助进行文件保存，需要注意的是，这两个成员都采用了 4 字节的整数类型，因此只能传输 2GB 以内的文件，如果需要传输更大的文件，则需要使用更大容量的数据类型，如 8 字节整数。这两个结构体的实现在 ks07_07_dll 项目中，它们的实现与本头文件中其他结构体类似，在此不再赘述，详细代码请见配套代码。

代码清单 7-39

```
// include/ks07_07/ks07_07_struct.h
...
static const int MAX_FILE_NAME_LENGTH = 64;  // 文件名(不带路径)的最长尺寸
#include "prealign.h"
// 客户端—获取文件命令结构体
struct ks07_07_DLL_API ks07_07_Client_GetFile {                              ①
    ks07_07_Client_GetFile();
    ks07_07_FrameHeader header;  // 帧头
    char szFileName[MAX_FILE_NAME_LENGTH];  // 文件名，不带路径，路径默认为：
$PROJECT_DEV_HOME/test/chapter07/ks07_07
    void NetToHost();            // 网络序转到主机序
    void HostToNet();            // 主机序转到网络序
} DISALIGN;
...
// 服务器—批量模拟量结构体
struct ks07_07_DLL_API ks07_07_Server_File {                                 ②
    ks07_07_Server_File();
    ks07_07_FrameHeader header;        // 帧头
    type_uint32 u32FrameLength;        // 本帧数据总长度
    char szFileName[MAX_FILE_NAME_LENGTH];// 文件名，不带路径，路径默认为：
$PROJECT_DEV_HOME/test/chapter07/ks07_07
    type_uint8  byLastFrame;           // 是否最后一帧
    type_uint32 u32Offset;             // 本帧数据在文件中的起始偏移量
    type_uint32 u32DataLength;         // 本帧文件内容长度
    void NetToHost();                  // 网络序转到主机序
    void HostToNet();                  // 主机序转到网络序
} DISALIGN;
#include "postalign.h"
```

2. 客户端向服务器发送【请求文件】命令，服务器解析该命令

当用户从终端输入文件名时，客户端将组织【请求文件】命令，并发送给服务器。如代码清单 7-40 中标号①处所示，首先将用户输入的指令添加到客户端工作线程对象的命令队列中。

代码清单 7-40

```
// src/chapter07/ks07_07/ks07_07_client/app.cpp
```

```cpp
void CApp::CommandProc() {
    ...
    else if (strInput.compare("getfile") == 0) {
        std::cout << "----------------------------" << std::endl;
        std::cout << "请输入文件名(不含路径):" << std::endl;
        std::string str;
        std::cin >> str;
        m_pClientThread->addCommand_GetFile(str);                    ①
    }
    ...
}
```

CClientThread::addCommand_GetFile()的实现见代码清单 7-41 中标号①处。如标号②处所示，客户端利用结构体 ks07_07_Client_GetFile 将【请求文件】命令进行组帧，并发送给服务器。

代码清单 7-41

```cpp
// src/chapter07/ks07_07/ks07_07_client/clientthread.cpp
void CClientThread::addCommand_GetFile(const std::string& str) {       ①
    ns_train::CPPMutexLocker mutexLocker(&m_mutex);
    m_strFileName = str;
}
bool CClientThread::makeFrameAndSend() {
    ...
    // 3．发送—"获取文件"帧                                              ②
    if (!bSend) {
        /*
        *  |同步字 0x68  | 字节 0   - 【1 字节】
        *  |帧类型       | 字节 1   - 【1 字节, ECLIENTFRAME_GETDATA】
        *  |文件名       | 字节 2   - 【MAX_FILE_NAME_LENGTH】
        */
        std::string strFileName;
        {
            ns_train::CPPMutexLocker mutexLocker(&m_mutex);
            strFileName = m_strFileName;
        }
        if (strFileName.length() == 0) {
            return true;
        }
        ks07_07_Client_GetFile* pGetFile = reinterpret_cast<ks07_07_Client_GetFile*>(m_pSendBuf);
        bSend = true;
        nSend = 0;
        pGetFile->header.byStart = 0x68;
        pGetFile->header.byFrameType = static_cast<type_uint8>(ECLIENTFRAME_GETFILE);
```

```
            strcpy(pGetFile->szFileName, strFileName.c_str());
            nSend = static_cast<int>(sizeof(ks07_07_Client_GetFile)) ;
            pGetFile->HostToNet();
            nWrite = m_pSerial->write(m_pSendBuf, nSend);
            {
                ns_train::CPPMutexLocker mutexLocker(&m_mutex);
                m_strFileName.clear();
            }
        }
        return true;
    }
```

当服务器收到该帧数据时，按照【搜索同步字】【确定帧类型】【确定帧长度】【接收并解析数据】的过程进行接收、解析。如代码清单 7-42 所示，列出了服务器接收到【请求文件】命令时的几个关键处理接口。其中，在解析【请求文件】命令时，将解析得到的文件名保存到成员变量中，并且将 m_bSendFile 设置为 True，见标号①、标号②处。

代码清单 7-42

```
// src/chapter07/ks07_07/ks07_07_server/serverthread.cpp
bool CServerThread::parseFrame_GetFrameLength() {
    switch (m_byFrameType) {
    ...
    case ECLIENTFRAME_GETFILE:
        parseFrame_GetFrameLength_GetFile();
        break;
    ...
    }
    return true;
}
bool CServerThread::parseFrame_Parse() {
    switch (m_byFrameType) {
    ...
    case ECLIENTFRAME_GETFILE:
        parseFrame_GetFile();
        break;
    ...
    }
    return true;
}
bool CServerThread::parseFrame_GetFrameLength_GetFile() {
    /*
     * |同步字 0x68   | 字节 0   - 【1 字节】
     * |帧类型        | 字节 1   - 【1 字节, ECLIENTFRAME_GETDATA】
     * |文件名        | 字节 2   - 【MAX_FILE_NAME_LENGTH】
     */
    m_nFrameLength = sizeof(ks07_07_Client_GetFile);
```

```
        m_eFrameStatus = EFRAME_PARSEDATA; // 切换到下一个工作状态
        return true;
    }
    bool CServerThread::parseFrame_GetFile() {
        /*
         * |同步字0x68| 字节0     -【1字节】
         * |帧类型    | 字节1     -【1字节, ECLIENTFRAME_GETDATA】
         * |文件名    | 字节2     -【MAX_FILE_NAME_LENGTH】
         */
        CDataVector* pDataVector = CDataVector::instance();
        if (NULL == pDataVector) {
            return false;
        }
        if (!readData(m_nFrameLength)) {
                return false;
        }
        if (m_nReceivedCount < m_nFrameLength) {
            return false;
        }
        reset_receive();    // 先复位，再赋值，否则数据会被冲掉
        ks07_07_Client_GetFile*  pGetFile  =  reinterpret_cast<ks07_07_Client_GetFile*>(m_pReceiveBuf);
        pGetFile->NetToHost();
        m_strFileName = pGetFile->szFileName;                                       ①
        m_bSendFile = true;                                                         ②
        return true;
    }
```

3. 服务器打开指定文件并发给客户端，客户端将收到的文件保存到本地

如代码清单 7-43 所示，服务器收到客户端的【请求文件】命令并解析成功后，就要开始向客户端发送文件了。makeFrameAndSend_File()负责将文件发送给客户端，见标号①处。因为文件的大小有可能超过发送缓冲区的容量，因此需要将文件拆分成多帧进行传输。首先需要一帧最多可发送的数据个数，这里计算得到的是除了【文件内容】帧的固定内容之外，剩余的发送缓冲区能够容纳的文件内容本身的字节数，见标号②处。接下来对结构体的相关成员变量进行赋值，并打开文件。然后，根据是否还有剩余数据需要发送，进入循环发送状态，直到发送完毕，见标号③处。如标号④处所示，当剩余文件的内容不够一帧数据时，则将剩余数据全部发送出去，并将 pFile->byLastFrame 设置为 1，表示当前帧是最后一帧，否则按照之前计算得到的一帧容量来发送，见标号⑤处。如标号⑥处所示，为了防止发送失败，采用循环的策略，直至所有数据全部发送成功。如标号⑦处所示，当发送完毕，关闭文件，并更新相关标志。

代码清单 7-43

```
// src/chapter07/ks07_07/ks07_07_server/serverthread.cpp
```

```cpp
CServerThread::CServerThread() {
    ...
    reset_receive();
    reset_send();
}
void CServerThread::reset_send() {
    m_bSendData = false;
    m_bSendFile=false;
}
bool CServerThread::makeFrameAndSend_File() {                              ①
    /*
     * |同步字 0x68          |  【1 字节】- 字节 0
     * |帧类型               |  【1 字节】- 字节 1
     * |本帧数据总长度        |  【4 字节】- 字节 2~5
     * |文件名               |  【MAX_FILE_NAME_LENGTH】- 字节 6~69
     * |是否最后一帧          |  【1 字节】- 字节 70
     * |本帧数据在文件中的起始偏移量|  【4 字节】- 字节 71~74
     * |本帧文件内容长度      |  【4 字节】- 字节 75~78
     * |本帧文件内容          |  【N 字节】- 字节 79~
     */
    if (!m_bSendFile) {
        return false;
    }
    // 1. 定义通信数据帧中各个字段对应的变量。请注意，要保证变量的数据类型跟通信帧中对
    //应的字段完全一致
    bool bError = false;
    ks07_07_Server_File*                          pFile                       =
reinterpret_cast<ks07_07_Server_File*>(m_pSendBuf);
    type_double dValue = 0.0;          // 数据的值
    // 2. 计算该缓冲区能容纳多少有效数据
    const type_int32 nFrameMaxDataCount = c_nSendBufferLength - sizeof(ks07_
07_Server_File);       // 一帧最多可发送的数据个数                                ②
    // 3. 定义相关变量
    ns_train::CPPFile file;
    type_int32 nAllDataCount = 0;     // 待发送数据总个数
    type_int32 nSendDataCount = 0;    // 已经发送的数据个数
    type_int32 nFrameLength = 0;      // 本帧数据总长度
    type_uint8 *pBuf = NULL;          // 发送缓冲区游标指针
    type_uint32 u32CurrentFrameDataCount = 0;   // 本帧数据个数
    int nSend = 0;
    int nWrite = 0;
    std::string strFileName;
    std::string strDirectory = ns_train::getDirectory("$PROJECT_DEV_HOME/
test/chapter07/ks07_07/");
    ns_train::mkDir(strDirectory);
    strFileName = strDirectory + "/" + m_strFileName;
    strFileName = ns_train::getPath(strFileName);
```

```cpp
        file.setFileName(strFileName);
        bool bOk = file.open("rb");
        if (!bOk) {
            reset_send();
            return false;
        }
        type_size fileSize = file.getSize();
        strcpy(pFile->szFileName, m_strFileName.c_str()); // 文件名，不带路径，路
//径默认为：$PROJECT_DEV_HOME/test/chapter07/ks07_07
        pFile->byLastFrame = 0;        // 是否最后一帧
        pFile->u32Offset = 0;          // 本帧数据在文件中的起始偏移量
        pFile->u32DataLength = 0;      // 本帧文件内容长度
        nAllDataCount = static_cast<int>(fileSize);
        type_size sizeRead = 0;
        file.seekToBegin();            // 将文件游标移动到指定位置
        while (nSendDataCount < nAllDataCount) { // 数据都发出去了吗       ③
            pFile->header.byStart = 0x68;
            pFile->header.byFrameType = static_cast<type_uint8>(ESERVERFRAME_
FILE);
            strcpy(pFile->szFileName, m_strFileName.c_str()); // 文件名，不带路径，
//路径默认为：$PROJECT_DEV_HOME/test/chapter07/ks07_07
            if ((nAllDataCount-nSendDataCount) < nFrameMaxDataCount) {       ④
                u32CurrentFrameDataCount = nAllDataCount-nSendDataCount;// 本帧文
//件内容长度
                pFile->byLastFrame = 1;    // 是否最后一帧
            }
            else {
                u32CurrentFrameDataCount = nFrameMaxDataCount;// 本帧文件内容长度 ⑤
                pFile->byLastFrame = 0;    // 是否最后一帧
            }
            pFile->u32DataLength = u32CurrentFrameDataCount;
            pFile->u32Offset = nSendDataCount;     // 本帧数据在文件中的起始偏移量
            nFrameLength = pFile->u32FrameLength = sizeof(ks07_07_Server_File)+
pFile->u32DataLength;             // 本帧数据总长度
            sizeRead = file.read(m_pSendBuf+ sizeof(ks07_07_Server_File),
u32CurrentFrameDataCount);    //读取文件
            if (sizeRead != pFile->u32DataLength) {
                return false;
            }
            pFile->HostToNet(); // 转换字节序。在此行代码之后，不可以继续使用
//pAnalogDatas 中的变量
            // 数据组帧完毕，开始发送                                              ⑥
            for (int nCurrentFrameSend = 0; nCurrentFrameSend < nFrameLength;) {
                nSend = nFrameLength - nCurrentFrameSend;
                nWrite = m_pSerial->write(m_pSendBuf + nCurrentFrameSend, nSend);
                if (nWrite < 0) {
                    file.close();
```

```cpp
            m_pSerial->close();
            reset_send();
            return false;
        }
        else {
            nCurrentFrameSend += nWrite;
        }
    }
    nSendDataCount += u32CurrentFrameDataCount; // 更新已发送数据个数
    // ns_train::ii_sleep(1); // 如果数据量比较多,导致循环次数太多,可能导致
CPU占用率高,那么可以用睡眠释放CPU
}
file.close();
m_bSendFile = false;                                                    ⑦
m_tmLastSendAllData.setCurrentTime();
return true;
}
```

客户端收到文件后,根据通信规约进行解析,见代码清单 7-44。需要注意的是,因为服务器将文件内容分成多帧进行传输,因此,当客户端收到数据后,应根据收到的【文件内容】数据帧的偏移量进行偏移然后保存,见标号①处。

代码清单 7-44

```cpp
// src/chapter07/ks07_07/ks07_07_client/clientthread.cpp
bool CClientThread::parseFrame_GetFrameLength() {
    switch (m_byFrameType) {
    ...
    case ESERVERFRAME_FILE:
        parseFrame_GetFrameLength_File();
        break;
    ...
    }
    return true;
}
bool CClientThread::parseFrame_GetFrameLength_File() {
    /*
     *  |同步字 0x68               |  【1 字节】- 字节 0
     *  |帧类型                    |  【1 字节】- 字节 1
     *  |本帧数据总长度             |  【4 字节】- 字节 2~5
     *  |文件名                    |  【MAX_FILE_NAME_LENGTH】- 字节 6~69
     *  |是否最后一帧               |  【1 字节】- 字节 70
     *  |本帧数据在文件中的起始偏移量 |  【4 字节】- 字节 71~74
     *  |本帧文件内容长度           |  【4 字节】- 字节 75~78
     *  |本帧文件内容              |  【N 字节】- 字节 79~
     */
    ks07_07_Server_File fileFrame;
```

```cpp
        // 1. 设置需要读取的字节数。 需要把前面的字段都算上，然后得到【本帧数据个数】，从而
//计算帧长度
        type_int32 nAllData = sizeof(ks07_07_Server_File);
        if (!readData(nAllData)) {
            return false;
        }
        // 6. 当数据收全后，解析并保存数据、切换工作状态
        if (m_nReceivedCount == nAllData) {
            // 2. 设置需要读取的字节数
            ks07_07_Server_File* pFile = reinterpret_cast<ks07_07_Server_File*>(m_pReceiveBuf);
            m_nFrameLength = static_cast<type_int32>(pFile->u32FrameLength);
            m_nFrameLength = ns_train::NetworkToHost(m_nFrameLength);
            m_eFrameStatus = EFRAME_PARSEDATA;  // 切换到下一个工作状态
        }
        return true;
    }
    bool CClientThread::parseFrame_Parse() {
        switch (m_byFrameType) {
        ...
        case ESERVERFRAME_FILE:
            parseFrame_File();
            break;
        ...
        }
        return true;
    }
    bool CClientThread::parseFrame_File() {
        /*
        *   |同步字 0x68              |【1字节】- 字节 0
        *   |帧类型                   |【1字节】- 字节 1
        *   |本帧数据总长度           |【4字节】- 字节 2~5
        *   |文件名                   |【MAX_FILE_NAME_LENGTH】- 字节 6~69
        *   |是否最后一帧             |【1字节】- 字节 70
        *   |本帧数据在文件中的起始偏移量|【4字节】- 字节 71~74
        *   |本帧文件内容长度         |【4字节】- 字节 75~78
        *   |本帧文件内容             |【N字节】- 字节 79~
        */
        // 1. 读取数据
        if (!readData(m_nFrameLength)) {
            return false;
        }
        if (m_nReceivedCount < m_nFrameLength) {  // 数据还没有收全
            return true;
        }
        // 5. 当数据收全后，解析并保存数据、切换工作状态
        type_uint32 idx = 0;
```

```cpp
    type_char* pBuf = m_pReceiveBuf + sizeof(ks07_07_Server_File);
    ks07_07_Server_File*  pFile  =  reinterpret_cast<ks07_07_Server_File*>
(m_pReceiveBuf);
    pFile->NetToHost();
    std::string  strFileName  =  "$PROJECT_DEV_HOME/test/chapter07/ks07_07/
recv/";
    strFileName += pFile->szFileName;
    strFileName = ns_train::getPath(strFileName.c_str());
    std::string strDirectory = ns_train::getDirectory(strFileName.c_str());
    ns_train::mkDir(strDirectory);
    ns_train::CPPFile file;
    file.setFileName(strFileName);
    std::string strOpenMode = "ab";
    if (0 == pFile->u32Offset) {
        strOpenMode = "wb";
    }
    if (!file.open(strOpenMode.c_str())) {
        return false;
    }
    file.seekToPosition(pFile->u32Offset, SEEK_SET);                      ①
    file.write(m_pReceiveBuf+ sizeof(ks07_07_Server_File), pFile->
u32DataLength);
    file.close();
    reset_receive();
    return true;
}
```

4．小结

本案例介绍了怎样用串口传输文件。利用串口传输文件时，需要将文件拆分成多帧进行传输。另外，还需要考虑文件尺寸的问题，如果文件超过 2GB，那么代码清单 7-39 中【文件内容】结构体中的偏移量 u32Offset 就要改为更大容量的数据类型，如 8 字节整数。至于本帧数据长度 u32FrameLength、本帧文件内容长度 u32DataLength 这两个变量，则根据实际情况决定是否改为更大容量数据类型，因为虽然整个文件很大，但是每帧传输的字节数最好不要过大，因为一次传输的数据越多，出错的概率也越大，所以，这两个变量仍然可以考虑使用 4 字节整数。

本节展示了文件传输的基本方法，为什么称作基本方法呢？这是因为，本案例在传输文件时采用了一次性发送完毕的方案，所以，如果传输过程中一旦出现问题，发送方可能无法及时探测到错误，而这将导致接收方无法完整、正确地接收文件。那么，该怎么解决这个问题呢？在第 51 天的学习内容中，将介绍通过确认帧、重发机制来确保文件成功、可靠传输的方法。

第 51 天　确认帧、三次重发

今天要学习的案例对应的源代码目录：src/chapter07/ks07_08。本案例不依赖第三方类库。程序运行效果如图 7-9 所示。

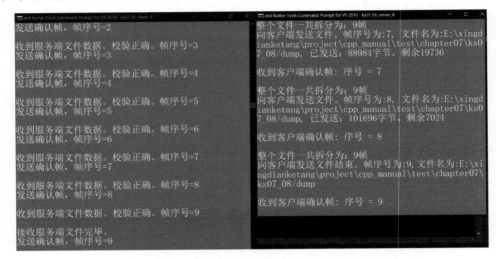

图 7-9　第 51 天案例程序运行效果

今天的目标是掌握如下内容。
- 在通信中使用帧序号、确认帧。
- 利用【校验码】提高通信可靠性。
- 利用报文重发(重新发送)机制提高通信可靠性。
- 使用设计模式中的"命令模式"处理用户指令。

注意：本节内容较多，因篇幅所限，省略了部分代码。如果想查看全部代码，请下载配套资源中的源代码。

在第 50 天的文件传输案例中，介绍了文件传输的基本方法。但是，一旦文件稍大些，如超过 100KB，就可能出现接收方无法完整、成功接收文件的现象。其中一个可能的原因是，发送方发送速度过快，接收方还没有来得及处理完，结果后续的数据又传输到接收方，导致接收方数据被覆盖。本节将通过增加【帧序号】、【校验码】、【确认帧】机制、【3 次重发】机制来确保双方通信正常。本案例主要功能如下。

（1）封装通信规约接口类、通信规约处理对象来专门处理通信功能。
（2）在通信规约中的通信数据帧中增加【校验码】对报文进行校验，提高通信可靠性。
（3）增加【帧序号】、【确认帧】机制、【3 次重发】机制确保通信可靠性。
（4）使用设计模式中的"命令模式"处理用户输入的指令，实现对指令的组帧发送功能。

1. 封装通信规约类

从前面章节的代码中可以看出，服务器、客户端的工作线程中，对于通信的处理有很多相似之处。因此，可以将这些部分抽取出来，封装成公共类，以提高代码复用度、提升软件的设计效率。经过对已有功能的梳理，设计了规约接口类 CProtocolInterface 用来描述通信规约的接口性质，该类为纯虚接口类，它的接口并未提供实现。在 CProtocolInterface 的基础上，设计规约对象类 CProtocolObject，它派生自 CProtocolInterface。CProtocolObject 对各个接口提供了默认实现。考虑到服务器、客户端对通信过程的处理有所不同，因此分别为服务器、客户端设计了 CServerProtocolObject、CClientProtocolObject，这两个类派生自 CProtocolObject。这几个类之间的关系如图 7-10 所示。

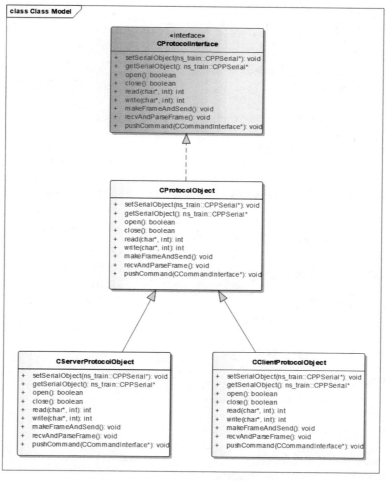

图 7-10　规约接口类及其派生类

规约接口类 CProtocolInterface 的头文件见代码清单 7-45。规约接口类的主要功能包括处理数据的组帧、解帧，而这需要能作串口并处理数据收发，因此，为该类添加 setSerialObject()、getSerialObject()接口用来设置、获取串口对象指针，见标号①、标号②处。另外，还为 CProtocolInterface 设计了处理接收解帧、发送组帧相关的一系列接口。

代码清单 7-45

```cpp
// include/ks07_08/protocolinterface.h
#pragma once
#include "ks07_08_dll_export.h"
namespace ns_train {
    class CPPSerial;
}
class CCommandInterface;
class KS07_08_DLL_API CProtocolInterface {
public:
    /**
    * @brief 设置串口通信对象。
    * @return true:成功, false: 失败。当写入串口失败时，将导致返回 false。
    */
    virtual void setSerialObject(ns_train::CPPSerial* pSerial) = 0;    ①
    /**
    * @brief 获得串口通信对象。
    * @return true:成功, false: 失败。当写入串口失败时，将导致返回 false。
    */
    virtual ns_train::CPPSerial* getSerialObject() const = 0;          ②
    /**
    * @brief 打开串口。
    * @return true:打开成功,false:打开失败。
    */
    virtual bool open() = 0;
    /**
    * @brief 串口是否已打开。
    * @return true:已打开,false:未打开。
    */
    virtual bool isOpen() = 0;
    /**
    * @brief 关闭串口。
    * @return true:成功,false:失败。
    */
    virtual bool close() = 0;
    /**
    * @brief 从串口中接收数据。
    * @param[out] data 接收缓冲区。
    * @param[in] cout 准备接收的字节数。
    * @return 从串口中实际接收到的数据字节数。
    */
    virtual int read(
```

```cpp
        char* data,
        int count) = 0;
    /**
    * @brief 向串口中发送数据。
    * @param[in] data 发送缓冲区。
    * @param[in] cout 准备发送的字节数。
    * @return 实际向串口中写入的字节数。
    */
    virtual int write(
        char* data,
        int count) = 0;
    /**
    * @brief 将待发送数据进行组帧并发送。
    * @return true:成功, false: 失败。当写入串口失败时,将导致返回false。
    */
    virtual void makeFrameAndSend() = 0;
    /**
    * @brief 接收数据并解帧。
    * @param[in] pSerial 串口对象。
    * @return true:成功, false: 失败。当写入串口失败时,将导致返回false。
    */
    virtual void recvAndParseFrame() = 0;
    /**
    * @brief 添加命令。
    * @param[in] pCommand 命令对象。
    * @return true:成功, false: 失败。当写入串口失败时,将导致返回false。
    */
    virtual void pushCommand(CCommandInterface* pCommand) = 0;
    /**
    * @brief 获取一个命令。
    * @return 命令队列中第一个对象,如果队列为空,则返回NULL。
    */
    virtual CCommandInterface* takeCommand() = 0;
};
```

下面介绍规约对象类 CProtocolObject,其头文件见代码清单 7-46。CProtocolObject 在基类的基础上增加了用来处理数据解帧的相关接口, 如 parseFrame_Synchronization()、parseFrame_GetFrameType()、parseFrame_GetFrameLength()等,这些接口是不是很熟悉呢?是的, 这些与前面章节中服务器、客户端工作线程中的相关接口的功能是一样的。

代码清单 7-46

```cpp
// include/ks07_08/protocolobject.h
/*!
* please import ks07_08_dll.dll
*/
...
```

```cpp
class KS07_08_DLL_API CProtocolObject : public CProtocolInterface {
public:
    enum EFRAME_STATUS {
        EFRAME_SYNCHRONIZATION = 0,     // 搜索同步字
        EFRAME_GET_FRAMETYPE,           // 搜索帧类型
        EFRAME_GET_FRAMELENGTH,         // 获取帧长度
        EFRAME_PARSEDATA,               // 解析数据
    };
    ...
    virtual void makeFrameAndSend() = 0;
    virtual void recvAndParseFrame() = 0;
    virtual void pushCommand(CCommandInterface* pCommand);
    virtual CCommandInterface* takeCommand();
protected:
    /**
    * @brief  搜索同步字。
    * @return 无
    */
    virtual void parseFrame_Synchronization() = 0;         ①
    /**
    * @brief  获取帧类型。
    * @return 无
    */
    virtual void parseFrame_GetFrameType() = 0;
    /**
    * @brief  获取帧长度。
    * @return 无
    */
    virtual void parseFrame_GetFrameLength() = 0;
    /**
    * @brief  解析数据。
    * @return 无
    */
    virtual void parseFrame_Parse() = 0;
    /**
    * @brief  复位与接收数据相关的变量。
    * @return 无
    */
    virtual void reset_receive() = 0;
    /**
    * @brief  复位与发送数据相关的变量。
    * @return 无
    */
    virtual void reset_send() = 0;
    /**
    * @brief  申请内存。
    * @return 无
```

```cpp
     */
    virtual void makeBuffer() = 0;
    /**
     * @brief   释放申请的内存。
     * @return  无
     */
    virtual void freeBuffer();
    /**
     * @brief   从命令队列中取出一个命令并执行。
     * @return  无
     */
    virtual void takeOneCommandAndExecute();
    /**
     * @brief   重发。
     * @return  无
     */
    virtual void reSend();
    /**
     * @brief   重发次数超限。
     * @return  无
     */
    virtual void reSendOverLimit() = 0;
    /**
     * @brief   设置等待客户端Ack(确认帧)时间，以秒为单位。
     * @param[in]   nWaitAckTime  等待客户端Ack(确认帧)的时间。
     * @return  无
     */
    void setWaitAckTime(int nWaitAckTime) {
        m_nWaitAckTime = nWaitAckTime;
    }
    /**
     * @brief   获取等待客户端Ack(确认帧)时间，以秒为单位。
     * @param[in]   nWaitAckTime  等待客户端Ack(确认帧的时间)。
     * @return  等待客户端Ack(确认帧)时间，以秒为单位
     */
    int waitAckTime() {
        return m_nWaitAckTime;
    }
protected:
    ns_train::CPPSerial* m_pSerial;          // 串口通信对象
    type_int32 m_nReceivedCount;             // 已经接收到的数据字节数
    EFRAME_STATUS m_eFrameStatus;            // 数据解帧状态
    type_uint8 m_byFrameType;                // 帧类型
    type_int32 m_nFrameLength;               // 本帧数据长度
    char *m_pReceiveBuf;                     // 接收缓冲区
    char *m_pSendBuf;                        // 发送缓冲区
    char *m_pReSendBuf;                      // 重发缓冲区
```

```
    type_int32 m_nResendLength;              // 重发数据长度
    type_int32 m_nResendCount;               // 重发次数
    bool m_bWaitAck; // true:需要等待客户端的Ack确认帧,false:不需要等待客户端的
//Ack确认帧
    bool m_bResend;                          // 是否需要重发
    ns_train::CPPMutex m_mutex;              // 互斥锁,用来保护私有数据
    std::list<CCommandInterface*> m_listCommands;// 命令队列
    ns_train::CPPTime m_tmBeginWaitAck;      // 开始等待客户端Ack(确认帧)的时间
    int m_nWaitAckTime;                      // 等待客户端Ack(确认帧)时间,以秒为单位
};
```

CProtocolObject 类的部分接口的实现见代码清单 7-47。该类对部分接口提供了默认实现,如 freeBuffer(),见标号①处。CProtocolObject 类在操作串口时是通过串口通信对象实现相关功能的。比如,打开串口的 open() 接口,其实是通过调用 m_pSerial->open() 实现打开串口的功能,见标号②处。CProtocolObject 类处理接收数据解帧的操作与前面章节基本一致,如 recvAndParseFrame(),见标号③处。

代码清单 7-47

```
// src/chapter07/ks07_07/ks07_08_dll/protocolobject.cpp
...
CProtocolObject::CProtocolObject() {
    m_pSerial = NULL;
    m_pReceiveBuf = NULL;
    m_pSendBuf = NULL;
    m_pReSendBuf = NULL;
    m_nReceivedCount = 0;
    m_nResendLength = 0;
    m_nResendCount = 0;
    m_eFrameStatus = EFRAME_SYNCHRONIZATION;
    m_byFrameType = 0;
    m_nFrameLength = 0;
    m_bWaitAck = 0;
    m_bResend = false;
    m_nWaitAckTime = 5; // 5秒
}
CProtocolObject::~CProtocolObject() {
    freeBuffer();
}
void CProtocolObject::reset_receive() {
    m_nReceivedCount = 0;
    m_byFrameType = 0;
    m_eFrameStatus = EFRAME_SYNCHRONIZATION;
    m_nFrameLength = 0;
}
void CProtocolObject::reset_send() {
```

```cpp
}
void CProtocolObject::makeBuffer() {
}
void CProtocolObject::freeBuffer() {                                    ①
    if (NULL != m_pReceiveBuf) {
        delete[] m_pReceiveBuf;
        m_pReceiveBuf = NULL;
    }
    if (NULL != m_pSendBuf) {
        delete[] m_pSendBuf;
        m_pReceiveBuf = NULL;
    }
}
bool CProtocolObject::open() {                                          ②
    return m_pSerial->open();
}
bool CProtocolObject::isOpen() {
    return m_pSerial->isOpen();
}
bool CProtocolObject::close() {
    return m_pSerial->close();
}
int CProtocolObject::read(char* data, int count) {
    return m_pSerial->read(data, count);
}
int CProtocolObject::write(char* data, int count) {
    return m_pSerial->write(data, count);
}
void CProtocolObject::setSerialObject(ns_train::CPPSerial* pSerial) {
    m_pSerial = pSerial;
}
ns_train::CPPSerial* CProtocolObject::getSerialObject() const {
    return m_pSerial;
}
void CProtocolObject::recvAndParseFrame() {                             ③
    // 接收数据并解析
    switch (m_eFrameStatus) {
    case EFRAME_SYNCHRONIZATION:
        parseFrame_Synchronization();
        break;
    case EFRAME_GET_FRAMETYPE:
        parseFrame_GetFrameType();
        break;
    case EFRAME_GET_FRAMELENGTH:
        parseFrame_GetFrameLength();
        break;
    case EFRAME_PARSEDATA:
```

```cpp
            parseFrame_Parse();
            break;
        default:
            reset_receive();
            return;
        }
    }
    void CProtocolObject::parseFrame_Synchronization() {
        reset_receive();
    }
    void CProtocolObject::parseFrame_GetFrameType() {
        m_eFrameStatus = EFRAME_GET_FRAMELENGTH;          // 切换到下一个工作状态
    }
    void CProtocolObject::parseFrame_GetFrameLength() {
        reset_receive();
    }
    void CProtocolObject::parseFrame_Parse() {
        reset_receive();
    }
    void CProtocolObject::makeFrameAndSend() {
    }
    bool CProtocolObject::readData(type_int32 nAllData) {
        // 2. 读取数据
        type_int32 readCount = m_pSerial->read(m_pReceiveBuf + m_nReceivedCount,
nAllData - m_nReceivedCount);
        // 3. 没有数据则返回
        if (0 == readCount) {      // 没有数据，等下一个循环再尝试读取
            return true;
        }
        // 4. 出现错误则将数据复位，返回 false
        if (readCount < 0) {       // 出现错误
            reset_receive();
            return false;
        }
        // 5. 更新接收到的字节数
        m_nReceivedCount += readCount;
        return true;
    }
```

服务器的 CServerProtocolObject 类、客户端的 CClientProtocolObject 类提供了各自的实现。这两个类主要处理各自与基类不同的部分。这里举两个小例子，完整代码请见配套代码。如代码清单 7-48 所示，CServerProtocolObject::parseFrame_GetFrameLength()主要处理服务器收到的各种数据帧的帧类型。而 CClientProtocolObject::parseFrame_GetFrameLength()主要处理客户端收到的各种数据帧的帧类型，见代码清单 7-49。

代码清单 7-48

```cpp
// src/chapter07/ks07_08/ks07_08_dll/ks07_08_server_protocolobject.cpp
void CServerProtocolObject::parseFrame_GetFrameLength() {
    switch (m_byFrameType) {
    case ECLIENTFRAME_ACK:
        parseFrame_GetFrameLength_Ack();
        break;
    case ECLIENTFRAME_SETDATA:
        parseFrame_GetFrameLength_SetData();
        break;
    case ECLIENTFRAME_GETDATA:
        parseFrame_GetFrameLength_GetData();
        break;
    case ECLIENTFRAME_GETFILE:
        parseFrame_GetFrameLength_GetFile();
        break;
    default:
        reset_receive();
        return;
    }
}
```

代码清单 7-49

```cpp
// src/chapter07/ks07_08/ks07_08_dll/ks07_08_client_protocolobject.cpp
void CClientProtocolObject::parseFrame_GetFrameLength() {
    switch (m_byFrameType) {
    case ESERVERFRAME_ONEANALOGDATA:
        parseFrame_GetFrameLength_OneAnalog();
        break;
    case ESERVERFRAME_ANALOGDATAS:
        parseFrame_GetFrameLength_Analogs();
        break;
    case ESERVERFRAME_FILE:
        parseFrame_GetFrameLength_File();
        break;
    default:
        reset_receive();
        return;
    }
}
```

2．使用【校验码】提高通信可靠性

1）在通信结构体中添加【校验码】

使用串口进行通信时，当通信线路过长或者通信线路附近有电磁干扰时，比较容易产生误码，这将导致接收方收到的数据并非发送方发送的原始数据。怎样才能让接收方识别出这些错误数据呢？使用【校验码】就可以在很大程度上解决这个问题。所谓【校验码】，顾名思义就是用来校验的数据。发送方在发送时，除了正常的数据之外，在最后还会根据当前发送的数据帧，计算一个【校验码】，把【校验码】连同正常数据一起发送给对方。当接收方收到数据后，根据接收到的数据也计算一遍【校验码】，然后跟对方发过来的【校验码】进行比较，如果两者相等，则认为数据有效，否则认为数据无效。为了节省篇幅，本节仅列出比较有代表性的两个通信结构体进行介绍，见代码清单 7-50。如标号①处所示，结构体 ks07_08_Server_OneAnalogData 中添加了用来存放校验码的成员变量 checkSum，因为本案例中采用的校验方式为 BCH 校验，它的校验码只需要 1 字节，因此 checkSum 采用 1 字节的数据类型进行定义，在实际软件开发过程中，应根据实际需求选择合适的校验方式，进而确定 checkSum 的数据类型。当接收方收到数据帧时，需要根据接收到的数据自行计算【校验码】，从而跟收到的【校验码】进行对比，因此，为结构体提供了计算【校验码】的接口 calculateChecksum()，见标号②处。该接口用来根据结构体中各成员的值以及事先约定的校验方式计算【校验码】，并返回【校验码】的值。另一个结构体 ks07_08_Server_AnalogDatas 中存放的数据并不固定，因此它提供了 getCheckSum()接口用来获取【校验码】，见标号③处。请注意，调用这个接口时，需要传入数据帧的长度，否则接口无法无法找到【校验码】的存放位置。另外，该结构体还提供了 calculateChecksum()用来计算【校验码】，数据的接收方可以调用该接口来计算接收到的数据的【校验码】，因为数据长度不固定，所以也需要为该接口传入数据帧的长度作为参数，见标号④处。

代码清单 7-50

```
// include/ks07_08/ks07_08_struct.h
...
// 服务器—单个模拟量结构体
struct KS07_08_DLL_API ks07_08_Server_OneAnalogData {
    ks07_08_Server_OneAnalogData();
    ks07_08_FrameHeader header;         // 帧头
    ks07_08_AnalogData data;            // 模拟量数据
    type_uint8 checkSum;                // 校验码                                    ①
    type_uint8 calculateChecksum();     // 计算校验码                                 ②
    void NetToHost();                   // 网络序转到主机序
    void HostToNet();                   // 主机序转到网络序
} DISALIGN;
// 服务器—批量模拟量结构体
struct KS07_08_DLL_API ks07_08_Server_AnalogDatas {
    ks07_08_Server_AnalogDatas();
    ks07_08_FrameHeader header;         // 帧头
    type_uint32 u32StartDataId;         // 起始数据序号
    type_uint32 u32CurrentFrameDataCount; // 本帧数据个数
    type_uint8 getCheckSum(type_int32 nFrameLength); // 获取本帧数据中的校验码，
//nFrameLength 为整帧数据的长度(含帧头、校验码)                                       ③
    type_uint8 calculateChecksum(type_int32 nFrameLength); // 计算校验码，
```

```
//nFrameLength 为整帧数据的长度(含帧头、校验码)
    void NetToHost();              // 网络序转到主机序              ④
    void HostToNet();              // 主机序转到网络序
} DISALIGN;
...
```

下面介绍一下如何使用【校验码】。

2）在发送时计算【校验码】并随报文一起发送

当发送数据时，需要先计算【校验码】并将它随报文一起发送出去。如代码清单 7-51 所示，以 ks07_08_Server_OneAnalogData 为例，当把发送数据组帧完毕后，计算【校验码】并将其赋值给 pAnalog->checksum，见标号①处。因为 checksum 是报文的一部分，所以要先计算【校验码】并赋值给 pAnalog->checksum，然后才能对报文做字节序转换，见标号②处。而对于模拟量数据集 ks07_08_Server_AnalogDatas 来说，因为其中的模拟量数据个数并不固定，所以无法事先确定这帧数据的字节数，因而只有在将模拟量数据组帧完毕后，才能计算数据帧的字节数，需要注意，计算时应算上【校验码】，见标号③处。然后，计算【校验码】并存放到模拟量数据之后，这也是通信规约中约定的【校验码】的存放位置，见标号④处。同样，也应在将【校验码】存放到发送缓冲区之后才能进行字节序转换，见标号⑤处。

代码清单 7-51

```cpp
// src/chapter07/ks07_08/ks07_08_dll/ks07_08_server_protocolobject.cpp
void CServerProtocolObject::makeFrameAndSend_OneAnalog() {
    /*
    * |同步字 0x68| 字节 0    - 【1 字节】
    * |帧类型    | 字节 1    - 【1 字节, ESERVERFRAME_ONEANALOGDATA】
    * |帧序号    | 字节 2~5  - 【4 字节】
    * |数据项 Id | 字节 6~9  - 【4 字节】
    * |数据值    | 字节 10~17 - 【8 字节, double】
    */
    if (!m_bSendData) {
        return;
    }
    CDataVector* pDataVector = CDataVector::instance();
    if (NULL == pDataVector) {
        return;
    }
    ks07_08_Server_OneAnalogData*  pAnalog  =  reinterpret_cast<ks07_08_
Server_OneAnalogData*>(m_pSendBuf);
    pAnalog->header.byStart = 0x68;  // 同步字
    pAnalog->header.byFrameType = static_cast<type_uint8>(ESERVERFRAME_
ONEANALOGDATA);
    m_n32FrameIndex++;
    pAnalog->header.n32FrameIndex = m_n32FrameIndex;
    m_bSendData = false;              // 把标志放倒
    type_double dValue = 0.0;
```

```cpp
        int nSend = 0;
        if (m_u32SendDataId < pDataVector->getSize()) {
            pDataVector->getData(m_u32SendDataId + 1, dValue);
            std::cout << std::endl << "发送单个数据给客户端: dataId = " <<
m_u32SendDataId << "(序号从 0 开始), value = " << dValue << std::endl;
            pAnalog->data.uDataId = m_u32SendDataId;
            pAnalog->data.dValue = dValue;
            nSend += sizeof(ks07_08_Server_OneAnalogData);
            pAnalog->checkSum = pAnalog->calculateChecksum();             ①
            pAnalog->HostToNet();                                         ②
            int nWrite = m_pSerial->write(m_pSendBuf, nSend);
            m_u32SendDataId = 0;
            if (nWrite < 0) {
                m_pSerial->close();
                return;
            }
        }
    }
    void CServerProtocolObject::makeFrameAndSend_Analogs() {
        /*
        *    |同步字 0x68    |    【1 字节】- 字节 0
        *    |帧类型         |    【1 字节】- 字节 1
        *    |帧序号         |    【4 字节】- 字节 2~5
        *    |起始数据序号    |    【4 字节】- 字节 6~9
        *    |本帧数据个数    |    【4 字节】- 字节 10~13
        *    |1 个数据       |    【8 字节】- 字节 14~21
        *    |...           |
        *    |1 个数据       |    【8 字节】- 字节 n~n+7
        */
        if (m_bSendFile) {
            return; // 正在发送文件，暂时不发送数据
        }
        CDataVector* pDataVector = CDataVector::instance();
        if (NULL == pDataVector) {
            return;
        }
        // 1. 定义通信数据帧中各个字段对应的变量。请注意，要保证变量的数据类型跟通信帧中对
//应的字段完全一致
        bool bError = false;
        ks07_08_Server_AnalogDatas* pAnalogDatas = reinterpret_cast<ks07_08_
Server_AnalogDatas*>(m_pSendBuf);
        type_double dValue = 0.0;            // 数据的值
        // 2. 计算该缓冲区能容纳多少有效数据
        type_uint8 checkSum = 0;             // 校验码
        const type_int32 nFrameMaxDataCount = (c_nSendBufferLength - sizeof(ks07_
08_Server_AnalogDatas)-sizeof(checkSum)) / sizeof(dValue); // 一帧最多可发送
//的数据个数
```

```cpp
    // 3. 定义相关变量
    type_uint32 nAllDataCount = pDataVector->getSize(); // 待发送数据总个数
    type_uint32 nSendDataCount = 0;            // 已经发送的数据个数
    type_uint32 u32StartDataId = 0;            // 起始数据序号
    type_uint32 u32CurrentFrameDataCount = 0;  // 本帧数据个数
    type_int32 nFrameLength = 0;               // 本帧数据总长度
    type_uint8 *pBuf = NULL;                   // 发送缓冲区游标指针
    while (nSendDataCount < nAllDataCount) {   // 数据都发出去了吗
        pAnalogDatas->header.byStart = 0x68;   // 同步字
        pAnalogDatas->header.byFrameType = type_uint8(ESERVERFRAME_ANALOGDATAS);
                                                // 帧类型
        pAnalogDatas->header.n32FrameIndex = 0;
        pAnalogDatas->u32StartDataId = u32StartDataId; // 起始数据序号
        if ((nAllDataCount - nSendDataCount) < nFrameMaxDataCount) {
            u32CurrentFrameDataCount = nAllDataCount - nSendDataCount;
        }
        else {
            u32CurrentFrameDataCount = nFrameMaxDataCount;
        }
        pAnalogDatas->u32CurrentFrameDataCount = u32CurrentFrameDataCount;
// 本帧数据个数
        nFrameLength = static_cast<int>(sizeof(ks07_08_Server_AnalogDatas) +
u32CurrentFrameDataCount * sizeof(dValue));// 本帧数据长度
        pBuf = reinterpret_cast<type_uint8*>(m_pSendBuf + sizeof(ks07_08_Server_AnalogDatas));
                                                // 将指针移动到数据区
        for (type_uint32 idx = 0; idx < u32CurrentFrameDataCount; idx++) {
            pDataVector->getData(idx + 1+u32StartDataId, dValue);
            *(reinterpret_cast<type_double*>(pBuf)) = ns_train::
                HostToNetwork(dValue);          // 数据
            pBuf += sizeof(dValue);
        }
        u32StartDataId += pAnalogDatas->u32CurrentFrameDataCount;
        nFrameLength += sizeof(checkSum);                                    ③
        *pBuf = checkSum = pAnalogDatas->calculateChecksum(nFrameLength);④
        pAnalogDatas->HostToNet(); // 转换字节序。在此行代码之后，不可以继续使用
//pAnalogDatas 中的变量                                                        ⑤
        // 数据组帧完毕，开始发送
        int nWrite = m_pSerial->write(m_pSendBuf, nFrameLength);
        if (nWrite > 0) {
            nSendDataCount += u32CurrentFrameDataCount; // 更新已发送数据个数
        }
        else {
            m_pSerial->close();
            bError = true;
            return;
        }
    }
```

```
            m_tmLastSendAllData.setCurrentTime();
    }
```

3）根据【校验码】判断接收的数据是否可靠

当收到数据后，接收方需要根据收到的数据计算【校验码】并与报文中发过来的【校验码】进行对比，以判断收到的数据是否有效。如代码清单 7-52 所示，在标号①处，首先将收到的数据进行字节序转换。然后，根据收到的数据计算【校验码】，这时候，ks07_08_Server_OneAnalogData 的 calculateChecksum()接口就派上用场了，见标号②处。接下来，将计算得到的【校验码】与收到的【校验码】进行对比，以判断收到的数据是否有效。对于 ks07_08_Server_AnalogDatas 来说，接收方收到数据时，先根据收到的数据计算【校验码】，见标号④处，然后调用接口获取对方发过来的【校验码】，见标号⑤处。最后，将二者进行比较以判断数据是否有效，见标号⑥处。

代码清单 7-52

```
// src/chapter07/ks07_08/ks07_08_dll/ks07_08_client_protocolobject.cpp
void CClientProtocolObject::parseFrame_OneAnalog() {
    /*
    * |同步字 0x68 | 字节 0     - 【1 字节】
    * |帧类型      | 字节 1     - 【1 字节, ESERVERFRAME_ONEANALOGDATA】
    * |帧序号      | 字节 2~5   - 【4 字节】
    * |数据项 Id   | 字节 6~9   - 【4 字节】
    * |数据值      | 字节 10~17 - 【8 字节, double】
    * |校验码      | 字节 18    - 【1 字节】
    */
    ...
    ks07_08_Server_OneAnalogData* pOneAnalog = reinterpret_cast<ks07_08_
Server_OneAnalogData*>(m_pReceiveBuf);
    pOneAnalog->NetToHost();                                              ①
    type_uint8 byCheckSum = pOneAnalog->calculateChecksum();              ②
    if (byCheckSum != pOneAnalog->checkSum) {                             ③
        reset_receive();
        return;
    }
    if (pOneAnalog->data.uDataId < pDataVector->getSize()) {
        pDataVector->setData(pOneAnalog->data.uDataId + 1, pOneAnalog->
data.dValue);
    }
    reset_receive();
}
void CClientProtocolObject::parseFrame_Analogs() {
    /*
    * |同步字 0x68  | 字节 0     - 【1 字节】
    * |帧类型       | 字节 1     - 【1 字节, ESERVERFRAME_ANALOGDATAS】
    * |帧序号       | 字节 2~5   - 【4 字节】
```

```
 * |起始数据序号     | 字节 6~9    - 【4 字节】
 * |本帧数据个数     | 字节 10~13  - 【4 字节】
 * |1 个数据        | 字节 14~21  - 【8 字节，double】
 * |...            |
 * |1 个数据        | 字节 n~n+7  - 【8 字节，double】
 * |校验码          | 字节 n+8    - 【1 字节】
 */
 ...
    ks07_08_Server_AnalogDatas* pAnalogDatas = reinterpret_cast<ks07_08_
Server_AnalogDatas*>(m_pReceiveBuf);
    pBuf = m_pReceiveBuf + sizeof(ks07_08_Server_AnalogDatas);
    // 先执行一遍循环，计算校验码
    while (idx < m_u32CurrentFrameDataCount) {
        ns_train::NetworkToHost(pBuf, sizeof(type_double));
        idx++;
        pBuf += sizeof(type_double);
    }
    type_uint8 byCheckSum = 0;
    byCheckSum = pAnalogDatas->calculateChecksum(m_nFrameLength);// 根据接收
//到的数据计算出来的校验码                                                        ④
    type_uint8 byCheckSum1 = pAnalogDatas->getCheckSum(m_nFrameLength);
    // 对方送过来的校验码                                                         ⑤
    if (byCheckSum != byCheckSum1) {                                             ⑥
        std::cout << std::endl << "收到服务端数据：校验错误." << std::endl;
        reset_receive();
        return;
    }
    ...
    reset_receive();
}
```

3．利用【帧序号】、【确认帧】机制、【3 次重发】机制确保通信可靠性

当发送方无法确认接收方是否完整接收到数据时，可以利用【确认帧】机制进行确认。所谓【确认帧】机制，指的是发送方在发送数据时对数据帧进行编号，每个被发出去的数据帧都带有唯一编号（重发的数据帧除外），当接收方收到该数据帧时，应向发送方回复【确认帧】，【确认帧】中带有发送方数据帧中的帧序号，表示接收方已收到该帧数据。【确认帧】机制示意图如图 7-11 所示。

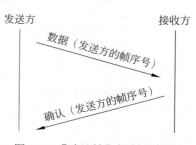

图 7-11 【确认帧】机制示意图

可以将帧序号添加到【帧头】结构体中，见代码清单 7-53 中标号①处。

代码清单 7-53

```cpp
// include/ks07_08/ks07_08_struct.h
// 帧头结构体
struct KS07_08_DLL_API ks07_08_FrameHeader {
    ks07_08_FrameHeader();
    type_uint8   byStart;           // 同步字, 0x68
    type_uint8   byFrameType;       // 帧类型
    type_int32   n32FrameIndex;     // 帧序号        ①
    void NetToHost();               // 网络序转到主机序
    void HostToNet();               // 主机序转到网络序
} DISALIGN;
```

当发送数据时，可以为数据帧进行统一编号。如代码清单 7-54 中标号①处所示，当未收到对方的【确认帧】时，发送方不再继续发送，直接返回，关于【确认帧】的内容将在稍后进行接收。如标号②处所示，使用成员变量来生成统一编号的帧序号。然后，为数据帧中的帧序号赋值，见标号③处。这样，发出去的数据帧就有了统一编号，一般情况下，应对所有类型的数据帧进行编号，在本节的代码中，只是为了演示【帧序号】的用法，对少量类型的数据帧应用了【帧序号】。当完成一帧数据的组帧之后，为了防止接收方无法收到数据，发送方还应做好重发数据的准备，也就是将数据复制到发送缓冲区，并记录重发数据的字节数，见标号④、标号⑤处。接下来要做的，就是等待对方的【确认帧】（也就是 Ack）了，因此，将 m_bWaitAck 设置为 true，然后将重发标志 m_bResend 设置为 false，并更新开始等待【确认帧】的时间 m_tmBeginWaitAck 为当前时间，见标号⑥、标号⑦、标号⑧处。

代码清单 7-54

```cpp
// src/chapter07/ks07_08/ks07_08_dll/ks07_08_server_protocolobject.cpp
void CServerProtocolObject::makeFrameAndSend_File() {
    /*
    * |同步字 0x68                    | 字节 0      -【1 字节】
    * |帧类型                         | 字节 1      -【1 字节】
    * |帧序号                         | 字节 2~5    -【4 字节】
    * |本帧数据总长度                 | 字节 6~9    -【4 字节】
    * |文件名                         | 字节 10~73  -【MAX_FILE_NAME_LENGTH】
    * |是否最后一帧                   | 字节 74     -【1 字节】
    * |本帧数据在文件中的起始偏移量   | 字节 75~82  -【8 字节】
    * |本帧文件内容长度               | 字节 83~86  -【4 字节】
    * |本帧文件内容                   | 字节 87~    -【n 字节】
    * |校验码                         | 字节 87+n   -【1 字节】
    */
    if (!m_bSendFile) {
        return;
    }
    if (m_bWaitAck) {                                                ①
        return;
```

```cpp
    }
    // 1. 定义通信数据帧中各个字段对应的变量。请注意，要保证变量的数据类型跟通信帧中对
//应的字段完全一致
    ks07_08_Server_File* pFile = reinterpret_cast <ks07_08_Server_File*>(m_pSendBuf);
    // 2. 计算该缓冲区能容纳多少有效数据
    type_uint8 byCheckSum = 0;                    // 校验码
    const type_int32 nFrameMaxDataCount = c_nSendBufferLength - sizeof(ks07_08_Server_File)-sizeof(byCheckSum);  // 一帧最多可发送的数据个数
    // 3. 定义相关变量
    ns_train::CPPFile file;
    type_int64 nAllDataCount = 0;          // 待发送数据总个数
    //type_int64 nSendDataCount = 0;       // 已经发送的数据个数
    type_int32 nFrameLength = 0;           // 本帧数据总长度
    type_uint32 u32CurrentFrameDataCount = 0;    // 本帧数据个数
    std::string strFileName;
    std::string strDirectory = ns_train::getDirectory("$PROJECT_DEV_HOME/test/chapter07/ks07_08/");
    ns_train::mkDir(strDirectory);
    strFileName = strDirectory + "/" + m_strFileName;
    strFileName = ns_train::getPath(strFileName);
    file.setFileName(strFileName);
    bool bOk = file.open("rb");
    if (!bOk) {
        reset_send();
        return;
    }
    type_size fileSize = file.getSize();
    strcpy(pFile->szFileName, m_strFileName.c_str()); // 文件名，不带路径，路
//径默认为：$PROJECT_DEV_HOME/test/chapter07/ks07_08
    pFile->byLastFrame = 0;          // 是否最后一帧
    pFile->u64Offset = 0;            // 本帧数据在文件中的起始偏移量
    pFile->u32DataLength = 0;        // 本帧文件内容长度
    nAllDataCount = static_cast<int>(fileSize);
    type_size sizeRead = 0;
    type_size nOffset = file.seekToPosition(m_n64SendDataCount, SEEK_SET);
// 将文件游标移动到指定位置
    nOffset = file.currentPosition();
    type_int64 nFrameCount = (nAllDataCount+ nFrameMaxDataCount-1)/ nFrameMaxDataCount;
    std::cout << std::endl << "整个文件一共拆分为："<< nFrameCount << "帧" <<std::endl;
    if (m_n64SendDataCount < nAllDataCount) {  // 数据都发出去了吗
        pFile->header.byStart = 0x68;
        pFile->header.byFrameType = static_cast<type_uint8>(ESERVERFRAME_FILE);
        m_n32FrameIndex++;
```

②

```cpp
        pFile->header.n32FrameIndex = m_n32FrameIndex;                    ③
        strcpy(pFile->szFileName, m_strFileName.c_str()); // 文件名，不带路径，
//路径默认为：$PROJECT_DEV_HOME/test/chapter07/ks07_08
        if ((nAllDataCount - m_n64SendDataCount) < nFrameMaxDataCount) {
            u32CurrentFrameDataCount =
static_cast<type_uint32>(nAllDataCount - m_n64SendDataCount);// 本帧文件内容
//长度
            pFile->byLastFrame = 1;    // 是否最后一帧
        }
        else {
            u32CurrentFrameDataCount = nFrameMaxDataCount;// 本帧文件内容长度
            pFile->byLastFrame = 0;    // 是否最后一帧
        }
        pFile->u32DataLength = u32CurrentFrameDataCount;
        pFile->u64Offset = m_n64SendDataCount; // 本帧数据在文件中的起始偏移量
        nFrameLength = pFile->u32FrameLength = sizeof(ks07_08_Server_File) +
pFile->u32DataLength+sizeof(byCheckSum);       // 本帧数据总长度
        sizeRead = file.read(m_pSendBuf + sizeof(ks07_08_Server_File),
u32CurrentFrameDataCount);                     // 读取文件
        nOffset = file.currentPosition();
        if (sizeRead != pFile->u32DataLength) {
            return;
        }
        byCheckSum = pFile->calculateChecksum(nFrameLength);
        *(m_pSendBuf + sizeof(ks07_08_Server_File)+ pFile->u32DataLength) =
byCheckSum;
        pFile->HostToNet();// 转换字节序。在此行代码之后，不可以继续使用pAnalogDatas
//中的变量
        // 数据组帧完毕，开始发送
        int nWrite = 0;
        int nSend = 0;
        int nCurrentFrameSend = 0;
        // 设置重发数据
        memcpy(m_pReSendBuf, m_pSendBuf, nFrameLength);                   ④
        m_nResendLength = nFrameLength;                                   ⑤
        for (nCurrentFrameSend = 0; nCurrentFrameSend < nFrameLength;) {
            nSend = nFrameLength - nCurrentFrameSend;
            nWrite = m_pSerial->write(m_pSendBuf + nCurrentFrameSend, nSend);
            if (nWrite < 0) {
                file.close();
                m_pSerial->close();
                reset_send();
                return;
            }
            else {
                nCurrentFrameSend += nWrite;
            }
```

```cpp
        }
        m_n64SendDataCount += u32CurrentFrameDataCount;
        m_bWaitAck = true;       // 需要等待客户端的Ack                    ⑥
        m_bResend = false;       // 复位"重发标志"                         ⑦
        m_tmBeginWaitAck.setCurrentTime(); // 更新"开始等待时间"           ⑧
    }
    file.close();
    if (pFile->byLastFrame) {
        m_bSendFile = false;
        std::cout << "向客户端发送文件结束。帧序号为:"<< m_n32FrameIndex<< ",文件名为:" << strFileName << std::endl;
        m_n64SendDataCount = 0;
    }
    else {
        std::cout << "向客户端发送文件。帧序号为:" << m_n32FrameIndex
                  << ", 文件名为:" << strFileName
                  << ", 已发送：" << m_n64SendDataCount
                  << "字节。剩余"<< (nAllDataCount -m_n64SendDataCount)<< std::endl;
    }
}
```

当接收方收到数据后，应回复【确认帧】。如代码清单 7-55 中标号①处所示，当接收方收到数据并确认【校验码】正确之后，生成命令对象 CCommandAck 并将它添加到命令队列。该命令在组帧时发送的具体内容见代码清单 7-56。关于命令模式、命令对象的更多内容，将在本节后续部分进行详细介绍。

代码清单 7-55

```cpp
//   src/chapter07/ks07_08/ks07_08_dll/ks07_08_client_protocolobject.cpp
void CClientProtocolObject::parseFrame_File() {
    ...
    type_uint8 byCheckSum = 0;
    byCheckSum = pFile->calculateChecksum(m_nFrameLength);// 根据接收到的数据
//计算出来的校验码
    type_uint8 byCheckSum1 = pFile->getCheckSum(m_nFrameLength); // 对方送过
//来的校验码
    if (byCheckSum != byCheckSum1) {
        std::cout << std::endl << "收到服务端文件数据：校验错误。" << std::endl;
        reset_receive();
        return;
    }
    else {
        std::cout << std::endl << "收到服务端文件数据。校验正确。帧序号=" << pFile->header.n32FrameIndex << std::endl;
        if (pFile->byLastFrame) {
            std::cout << std::endl << "接收服务端文件完毕。" << std::endl;
```

```cpp
        }
    }
    static bool bError = true;                                          ①
    if (!bError) {
        CCommandAck* pCommand = new CCommandAck();
        pCommand->setFrameIndex(pFile->header.n32FrameIndex);
        pushCommand(pCommand);
    }
    if (bError) {
        bError = false;
    }
    ...
}
```

代码清单 7-56

```cpp
// src/chapter07/ks07_08/ks07_08_dll/protocolcommand.cpp
CCommandAck::CCommandAck() {
    m_n32FrameIndex = -1;
}
bool CCommandAck::exec() { // 发送一"确认"帧
    int nWrite = 0;
    int nSend = 0;
    /*
    * |同步字 0x68    | 字节 0     - 【1 字节】
    * |帧类型         | 字节 1     - 【1 字节,ECLIENTFRAME_ACK】
    * |帧序号         | 字节 2~5   - 【4 字节】
    * |待确认的帧序号 | 字节 6~9   - 【4 字节】
    * |校验码         | 字节 10    - 【1 字节】
    */
    if (NULL == m_pSerial) {
        return false;
    }
    ks07_08_Client_Ack* pAck = reinterpret_cast<ks07_08_Client_Ack*>
(m_pSendBuffer);
    pAck->header.byStart = 0x68;
    pAck->header.byFrameType = static_cast<type_uint8>(ECLIENTFRAME_ACK);
    pAck->header.n32FrameIndex = 0; // 未启用
    pAck->n32FrameIndexAck = m_n32FrameIndex;
    pAck->checkSum = pAck->calculateChecksum();
    pAck->HostToNet();
    nSend = sizeof(ks07_08_Client_Ack);
    nWrite = m_pSerial->write(m_pSendBuffer, nSend);
    std::cout << "发送确认帧,帧序号=" << m_n32FrameIndex << std::endl;
    return true;
}
```

对于发送方来说,当超过一定时间之后,如果仍未收到对方发来的【确认帧】,就应该进行重发。如代码清单 7-57 所示，在发送任何数据前，都应该首先判断是否需要重发上一帧数据，见标号①处。在【确认帧】超时的情况下，就需要进行重发，见标号②处。接下来，调用 reSend()判断是否真的需要重发，见标号③处。

代码清单 7-57

```cpp
// src/chapter07/ks07_08/ks07_08_dll/ks07_08_server_protocolobject.cpp
void CServerProtocolObject::makeFrameAndSend() {
    // 判断是否超时重发
    if (m_bWaitAck) {                                                           ①
        ns_train::CPPTime tmNow;
        tmNow.setCurrentTime();
        if ((tmNow.getTime() - m_tmBeginWaitAck.getTime()) >= waitAckTime())
{
            m_bResend = true;                                                   ②
        }
    }
    reSend();       // 首先执行重发操作                                            ③
    makeFrameAndSend_OneAnalog();  // 根据客户端请求，返回单个模拟量数据
    makeFrameAndSend_File();  // 根据客户端请求，返回文件
    ns_train::CPPTime tmNow;
    tmNow.setCurrentTime();
    if ((tmNow.getTime() - m_tmLastSendAllData.getTime()) > 5) { // 每 5 秒发
//送一次全部模拟量数据
        makeFrameAndSend_Analogs();
    }
}
```

reSend()的实现见代码清单 7-58。如标号①处所示，当重发次数超过 3 次时，不再重发，调用 reSendOverLimit()进行重发次数超限的处理。

代码清单 7-58

```cpp
// src/chapter07/ks07_08/ks07_08_dll/protocolobject.cpp
void CProtocolObject::reSend() {
    if (!m_bResend) {
        return;
    }
    ns_train::CPPTime tmNow;
    tmNow.setCurrentTime();
    if (m_nResendCount < 3) { // 重发次数还没有超限
        if ((tmNow.getTime() - m_tmBeginWaitAck.getTime()) < waitAckTime()){
            return;
        }
    }
    else { // 重发次数超限，不再重发
        if ((tmNow.getTime() - m_tmBeginWaitAck.getTime()) < waitAckTime()){
```

```
            return;
        }
        m_bResend = false;
        m_nResendLength = 0;
        m_nResendCount = 0;
        m_bWaitAck = false;
        reSendOverLimit();                                                    ①
        std::cout << "重发次数超限。" << std::endl;
        return;
    }
    int nCurrentFrameSend = 0;
    int nSend = 0;
    int nWrite = 0;
    for (nCurrentFrameSend = 0; nCurrentFrameSend < m_nResendLength;) {
        nSend = m_nResendLength - nCurrentFrameSend;
        nWrite = m_pSerial->write(m_pReSendBuf + nCurrentFrameSend, nSend);
        if (nWrite < 0) {
            m_pSerial->close();
            reset_send();
            return;
        }
        else {
            nCurrentFrameSend += nWrite;
        }
    }
    m_nResendCount++;
    std::cout << "超时，重发。" << m_nResendCount << "次" << std::endl;
    m_bWaitAck = true;                          // 需要等待客户端的 Ack
    m_tmBeginWaitAck.setCurrentTime();          // 更新"开始等待时间"
}
```

reSendOverLimit()的实现见代码清单 7-59。

代码清单 7-59

```
// src/chapter07/ks07_08/ks07_08_dll/ks07_08_server_protocolobject.cpp
void CServerProtocolObject::reSendOverLimit() { // 重发次数超限
    m_bSendFile = false;
    m_n64SendDataCount = 0;
}
```

4．使用"命令模式"处理用户输入的指令

为了简化编程，提高程序的可维护性，可以使用"命令模式"来处理用户输入。设计命令接口类 CCommandInterface 作为纯虚基类。该类只提供纯虚接口 exec()，不提供它的实现。CCommandInterface 类的头文件见代码清单 7-60。设计规约命令类 CProtocolCommand，它派生自 CCommandInterface。设计 CProtocolCommand 的目的是提供规约命令的公共行为。

根据本案例的需要，又从 CProtocolCommand 派生了【确认帧】命令类 CCommandAck、【设置数据】命令类 CCommandSetData、【获取数据】命令类 CCommandGetData。CProtocolCommand、CCommandAck、CCommandSetData、CCommandGetData 类的头文件见代码清单 7-61。这些类之间的关系如图 7-12 所示。

代码清单 7-60

```
// include/ks07_08/commandinterface.h
#pragma once
#include "ks07_08_dll_export.h"
class KS07_08_DLL_API CCommandInterface {
public:
    /**
     * @brief 执行。
     * @return true:成功,false:失败。
     */
    virtual bool exec() = 0;
};
```

代码清单 7-61

```
// include/ks07_08/protocolcommand.h
#pragma once
#include "ks07_08_dll_export.h"
#include "commandinterface.h"
#include "customtype.h"
#include <string>
namespace ns_train {
    class CPPSerial;
}
class KS07_08_DLL_API CProtocolCommand : public CCommandInterface {
public:
    CProtocolCommand();
    virtual bool exec() = 0;
    void setSendBuffer(char* pSendBuffer) {
        m_pSendBuffer = pSendBuffer;
    }
    void setSerial(ns_train::CPPSerial* pSerial) {
        m_pSerial = pSerial;
    }
protected:
    char* m_pSendBuffer;
    ns_train::CPPSerial* m_pSerial;
};
/**
 * @brief 发送确认帧。
 */
```

```cpp
class KS07_08_DLL_API CCommandAck : public CProtocolCommand {
public:
    CCommandAck();
    virtual bool exec();
    virtual void setFrameIndex(type_int32 n32FrameIndex) {
        m_n32FrameIndex = n32FrameIndex;
    }
private:
    type_int32 m_n32FrameIndex;    // 数据帧序号,-1 表示无效,从 0 开始为有效帧序号
};
/**
* @brief 设置服务器数据命令。
*/
class KS07_08_DLL_API CCommandSetData : public CProtocolCommand {
public:
    CCommandSetData();
    virtual bool exec();
    virtual void setData(type_uint32 uDataId, type_double dValue) {
        m_uDataId = uDataId;
        m_dValue = dValue;
    }
private:
    type_uint32 m_uDataId;
    type_double m_dValue;
};
/**
* @brief 获取服务器数据命令。
*/
class KS07_08_DLL_API CCommandGetData : public CProtocolCommand {
public:
    CCommandGetData();
    virtual bool exec();
    virtual void setDataId(type_uint32 uDataId) {
        m_uDataId = uDataId;
    }
private:
    type_uint32 m_uDataId;
};

/**
* @brief 获取服务器文件。
*/
class KS07_08_DLL_API CCommandGetFile : public CProtocolCommand {
public:
    CCommandGetFile();
    virtual bool exec();
    virtual void setFileName(const std::string& strFileName) {
```

```
        m_strFileName = strFileName;
    }
private:
    std::string m_strFileName;
};
```

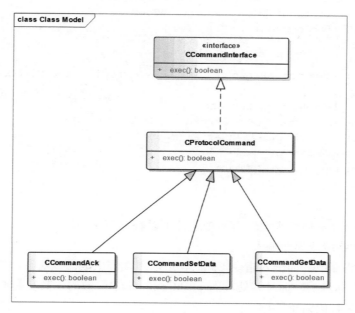

图 7-12　命令类的关系图

当有命令时,可以构建命令对象,并且通过规约对象的 pushCommand()接口将命令压栈(添加到命令队列),见代码清单 7-62 中标号①处。当需要将命令组织成报文发送出去时,可以通过 takeOneCommandAndExecute()将命令从队列中取出来并发送到串口,见标号②、标号③处。其中,将命令进行组帧并发送到串口的具体操作需要调用命令对象的 exec()接口,见标号④处。之前,在代码清单 7-56 中已经介绍过 CCommandAck 的 exec()接口,其他命令的 exec()接口与之类似。

代码清单 7-62

```
//  src/chapter07/ks07_08/ks07_08_dll/protocolobject.cpp
void CProtocolObject::pushCommand(CCommandInterface* pCommand) {          ①
    ns_train::CPPMutexLocker mutexLocker(&m_mutex);
    m_listCommands.push_back(pCommand);
}
CCommandInterface* CProtocolObject::takeCommand() {                        ②
    ns_train::CPPMutexLocker mutexLocker(&m_mutex);
    CCommandInterface* pCommand = NULL;
    if (m_listCommands.size() > 0) {
        pCommand = *(m_listCommands.begin());
```

```cpp
            m_listCommands.erase(m_listCommands.begin());
        }
        return pCommand;
    }
    void CProtocolObject::takeOneCommandAndExecute() {                    ③
        CCommandInterface* pCommand = takeCommand();
        if (NULL == pCommand) {
            return;
        }
        CProtocolCommand* pProtocolCommand = dynamic_cast<CProtocolCommand*>(pCommand);
        if (NULL != pProtocolCommand) {
            pProtocolCommand->setSendBuffer(m_pSendBuf);
            pProtocolCommand->setSerial(m_pSerial);
            pProtocolCommand->exec();                                     ④
            delete pProtocolCommand;
        }
    }
```

那么，这些命令从何处来呢？有两种途径可以获取到命令。

1）由用户从终端或界面输入

用户可以从终端或界面输入指令，此时，可以用代码生成命令对象，并将命令压栈，见代码清单7-63中标号①、标号②处。而pushCommand()所做的，其实是通过规约命令对象进行命令压栈，见代码清单7-64。

代码清单 7-63

```cpp
// src/chapter07/ks07_08/ks07_08_client/app.cpp
void CApp::CommandProc() {
    ...
    else if (strInput.compare("getdata") == 0) {
        std::cout << "请输入数据项序号(从0开始):" << std::endl;
        type_uint32 uDataId = 0;
        std::cin >> uDataId;
        CCommandGetData* pCommand = new CCommandGetData;
        pCommand->setDataId(uDataId);
        m_pClientThread->pushCommand(pCommand);                           ①
    }
    else if (strInput.compare("setdata") == 0) {
        std::cout << "请输入数据项序号(从0开始)、数据值：" << std::endl;
        type_uint32 uDataId = 0;
        type_double dValue = 0.f;
        std::cin >> uDataId >> dValue;
        CCommandSetData* pCommand = new CCommandSetData;
        pCommand->setData(uDataId, dValue);
        m_pClientThread->pushCommand(pCommand);                           ②
```

```
        }
        ...
    }
```

代码清单 7-64

```
// src/chapter07/ks07_08/ks07_08_client/clientthread.cpp
void CClientThread::pushCommand(CCommandInterface* pCommand) {
    m_pClientProtocolObject->pushCommand(pCommand);
}
```

2）在程序中直接生成命令

除了通过用户从终端输入命令，还可以在满足条件时，用代码直接生成命令。其方法同代码清单 7-63 中标号①、标号②处一样，只不过触发条件不是用户从终端输入命令，而是根据程序运行的实际需要用代码自动生成命令。

5．小结

现在对本节内容做简要总结。

- 为增加通信可靠性，可以在数据帧中增加【校验码】。
- 发送方在发送前计算【校验码】，【校验码】放在有效数据之后，随数据一起发送。
- 接收方在收到数据后，也计算【校验码】，并与收到的【校验码】进行比较。如果两者一致，则认为数据有效，否则认为数据无效。
- 为增加通信可靠性，在数据帧中增加帧序号，并要求接收方回复【确认帧】。
- 如果发送方等待对方的【确认帧】超时，应重发上一帧数据。如果再次等待超时，可以再次重发，最多重发 3 次。

第 52 天　串口调试工具

视频讲解

今天要学习的案例对应的源代码目录：src/chapter07/ks07_09。本案例依赖 Qt 类库（用来开发界面）。程序运行效果如图 7-13 所示。

今天的目标是掌握如下内容。

- 开发一个简单的串口调试工具。
- 通过界面配置串口通信参数。

在今天的案例中，将利用第 45 天的学习内容中介绍的串口通信知识并结合 Qt 开发一个简单的串口调试工具。因为本案例带界面，因此采用 Qt 实现。Qt 的安装请参见本书配套资源。本案例主要功能如下。

（1）通过界面配置串口通信参数。

（2）可以发送测试数据。支持以十六进制方式输入待发送的测试数据。

（3）可以将接收到的数据在接收报文区以十六进制显示。

（4）滚屏后自动切换接收报文区的字体颜色。

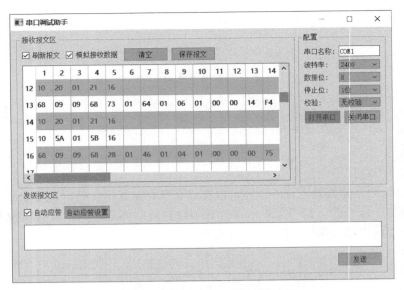

图 7-13　第 52 天案例程序运行效果

（5）收到数据后，自动应答。
1. 使用 designer 绘制界面
1）创建不带按钮的对话框

启动 Qt 设计师 Designer，启动时选择 Dialog without Buttons 可以创建不带按钮的对话框界面，如图 7-14 所示。单击【创建】按钮后可以创建一个空白对话框，如图 7-15 所示。

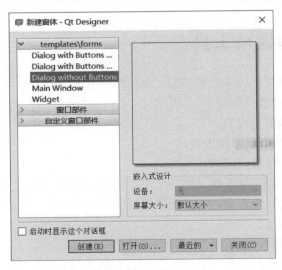

图 7-14　创建对话框

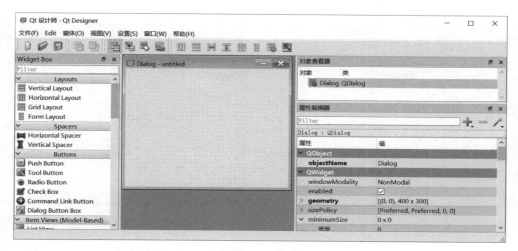

图 7-15 空白对话框

如图 7-15 所示，可以在 Widget Box（工具箱）中选择所需的控件并拖入空白对话框中。如果希望选中对话框中的某个控件，可以直接在控件上单击，也可以在【对象查看器】中单击对象进行选择。选中某个控件后，可以在【属性编辑器】中修改控件的属性。当在对话框的空白处单击时，可以选中整个对话框。修改对话框的属性，将 objectName 设置为 CDialog。

2）向对话框中添加配置串口的控件

下面开始向对话框中添加所需控件。首先，在 Widget Box 中选择 Containers 页面中的 Group Box 控件并拖入对话框中放在右侧，该控件的名称默认为 groupBox。用鼠标调整控件周围的八爪鱼，调整控件到合适尺寸以便容纳其他控件，双击该控件修改其 title 为【配置】，如图 7-16 所示。然后在 Widget Box 中选择 Layouts 页面中的 Form Layout 并拖入对话框中 groupBox 控件的内部，如图 7-17 所示。在 Widget Box 中的 Display Widgets 页面中选择 Label 控件并拖入 formLayout 控件内部，修改控件文本为【串口名称】，如图 7-18 所示。在 Widget Box 中的 Input Widgets 页面中选择 Line Edit 控件并拖入 formLayout 控件内部并放在【串口名称】右侧的单元格中，修改控件名称为 lineEditSerialName，如图 7-19 所示。接着，用同样的方式在【串口名称】的下一个单元格中添加另一个 Label 控件，修改控件文本为【波特率:】，然后在 Widget Box 中选择 Input Widgets 页面中的 Combo Box 并拖入【波特率】右侧的单元格，修改其 objectName 为 comboBoxBaudrate，如图7-20所示。右击 comboBoxBaudrate，选择【编辑项目】后，会弹出【编辑组合框】，如图 7-21 所示。可以通过【添加】【删除】按钮添加或删除项目，也可以通过【上移】【下移】按钮移动项目的位置。为 comboBoxBaudrate 添加如下项目：300、600、1200、2400、9600、11920、38400、115200，这些表示可选的波特率数值。用同样的方式添加【数据位】【停止位】【校验】，并添加对应的 Combo Box 编辑控件。为【数据位】对应的编辑控件添加项 5、6、7、8。为【停止位】对应的编辑控件添加项【1 位】【1.5 位】【2 位】。为【校验】对应的编辑控件添加项【无校验】【奇校验】【偶校验】。在 Widget Box 中选择 Buttons 页面中的 Push Button 并拖入 groupBox 中，放在

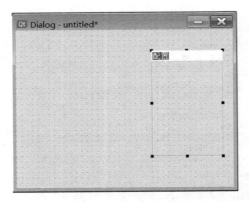
图 7-16 修改 Group Box 控件的文本

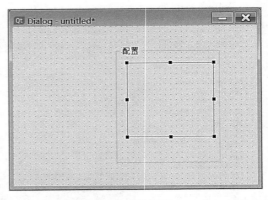
图 7-17 将 Form Layout 控件拖入 groupBox 控件内部

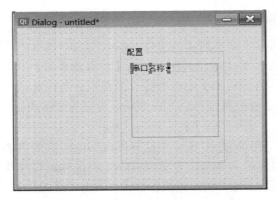
图 7-18 将 Label 控件拖入 formLayout 控件内部并修改名称

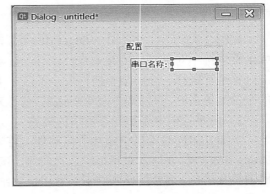
图 7-19 将 Line Edit 控件放在【串口名称】右侧的单元格中

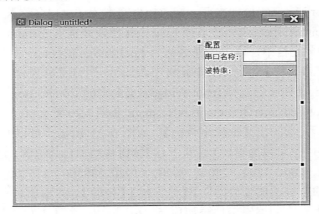
图 7-20 【波特率】控件

formLayout 的下方，修改其 objectName 为 btnOpenSerialPort，双击该控件并修改其 text 属性为【打开串口】，用同样的方法添加按钮 btnCloseSerialPort 并修改其 text 属性为【关闭串口】，然后在 Widget Box 中选择 Spacers 页面中的 Vertical Spacer 并拖入 groupBox 中，放在【打开串口】【关闭串口】的下方。选中 groupBox，单击工具栏上的【垂直布局】，如图 7-22 所示。

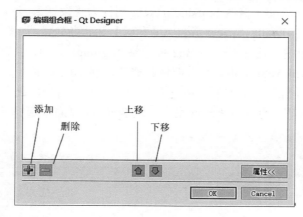

图 7-21　编辑组合框

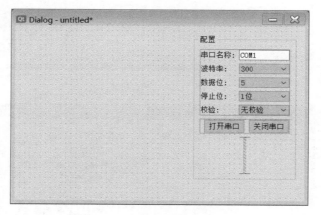

图 7-22　完成布局的 groupBox

3）向对话框中添加接收报文区控件

拖入一个 Group Box 控件 groupBox_2 放在 groupBox 的左侧，修改其 title 为【报文】。在 Widget Box 中选择 Item Views(Model-Based)页面中的 Table View 控件并拖入 groupBox_2 中，将其命名为 tableView，tableView 用来显示接收到的报文。在 Buttons 页面中，选择 2 个 Check Box 控件拖入 groupBox_2，并放在 tableView 控件的上方，分别命名为 chkRefresh、chkSimulate，双击这两个控件并修改其显示的文本为"刷新报文""模拟接收数据"。继续拖入 2 个 Push Button 控件放在"刷新报文""模拟接收数据"的右侧，将它们分别命名为 btnClear、btnSave2File，双击这两个控件并修改其显示的文本为"清空""保存报文"。为了防止出现空白，从 Spacers 页面中选择 Horizontal Spacer 并放在"保存报文"的右侧。选中 groupBox_2，单击工具栏上的【栅格布局】，如图 7-23 所示。在 Widget Box 中选择 Input Widgets 页面中的 TextEdit 并拖入 groupBox 和 groupBox_2 的下方作为发送报文的控件，设置其 objectName 为 textEditSend，如图 7-24 所示。在 textEditSend 下方添加一个 Push Button 并修改其 objectName 为 btnSend，修改 btnSend 的 text 属性为【发送】，然后在 Widget Box 中选择 Spacers 页面中的 Horizontal Spacer 并拖入【发送】按钮的左侧，如图 7-25 所示。如图 7-26 所示，在 Buttons 页面中，选择 Check Box 控件拖入 groupBox_3，并放在 textEditSend 控件的上方，将其命名为 chkAutoReply，双击控件并修改其显示的文本为"自动应答"。拖入 Push Button 控件放在"自动应答"的右侧，将它命名为 btnAutoReply，双击控件并修改其显示的文本为"自动应答设置"。为了防止出现空白，从 Spacers 页面中选择 Horizontal Spacer 并放

图 7-23　报文控件

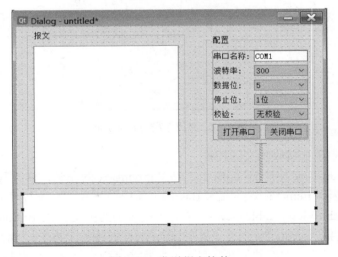

图 7-24　发送报文控件

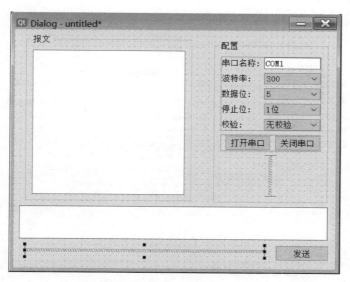

图 7-25 【发送】按钮与 Horizontal Spacer 控件

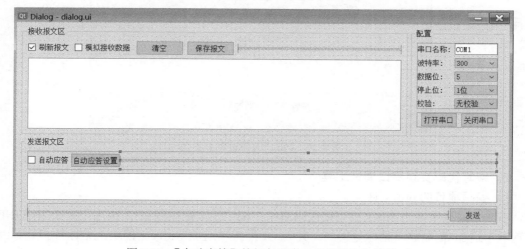

图 7-26 【自动应答】按钮与【自动应答设置】按钮

在"自动应答设置"的右侧。然后，选中 groupBox_3，并单击工具栏的【栅格布局】对该控件进行布局。最后，选中整个对话框，并单击工具栏的【栅格布局】对整个对话框的控件进行整体布局。

4）保存对话框资源文件

完成上述操作后，单击【保存】按钮，会弹出【窗体另存为】界面，如图 7-27 所示。输入文件名为 dialog.ui。如图 7-28 所示，用同样的方法生成【自动应答设置】界面，并将其保存为 autoreply.ui。

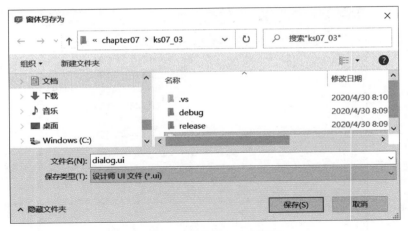

图 7-27 【窗体另存为】界面

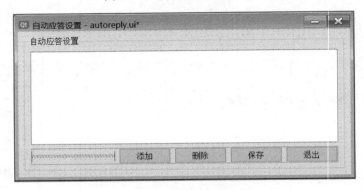

图 7-28 【自动应答设置】界面

2．编写代码实现串口调试工具

1）编写项目的 pro 文件

首先，编写项目的 pro 文件，见代码清单 7-65。因为需要用到 Qt 类库，所以在 CONFIG 配置项中追加 qt 参数，见标号①处。并为 Qt 配置项追加 widgets 模块，见标号②处。因为需要用到前文所述的界面资源文件，因此为 FORMS 配置项追加 dialog.ui，见标号③处。

代码清单 7-65

```
// src/chapter07/ks07_03/ks07_03.pro
PROJECT_HOME=$$(PROJECT_DEV_HOME)
include ($$PROJECT_HOME/src/project_base.pri)
TEMPLATE      = app
LANGUAGE      = C++
CONFIG       += qt                                           ①
QT           += widgets                                      ②
INCLUDEPATH  *= $$PROJECT_HOME/include/base/basedll \
                $$PROJECT_HOME/include/base/communicate
```

```
HEADERS      += $$PROJECT_HOME/src/project_base.pri \
                ks07_09.pro \
                autoreplymodel.h \
                autoreplysetting.h \
                delegate.h \
                dialog.h \
                tablemodel.h
SOURCES      += main.cpp  \
                autoreplymodel.cpp \
                autoreplysetting.cpp \
                delegate.cpp \
                dialog.cpp \
                tablemodel.cpp
FORMS        += dialog.ui \                                         ③
                autoreply.ui
DESTDIR      = $$PROJECT_BIN_PATH
TEMPDIR      = $$PROJECT_OBJ_PATH/chapter07/ks07_03
OBJECTS_DIR  = $$TEMPDIR
MOC_DIR      = $$TEMPDIR/moc
UI_DIR       = $$TEMPDIR/ui
debug_and_release {
    CONFIG(debug, debug|release) {
        LIBS    += -lbasedll_d \
                   -lcommunicate_d
        TARGET = ks07_03_d
    }
    CONFIG(release, debug|release) {
        LIBS    += -lbasedll \
                   -lcommunicate
        TARGET  = ks07_03
    }
} else {
    debug {
        LIBS    += -lbasedll_d \
                   -lcommunicate_d
        TARGET  = ks07_03_d
    }
    release {
        LIBS    += -lbasedll \
                   -lcommunicate
        TARGET  = ks07_03
    }
}
```

2）编写界面对应的头文件 dialog.h

下面，编写界面 dialog.ui 对应的类 CDialog 的头文件，见代码清单 7-66。在标号①处引入 dialog.ui 对应的头文件 ui_dialog.h。请注意该头文件的命名方式，是用前缀 ui_ 与 dialog.h 进行拼接，这是 Qt 对于.ui 文件生成的头文件的命名规则。在标号②处，对 ui_dialog.h 中的 Ui 命名空间中的类 CDialog 进行声明，以便用该类定义成员变量。在标号③处，定义本案例的界面对应的业务类 CDialog，请注意这里的 CDialog 与标号②处的 CDialog 不是同一个类，标号②处的 CDialog 是命名空间 Ui 中的类，标号③处的 CDialog 属于全局命名空间。根据 Qt 的规定，如果用到信号-槽机制，就需要编写 Q_OBJECT 宏，见标号④处。信号-槽机制用来将控件的信号与所触发的操作建立关联，以便当用户操作界面时，可以自动触发指定的槽函数。如标号⑤处所示，定义了【打开串口】【关闭串口】【发送数据】对应的槽函数，另外还定义了定时器对应的槽函数 slot_timeOut，以便实现接收数据读取、接收数据刷新。在标号⑥处，定义界面资源对应的对象 ui。因此，可以得出结论，标号③处的 CDialog 类主要用来处理业务逻辑，如实现控件的信号-槽响应、添加定时器等，而标号⑥处的 ui 可以简单理解为界面资源文件 dailog.ui 中绘制的界面。为了实现串口通信，定义串口通信对象 m_pSerial，见标号⑦处。

代码清单 7-66

```
// src/chapter07/ks07_03/dialog.h
#pragma once
#include "ui_dialog.h"                                            ①
#include <QDialog>
QT_BEGIN_NAMESPACE
class QTimer;
QT_END_NAMESPACE
namespace ns_train {
    class CPPSerial;
}
namespace Ui {
    class CDialog;                                                ②
}
class CDialog : public QDialog {                                  ③
    Q_OBJECT                                                      ④
public:
    CDialog(QWidget* parent);              // 构造函数
    ~CDialog();                            // 析构函数
private slots:
    void slot_openSerialPort();            // 槽函数-打开串口      ⑤
    void slot_closeSerialPort();           // 槽函数-关闭串口
    void slot_sendData();                  // 槽函数-发送数据
    void slot_clear();                     // 清空数据
    void slot_timeOut();                   // 槽函数-定时器超时
    void slot_autoReplySetting();          // 自动应答设置
    void slot_autoReplyChanged(bool);      // 自动应答状态变化
    void slot_save2File();                 // 保存报文到文件
private:
```

```cpp
    void autoReply();                   // 自动应答
    void initializeAutoReply();         // 初始化自动应答
    void roll();                        // 滚屏
    /**
     * @brief 显示数据。
     * @param[in] pBuffer 数据缓冲区。
     * @param[in] nDataCount 数据个数。
     * @param[in] bReceive true:数据为接收数据, false:数据为发送数据。
     * @return 无
     */
    void showData(const char* pBuffer, int nDataCount, bool bReceive);
    /**
     * @brief 将报文字符串转换为数据。
     * @param[in] str 报文字符串。
     * @param[in] pBuffer 数据缓冲区。
     * @param[in] nBufferLength 数据缓冲区长度。
     * @return 数据个数。
     */
    int getDataFromString(const QString& str, char* pBuffer, int nBufferLength);
private:
    Ui::CDialog ui;                     // 界面                              ⑥
    ns_train::CPPSerial *m_pSerial;     // 串口通信对象                       ⑦
    QTimer* m_pTimer;                   // 定时器
    int m_nCurrentRow;                  // 当前行
    int m_nCurrentColumn;               // 当前列
    CAutoReplyModel* m_pModel;          // 自动应答的报文数据
    char m_pBuffer[RECEIVE_BUFFER_LENGTH];  // 接收报文的暂存区
    int m_nReceivedCount;               // 已经接收到的字节数
    bool m_bTurned;                     // 滚屏标志
    QColor m_colorReceive;              // 接收报文的颜色
    QColor m_colorSend;                 // 发送报文的颜色
    bool m_bFirstShow;                  // 初次显示数据
    bool m_bLastShow;                   // 上次显示的数据,true:接收, false:发送};
```

3）CDialog 的构造函数、析构函数

CDialog 的构造函数、析构函数的实现见代码清单 7-67。在标号①处，设置窗体标志以便显示最大化按钮。在标号②处，构建一个模型以便存储接收数据，然后为 ui.tableView 设置模型，以便当更新模型中的数据时，该视图会自动刷新。在标号③处，设置模型的行数为 50 行、列数为 40 列。在标号④处，构建定时器对象、设置定时器间隔并启动定时器，定时器用来定时读取串口的数据并刷新到界面中。在标号⑤处，执行信号-槽关联，目的是当 ui.btnOpenSerialPort 发射 QPushButton::clicked 信号时，可以触发 this 对象的槽函数 CDialog::slot_openSerialPort。

代码清单 7-67

```
// src/chapter07/ks07_03/dialog.cpp
```

```cpp
#include "dialog.h"
#include <QStandardItemModel>
#include <QPushButton>
#include <QTextEdit>
#include <QTimer>
#include "com_serial.h"
#include "tablemodel.h"
CDialog::CDialog(QWidget* parent) : QDialog(parent), m_nCurrentRow(0), m_nCurrentColumn(0), m_bTurned(false), m_bFirstShow(true){
    ui.setupUi(this);
    m_nReceivedCount = 0;
    setWindowFlag(Qt::WindowMaximizeButtonHint, true);                          ①
    setWindowTitle(QString::fromLocal8Bit("串口调试助手"));
    m_pSerial = NULL;
    ui.tableView->setAlternatingRowColors(true);

    initializeAutoReply();
    ui.chkSimulate->setEnabled(false);
    ui.btnSend->setEnabled(false);
    m_colorReceive = Qt::darkGreen;
    m_colorSend = Qt::red;

    //QStandardItemModel* pModel = new CTableModel(this);                       ②
    QStandardItemModel* pModel = new QStandardItemModel(this);
    ui.tableView->setModel(pModel);                                             ③
    pModel->insertRows(0, 50);
    pModel->insertColumns(0, 40);
    int idx = 0;
    while (idx < pModel->columnCount()) {
        ui.tableView->setColumnWidth(idx, 40);
        idx++;
    }
    ui.comboBoxBaudrate->setCurrentIndex(3);
    ui.comboBoxDatabit->setCurrentIndex(3);

    m_pTimer = new QTimer(this);                                                ④
    m_pTimer->setInterval(1000);      // 设置定时器周期。单位:毫秒
    m_pTimer->start();                // 启动定时器

    connect(ui.btnOpenSerialPort, &QPushButton::clicked, this,
&CDialog::slot_openSerialPort);      // 打开串口                                ⑤
    connect(ui.btnCloseSerialPort, &QPushButton::clicked, this,
&CDialog::slot_closeSerialPort);     // 关闭串口
    connect(ui.btnSend, &QPushButton::clicked, this, &CDialog::slot_
sendData);                           // 发送数据
    connect(ui.btnClear, &QPushButton::clicked, this, &CDialog::slot_clear);
                                     // 清空数据
```

```cpp
    connect(ui.btnSave2File, &QPushButton::clicked, this,
&CDialog::slot_save2File);            // 将报文保存到文件
    connect(ui.btnAutoReply, &QPushButton::clicked, this,
&CDialog::slot_autoReplySetting);     // 自动应答设置
    connect(ui.chkAutoReply, &QPushButton::toggled, this,
&CDialog::slot_autoReplyChanged);     // 自动应答状态变化
    connect(m_pTimer, &QTimer::timeout, this, &CDialog::slot_timeOut);
                                    // 绑定槽函数}
CDialog::~CDialog() {
    if (NULL != m_pSerial) {
        m_pSerial->close();
    }
}
```

4）CDialog 的槽函数

【打开串口】对应的槽函数为 slot_openSerialPort()，实现见代码清单 7-68。在该槽函数中，读取界面中各个控件的值并保存到配置 serialConfig 中。在标号①处，构建串口通信对象，然后打开串口，并根据打开状态设置【发送】按钮的使能状态。

代码清单 7-68

```cpp
// src/chapter07/ks07_03/dialog.cpp
void CDialog::slot_openSerialPort() {
    // 初始化
    ns_train::s_serial_config serialConfig;
    strcpy(serialConfig.strDevicename,
ui.lineEditSerialName->text().toLocal8Bit().data());
    serialConfig.u32Baudrate = ui.comboBoxBaudrate->currentText().toUShort();
    serialConfig.byDatabits = (type_uint8)ui.comboBoxDatabit->
currentText().toUShort();
    switch (ui.comboBoxStopbit->currentIndex()) {
    case 0:
    default:
        serialConfig.chStopbit = 0;    // 1 位
        break;
    case 1:
        serialConfig.chStopbit = 1;    // 1.5 位
        break;
    case 2:
        serialConfig.chStopbit = 2;    // 2 位
        break;
    }
    switch (ui.comboBoxParity->currentIndex()) {
    case 0:
    default:
        serialConfig.chParity = 'N';   // 无校验
        break;
```

```cpp
        case 1:
            serialConfig.chParity = 'O'; // 奇校验
            break;
        case 2:
            serialConfig.chParity = 'E'; // 偶校验
            break;
    }
    if (NULL != m_pSerial) {
        m_pSerial->close();
        delete m_pSerial;
    }
    m_pSerial = new ns_train::CPPSerial(serialConfig);                    ①
    ui.btnSend->setEnabled(m_pSerial->open());
    ui.chkSimulate->setEnabled(m_pSerial->open());
    ui.btnOpenSerialPort->setEnabled(!m_pSerial->open());
    ui.btnCloseSerialPort->setEnabled(m_pSerial->open());
}
void CDialog::slot_closeSerialPort() {
    if (NULL == m_pSerial) {
        return;
    }
    m_pSerial->close();
    delete m_pSerial;
    m_pSerial = NULL;
    ui.btnOpenSerialPort->setEnabled(true);
    ui.btnCloseSerialPort->setEnabled(false);
}
```

【发送】按钮对应的槽函数为 slot_sendData()，见代码清单 7-69。在标号①处，读取控件中的文本。在标号②处，将发送文本以" "（即空格）为间隔拆分成多个字符串。在标号③处，遍历这些字符串并将其从十六进制文本转换为十进制的数据。在标号④处，将数据发送到串口。然后，调用 showData() 将报文数据显示在界面中，showData() 的实现见标号⑤处。在标号⑥处，得到控件 tableView 对应的模型对象。请注意，在标号⑦处，使用 static_cast 做类型转换。在标号⑧处，更新报文视图中对应单元格的数据。在标号⑨处，更新该报文的字色，在标号⑩处，更新该报文的属性，以及判断属于"接收报文"还是"发送报文"。

代码清单 7-69

```cpp
// src/chapter07/ks07_03/dialog.cpp
void CDialog::slot_sendData() {
    if (NULL == m_pSerial) {
        return;
    }
    if (!m_pSerial->isOpen()) {
        return;
    }
```

```cpp
    QString strSend = ui.textEditSend->toPlainText();// 以空格区分的二进制文本  ①
    QStringList strList = strSend.split(" ");                                ②
    QStringList::iterator ite = strList.begin();
    type_uint32 u32Count = 0;
    QString str;
    if (0 == strList.size()) {
        return;
    }
    char* pBuf = new char[strList.size()];
    bool bOk = false;
    while (ite != strList.end()) {                                           ③
        str = (*ite).trimmed();
        if (0 == str.length()) {
            ite++;
            continue;
        }
        bOk = false;
        pBuf[u32Count++] = str.toUShort(&bOk, 16);
        ite++;
        if (!bOk) {
            u32Count--;
            ite--;
        }
    }
    m_pSerial->write(pBuf, u32Count);                                        ④
    showData(pBuf, u32Count, false);// 将发送到串口的数据显示在界面中
    m_nReceivedCount = 0;           // 复位
    delete[] pBuf;
    pBuf = NULL;
}
void CDialog::showData(const char* pBuffer, int nDataCount, bool bReceive){  ⑤
    int nShow = 0;
    QString value;
    QModelIndex index;
    QColor color;
    if (!ui.chkRefresh->isChecked()) {
        return;
    }
    QStandardItemModel *pModel = dynamic_cast<QStandardItemModel*>
(ui.tableView-> model());                                                    ⑥
    if (m_bFirstShow) {
        m_bFirstShow = false;
    }
    else {
        if (m_bLastShow != bReceive) {
            m_nCurrentColumn = 0;    // 当从接收转为发送，或从发送转为接收时，需要进
//行换行。true: 该换行了, false: 不用换行
```

```
                    m_nCurrentRow++;

                    ui.tableView->scrollTo(pModel->index(m_nCurrentRow,
m_nCurrentColumn));
                }
            }
            m_bLastShow = bReceive;
            while (nShow < nDataCount) {
                roll();
                color = (bReceive ? m_colorReceive : m_colorSend);
                value.sprintf("%02X", static_cast<quint8>(pBuffer[nShow]));            ⑦
                index = pModel->index(m_nCurrentRow, m_nCurrentColumn);
                pModel->setData(index, value);                                         ⑧
                pModel->setData(index, color, Qt::TextColorRole);                      ⑨
                pModel->setData(index, bReceive, Qt::UserRole);                        ⑩
                ++m_nCurrentColumn;
                nShow++;
            }
        }
    }
```

如代码清单 7-70 所示，在定时器的槽函数 slot_timeOut()中，从串口读取数据并显示在界面。在标号①处，如果用户勾选了"模拟接收数据"，则自动生成模拟的数据用来表示串口收到的数据，以便辅助用户进行通信调试。在标号②处，如果用户勾选了"自动应答"，那么程序将根据接收到的报文，进行自动识别并自动应答。自动应答接口 autoReply()的实现见标号③处。如标号④处所示，在该接口中，自动将收到的报文与自动应答配置模型 m_pModel 中的数据进行对比，当匹配成功时，则将对应的应答报文自动发送到串口。因篇幅所限，此处不再展示自动应答模型 m_pModel 所属类型的定义头文件 autoreplymodel.h，完整的代码请参加配套代码。

代码清单 7-70

```
// src/chapter07/ks07_03/dialog.cpp
void CDialog::slot_timeOut() {
    if (NULL == m_pSerial) {
        return;
    }
    static const int c_nBufferLength = 12800;
    static char buf[c_nBufferLength] = { '\0' }; // 需要注意防止内存不够用
    int readCount = 0;
    if (ui.chkSimulate->isChecked()) {  // 测试代码                                    ①
        static int nSendIndex = 0;
        QString str;
        switch (nSendIndex) {
            case 0: { // 10 49 01 4A 16
                // 第 1 组自动应答报文
                str = "10 49 01 4A 16";
```

```cpp
                readCount = getDataFromString(str, buf, c_nBufferLength);
                break;
            }
            ...
        }
        nSendIndex++;
        if (nSendIndex > 4) {
            nSendIndex = 0;
        }
    }
    else {
        readCount = m_pSerial->read(buf, c_nBufferLength);
        if (readCount <= 0) {
            return;
        }
    }
    showData(buf, readCount, true);
    if (ui.chkAutoReply->isChecked()) {                                    ②
        if ((m_nReceivedCount + readCount) < RECEIVE_BUFFER_LENGTH) {
            memcpy(m_pBuffer, buf, readCount);
            m_nReceivedCount += readCount;
            autoReply();
        }
    }
}
void CDialog::autoReply() {                                                ③
    int row = 0;
    QByteArray byteArrayReceive;
    QByteArray byteArraySend;
    if (0 == m_nReceivedCount) {
        return;
    }
    while (row < m_pModel->rowCount()) {                                   ④
        byteArrayReceive = m_pModel->data(m_pModel->index(row, 0),
Qt::EditRole).toByteArray();
        if (0 == byteArrayReceive.size()) {
            return;
        }
        if (m_nReceivedCount >= byteArrayReceive.size()) {
            // 判断是否一致
            int idx = 0;
            for (; idx < byteArrayReceive.size(); idx++) {
                if (m_pBuffer[idx] != byteArrayReceive[idx]) {
                    break;
                }
            }
            if (idx == byteArrayReceive.size()) {
```

```
                byteArraySend = m_pModel->data(m_pModel->index(row, 1),
Qt::EditRole).toByteArray();
                type_int32 nCount = byteArraySend.size();
                char* pBuf = byteArraySend.data();
                m_pSerial->write(pBuf, nCount);
                showData(pBuf, nCount, false);
                m_nReceivedCount = 0;   // 复位
                return;
            }
        }
        row++;
    }
}
```

如果要实现自动应答,则需要提前配置自动应答报文。【自动应答设置】界面如图 7-29 所示。其中第 1 列为收到的报文,第 2 列为对应的自动应答报文。通过这个界面,用户可以进行自动应答设置。当收到第 1 列报文时,程序可以自动回复第 1 列的对应报文。

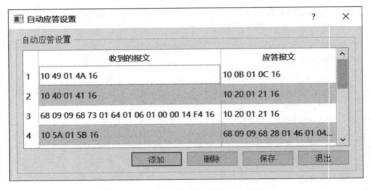

图 7-29 【自动应答设置】界面

5) CTableModel 模型类

最后,介绍一下模型类 CTableModel,它派生自 QStandardItemModel。CTableModel 类的头文件见代码清单 7-71。CTableModel 的主要功能是实现数据存取、控制滚屏数据的颜色。

代码清单 7-71

```
// src/chapter07/ks07_03/tablemodel.h
#pragma once
#include <QStandardItemModel>
class CTableModel : public QStandardItemModel {
public:
    CTableModel(QObject *parent = 0);       // 构造函数
    void setCurrentCell(int r, int c);      // 设置当前单元格
    void turn() {                           // 滚屏
        m_bTurned = !m_bTurned;
```

```
    }
    virtual QVariant data(const QModelIndex& index, int role = Qt::DisplayRole)
const;                                    // 获取指定数据项
private:
    int m_nCurrentRow;                    // 当前行
    int m_nCurrentColumn;                 // 当前列
    bool m_bTurned;                       // 滚屏标志
};
```

CTableModel 类的实现见代码清单 7-72。在标号①处，实现了滚屏时控制数据显示为不同的颜色。

代码清单 7-72

```
// src/chapter07/ks07_03/tablemodel.cpp
#include "tablemodel.h"
#include <QColor>
CTableModel::CTableModel(QObject *parent) : QStandardItemModel(parent),
m_bTurned(true) {
}
void CTableModel::setCurrentCell(int r, int c) {
    m_nCurrentRow = r;
    m_nCurrentColumn = c;
}
QVariant CTableModel::data(const QModelIndex& index, int role) const {
    if (!index.isValid()) {
        return QVariant();
    }
    QColor clrNew = Qt::red;
    QColor clrOld = Qt::blue;
    if (m_bTurned) {
        clrNew = Qt::blue;
        clrOld = Qt::red;
    }
    if (Qt::TextColorRole == role) {                                        ①
        if (index.row() > m_nCurrentRow) {
            return clrOld;
        }
        else if (index.row() == m_nCurrentRow) {
            if (index.column() >= m_nCurrentColumn) {
                return clrOld;
            }
        }
        return clrNew;
    }
    else {
        return QStandardItemModel::data(index, role);
```

        }
    }

本节简单介绍了利用 Qt 开发串口调试工具的方法，如果希望了解更多关于界面开发的内容，请关注本书作者编写的《Qt 5/PyQt 5 实战指南——手把手教你掌握 100 个精彩案例》一书。

第 53 天　温故知新

1. 串口通信按照是否发送时钟信号可以分为（　　）和（　　）。
2. 异步串口通信的几个重要通信配置参数为（　　）。
3. 串口通信中，是否需要考虑字节序问题？
4. 串口通信时，是否通信线路越长越好？
5. 串口线的信号脚中，2 号脚表示（　　），3 号脚表示（　　），5 号脚表示（　　）。
6. 使用串口通信时，是否需要通信双方约定通信规约？
7. 用串口传输文件或者大量数据时，怎样保证通信可靠性？
8. 用串口传输数据和传输文件是否有本质的不同？

第 8 章 访问数据库

在软件项目中，有时候需要把数据进行持久化，如程序启动时加载的模型数据或者运行过程中通过采集、计算、统计产生的数据。当数据比较多时，将数据持久化到数据库中是个不错的选择。本章主要讨论关系型数据库。

第 54 天　数据库、SQL 语言基础

今天的目标是掌握如下内容。
- 数据库、表的基本概念。
- SQLite 简介。
- 使用 SQL 语句创建表、删除表、更改表的列信息。
- 使用 SQL 语句对数据表进行增、删、改、查操作。

如果希望将程序的运行数据持久化，那么除了将数据存到文件中之外，将数据存到数据库中也是很好的选择。今天我们将学习数据库的基础知识以及 SQL 语言的相关内容。

1．数据库知识简介

数据库是"按照数据结构来组织、存储和管理数据的仓库"。在数据库的发展历史上，数据库先后经历了层次数据库、网状数据库和关系数据库等各个发展阶段。20 世纪 80 年代以来，几乎所有的数据库厂商新出的数据库产品都支持关系型数据库，即使一些非关系型数据库产品也几乎都有支持关系型数据库的接口。这主要是因为传统的关系型数据库可以比较好地解决管理和存储关系型数据的问题。那么，什么是关系型数据库呢？关系型数据库是指采用了关系模型来组织数据的数据库，其以行和列的形式存储数据，以便于用户理解，关系型数据库中的这些的行和列被称为表，一组表就组成了数据库。用户通过查询来检索数据库中的数据。关系模型可以简单理解为二维表格模型，而一个关系型数据库就是由二维表及其之间的关系组成的一个数据组织。随着云计算的发展和大数据时代的到来，关系型数据库越来越无法满足需要，这主要是由于越来越多的半关系型和非关系型数据需要用数据库进行存储管理，与此同时，分布式技术等新技术的出现也对数据库的技术提出了新的要求，于是越

来越多的非关系型数据库就开始出现，这类数据库与传统的关系型数据库在设计和数据结构方面有很大的不同，它们更强调数据库数据的高并发读写和存储大数据的能力，这类数据库一般被称为 NoSQL（Not only SQL）数据库。而传统的关系型数据库在一些传统领域依然保持了强大的生命力。

数据库的使用一般分为如下过程。

（1）创建数据库。一般需要指定数据库文件的存放位置、文件尺寸、是否自动扩等信息。

（2）创建用户。在使用数据库之前，一般需要创建数据库用户，按照角色来分，数据库用户可以分为管理者、使用者。

（3）创建表。在创建完数据库、用户之后，可以根据业务需要创建数据表。

（4）对表中的数据记录进行增、删、改、查操作。在创建完数据表之后，就可以执行向表中添加数据（增）、删除表中数据（删）、更新表中的数据（改）、查询表中的数据（查）的操作。

（5）备份数据库。有时候考虑到安全因素，需要把数据库备份到磁盘，以防止因数据库文件所在的机器出现问题而导致数据库受损。

2. SQLite 简介

数据库管理系统是为管理数据库而设计的计算机软件系统，一般具有存储、安全保障、备份等基础功能。目前市面上主流的商用关系型数据库有 Oracle、SQL Server、DB2、MySQL等。主流的商用数据库一般都自带数据库管理工具。本章以 SQLite 为例进行介绍。SQLite是一款轻型的关系型数据库，适合作为入门学习的数据库，SQLite 优点如下。

- SQLite 不需要安装、配置。
- 支持 ACID 事务。
- 独立，没有额外依赖。
- 不需要一个单独的服务器进程。
- 一个完整的 SQLite 数据库可以存储在一个单一的跨平台的磁盘文件中。
- 支持跨平台。SQLite 可运行在 Windows 系统（Win32、WinCE、WinRT）及 UNIX（Linux、MacOS-X、Android、iOS）系统。
- SQLite 使用 ANSI-C 编写，并提供简单易用的 API。
- 源码完全开源。

有很多管理工具可以用于管理 SQLite，如 SQLite Expert。SQLite Expert 提供两个版本，分别是个人版和专业版。其中个人版是免费的，它提供了大多数基本的管理功能。SQLite Expert 个人版的下载地址见配套资源中【资源下载.pdf】文档中的【SQLite Expert 个人版网站】，其下载页面如图 8-1 所示。

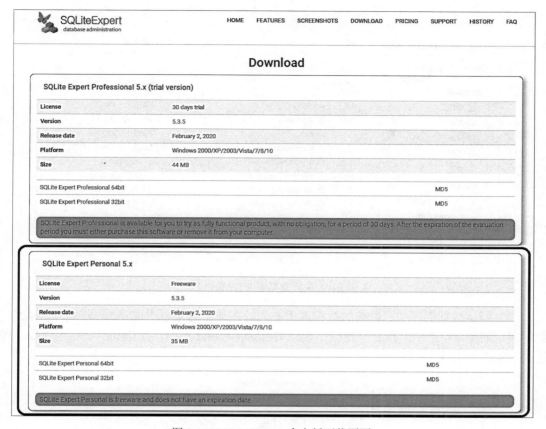

图 8-1　SQLite Expert 个人版下载页面

下面介绍 SQLite Expert 个人版的使用方法。

（1）创建数据库。使用 New Database 按钮可以创建数据库，如图 8-2 所示。单击该按钮后会弹出文件选择界面，如图 8-3 所示。

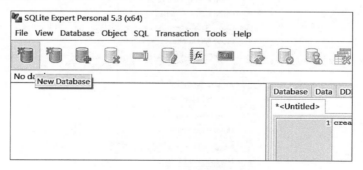

图 8-2　创建数据库

图 8-3 选择数据库文件所在目录

（2）创建数据表。在已创建的数据库上右击，在弹出的菜单中选择 New Table 可以创建数据表，如图 8-4 所示。在右侧视图中选择 Design|General 页面，在 Table Name 中输入待创建的数据表的名字，如图 8-5 所示。

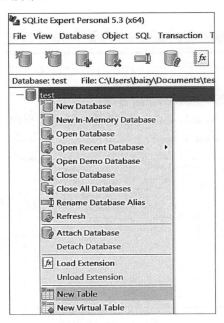

图 8-4 创建数据表的菜单项

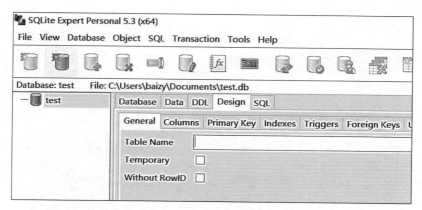

图 8-5　输入数据表的名字

（3）为数据表添加列（字段）。在 Design|Columns 页面中，单击 Add 按钮可以为数据表添加列，如图 8-6 所示。然后，在弹出的界面中输入列的名称、数据类型等信息，如图 8-7 所示。

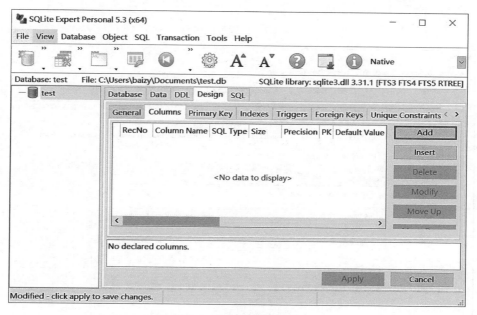

图 8-6　为数据表添加列

（4）如图 8-8 所示，为数据表设置主键（Primary Key）。为了将某个数据表中的不同数据记录进行区分，可以为数据表设置主键。通常会把 Id（序号）这种列设置为主键。具体应该如何设置主键，需要根据具体情况具体分析。

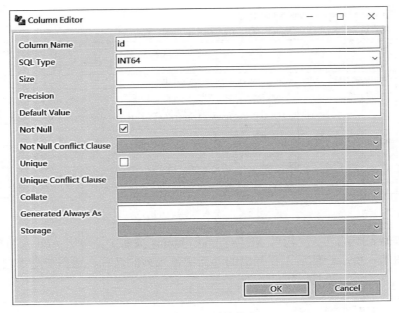

图 8-7　设置列的信息

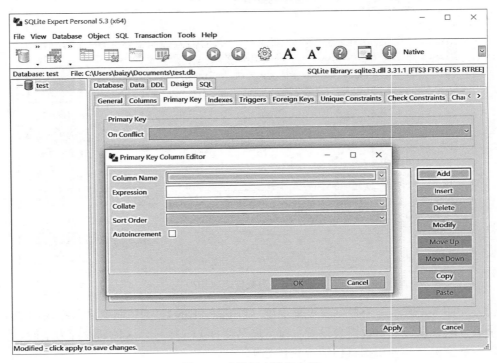

图 8-8　为数据表设置主键

（5）为数据表设置索引（Index）。当某个表的数据量较大时，用户查询该表可能非常慢，

为了提高查询效率，可以为表添加索引。如图 8-9 所示，选择 Design|Indexes 页面，单击 Add 按钮之后会弹出 Index Editor 界面。在 Index Editor 界面的 Index Name 编辑框中输入索引的名字，然后单击可以将多个列组合在一起作为一个索引。一般情况下，一张表只设置一个索引。设置索引之后，当使用过滤条件对表进行过滤查询时，可以有效提高查询效率。

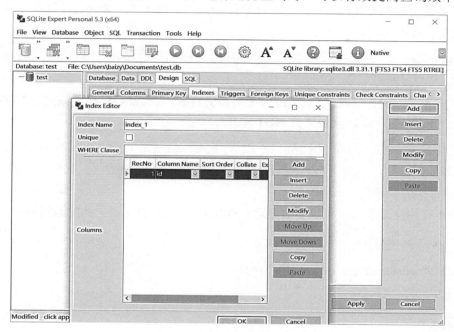

图 8-9　为数据表设置索引

3．SQL 语言基础

结构化查询语言（Structured Query Language，SQL）是一种特殊目的的编程语言，是一种数据库查询和程序设计语言，用于存取数据以及查询、更新和管理关系数据库系统。

在对数据库的操作中，最常见的是对数据表的操作和对表中记录的操作。对表的操作包括创建表、删除表、更改表的列信息等。对表中的记录进行的操作包括增、删、改、查操作。下面分别进行介绍。

注意：有些商用数据库需要在使用之前先进行数据库连接操作，本节对此不做介绍，而是仅侧重介绍对表进行操作的 SQL 语句。本节仅列出常用的 SQL 语法，如果希望了解关于 SQL 的更多内容，请购买专门针对 SQL 语言的书籍。

1）创建表

CREATE TABLE 语句用于创建数据库中的表。表由行和列组成，每个表都必须有表名。

```
CREATE TABLE 表名称(列 1 名称 列 1 的数据类型[列 1 的数据尺寸]，列 2 的名称列 2 的数据类型[列 2 的数据尺寸]，列 3 名称 列 3 的数据类型[列 3 的数据尺寸]，...);
```

其中，列的数据尺寸为可选项，只有字符串等(非定长的数据类型)才需要指定列的数据尺寸。如果创建一个名为 customer 的表，它包含 3 列：id、name、address，其中 name 最大长度 255 字节、address 最大长度 255 字节，那么可以使用下面的语句。

```
create table customer (id int, name varchar(255), address varchar(255));
```

如果希望为某列设置默认值，可以在字段后添加 DEFAULT 描述。比如为 address 设置默认值为""，可以使用如下语句。

```
create table customer (id int, name varchar(255), address varchar(255) default(''));
```

如果向表中添加记录时，要求必须为某列提供数据，那么就可以设置该列为 NOT NULL，比如将 customer 表的 id 字段设置为 NOT NULL。

```
create table customer (id int not null, name varchar(255), address varchar(255) default(''));
```

2）删除表

当不再使用某个表时，可以将表删除。DROP TABLE 语句用于删除数据库中的表。

```
DROP TABLE 表名称;
```

比如删除 customer 表，可以使用下面的语句。

```
drop table customer;
```

3）截断表

当需要删除表中的所有记录并释放该表所占的空间时，可以使用 TRUNCATE TABLE 语句。

```
TRUNCATE TABLE 表名称;
```

比如截断 customer 表，可以使用下面的语句。

```
truncate table customer;
```

4）向表中添加记录

当需要向表中添加记录时，可以使用 INSERT 语句。

```
INSERT INTO 表名称 VALUES (值1, 值2,...)
```

表 8-1 是 customer 表的当前记录。

表 8-1　customer 表的当前记录

id	name	address
1	安婷	上海

```
insert into customer values (2, '李杰', '北京');
```

执行如下 SQL 语句后的记录见表 8-2。

表 8-2　customer 表中插入一条记录

id	name	address
1	安婷	上海
2	李杰	北京

也可以在指定列中插入数据。执行如下 SQL 语句后的记录见表 8-3。当向表中插入记录时，如果只给出部分列的数据，那么对于未提供数据的列来说，在设计表时应该为这些列提供默认值，否则将导致插入失败。

```
insert into customer (id,name) values (3, '王辉');
```

表 8-3　customer 表中插入部分列的数据

id	name	address
1	安婷	上海
2	李杰	北京
3	王辉	

5）从表中查询记录

（1）当需要从表中查询记录时，可以使用 SELECT 语句。

```
SELECT 列名称 FROM 表名称
```

表 8-4 是 customer 表的原始记录。

表 8-4　customer 表的原始记录

id	name	address
1	安婷	上海
2	李杰	北京
3	王辉	北京

执行如下 SQL 语句将返回表 8-4 中的全部记录。

```
select * from customer;
```

（2）也可以仅查询部分列的内容。执行如下 SQL 语句返回的记录见表 8-5。

```
select id,name from customer;
```

表8-5 只查询部分列的内容

id	name
3	王辉
2	李杰
1	安婷

（3）如果希望按照 id 排序，可以使用 ORDER BY 关键字。

SELECT 列名称 FROM 表名称 ORDER BY 列名称1,列名称2...

执行如下 SQL 语句返回的记录见表 8-6。

```
select id,name from customer order by id;
```

表8-6 按照 id 排序后的记录

id	name
1	安婷
2	李杰
3	王辉

（4）如果希望按照过滤条件进行查询，可以使用 WHERE 关键字。

SELECT 列名称 FROM 表名称 WHERE 过滤条件

比如，对表 8-4 中 customer 表的记录进行查询，只返回住在北京的记录，见表 8-7。

```
select * from customer where address='北京' order by id;
```

表8-7 customer 表中住在北京的记录

id	name	address
2	李杰	北京
3	王辉	北京

（5）从表 8-4 可以看出，对于所有记录来说，其 address 的值只有"北京""上海"两个值，如果希望仅返回某一列所有不同的取值，可以使用 DISTINCT 关键字。

SELECT DISTINCT 列名称 FROM 表名称 [过滤条件]

比如，对表 8-4 中 customer 表的记录进行查询，只返回 address 不同的记录。

```
select distinct address from customer;
// 返回记录如下
address
北京
```

上海

6）修改表中记录

当需要修改表中的记录时，可以使用 UPDATE 语句。

`UPDATE 表名称 SET 列1名称=值1, 列2名称=值2 [过滤条件]`

比如，将表 8-4 中的 id=1 的记录进行修改，将 address 改为"苏州"。

`update customer set address='苏州' where id=1;`

修改后的记录见表 8-8。

表 8-8 修改记录 1 后的 customer 表记录

id	name	address
1	安婷	苏州
2	李杰	北京
3	王辉	北京

如果不用过滤条件，将导致所有记录被修改。

`update customer set address='苏州';`

修改后的记录见表 8-9。

表 8-9 将所有记录的 address 修改为"苏州"

id	name	address
1	安婷	苏州
2	李杰	苏州
3	王辉	苏州

7）删除表中记录

当需要删除表中的记录时，可以使用 DELETE 语句。

`DELETE FROM 表名称 [过滤条件]`

比如，将表 8-4 中的 id=2 的记录进行删除。修改后的记录见表 8-10。

`delete from customer where id=2;`

表 8-10 删除记录后的 customer 表记录

id	name	address
1	安婷	苏州
3	王辉	北京

也可不用过滤条件，这将导致所有记录被删除。

```
delete from customer;
```

第 55 天 使用 POCO 访问数据库

今天要学习的案例对应的源代码目录：src/chapter08/ks08_03。本案例依赖 POCO 库。程序运行效果如图 8-10 所示。

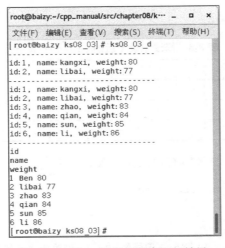

图 8-10 第 55 天案例程序运行效果

今天的目标是掌握如下内容：使用 POCO 库访问 SQLite 数据库。

今天开始，我们将借助 POCO 库实现对数据库的访问。

POCO::Data 是 POCO 的数据库抽象层，为 C++提供统一的结构化数据库访问接口，通过它可以方便地从多种数据库中存取数据。目前 POCO::Data 支持的数据库连接类型包括 SQLite、MySQL 以及 ODBC。本节通过一个案例介绍如何利用 POCO 访问 SQLite 数据库。

注意：如果需要使用 SQLite 或其他数据库，需要在编译 POCO 时进行配置，详情请见第 18 天的学习内容。

1. 修改 pro 文件

如果使用 POCO 提供的数据库访问封装，首先需要修改项目的 pro 文件。如代码清单 8-1 中标号①处所示，为了引入对 POCO 的支持，需要在 CONFIG 配置项中添加 POCO_LIB，这样做的目的是在 project_thirdparty.pri 中可以引入 POCO 库，见标号②处。

代码清单 8-1

```
// src/chapter08/ks08_03/ks08_03.pro
CONFIG += POCO_LIB                                                    ①
PROJECT_HOME=$$(PROJECT_DEV_HOME)
```

```
include ($$PROJECT_HOME/src/project_base.pri)
include ($$PROJECT_HOME/src/project_thirdparty.pri)                              ②
```

project_thirdparty.pri 文件在附件源代码中已经提供，其中引入 POCO 库的内容如下。

```
// src/project_thirdparty.pri
# POCO 库
# 使用者必须在引入 project_thirdparty.pri 之前定义 CONFIG += POCO_LIB
POCO_LIB {
    INCLUDEPATH *= $$(POCO_HOME)/include
    # POCO 在"WINDOWS-64 位"下生成到 lib64 目录
    win32{
        x64:QMAKE_LIBDIR *= $$(POCO_HOME)/lib64
        x86:QMAKE_LIBDIR *= $$(POCO_HOME)/lib
    }
    unix{
        QMAKE_LIBDIR *= $$(POCO_HOME)/lib
    }
    # Linux/Windows:只包含最基本的库
    debug_and_release {
        CONFIG(debug, debug|release) {
            LIBS += -lPocoFoundationd \
                -lPocoJSONd \
                -lPocoNetd \
                -lPocoUtild \
                -lPocoXMLd \
                -lPocoZipd
        }
        CONFIG(release, debug|release) {
            LIBS += -lPocoFoundation \
                -lPocoJSON \
                -lPocoNet \
                -lPocoUtil \
                -lPocoXML \
                -lPocoZip
        }
    } else {
        debug{
            LIBS += -lPocoFoundationd \
                -lPocoJSONd \
                -lPocoNetd \
                -lPocoUtild \
                -lPocoXMLd \
                -lPocoZipd
        }
        release{
            LIBS += -lPocoFoundation \
```

```
                -lPocoJSON \
                -lPocoNet \
                -lPocoUtil \
                -lPocoXML \
                -lPocoZip
        }
    }
}
```

2. 使用 POCO 连接到数据库

在使用数据库之前，应先使用 Poco::Data::SQLite::Connector 创建到 SQLite 数据库连接。

```
Poco::Data::SQLite::Connector::registerConnector();
```

当断开数据库连接时，可以使用如下代码。

```
Poco::Data::SQLite::Connector::unregisterConnector();
```

接下来需要创建一个 Session 会话对象来实现对数据库表的访问。Session 构造函数如下。

```
Session(const std::string& connector,
    const std::string& connectionString,
    std::size_t timeout = LOGIN_TIMEOUT_DEFAULT);
```

对该构造函数说明如下。

（1）参数 connector 为数据库驱动类型名称，其取值见表 8-11。
（2）参数 connectionString 是数据库名称或者数据库文件的路径。
（3）参数 timeout 用来设置超时时间。

表 8-11　Session 构造函数中参数 connector 的取值说明

type 取值	说　　明
SQLite	SQLite 驱动
MySQL	MySQL 驱动
ODBC	ODBC 驱动，支持 Oracle、SQLite、DB2、SQL Server、PostgreSQL

首先，在程序中构建数据库连接实例，见代码清单 8-2。在标号①处，构建一个 SQLite 数据库连接实例。在标号②处创建一个 Session 对象 session，用来维护跟数据库的会话。

代码清单 8-2

```
// src/chapter08/ks08_03/main.cpp
#include "Poco/Path.h"
#include "Poco/File.h"
#include "Poco/Data/Session.h"
#include "Poco/Tuple.h"
#include "Poco/Data/SessionFactory.h"
```

```cpp
#include "Poco/Data/SQLite/Connector.h"
#include <iostream>
#include <string>
#include <vector>
#include "base/basedll/base_api.h"
using Poco::Path;
using Poco::File;
using namespace Poco::Data::Keywords;
using Poco::Data::Session;
using Poco::Tuple;
using Poco::Data::Statement;
void queryTable(Session& session);            // 查询数据
void queryTable_batch(Session& session);      // 查询数据
void initDatabase() {
    Poco::Data::SQLite::Connector::registerConnector();
}
void shutdownDatabase() {
    Poco::Data::SQLite::Connector::unregisterConnector();
}
int main(int argc, char *argv[]) {
    // 创建数据库连接对象
    initDatabase();                                                             ①
    std::string strDir = ns_train::getPath("$PROJECT_DEV_HOME/test/
chapter08/ks08_03/");
    Path path(strDir);
    File file(strDir);
    if (!file.exists())
        file.createDirectories();
    std::string strFile = strDir + "data.db";
    Session session("SQLite", strFile.c_str());                                 ②
    if (!session.isConnected()) {
        return -1;
    }
    ...
}
```

3．使用 POCO 创建表并插入数据

下面开始创建表并向表中插入数据，见代码清单 8-3。在标号①处，首先删除表，以便从零开始进行功能演示。session 执行 drop 语句删除表时，后面用了 now，表示立刻执行，如果不写 now，该 drop 语句不会立刻执行，直到通过 Statement 调用 execute()。如标号②处所示，把创建表用的 create 语句保存到 session 中。Statement 用于表示 SQL 语句。在标号③处，构建一个 Statement 对象 insert，并且将会话 session 传入其构造函数。然后，为 insert 对象传入 SQL 语句，并立刻执行，见标号④处。在标号⑤处，对 insert 对象执行 reset()，目的是清空 SQL 语句从而防止 SQL 语句叠加，否则，在标号⑥处执行第二条 SQL 语句时将会

出错。

代码清单 8-3

```cpp
// src/chapter08/ks08_03/main.cpp
int main(int argc, char *argv[]) {
    ...
    // 删除表，确保从零开始
    try {
        session << "drop table people", now;         ①
    }
    catch (...) {
    }
    // 创建表
    session << "create table people(id int primary key, name text, weight int)",
now;                                                  ②
    // 插入数据
    Statement insert(session);                        ③
    insert << "insert into people values(1, \"kangxi\", 80)", now;   ④
    insert.reset(session);                            ⑤
    insert << "insert into people values(2, \"libai\", 77)";
    insert.execute(true);                             ⑥
    ...
}
```

注意：各种数据库厂家对于数据库表中字段的数据类型定义是不同的。比如，Oracle 数据库中，带符号的两字节整数字段的类型为"number(5)"，而在 MySQL 中则为"smallint"。因此，在组织创建表的 SQL 语句时需要区分不同的数据库类型。

4. 查询表中的数据

把查询功能封装到 queryTable() 中，见代码清单 8-4。在标号①处，使用 into() 表示将查询到的 Id 数据保存到变量 id 中，用同样的方法把返回的名称、重量保存到变量 name、weight 中。在标号②处，range(0, 1) 表示每次只返回一条记录，这样才能使用 while 循环逐个返回数据记录并打印，select.done() 用来判断是否还有记录未返回，见标号③处。在标号④处，通过 select 对象的 execute() 再次执行之前的 SQL 语句，因此只要不对 select 对象执行 reset()，就可以复用 SQL 语句。

代码清单 8-4

```cpp
// src/chapter08/ks08_03/main.cpp
void queryTable(Session& session) {
    Statement select(session);
    int id = 0;
    std::string name;
    int weight = 0;
    select << "select * from people",
```

```
                into(id),                                           ①
                into(name),
                into(weight),
                range(0, 1);  // 每次放一条纪录                      ②
    while (!select.done())    {                                     ③
        select.execute();                                           ④
        std::cout << "id:" << id << ", name:" << name << ", weight:" <<weight << std::endl;
    }
}
```

5．批量插入数据

如代码清单 8-5 所示，可以向表中批量插入数据。在标号①处的 insert 语句中有 3 个占位数据，占位数据用"？"表示，用 use(id)表示插入记录中的第一个字段从变量 id 中取值，同样的，第二、第三个字段也通过 use()表示分别从变量 name、weight 中取值。在标号②处，通过 while 语句遍历所有的名字。每次更新 id、name、weight 这 3 个变量后，都要执行 execute()，见标号③处。批量插入数据后，重新打印所有记录，这次调用了一个新函数 queryTable_batch()，它的实现见标号④处。这里利用 POCO 的元组 Tuple 定义了一个 TuplePeople 结构体，它包含的数据正好对应数据库中的 People 表，见标号⑤处。接着定义数组 Peoples，并用它定义一个变量 peoples。如标号⑥处所示，将返回的数据全部保存到 peoples 中。然后，遍历所有记录并打印到终端。请注意，在访问返回的记录时，对于第一个字段(也就是 Id 字段)，使用 itePeople->get<0>()的方式进行访问，同样的，对于第二、第三个字段分别使用 itePeople->get<1>()、itePeople->get<2>()方式进行访问。

代码清单 8-5

```
// src/chapter08/ks08_03/main.cpp
int main(int argc, char *argv[]) {
    ...
    // 批量插入数据
    std::vector<std::string> names;
    names.push_back("zhao");
    names.push_back("qian");
    names.push_back("sun");
    names.push_back("li");
    // 为每一列标题添加绑定值
    int id = 2;  // id字段具有唯一性约束，因此不能插入重复值
    std::string name;
    int weight = 0;
    insert.reset(session);
    insert << "insert into people values(?, ?, ?) ", use(id), use(name), use(weight);                                                              ①
    //从 names 表里获取每个名字
    std::vector<std::string>::iterator iteName = names.begin();
```

```cpp
        while (iteName != names.end()) {
            id++;                    // id
            name = *iteName;         // 名字
            weight = id + 80;        // weight
            insert.execute();        // 插入记录
            iteName++;
        }
        // 再次查询数据
    queryTable_batch(session);
    ...
}
void queryTable_batch(Session& session) {
    std::cout << "--------------------------------" << std::endl;
    Statement select(session);
    int id = 0;
    std::string name;
    int weight = 0;
    typedef Poco::Tuple<int, std::string, std::string > TuplePeople;
    typedef std::vector<TuplePeople> Peoples;
    Peoples peoples;

    select << "select * from people",
            into(peoples),
            now;
    Peoples::iterator itePeople = peoples.begin();
    while (itePeople != peoples.end()) {
        std::cout << "id:" << itePeople->get<0>() << ", name:" << itePeople->get<1>() << ", weight:" << itePeople->get<2>() << std::endl;
        itePeople++;
    }
}
```

② ③ ④ ⑤ ⑥ ⑦

6. 更新、删除记录

如代码清单 8-6 所示，可以更新、删除表中的数据。如标号①处所示，在更新完数据后，又调用了一个新函数 queryTable_recordset()来查询、打印所有数据，它的实现见标号②处。在 queryTable_recordset()的实现中，首先执行 SQL 语句，见标号③处。然后定义一个 Recordset 数据集对象 rs，见标号④处，并将 select 对象传入其构造函数。接着，利用 rs 输出表的列名信息，然后遍历数据集 rs 并输出所有数据。如标号⑤处所示，在访问第 col 个字段的值时，用了 rs[col].convert<std::string>()的方法，其实如果知道该列的数据类型，直接把它转换为对应的类型即可，如对于 int 类型字段，可以使用 rs[col].convert<int>()。

代码清单 8-6

```cpp
// src/chapter08/ks08_03/main.cpp
int main(int argc, char *argv[]) {
    ...
```

```
        // 更新数据
        Statement update(session);
        update << "update people set name = \"Ben\" where id = 1", now;
        // 再次查询数据
        queryTable_recordset(session);                                    ①
        // 删除数据
        Statement stDelete(session);
        stDelete << "delete from people where id = 1", now;
        ...
}

void queryTable_recordset(Session& session) {                             ②
    std::cout << "------------------------------------" << std::endl;
    // 建立一个查询执行器
    Statement select(session);
    select << "select * from people";
    select.execute();                                                     ③
    // 创建一个纪录集
    RecordSet rs(select);                                                 ④
    std::size_t cols = rs.columnCount();
    // 输出所有字段名称
    for (std::size_t col = 0; col < cols; ++col) {
        std::cout << rs.columnName(col) << std::endl;
    }
    // 输出所有查询到的内容
    bool more = rs.moveFirst();
    while (more) {
        for (std::size_t col = 0; col < cols; ++col) {
            std::cout << rs[col].convert<std::string>() << " ";           ⑤
        }
        std::cout << std::endl;
        more = rs.moveNext();
    }
}
```

7. 删除表、关闭数据库

如代码清单 8-7 所示，可以删除表、关闭数据库连接。当关闭数据库连接后，如果需要访问数据库，需要再次打开数据库连接。

代码清单 8-7

```
// src/chapter08/ks08_03/main.cpp
int main(int argc, char *argv[]) {
    ...
    // 删除表
    session << "drop table people", now;
    // 关闭数据库
```

```
        shutdownDatabase();
        ...
}
```

第 56 天　温故知新

1. 使用 SQL 语句创建数据库表时，应该使用的语句为（　　　）。
2. 删除某张表时，应使用的语句为（　　　）。
3. 当需要删除表中的所有记录并释放该表所占的空间时，可以使用（　　　）语句。
4. 当需要向表中添加记录时，可以使用（　　　）语句。
5. 当需要从表中查询记录时，可以使用（　　　）语句。
6. 当需要修改表中的记录时，可以使用（　　　）语句。
7. 当需要删除表中的记录时，可以使用（　　　）语句。

第 9 章 项目实战——Client/Server 模式的数据中心

按照体系结构来分，软件系统一般可以分为 B/S（Browser/Server，即浏览器/服务器）模式和 C/S（Client/Server，即客户端/服务器）模式，本章主要讨论 C/S 模式的程序设计及开发方法。本章主要针对服务器模块的数据结构设计、数据发布/订阅、主备内存切换、数据断面保存与恢复等内容进行讨论。本章最后一个案例的功能最完整。

第 57 天　建立结构化内存数据区

今天要学习的案例对应的源代码目录：src/chapter09/ks09_01。本案例依赖 POCO 库（用于访问数据库）。程序运行效果如图 9-1、图 9-2 所示。

图 9-1　第 57 天服务器案例程序运行效果

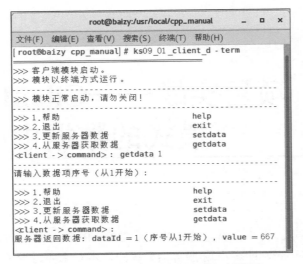

图 9-2 第 57 天客户端案例程序运行效果

今天的目标是掌握如下内容。
- 怎样在服务器建立结构化内存数据区？
- 按照模拟量、离散量分别构建不同的内存数据区。
- 怎样利用数据项的索引快速访问数据？

利用第 6 章的知识，读者已经可以开发简单的 C/S 模式程序。从本节开始，将介绍如何开发一个 C/S 模式的简易数据中心。本节主要介绍如何在服务器为模拟量、离散量建立可以快速查询的结构化内存区。这里所说的模拟量、离散量指的是不同的数据类型。模拟量指的是浮点型数据，如有功功率、风扇转速、室内温度等；离散量指的是状态值为整数的数据，如电梯所在楼层、断路器的分合状态、变压器挡位等。除了这两种常见的数据之外，其实还有累加量等数据，因篇幅所限，仅介绍模拟量、离散量的使用方法。因为模拟量、离散量分别表示不同类型的数据，因此需要对它们分别进行建模。请注意，如果由服务器负责创建数据库，那么请确保先启动服务器再启动客户端，否则可能导致客户端启动时连接数据库失败。

1. 对数据进行建模

1）对模拟量数据建模

首先，对模拟量数据建模。

```
// src/chapter09/ks09_01/ks09_01_server/datavector.h
// 模拟量
struct SAnalogData {
    type_uint32 nId;            // 数据项 Id
    type_double dataValue;      // 数据当前值
    type_double maxValue;       // 数据最大值
    type_double minValue;       // 数据最小值
    SAnalogData();
```

SAnalogData 的实现如下。

```cpp
// src/chapter09/ks09_01/ks09_01_server/datavector.cpp
SAnalogData::SAnalogData() {
    nId = 0;
    dataValue = 0.f;
    maxValue = -3.402823466e+38F;  // 把最大值初始化为最小浮点数，因为只有这样，当
//更新 dataValue 时才有可能将新的最大值更新到 maxValue 中
    minValue = 3.402823466e+38F;   // 把最小值初始化为最大浮点数，因为只有这样，当
//更新 dataValue 时才有可能将新的最小值更新到 minValue 中
};
```

2）对离散量数据建模

接着，对离散量数据建模。

```cpp
// src/chapter09/ks09_01/ks09_01_server/datavector.h
// 离散量
struct SDiscreteData {
    type_uint32 nId;             // 数据项 Id
    type_uint16 dataValue;       // 数据当前值
    SDiscreteData();
};
```

SDiscreteData 的实现如下。

```cpp
// src/chapter09/ks09_01/ks09_01_server/datavector.cpp
SDiscreteData::SDiscreteData() {
    nId = 0;
    dataValue = 0;
}
```

3）对数据区建模

最后，对数据区建模，以便对模拟量、离散量进行统一管理。因为模拟量数据区、离散量数据区中的数据是连续排列的，但是无法保证模拟量、离散量这些量测数据的数据项索引是连续的，因此建立数据项索引映射，以便将量测的数据项索引映射为数据区数组的下标，从而实现快速访问。

```cpp
// src/chapter09/ks09_01/ks09_01_server/datavector.h
// 数据区
struct SData {
    SAnalogData* pAnalogData;           // 模拟量数据区指针
    type_uint32* pAnalogIndex;          // 模拟量数据项索引映射
    type_uint32  nAnalogMaxIndex;       // 模拟量最大 Id
    SDiscreteData* pDiscreteData;       // 离散量数据区指针
    type_uint32* pDiscreteIndex;        // 离散量数据项索引映射
```

```cpp
    type_uint32 nDiscreteMaxIndex;    // 离散量最大 Id
    SData();
    ~SData();
};
```

SData 的实现如下。

```cpp
// src/chapter09/ks09_01/ks09_01_server/datavector.cpp
SData::SData() {
    pAnalogData = NULL;
    pAnalogIndex = NULL;
    nAnalogMaxIndex = 0;
    pDiscreteData = NULL;
    pDiscreteIndex = NULL;
    nDiscreteMaxIndex = 0;
}
SData::~SData() {
    if (NULL != pAnalogData) {
        delete[] pAnalogData;
        pAnalogData = NULL;
    }
    if (NULL != pAnalogIndex) {
        delete[] pAnalogIndex;
        pAnalogIndex = NULL;
    }
    if (NULL != pDiscreteData) {
        delete[] pDiscreteData;
        pDiscreteData = NULL;
    }
    if (NULL != pDiscreteIndex) {
        delete[] pDiscreteIndex;
        pDiscreteIndex = NULL;
    }
    nAnalogMaxIndex = 0;
    nDiscreteMaxIndex = 0;
}
```

2．将数据封装到单体类中

1）为单体类添加成员用来访问数据

下一步，将数据封装到单体类 CDataVector 中，以便构建数据区的唯一实体，如代码清单 9-1 所示。为 CDataVector 添加私有成员 m_pDataVector，并添加模拟量、离散量的访问接口。

代码清单 9-1

```cpp
// src/chapter09/ks09_01/ks09_01_server/datavector.h
class CDataVector {
```

```cpp
public:
    ...
    type_uint32 getAnalogMaxIndex();
    bool getAnalogData(type_uint32 nId, type_double &dValue);
    bool setAnalogData(type_uint32 nId, type_double dNewValue);
    type_uint32 getDiscreteMaxIndex();
    bool getDiscreteData(type_uint32 nId, type_int16 &iValue);
    bool setDiscreteData(type_uint32 nId, type_int16 iNewValue);
private:
    ns_train::CPPMutex m_mutex;         // 用来保护对数据区 m_pDataVector 的访问
    SData *m_pDataVector;               // 数据区
};
```

2）实现单体类的构造函数、析构函数

CDataVector 的构造函数、析构函数的实现见代码清单 9-2。

代码清单 9-2

```cpp
// src/chapter09/ks09_01/ks09_01_server/datavector.cpp
ns_train::CPPMutex g_mutex;
CDataVector* CDataVector::instance() {
    ns_train::CPPMutexLocker mutexLocker(&g_mutex);
    static CDataVector dataVector;
    return &dataVector;
}
CDataVector::CDataVector() : m_pDataVector(new SData) {
    initialize();
}
CDataVector::~CDataVector() {
    if (NULL != m_pDataVector) {
        delete m_pDataVector;
        m_pDataVector = NULL;
    }
}
type_uint32 CDataVector::getAnalogMaxIndex() {
    ns_train::CPPMutexLocker mutexLocker(&m_mutex);
    return m_pDataVector->nAnalogMaxIndex;
}
type_uint32 CDataVector::getDiscreteMaxIndex() {
    ns_train::CPPMutexLocker mutexLocker(&m_mutex);
    return m_pDataVector->nDiscreteMaxIndex;
}
```

3）单体类初始化

CDataVector 在初始化过程中需要从数据库中加载量测的模型数据，在初始化过程中对模拟量的处理见代码清单 9-3。如标号①处所示，构建数据库会话对象 session。请注意，在此之前，应该确保已经通过 POCO 库的 Connector::registerConnector()创建过连接。在标号②处，读取模拟量数据项的最大索引，并保存到 nMaxIndex。在标号③处，读取模拟量数据项的个数，并保存到 nCount。在标号④处，将模拟量数据项的最大索引保存到 m_pDataVector->nAnalogMaxIndex。因为数据项索引有可能不连续，而数据区中的数据是按照数据项索引连续排列的，因此，需要创建数据项索引到数据区下标的映射，如标号⑤处所示，为该映射申请内存空间。在标号⑥处，根据数据项的实际个数为数据区申请内存。如果查询数据失败，则需要释放所申请的内存，见标号⑦处。在标号⑧处，将查询得到的数据项依次存储到数据区中，并将对应的数据区下标保存到映射 m_pDataVector->pAnalogIndex 中。在标号⑨处，将数据项序号做加 1 操作，以便与没有数据项的索引进行区分，因为没有数据项的索引默认为 0。

代码清单 9-3

```
// src/chapter09/ks09_01/ks09_01_server/datavector.cpp
bool CDataVector::initialize() {
    // 初始化数据库
    std::string strDir = ns_train::getPath("$PROJECT_DEV_HOME/test/chapter09/ks09_01/");
    Path path(strDir);
    File file(strDir);
    if (!file.exists())
        file.createDirectories();
    std::string strFile = strDir + "data.db";
    Session session("SQLite", strFile.c_str());                                    ①
    if (!session.isConnected()) {
        return false;
    }

    Statement select(session);
    type_uint32 nMaxIndex = 0;
    type_uint32 nCount = 0;
    type_uint32 nIndex = 0;
    ns_train::CPPMutexLocker locker(&m_mutex);
    // 读取模拟量表最大 Id
    select.reset(session);
    select <<"select max(id) from analog", into(nMaxIndex),now;                    ②
    if (nMaxIndex <= 0) {
        return false;
    }
    // 读取模拟量表记录个数
    select.reset(session);
    select <<"select count(*) from analog", into(nCount),now;                      ③
    if (nCount <= 0) {
        return false;
    }
```

```cpp
    m_pDataVector->nAnalogMaxIndex = nMaxIndex;                         ④
    m_pDataVector->pAnalogIndex = new type_uint32[nMaxIndex +1];        ⑤
    memset(m_pDataVector->pAnalogIndex, 0, sizeof(type_uint32) *(nMaxIndex+
1));
    m_pDataVector->pAnalogData = new SAnalogData[nCount];               ⑥
    type_uint32 id = 0;
    std::string name;
    try {
        select.reset(session);
        select << "select id,name from analog order by id", into(id), into(name),
range(0, 1);
    }
    catch (...) {                                                       ⑦
        delete[] m_pDataVector->pAnalogIndex;
        delete[] m_pDataVector->pAnalogData;
        m_pDataVector->nAnalogMaxIndex = 0;
        m_pDataVector->pAnalogIndex = NULL;
        m_pDataVector->pAnalogData = NULL;
        return false;
    }
    {
        nIndex = 0;
        while (!select.done()) {
            select.execute();
            m_pDataVector->pAnalogData[nIndex].nId = id;                ⑧
            m_pDataVector->pAnalogIndex[id] = ++nIndex; // 该序号现在的最小值从
//1 开始，因此在后续使用时需要减 1                                        ⑨
        }
    }
    ...
    return true;
}
```

离散量的初始化过程同模拟量类似

```cpp
// src/chapter09/ks09_01/ks09_01_server/datavector.cpp
bool CDataVector::initialize() {
    ...
    // 读取离散量表最大 Id
    nMaxIndex = 0;
    select.reset(session);
    select << "select max(id) from discrete", into(nMaxIndex), now;
    if (nMaxIndex <= 0) {
        return false;
    }
    // 读取离散量表记录个数
    nCount = 0;
    select.reset(session);
    select << "select count(*) from discrete", into(nCount), now;
```

```cpp
        if (nCount <= 0) {
            return false;
        }
        m_pDataVector->nDiscreteMaxIndex = nMaxIndex;
        m_pDataVector->pDiscreteIndex = new type_uint32[nMaxIndex +1];
        memset(m_pDataVector->pDiscreteIndex, 0, sizeof(type_uint32)*(nMaxIndex + 1));
        m_pDataVector->pDiscreteData = new SDiscreteData[nCount];
        id = 0;
        name.clear();
        try {
            select.reset(session);
            select << "select id,name from discrete order by id", into(id), into(name), range(0, 1);
        }
        catch (...) {
            delete[] m_pDataVector->pDiscreteIndex;
            delete[] m_pDataVector->pDiscreteData;
            m_pDataVector->nDiscreteMaxIndex = 0;
            m_pDataVector->pDiscreteIndex = NULL;
            m_pDataVector->pDiscreteData = NULL;
            return false;
        }
        {
            nIndex = 0;
            while (!select.done()) {
                select.execute();
                m_pDataVector->pDiscreteData[nIndex].nId = id;
                m_pDataVector->pDiscreteIndex[id] = ++nIndex; // 该序号现在的最小值
//从1开始,因此在后续使用时需要减1
            }
        }
        return true;
    }
```

4)实现单体类的模拟量、离散量的访问接口

CDataVector 的模拟量、离散量的访问接口的实现见代码清单 9-4。以模拟量的访问接口 getAnalogData()为例,在标号①处,判断数据项索引是否有效,有效的数据项索引范围是 1～m_pDataVector->nAnalogMaxIndex。在标号②处,将数据项索引转换为数据区的下标。在标号③处,需要将下标进行减1操作,以便跟真实的数据项序号保持一致。在标号④处,用得到的数据区下标可以直接访问数据项。

代码清单 9-4

```cpp
// src/chapter09/ks09_01/ks09_01_server/datavector.cpp
bool CDataVector::getAnalogData(type_uint32 nId, type_double &dValue) {
```

```cpp
    dValue = 0.f;
    ns_train::CPPMutexLocker mutexLocker(&m_mutex);
    if (NULL == m_pDataVector) {
        return false;
    }
    if ((nId < 1)||(nId > m_pDataVector->nAnalogMaxIndex)){            ①
        return false;      // 数据项 Id 无效
    }
    type_uint32 nIndex = m_pDataVector->pAnalogIndex[nId];            ②
    if (0 == nIndex) {
        return false;
    }
    nIndex -= 1;                                                       ③
    dValue = m_pDataVector->pAnalogData[nIndex].dataValue;             ④
    return true;
}
bool CDataVector::setAnalogData(type_uint32 nId, type_double dNewValue) {
    ns_train::CPPMutexLocker mutexLocker(&m_mutex);
    if (NULL == m_pDataVector) {
        return false;
    }
    if ((nId < 1) || (nId > m_pDataVector->nAnalogMaxIndex)){
        return false;      // 数据项 Id 无效
    }
    type_uint32 nIndex = m_pDataVector->pAnalogIndex[nId];
    if (0 == nIndex) {
        return false;
    }
    nIndex -= 1;
    m_pDataVector->pAnalogData[nIndex].dataValue = dNewValue;
    if (m_pDataVector->pAnalogData[nIndex].maxValue < dNewValue) {
        m_pDataVector->pAnalogData[nIndex].maxValue = dNewValue; // 更新最大值
    }
    if (m_pDataVector->pAnalogData[nIndex].minValue > dNewValue) {
        m_pDataVector->pAnalogData[nIndex].minValue = dNewValue; // 更新最小值
    }
    return true;
}
bool CDataVector::getDiscreteData(type_uint32 nId, type_int16& iValue) {
    iValue = 0;
    ns_train::CPPMutexLocker mutexLocker(&m_mutex);
    if (NULL == m_pDataVector) {
        return false;
    }
    if ((nId < 1) || (nId > m_pDataVector->nAnalogMaxIndex)){
        return false; // 数据项 Id 无效
    }
```

```cpp
        type_uint32 nIndex = m_pDataVector->pDiscreteIndex[nId];
        if (0 == nIndex) {
            return false;
        }
        nIndex -= 1;
        iValue = m_pDataVector->pDiscreteData[nIndex].dataValue;
        return true;
    }
    bool CDataVector::setDiscreteData(type_uint32 nId, type_int16 iNewValue) {
        ns_train::CPPMutexLocker mutexLocker(&m_mutex);
        if (NULL == m_pDataVector) {
            return false;
        }
        if ((nId < 1) || (nId > m_pDataVector->nAnalogMaxIndex)){
            return false;   // 数据项Id无效
        }
        type_uint32 nIndex = m_pDataVector->pDiscreteIndex[nId];
        if (0 == nIndex) {
            return false;
        }
        nIndex -= 1;
        m_pDataVector->pDiscreteData[nId].dataValue = iNewValue;
        return true;
    }
```

3. 在服务器的客户端线程中同客户端交互数据

服务器的客户端线程仍然负责维护客户端连接，并同客户端交互数据。在本案例中，仅交互模拟量数据。

```cpp
    // src/chapter09/ks09_01/ks09_01_server/datavector.cpp
    bool CClientThread::parseFrame_SetData(ns_train::CPPSocket* pClientSocket, char* buf) {
        ...
        if (uDataId <= pDataVector->getAnalogMaxIndex()) {
            pDataVector->setAnalogData(uDataId, dValue);
        }
        return true;
    }
    bool CClientThread::parseFrame_GetData(ns_train::CPPSocket* pClientSocket, char* buf) {
        ...
        int nSend = 0;
        uDataId = ns_train::NetworkToHost(*((type_uint32*)buf));
        if (uDataId <= pDataVector->getAnalogMaxIndex()) {
            bSend = true;
            pDataVector->getAnalogData(uDataId, dValue);
            ...
```

```
        }
        return true;
}
```

4. 在数据库中构建测试数据

为了方便演示，需要在数据库中添加测试数据，见代码清单9-5。

代码清单 9-5

```cpp
// src/chapter09/ks09_01/ks09_01_server/app.cpp
void CApp::prepare(void) {
    ...
    // 初始化数据库
    std::string strDir = ns_train::getPath("$PROJECT_DEV_HOME/test/chapter09/ks09_01/");
    Path path(strDir);
    File file(strDir);
    if (!file.exists())
        file.createDirectories();
    std::string strFile = strDir + "data.db";
    Session session("SQLite", strFile.c_str());
    if (!session.isConnected()) {
        return;
    }
    // 创建模拟量表
    try {
        session << "drop table analog", now;
    }
    catch (...) {
    }
    session << "create table analog(id int primary key, name text)", now;

    // 插入模拟量数据
    type_int32 id = 1;
    type_int32 nAnalogCount = 10;
    std::string strName;
    char szStr[256];
    Statement insert(session);
    insert << "insert into analog (id, name) values (:id, :name)", use(id), use(strName);
    while (id < nAnalogCount) {
        sprintf(szStr, "%d", id);
        strName = "analog" ;
        strName += szStr;
        insert.execute();                    // 插入记录
        id += 2;
    }
```

```cpp
    // 创建离散量表
    try {
        session << "drop table discrete", now;
    }
    catch (...) {
    }
    session << "create table discrete(id int primary key, name text)", now;
    // 插入离散量数据
    insert.reset(session);
    insert << "insert into discrete (id, name) values (:id, :name)", use(id),
use(strName);
    id = 1;
    type_int32 nDiscreteCount = 10;
    while (id < nDiscreteCount) {
        sprintf(szStr, "%d", id);
        strName = "discrete";
        strName += szStr;                    // 名字
        insert.execute();                    // 插入记录
        id += 2;
    }
}
```

5. 添加线程以便模拟数据刷新

为了演示数据刷新的效果,特地设计数据刷新线程 **CDataThread** 用来模拟数据刷新。真正的生产运行系统中的数据是通过采集得到的,不需要进行这种模拟。

```cpp
// src/chapter09/ks09_01/ks09_01_server/datathread.h
#pragma once
#include "base_class.h"
class CDataThread : public ns_train::CPPThread{
public:
    CDataThread();
    virtual void run() override;
};
```

CDataThread 的实现如下。

```cpp
// src/chapter09/ks09_01/ks09_01_server/datathread.cpp
#include "datathread.h"
#include <iostream>
#include "datavector.h"
#include "service_api.h"
CDataThread::CDataThread() {
}
void CDataThread::run() {
    CDataVector *pDataVector = CDataVector::instance();
    if (NULL == pDataVector) {
```

```
            return;
        }
        type_uint32 uDataMaxIndex = pDataVector->getAnalogMaxIndex();
        type_uint32 uDataIndex = 1;
        type_double dValue = 0.f;
        type_uint32 iTimes = 0;
        while (isWorking()) {
            ns_train::api_sleep(10); // 睡眠时间不宜过长,否则影响后续代码
            keepAlive();
            if (iTimes++ % 1000) {
                continue;
            }
            uDataIndex = 1;
            while (uDataIndex <= uDataMaxIndex) {
                dValue = rand()%1000;
                pDataVector->setAnalogData(uDataIndex++, dValue);
            }
        }
    }
```

6. 小结

本节介绍了结构化内存数据区的一种开发方法。在本案例中,在服务器分别为模拟量、离散量建立了可以快速查询的结构化内存区。通过借助 POCO 库,本案例实现了从数据库中读取量测模型数据的功能。但是,在本案例中,服务器仅支持一个客户端访问,第 58 天将介绍如何让服务器支持多个客户端同时访问。

第 58 天　数据发布/多客户端订阅

视频讲解

今天要学习的案例对应的源代码目录:src/chapter09/ks09_02。本案例依赖 POCO 库(用于访问数据库)。程序运行效果如图 9-3、图 9-4 所示。

今天的目标是掌握如下内容。

- 为服务器、客户端分别设计结构化数据区。
- 如何实现数据的发布、订阅。
- 如何实现多客户端订阅。

对于一个数据中心来说,服务器有了数据之后,只有将数据发送到客户端才有意义,否则服务器就变成封闭的数据容器了。在 C/S 模式的软件项目中,服务器主要提供计算、存储、数据发布等服务。本节讨论一下怎样通过观察者模式实现数据的发布、订阅。一般情况下,服务器的数据区保存全部数据并提供对这些数据的访问,客户端也建立数据区并利用这些数据进行相关计算。因此,服务器的数据与客户端加载的数据模型可能并不一样。为此,可以为服务器、客户端分别设计不同的数据区。因为服务器、客户端对数据的访问有共同点,所以将对数据的访问抽象为数据基类,服务器、客户端的数据模型从该基类派生即可。

图 9-3 第 58 天服务器案例程序运行效果

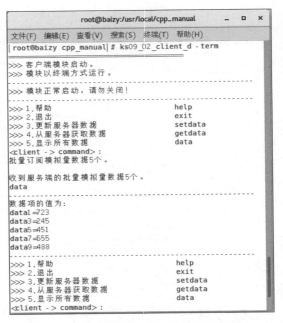
图 9-4 第 58 天客户端案例程序运行效果

1. 为服务器、客户端分别设计结构化数据

1）数据访问基类 CDataVector

首先，将数据访问的共性部分封装到数据访问基类 CDataVector 中，该类同 ks09_01 节类似，只是不再使用单体模式，改为普通类。如代码清单 9-6 所示，在标号①处，将初始化接口 initialize()设计为虚接口，这样派生类就可以根据自己的需要加载不同的数据模型。在标号②、标号③处，添加模拟量、离散量的变化数据通知接口，派生类可以重新实现该接口并在数据发生变化时通知订阅者更新数据。在标号④处，将构造函数、析构函数改为 protected 类型，以便派生类可以调用，同时也可以防止外部利用该类构造对象。在标号⑤处，将成员变量定义为 protected，以便派生类使用，当然也可以通过封装接口实现对成员变量的访问。

代码清单 9-6

```
// include/ks09_02/ks09_02_datavector.h
#pragma once
#include "customtype.h"
#include "base_class.h"
#include <list>
#include "ks09_02_export.h"
#include "ks09_02_data.h"
// 模拟量
struct KS09_02_DATAVECTOR_API SAnalogData {
    type_uint32 nId;           // 数据项 Id
```

```cpp
    type_double dataValue;      // 数据当前值
    type_double maxValue;       // 数据最大值
    type_double minValue;       // 数据最小值
    SAnalogData();
};
// 离散量
struct KS09_02_DATAVECTOR_API SDiscreteData {
    type_uint32 nId;            // 数据项 Id
    type_uint16 dataValue;      // 数据当前值
    SDiscreteData();
};
struct KS09_02_DATAVECTOR_API SData {
    SAnalogData* pAnalogData;         // 模拟量数据区指针
    type_uint32* pAnalogIndex;        // 模拟量数据项索引映射
    type_uint32 nAnalogMaxIndex;      // 模拟量最大 Id
    SDiscreteData* pDiscreteData;     // 离散量数据区指针
    type_uint32* pDiscreteIndex;      // 离散量数据项索引映射
    type_uint32 nDiscreteMaxIndex;    // 离散量最大 Id
    SData();
    ~SData();
};
class KS09_02_DATAVECTOR_API CDataVector {
public:
    virtual bool initialize();                                              ①
    type_uint32 getAnalogMaxIndex();
    size_t getAnalogIndexList(std::list<type_uint32>& idList);
    bool getAnalogData(type_uint32 nId, type_double &dValue);
    bool setAnalogData(type_uint32 nId, type_double dNewValue);
    type_uint32 getDiscreteMaxIndex();
    size_t getDiscreteIndexList(std::list<type_uint32>& idList);
    bool getDiscreteData(type_uint32 nId, type_int16 &iValue);
    bool setDiscreteData(type_uint32 nId, type_int16 iNewValue);
    virtual void notifyChangedAnalog(const sAnalogIDValue& /*idValue*/){}   ②
    virtual void notifyChangedDiscrete(const sDiscreteIDValue& /*idValue*/){} ③
protected:
    CDataVector();                                                          ④
    virtual ~CDataVector();
    CDataVector(const CDataVector&);
    CDataVector& operator = (const CDataVector&);
protected:                                                                  ⑤
    ns_train::CPPMutex m_mutex;    // 用来保护对数据区 m_pDataVector 的访问
    SData *m_pDataVector;          // 数据区
};
```

CDataVector 类的实现在项目 ks09_02_datavector 中,主要改动在于删除了接口 instance(),并修改了初始化接口 initialize(),可以看出该初始化接口什么也没做,所有的初始化工作都留给派生类来实现。

```cpp
// src/chapter09/ks09_02/ks09_02_datavector/datavector.cpp
bool CDataVector::initialize() {
    return true;
}
```

2）为客户端设计数据访问类

为了保证对数据访问的唯一性，将客户端的数据访问类设计为单体类，见代码清单 9-7。

代码清单 9-7

```cpp
// src/chapter09/ks09_02/ks09_02_client/ks09_02_client_datavector.h
#pragma once
#include "customtype.h"
#include "base_class.h"
#include <list>
#include "ks09_02_datavector.h"
class CClientDataVector : public CDataVector {
public:
    static CClientDataVector* instance();
    virtual bool initialize();
    ...
};
```

CClientDataVector 的实现见代码清单 9-8。如标号①处所示，在初始化接口中，开发人员可以修改其实现，根据实际情况加载所需的数据模型。在本案例中没有进行特殊处理，加载了全部的模拟量、离散量。在标号②处，应确保在执行该行代码之前，已经在 POCO 库的 Connector 创建了数据库连接。

代码清单 9-8

```cpp
// src/chapter09/ks09_02/ks09_02_client/ks09_02_client_datavector.cpp
...
static ns_train::CPPMutex g_clientMutex;
CClientDataVector* CClientDataVector::instance() {
    ns_train::CPPMutexLocker mutexLocker(&g_clientMutex);
    static CClientDataVector dataVector;
    return &dataVector;
}
CClientDataVector::CClientDataVector() : CDataVector() {
    initialize();
}
CClientDataVector::~CClientDataVector() {
}
bool CClientDataVector::initialize() {                                       ①
    // 初始化数据库
```

```cpp
    std::string strDir = ns_train::getPath("$PROJECT_DEV_HOME/test/
chapter09/ks09_02/");
    Path path(strDir);
    File file(strDir);
    if (!file.exists())
        file.createDirectories();
    std::string strFile = strDir + "data.db";
    Session session("SQLite", strFile.c_str());                                         ②
    if (!session.isConnected()) {
        return false;
    }

    Statement select(session);
    type_uint32 nMaxIndex = 0;
    type_uint32 nCount = 0;
    type_uint32 nIndex = 0;
    ns_train::CPPMutexLocker locker(&m_mutex);
    // 读取模拟量表最大Id
    select.reset(session);
    select << "select max(id) from analog", into(nMaxIndex), now;
    if (nMaxIndex <= 0) {
        return false;
    }
    // 读取模拟量表记录个数
    select.reset(session);
    select << "select count(*) from analog", into(nCount), now;
    if (nCount <= 0) {
        return false;
    }
    m_pDataVector->nAnalogMaxIndex = nMaxIndex;
    m_pDataVector->pAnalogIndex = new type_uint32[nMaxIndex + 1];
    memset(m_pDataVector->pAnalogIndex, 0, sizeof(type_uint32) * (nMaxIndex
+ 1));
    m_pDataVector->pAnalogData = new SAnalogData[nCount];
    type_int32 id = 0;
    std::string name;
    try {
        select.reset(session);
        select << "select id, name from analog order by id", into(id), into(name),
range(0, 1);
    }
    catch (...) {
        delete[] m_pDataVector->pAnalogIndex;
        delete[] m_pDataVector->pAnalogData;
        m_pDataVector->nAnalogMaxIndex = 0;
        m_pDataVector->pAnalogIndex = NULL;
        m_pDataVector->pAnalogData = NULL;
```

```
            return false;
        }
        {
            nIndex = 0;
            while (!select.done()) {
                select.execute();
                m_pDataVector->pAnalogData[nIndex].nId = id;
                m_pDataVector->pAnalogIndex[id] = ++nIndex;
            }
        }
// 读取离散量表,此处省略,请参考配套代码
...
return true;
}
```

3)为服务器设计数据访问类

为了保证对数据访问的唯一性,将服务器的数据访问类设计为单体类 **CServerDataVector**,见代码清单 9-9。因为服务器需要进行数据发布,所以需要重新实现变化数据通知接口,见标号①、标号②处。

代码清单 9-9

```
// src/chapter09/ks09_02/ks09_02_server/ks09_02_server_datavector.h
#pragma once
...
class CServerDataVector : public CDataVector{
public:
    static CServerDataVector*instance();
    virtual bool initialize();
    virtual void notifyChangedAnalog(const sAnalogIDValue& idValue);     ①
    virtual void notifyChangedDiscrete(const sDiscreteIDValue& idValue); ②
    ...
};
```

CServerDataVector 的实现见代码清单 9-10。如标号①、标号②处所示,通过调用观察者对象的对应接口实现数据的变化通知功能。

代码清单 9-10

```
// src/chapter09/ks09_02/ks09_02_server/ks09_02_server_datavector.cpp
...
static ns_train::CPPMutex g_serverMutex;
CServerDataVector* CServerDataVector::instance() {
    ns_train::CPPMutexLocker mutexLocker(&g_serverMutex);
    static CServerDataVector dataVector;
    return &dataVector;
}
```

```cpp
CServerDataVector::CServerDataVector() : CDataVector() {
    initialize();
}
CServerDataVector::~CServerDataVector() {
}
bool CServerDataVector::initialize() {
    ...
    return true;
}
void CServerDataVector::notifyChangedAnalog(const sAnalogIDValue &idValue)
{
    CMeasurementObserver::instance()->notifyChangedAnalog(idValue);      ①
}
void CServerDataVector::notifyChangedDiscrete(const sDiscreteIDValue
&idValue) {
    CMeasurementObserver::instance()->notifyChangedDiscrete(idValue);    ②
}
```

2. 模块的启动、退出

在模块启动时，需要进行初始化，在模块退出时，需要执行相关的清理操作。

1）客户端启动、退出

客户端的启动、退出代码见代码清单 9-11。在标号①处，先创建数据库会话对象并对数据库进行初始化。

代码清单 9-11

```cpp
// src/chapter09/ks09_02/ks09_02_client/app.cpp
void CApp::prepare(void) {
    // 初始化套接字
    ns_train::api_wsaStartup();
    ns_train::s_socket_config socketConfig;
    socketConfig.socketType = ns_train::TCPCLIENT_TYPE;
    socketConfig.portNumber = 9999;
    socketConfig.strIPAddress = "127.0.0.1";
    m_pSocket = new ns_train::CPPSocket(socketConfig);
    // 初始化数据库
    std::string strDir = ns_train::getPath("$PROJECT_DEV_HOME/test/chapter09/ks09_02/");
    Path path(strDir);
    File file(strDir);
    if (!file.exists())
        file.createDirectories();
    std::string strFile = strDir + "data.db";
    Session session("SQLite", strFile.c_str());                          ①
    if (!session.isConnected()) {
        return;
```

```cpp
    }
    // 创建模拟量表
    try {
        session << "drop table analog", now;
    }
    catch (...) {
    }
    session << "create table analog(id int primary key, name text)", now;

    // 插入模拟量数据
    type_int32 id = 1;
    type_int32 nAnalogCount = 10;
    std::string strName;
    char szStr[256];
    Statement insert(session);
    insert.reset(session);
    insert << "insert into analog (id, name) values (:id, :name)", use(id), use(strName);
    while (id < nAnalogCount) {
        sprintf(szStr, "%d", id);
        strName = "analog";
        strName += szStr;
        insert.execute();                      // 插入记录
        id += 2;
    }
    // 创建离散量表
    try {
        session << "drop table discrete", now;
    }
    catch (...) {
    }
    session << "create table discrete(id int primary key, name text)", now;
    // 插入离散量数据
    insert.reset(session);
    insert << "insert into discrete (id, name) values (:id, :name)", use(id), use(strName);
    id = 1;
    type_int32 nDiscreteCount = 10;
    while (id < nDiscreteCount) {
        sprintf(szStr, "%d", id);
        strName = "discrete";
        strName += szStr;                      // 名字
        insert.execute();                      // 插入记录
        id += 2;
    }
}
```

```cpp
bool CApp::initialize() {
    /* do initialize work */
    prepare();
    CClientDataVector *pDataVector = CClientDataVector::instance();
                                        // 数据容器指针
    CPP_UNUSED(pDataVector);
    m_pClientThread = new CClientThread();
    m_pClientThread->start(m_pSocket);
    return true;
}
void CApp::beforeExit(void) {
    // 先退出线程，再释放套接字资源
    if (NULL != m_pClientThread) {
        m_pClientThread->exitThread();
        delete m_pClientThread;
        m_pClientThread = NULL;
    }
    if (NULL != m_pSocket) {
        m_pSocket->close();
    }
    ns_train::api_wsaCleanup();
}
```

2）服务器的启动、退出

服务器的启动、退出代码见代码清单 9-12。在标号①处，启动观察者线程，以便及时将变化数据通知发送到各个客户端连接线程中。在标号②处，构建服务器数据对象。在标号③处，在程序退出时，应退出观察者线程。

代码清单 9-12

```cpp
// src/chapter09/ks09_02/ks09_02_server/app.cpp
void CApp::prepare(void) {
    // 初始化套接字
    ns_train::api_wsaStartup();
    ns_train::s_socket_config socketConfig;
    socketConfig.socketType = ns_train::TCPSERVER_TYPE;
    socketConfig.portNumber = 9999;
    socketConfig.strIPAddress = "127.0.0.1";
    m_pSocket = new ns_train::CPPSocket(socketConfig);
    m_pSocket->listen(1);
    // 创建并初始化数据库
    ...
}
bool CApp::initialize() {
    /* do initialize work */
    prepare();
```

```cpp
    CMeasurementObserver::instance()->start(NULL);  // 启动观察者线程          ①
    CServerDataVector* pDataVector = CServerDataVector::instance();
                                                    // 数据容器指针            ②
    CPP_UNUSED(pDataVector);
    m_pServerThread = new CServerThread();          // 服务器监听线程
    m_pServerThread->start(m_pSocket);
    m_pDataThread = new CDataThread();              // 数据刷新线程
    m_pDataThread->start(NULL);
    return true;
}
void CApp::beforeExit(void) {
    // 先退出线程,再释放套接字资源
    if (NULL != m_pDataThread) {
        m_pDataThread->exitThread();
        delete m_pDataThread;
        m_pDataThread = NULL;
    }
    if (NULL != m_pServerThread) {
        m_pServerThread->exitThread();
        delete m_pServerThread;
        m_pServerThread = NULL;
    }
    CMeasurementObserver::instance()->exitThread(); // 应该在m_pServerThread
//线程停止运行后调用,否则在服务器线程接收到新的客户端连接后,可能导致构建新的客户端线程  ③
    if (NULL != m_pSocket) {
        m_pSocket->close();
    }
    ns_train::api_wsaCleanup();
}
```

3. 客户端——数据通信

数据发布、订阅最终是通过服务器、客户端双方的通信来实现的。先介绍客户端的通信实现代码。

1) 客户端的通信类 **CClientThread** 定义

在客户端模块中,客户端与服务器的通信由客户端线程类 **CClientThread** 负责,其头文件见代码清单 9-13。该类负责同服务器通信。在该类的接口中,有一部分用来解析从服务器接收到的数据,在这些接口的注释中对据帧格式进行了说明。如标号①、标号②处所示,介绍了批量模拟量、批量离散量数据帧的帧格式。注意,该类提供了枚举 EFRAME_STATUS 用来描述数据帧的解析状态,见标号③处。通过 EFRAME_STATUS,可以确定当前数据帧的解析过程已经进展到哪一阶段,从而将数据解析任务任务分阶段处理。

代码清单 9-13

```cpp
// src/chapter09/ks09_02/ks09_02_client/clientthread.h
#pragma once
```

```cpp
#include "base_class.h"
#include <list>
#include "com_socket.h"
#include "customtype.h"
struct s_IDValue {
    s_IDValue(type_uint32 id, type_double value);
    type_uint32 nId;
    type_double dValue;
};
class CClientThread : public ns_train::CPPThread {
public:
    CClientThread();
    virtual void run() override;
    void addCommand_GetData(type_uint32 uDataId);
    void addCommand_SetData(type_uint32 uDataId, type_double dValue);
private:
    bool parseFrame_GetFrameType(char *buf);    // 获取帧类型
    bool parseFrame_GetFrameLength(char *buf);  // 获取帧长度
    bool parseFrame_Parse(char *buf);           // 解析数据
    bool parseFrame_OneAnalogData(char *buf);   // 解析单个模拟量数据帧,数据帧
//格式: 数据id(type_uint32)、数据值(type_double)
    bool parseFrame_OneDiscreteData(char *buf); // 解析单个离散量数据帧,该数据
//帧来自服务器。数据帧格式: 数据id(type_uint32)、数据值(type_int16)
    /**
    * @brief   解析批量模拟量数据帧,该数据帧来自服务器。                        ①
    *          数据帧格式:
    *          帧类型: 4 字节。
    *          数据帧长度: sizeof(type_uint32)。
    *          数据项*N,每个数据项的结构为: 数据id(type_uint32)、数据值(type_
double)。
    * @param[in] buf 接收缓冲区。
    * @return 无
    */
    bool parseFrame_AnalogDatas(char* buf);
    /**
    * @brief   解析批量离散量数据帧,该数据帧来自服务器。                        ②
    *          数据帧格式:
    *          帧类型: 4 字节。
    *          数据帧长度: sizeof(type_uint32)。
    *          数据项*N,每个数据项的结构为: 数据id(type_uint32)、数据值(type_
int16)。
    * @param[in] buf 接收缓冲区。
    * @return 无
    */
    bool parseFrame_DiscreteDatas(char* buf);
    /**
    * @brief   将待发送数据进行组帧。
```

```cpp
     * @return true:成功, false: 失败。当网络断开时,将导致返回false。
     */
    bool sendFrame();
private:
    enum EFRAME_STATUS {                                                    ③
        EFRAME_GET_FRAMETYPE = 0,      // 搜索帧类型
        EFRAME_GET_FRAMELENGTH,        // 获取帧长度
        EFRAME_PARSEDATA,              // 解析数据
    };
private:
    ns_train::CPPMutex m_mutex;
    std::list<type_uint32> m_lstGetId;         // 待获取的数据项索引
    std::list<s_IDValue> m_lstSetIdValue;      // 待更新到服务器的数据项
    ns_train::CPPSocket* m_pClientSocket;      // 客户端套接字对象指针
    type_int32 m_nReceivedCount;               // 已经接收到的数据字节数
    EFRAME_STATUS m_eFrameStatus;              // 数据解帧状态
    type_int32 m_nFrameType;                   // 帧类型
    type_int32 m_nFrameLength;                 // 帧长度
    type_bool m_bSubscribed;                   // 已经完成订阅
};
```

2)客户端通信类 CClientThread 实现

(1)下面介绍 CClientThread 类的实现。其构造函数、线程的主循环函数 run()的实现见代码清单 9-14。在其 run()函数中,首先要连接到服务器,见标号①处。当成功连接到服务器后,可以先发送数据给服务器,见标号②处。然后,就可以从服务器接收并处理数据了,根据数据的解析状态,可以进行不同阶段的处理,见标号③处。这部分代码与所用的通信规约有关,通信规约不同将导致数据解析代码的实现也不同。本案例采用了自定义通信规约,规约格式比较简单。对于服务器发送给客户端的数据,都采用了 4 字节的帧类型作为开头,因此可以根据读取到的帧类型对后续数据做不同处理。当数据解析状态 m_eFrameStatus 为 EFRAME_GET_FRAMETYPE 时,说明当前处于"搜索帧类型"的状态,此时可以调用 parseFrame_GetFrameType()进行"数据帧类型"的接收及解析处理,见标号④处。当解析完数据帧类型后,就要判断该数据帧中将会有多少数据,此时进入 EFRAME_GET_FRAMELENGTH 状态,即"获取帧长度"状态,通过调用 parseFrame_GetFrameLength()可以获取"数据帧的字节数",见标号⑤处。当得到数据帧的字节数之后,就转入 EFRAME_PARSEDATA 状态,即"解析数据"状态,此时,根据"数据帧的字节数"判断数据是否接收完整,当数据接收完整后,就可以调用 parseFrame_Parse()并根据"数据帧类型"对数据进行解析操作,见标号⑥处。当出现错误时,关闭客户端与服务器的连接并将订阅标志复位,见标号⑦处。当客户端连接维护线程退出时,要确认关闭客户端与服务器的连接,见标号⑧处。

代码清单 9-14

```cpp
// src/chapter09/ks09_02/ks09_02_client/clientthread.cpp
#include "clientthread.h"
#include <iostream>
#include <string.h>
#include "service_api.h"
#include "com_socket.h"
#include "host_network_api.h"
#include "ks09_02_data.h"
#include "ks09_02_client_datavector.h"
s_IDValue::s_IDValue(type_uint32 id, type_double value) {
    nId = id;
    dValue = value;
}
CClientThread::CClientThread() : m_pClientSocket(NULL), m_nReceivedCount(0),
m_eFrameStatus(EFRAME_GET_FRAMETYPE), m_nFrameLength(0),
m_bSubscribed(false){
}
void CClientThread::run() {
    if (NULL == getParam()) {
        return;
    }
    m_pClientSocket = static_cast<ns_train::CPPSocket*>(getParam());
                                                            // 客户端套接字
    if (NULL == m_pClientSocket) {
        return;
    }
    const int c_nBufferLength = 12800;
    char buf[c_nBufferLength] = { '\0' };  // 需要注意防止内存不够用
    m_nFrameType = ESERVER_INVALID;
    m_eFrameStatus = EFRAME_GET_FRAMETYPE;
    int readCount = 0;
    bool bOk = true;
    ns_train::ESOCKET_CONNECT_STATE eState = ns_train::SOCKETSTATE_NOTCONNECTTED;
    m_nReceivedCount = 0;
    while (isWorking()) {
        ns_train::api_sleep(10);  // 睡眠时间不宜过长，否则影响后续代码
        keepAlive();
        eState = m_pClientSocket->connect();                                    ①
        if (ns_train::SOCKETSTATE_CONNECTTED != eState) {
            continue;
        }
        // 首先检查有没有需要发送的命令
        sendFrame();                                                            ②
        // 接收数据并解析
```

```cpp
        bOk = true;
        switch (m_eFrameStatus) {                                             ③
        case EFRAME_GET_FRAMETYPE:
            bOk = parseFrame_GetFrameType(buf);                               ④
            break;
        case EFRAME_GET_FRAMELENGTH:
            bOk = parseFrame_GetFrameLength(buf);                             ⑤
            break;
        case EFRAME_PARSEDATA:
            parseFrame_Parse(buf);                                            ⑥
            break;
        default:
            break;
        }
        if (!bOk) {// 出现错误
            m_pClientSocket->close();                                         ⑦
            m_bSubscribed = false;
        }
    }
    m_pClientSocket->close();                                                 ⑧
}
```

（2）下面分别对其中涉及的接口进行介绍。首先介绍发送数据接口 sendFrame()，见代码清单 9-15。在标号①处，首先要向服务器订阅数据，在每次重新连接服务器时将执行该动作。本案例中仅演示了模拟量数据的订阅功能。为了防止发送数据过多导致缓冲区溢出，在组织订阅数据帧时采用了两层循环的方式，见标号②、标号③处。第 1 层循环用来保证将全部模拟量数据项的索引发送出去，第 2 层循环用来防止缓冲区溢出。在标号④处，当本次没有发送订阅数据时，才执行"设置数据"的发送任务，其实也可以不用进行这种约束，直接发送即可。

代码清单 9-15

```cpp
// src/chapter09/ks09_02/ks09_02_client/clientthread.cpp
bool CClientThread::sendFrame() {
    const int c_nBufferLength = 12800;
    char buf[c_nBufferLength] = { '\0' }; // 需要注意防止内存不够用
    char *pBuf = buf;
    type_uint32 uDataId = 0;
    type_double dValue = 0.f;
    int nWrite = 0;
    bool bSend = false;
    int nSend = 0;
    type_int32 uFrameType = 0;
    if (!m_bSubscribed) {                                                     ①
        m_bSubscribed = true;
        CClientDataVector* pDataVector = CClientDataVector::instance();
```

```cpp
            if (NULL == pDataVector) {
                return false;
            }
            std::list<type_uint32> idList;
            pDataVector->getAnalogIndexList(idList);
            ns_train::CPPMutexLocker mutexLocker(&m_mutex);
            std::list<type_uint32>::iterator ite = idList.begin();
            if (ite != idList.end()) {
                bSend = true;
            }
            pBuf = buf;
            type_uint32 uDataCount = 0;
            type_uint32 nCount = (c_nBufferLength - sizeof(uFrameType) +
sizeof(uDataCount) + sizeof(uDataId) - 1) / sizeof(uDataId);
            while (ite != idList.end()) {                                     ②
                uFrameType = ECLIENT_SUBSCRIBE_ANANLOG;
                *((type_int32*)pBuf) = ns_train::HostToNetwork(uFrameType);
                nSend = sizeof(uFrameType)+sizeof(uDataCount);  // 跳过数据个数，
//后面再更新数据个数
                pBuf = buf + nSend;
                uDataCount = 0;
                while ((ite != idList.end())&&(uDataCount<nCount)) {          ③
                    uDataId = *ite;
                    *((type_uint32*)pBuf) = ns_train::HostToNetwork(uDataId);
                    nSend += sizeof(uDataId);
                    pBuf = buf + nSend;
                    ite++;
                    uDataCount++;
                }
                pBuf = buf + sizeof(uFrameType);
                *((type_uint32*)pBuf) = ns_train::HostToNetwork(uDataCount);
                nWrite = m_pClientSocket->write(buf, nSend);
                std::cout << std::endl << "批量订阅模拟量数据" << uDataCount << "个。
" << std::endl;
            }
        }
        nSend = 0;
        if (!bSend) {                                                         ④
            ns_train::CPPMutexLocker mutexLocker(&m_mutex);
            std::list<s_IDValue>::iterator ite = m_lstSetIdValue.begin();
            if (ite != m_lstSetIdValue.end()) {
                bSend = true;
                ...
            }
        }
        nSend = 0;
        if (!bSend) {
```

```
            ns_train::CPPMutexLocker mutexLocker(&m_mutex);
            std::list<type_uint32>::iterator ite = m_lstGetId.begin();
            if (ite != m_lstGetId.end()) {
                bSend = true;
                ...
            }
        }
        return true;
    }
```

(3)当发送完数据后，就可以进入接收数据判断了。接收数据时首先进入"搜索帧类型"状态，用来搜索帧类型的接口是 parseFrame_GetFrameType()，它的实现见代码清单 9-16。该接口采用了异步通信方式，也就是非阻塞方式，以防止影响其他数据的发送，这也是对通信数据进行解析时提倡的处理方式。如标号①处所示，本接口中只需要判断是否把帧类型接收完整，因此 nAllData 赋值为通信规约中所约定的字节数，即 4 字节。当没有收到新的数据时或读取数据错误时，该接口直接返回，见标号②、标号③处。如标号④处所示，当成功读取到数据时，将读取到的字节数进行累加。当接收数据字节数达到期望值时，将帧类型保存到 m_nFrameType，并且将数据解析状态更新为 EFRAME_GET_FRAMELENGTH，即"获取帧长度"状态。

代码清单 9-16

```
// src/chapter09/ks09_02/ks09_02_client/clientthread.cpp
bool CClientThread::parseFrame_GetFrameType(char* buf) {
    type_int32 nAllData=static_cast<int>(sizeof(m_nFrameType));            ①
    type_int32 readCount = m_pClientSocket->read(buf + m_nReceivedCount,
nAllData - m_nReceivedCount);
    if (0 == readCount) { // 没有数据，等下一个循环再尝试读取             ②
        return true;
    }
    if (readCount < 0) { // 出现错误                                      ③
        return false;
    }
    m_nReceivedCount += readCount;                                        ④
    if (m_nReceivedCount == nAllData) {                                   ⑤
        m_nFrameType = ns_train::NetworkToHost(*((type_int32*)buf));
        m_eFrameStatus = EFRAME_GET_FRAMELENGTH;
    }
    return true;
}
```

(4)获取帧长度的接口为 parseFrame_GetFrameLength()，其实现见代码清单 9-17。对于服务器返回的 ESERVER_ONE_ANANLOG 数据帧，其帧格式为：帧类型（type_int32）、数据项索引（type_uint32）、数据值（type_double），因此，它的数据帧长度计算方法见标号①

处。而对于批量模拟量、批量离散量数据帧来说（其数据帧的帧格式见代码清单 9-13 中标号①、标号②处），需要先读取规约定义的数据部分的长度，见标号②处。因为该长度并未包含帧类型（4 字节）以及数据帧长度自身（4 字节），因此，在读取到该长度后，需要计算出整个数据帧的实际长度，见标号③处。并将解析状态更新为 EFRAME_PARSEDATA，即"解析数据"状态，见标号④处。

代码清单 9-17

```cpp
// src/chapter09/ks09_02/ks09_02_client/clientthread.cpp
bool CClientThread::parseFrame_GetFrameLength(char* buf) {
    type_int32 nAllData = 0;
    type_uint32 uDataId = 0;
    type_double dValue = 0.f;
    type_int16 iValue = 0;
    type_int32 n32DataLength = 0;
    type_int32 readCount = 0;
    switch (m_nFrameType) {
    case ESERVER_ONE_ANANLOG:
        m_nFrameLength = static_cast<int>(sizeof(m_nFrameType)+
sizeof(uDataId) + sizeof(dValue));                                          ①
        m_eFrameStatus = EFRAME_PARSEDATA;
        break;
    case ESERVER_ONE_DISCRETE:
        m_nFrameLength = static_cast<int>(sizeof(m_nFrameType)+
sizeof(uDataId) + sizeof(iValue));
        m_eFrameStatus = EFRAME_PARSEDATA;
        break;
    case ECLIENT_ANANLOGS:
    case ECLIENT_DISCRETES:
        nAllData = static_cast<int>(sizeof(m_nFrameType)+
sizeof(n32DataLength));                                                     ②
        readCount = m_pClientSocket->read(buf + m_nReceivedCount, nAllData -
m_nReceivedCount);
        if (0 == readCount) {      // 没有数据，下一个循环继续尝试读取
            return true;
        }
        if (readCount < 0) {       // 出现错误
            m_nReceivedCount = 0;
            return false;
        }
        m_nReceivedCount += readCount;
        if (m_nReceivedCount == nAllData) {
            m_nFrameLength = nAllData + ns_train::NetworkToHost
(*((type_int32*)(buf+sizeof(m_nFrameType))));                               ③
            m_eFrameStatus = EFRAME_PARSEDATA;                              ④
        }
```

```cpp
            break;
        default:
            m_nReceivedCount = 0;
            return false;
    }
    return true;
}
```

（5）当得到数据帧的总字节数后，就可以使用该字节数判断否已经完整接收所有数据。用来判断数据是否接收完整并进行数据解析的接口是 parseFrame_Parse()，该接口的实现见代码清单 9-18。在标号①处，首先判断数据是否已经接收完整，若接收完整才进行解析处理。然后，根据帧类型进行数据解析，见标号②处。

代码清单 9-18

```cpp
// src/chapter09/ks09_02/ks09_02_client/clientthread.cpp
bool CClientThread::parseFrame_Parse(char* buf) {
    type_int32 readCount = 0;
    readCount = m_pClientSocket->read(buf + m_nReceivedCount, m_nFrameLength - m_nReceivedCount);
    if (0 == readCount) { // 没有数据，下一个循环继续尝试读取
        return true;
    }
    if (readCount < 0) { // 出现错误
        return false;
    }
    m_nReceivedCount += readCount;
    if (m_nReceivedCount < m_nFrameLength) {                                    ①
        return true;
    }
    switch (m_nFrameType) {                                                     ②
    case ESERVER_ONE_ANANLOG:
        parseFrame_OneAnalogData(buf);
        break;
    case ESERVER_ONE_DISCRETE:
        parseFrame_OneDiscreteData(buf);
        break;
    case ECLIENT_ANANLOGS:
        parseFrame_AnalogDatas(buf);
        break;
    case ECLIENT_DISCRETES:
        parseFrame_DiscreteDatas(buf);
        break;
    default:
        m_nReceivedCount = 0;
        return false;
    }
```

```
        m_nReceivedCount = 0;
        m_eFrameStatus = EFRAME_GET_FRAMETYPE;
        return true;
}
```

（6）客户端对于各种数据的解析代码基本相同，因此仅选择批量模拟量解析接口 parseFrame_AnalogDatas()和批量离散量解析接口 parseFrame_DiscreteDatas()进行介绍，这两个接口的实现见代码清单 9-19。在这两个接口中，根据通信规约的格式进行解析，通信规约中对于批量模拟量、批量离散量的定义见代码清单 9-13 中标号①、标号②处。

代码清单 9-19

```cpp
// src/chapter09/ks09_02/ks09_02_client/clientthread.cpp
bool CClientThread::parseFrame_AnalogDatas(char* buf) {
    CClientDataVector* pDataVector = CClientDataVector::instance();
    if (NULL == pDataVector) {
        return false;
    }
    type_uint32 uDataId = 0;
    type_double dValue = 0.f;
    int readCount = 0;
    readCount = 0;
    type_int32 n32DataLength = 0;
    n32DataLength        =       ns_train::NetworkToHost(*((type_uint32*)(buf+ sizeof(m_nFrameType))));
    const int nOneDataItemLength = (sizeof(uDataId) + sizeof(dValue));
    type_uint32 u32DataCount = n32DataLength/ nOneDataItemLength;
    std::cout << std::endl << "收到服务器的批量模拟量数据" << u32DataCount << "个。"<< std::endl;
    char* pBuf = buf+sizeof(m_nFrameType)+sizeof(n32DataLength);
    for (type_uint32 i = 0; i < u32DataCount; i++) {
        uDataId = ns_train::NetworkToHost(*((type_uint32*)pBuf));
        dValue = ns_train::NetworkToHost(*((type_double*)(pBuf + sizeof(uDataId))));
        pBuf += nOneDataItemLength;
        pDataVector->setAnalogData(uDataId, dValue);
    }
    return true;
}
bool CClientThread::parseFrame_DiscreteDatas(char* buf) {
    CClientDataVector* pDataVector = CClientDataVector::instance();
    if (NULL == pDataVector) {
        return false;
    }
    type_uint32 uDataId = 0;
    type_int16 iValue = 0;
    int readCount = 0;
```

```
        readCount = 0;
        type_int32 n32DataLength = 0;
        n32DataLength = ns_train::NetworkToHost(*((type_uint32*)(buf +
        sizeof(m_nFrameType))));
        const int nOneDataItemLength = (sizeof(uDataId) + sizeof(iValue));
        type_uint32 u32DataCount = n32DataLength / nOneDataItemLength;
        std::cout << std::endl << "收到服务器的批量离散量数据" << u32DataCount <<
    "个。" << std::endl;
        char* pBuf = buf + sizeof(m_nFrameType) + sizeof(n32DataLength);
        for (type_uint32 i = 0; i < u32DataCount; i++) {
            uDataId = ns_train::NetworkToHost(*((type_uint32*)pBuf));
            iValue = ns_train::NetworkToHost(*((type_int16*)(pBuf +
    sizeof(uDataId))));
            pBuf += nOneDataItemLength;
            pDataVector->setAnalogData(uDataId, iValue);
        }
        return true;
    }
```

4. 服务器-数据通信

1）服务器的监听线程类 CServerThread

对服务器的监听线程类 CServerThread 做修改，将客户端线程列表添加到观察者对象中进行维护，见代码清单 9-20。

代码清单 9-20

```
// src/chapter09/ks09_02/ks09_02_server/serverthread.cpp
void CServerThread::run() {
    CServerDataVector *pDataVector = CServerDataVector::instance();
    if (NULL == pDataVector) {
        return;
    }
    if (NULL == getParam()) {
        return;
    }
    ns_train::CPPSocket* pServerSocket = static_cast<ns_train::CPPSocket*>
(getParam()); // 服务器套接字
    ns_train::CPPSocket* pClientSocket = NULL;
    CClientThread* pClientThread = NULL;
    while (isWorking()) {
        ns_train::api_sleep(10); // 睡眠时间不宜过长，否则影响后续代码
        keepAlive();
        pClientSocket = NULL;
        if (NULL == pClientSocket) {
            pClientSocket = pServerSocket->accept();
        }
        if (NULL == pClientSocket) {
```

```cpp
            continue;
        }
        pClientThread = new CClientThread();
        pClientThread->start(pClientSocket);
        CMeasurementObserver::instance()->addClientThread(pClientThread);
    }
}
```

2）服务器的通信类 CClientThread 定义

服务器的通信由客户端线程类 CClientThread 负责，其头文件见代码清单 9-21。服务器的 CClientThread 与客户端的 CClientThread 类似。

代码清单 9-21

```cpp
// src/chapter09/ks09_02/ks09_02_server/clientthread.h
#pragma once
#include "base_class.h"
#include "com_socket.h"
#include <list>
#include <set>
#include "ks09_02_data.h"
#include "ks09_02_datavector.h"
#include "ks09_02_export.h"
class CClientThread : public ns_train::CPPThread {
public:
    CClientThread();
    virtual void run() override; // 线程主循环函数，内部必须采用 while(isWorking())
//作为主循环
    bool getSendAllFlag();          // 获取发送全数据标志
    void setSendAllFlag(bool bSendAllData); // 获取发送全数据标志
    bool addChangeAnalog(sAnalogIDValue idValue);       // 添加变化数据：模拟量
    bool addChangeDiscrete(sDiscreteIDValue idValue);   // 添加变化数据：离散量
private:
    bool parseFrame_GetFrameType(char* buf);     // 获取帧类型
    bool parseFrame_GetFrameLength(char* buf);   // 获取帧长度
    bool parseFrame_Parse(char* buf);            // 解析数据
    bool parseFrame_SetOneAnalogData(char *buf); // 解析数据帧：设置一个模拟量
//数据
    bool parseFrame_GetOneAnalogData(char* buf); // 解析数据帧：获取一个模拟量
//数据
    bool parseFrame_SubscribeAnalogData(char* buf); // 解析数据帧：订阅模拟量
    bool parseFrame_SubscribeDiscreteData(char* buf); // 解析数据帧：订阅离散量
    bool sendAllData();        // 发送全数据
    bool sendChangeData();     //  发送变化数据
private:
    enum EFRAME_STATUS {
        EFRAME_GET_FRAMETYPE = 0,    // 搜索帧类型
```

```
            EFRAME_GET_FRAMELENGTH,          // 获取帧长度
            EFRAME_PARSEDATA,                // 解析数据
    };
private:
    ns_train::CPPMutex m_mutex;              // 保护数据成员的互斥锁
    ns_train::CPPSocket* m_pClientSocket;    // 客户端套接字对象指针
    bool m_bSendAllData;                     // 发送全数据标志
    bool m_bSendChangeData;                  // 发送变化数据标志
    std::set<type_uint32> m_setSubscribeAnalog;     // 订阅的模拟量数据项索引列表
    std::set<type_uint32> m_setSubscribeDiscrete;   // 订阅的离散量数据项索引列表
    std::list<sAnalogIDValue> m_lstChangeAnalog;    // 变化数据队列：模拟量
    std::list<sDiscreteIDValue> m_lstChangeDiscrete;// 变化数据队列：离散量
    type_int32 m_nReceivedCount;             // 已经接收到的数据字节数
    EFRAME_STATUS m_eFrameStatus;            // 数据解帧状态
    type_int32 m_nFrameType;                 // 帧类型
    type_int32 m_nFrameLength;               // 帧长度
};
```

3）服务器的通信类 CClientThread 实现

服务器 CClientThread 类的实现与客户端的 CClinetThread 类似，在此仅介绍其主循环 run()。CClientThread::run()的见代码清单 9-22。服务器与客户端的不同之处在于：客户端发送订阅数据，而服务器发送变化数据、全数据，见标号①处。当客户端线程退出时，从观察者对象的客户端线程列表中移除该线程，见标号②处。

代码清单 9-22

```cpp
// src/chapter09/ks09_02/ks09_02_server/clientthread.cpp
void CClientThread::run() {
    CServerDataVector*pDataVector = CServerDataVector::instance();
    if (NULL == pDataVector) {
        return;
    }
    if (NULL == getParam()) {
        return;
    }
    m_pClientSocket = static_cast<ns_train::CPPSocket*>(getParam());
                                            // 客户端套接字
    if (NULL == m_pClientSocket) {
        return;
    }
    const int c_nBufferLength = 12800;
    char buf[c_nBufferLength] = { '\0' };   // 需要注意防止内存不够用
    m_nFrameType = ESERVER_INVALID;
    int readCount = 0;
    bool bOk = true;
    m_nReceivedCount = 0;
```

```
    m_eFrameStatus = EFRAME_GET_FRAMETYPE;
    while (isWorking()) {
        ns_train::api_sleep(10);  // 睡眠时间不宜过长，否则影响后续代码
        keepAlive();
        sendChangeData();      // 检查一下是否需要发送变化数据              ①
        sendAllData();         // 检查一下是否需要发送全数据
        // 接收数据并解析
        readCount = 0;
        bOk = true;
        switch (m_eFrameStatus) {
        case EFRAME_GET_FRAMETYPE:
            bOk = parseFrame_GetFrameType(buf);
            break;
        case EFRAME_GET_FRAMELENGTH:
            bOk = parseFrame_GetFrameLength(buf);
            break;
        case EFRAME_PARSEDATA:
            parseFrame_Parse(buf);
            break;
        default:
            break;
        }

        if (!bOk) { // 出现错误
            break;
        }
    }
    m_pClientSocket->close();
    CMeasurementObserver::instance()->removeClientThread(this);        ②
}
```

sendChangeData()用来发送变化数据，见代码清单 9-23。一般情况下，应优先发送变化的离散量数据，见标号①处。发送时按照约定的通信格式进行组帧（变化的离散量数据的通信格式见代码清单 9-13 中标号②处）。

代码清单 9-23

```
// src/chapter09/ks09_02/ks09_02_server/clientthread.cpp
bool CClientThread::sendChangeData() {
    ns_train::CPPMutexLocker locker(&m_mutex);
    type_uint32 uDataId = 0;
    type_double dValue = 0.f;
    type_int16 iValue = 0;
    int nSend = 0;
    type_int32 uFrameType = ECLIENT_DISCRETES;// 数据帧类型：离散量全数据
//-discrete
    type_int32 n32DataLength = static_cast<int>(m_lstChangeDiscrete.size()
```

```cpp
        * (sizeof(uDataId) + sizeof(dValue)));
        type_int32 n32FrameLength = sizeof(uFrameType) + +sizeof(n32DataLength)
+ n32DataLength;
        char* pBuf = NULL;
        char* pBufPointer = NULL;
        int nWrite = 0;
        if (m_lstChangeDiscrete.size() > 0) {                                    ①
            char* pBuf = new char[n32FrameLength];
            *((type_int32*)pBuf) = ns_train::NetworkToHost(uFrameType);
            nSend += sizeof(uFrameType);
            pBufPointer = pBuf + nSend;
            *((type_uint32*)pBufPointer) = ns_train::HostToNetwork
(n32DataLength); // 数据长度
            nSend += sizeof(n32DataLength);
            pBufPointer = pBuf + nSend;
            std::list<sDiscreteIDValue>::iterator ite =
m_lstChangeDiscrete.begin();
            while (ite != m_lstChangeDiscrete.end()) {
                *((type_uint32*)pBufPointer) = ns_train::HostToNetwork((*ite).
uDataId);
                nSend += sizeof(uDataId);
                pBufPointer = pBuf + nSend;
                *((type_int16*)pBufPointer) = ns_train::HostToNetwork((*ite).
iValue);
                nSend += sizeof(iValue);
                pBufPointer = pBuf + nSend;
                ite++;
            }
            nWrite =m_pClientSocket->write(pBuf, nSend);// 如果发送数据量非常多,就
//要考虑分多帧发送
            if (nWrite < 0) {
                m_pClientSocket->close();
                delete[] pBuf;
                m_lstChangeDiscrete.clear();
                return false;
            }
        }
        if (m_lstChangeAnalog.size() > 0) {
            uFrameType = ECLIENT_ANANLOGS;// 数据帧类型:模拟量全数据-analog
            n32DataLength = static_cast<int>(m_lstChangeAnalog.size() *
(sizeof(uDataId) + sizeof(dValue)));
            n32FrameLength = sizeof(uFrameType) + +sizeof(n32DataLength) +
n32DataLength;
            delete[] pBuf;
            pBuf = new char[n32FrameLength];
            *((type_int32*)pBuf) = ns_train::NetworkToHost(uFrameType);
            nSend += sizeof(uFrameType);
```

```
        pBufPointer = pBuf + nSend;
        *((type_uint32*)pBufPointer) = ns_train::HostToNetwork
(n32DataLength); // 数据长度
        nSend += sizeof(n32DataLength);
        pBufPointer = pBuf + nSend;
        std::list<sAnalogIDValue>::iterator iteA = m_lstChangeAnalog.
begin();
        while (iteA != m_lstChangeAnalog.end()) {
            *((type_uint32*)pBufPointer) = ns_train::HostToNetwork((*iteA).
uDataId);
            nSend += sizeof(uDataId);
            pBufPointer = pBuf + nSend;
            *((type_double*)pBufPointer) = ns_train::HostToNetwork((*iteA).
dValue);
            nSend += sizeof(dValue);
            pBufPointer = pBuf + nSend;
            iteA++;
        }
        nWrite = m_pClientSocket->write(pBuf, nSend);// 如果发送数据量非常多,
//就要考虑分多帧发送
        delete[] pBuf;
        pBuf = NULL;
        if (nWrite < 0) {
            m_pClientSocket->close();
            return false;
        }
    }
    m_lstChangeAnalog.clear();
    return true;
}
```

5. 服务器——观察者对象

为了实现数据的发布、订阅，为服务器设计了观察者对象。观察者对象负责接收变化数据的通知，并将通知发送给各个客户端线程。如代码清单 9-24 所示，观察者类名称为 **CMeasurementObserver**，该类派生自 **CPPThread**，并且采用了单体模式进行设计。将该类设计为线程类的目的是将变化数据的接收与发送进行解耦。当观察者接收到变化数据后，只是将变化数据添加到变化数据列表，并非马上发送，而是在线程的主循环中进行发送，这样就不会阻塞变化数据的接收过程。

代码清单 9-24

```
// src/chapter09/ks09_02/ks09_02_server/observer.h
#pragma once
#include "base_class.h"
#include "customtype.h"
#include <list>
```

```cpp
#include "ks09_02_data.h"
#include "ks09_02_export.h"
class CClientThread;
class CMeasurementObserver : public ns_train::CPPThread {
public:
    static CMeasurementObserver* instance();
    void sendChangedAnalog(void);
    void sendChangedDiscrete(void);
    void notifyChangedAnalog(const sAnalogIDValue &idValue);
    void notifyChangedDiscrete(const sDiscreteIDValue &idValue);
    virtual void run() override;
    size_t addClientThread(CClientThread *pClientThread);
    size_t removeClientThread(CClientThread *pClientThread);
    void sendAllData(void);
    virtual void exitThread(void);
private:
    CMeasurementObserver();
    CMeasurementObserver(const CMeasurementObserver&);
    CMeasurementObserver& operator = (const CMeasurementObserver&);
    virtual ~CMeasurementObserver() {}
private:
    ns_train::CPPMutex m_mutex; // 保护数据成员的互斥锁
    std::list<sAnalogIDValue> m_lstChangeAnalog;      // 变化数据队列：模拟量
    std::list<sDiscreteIDValue> m_lstChangeDiscrete;  // 变化数据队列：离散量
    std::list<CClientThread*> m_lstClientThreads;     // 客户端线程
};
```

CMeasurementObserver 的实现见代码清单 9-25。如标号①处所示，观察者线程的主循环中，周期性发送收到的变化数据。在标号②、标号③处，是接收变化数据的接口实现，可以看出，在这两个接口中，仅仅负责把变化数据添加到变化数据队列。当有新的客户端连接接入时，服务器监听线程将构建一个新的客户端连接维护线程对象，并且将该线程对象添加到观察者的线程列表中，见标号④处。当客户端连接断开时，将调用观察者的 removeClientThread() 接口，其实现见标号⑤处。sendAllData() 接口用来发送全数据给所有客户端，其实现见标号⑥处。标号⑦、标号⑧处的接口用来发送变化的模拟量、离散量数据给所有客户端。观察者的 exitThread() 接口的实现见标号⑨处，当观察者线程退出时，将退出所有客户端连接维护线程。

代码清单 9-25

```cpp
// src/chapter09/ks09_02/ks09_02_server/observer.cpp
#include "observer.h"
#include <algorithm>
#include "service_api.h"
#include "ks09_02_data.h"
#include "clientthread.h"
```

```cpp
static ns_train::CPPMutex g_observerMutex;
CMeasurementObserver* CMeasurementObserver::instance() {
    ns_train::CPPMutexLocker mutexLocker(&g_observerMutex);
    static CMeasurementObserver observer;
    return &observer;
}
CMeasurementObserver::CMeasurementObserver() : ns_train::CPPThread() {
}
void CMeasurementObserver::run() {
    while (isWorking()) {
        ns_train::api_sleep(10); // 睡眠时间不宜过长，否则影响后续代码
        keepAlive();
        sendChangedDiscrete();    // 离散量：发送变化数据、删除变化数据      ①
        sendChangedAnalog();      // 模拟量：发送变化数据、删除变化数据
    }
}
void CMeasurementObserver::notifyChangedAnalog(const sAnalogIDValue &idvalue)
{                                                                              ②
    ns_train::CPPMutexLocker locker(&m_mutex);
    if (isWorking()) {
        m_lstChangeAnalog.push_back(idvalue);
    }
}
void  CMeasurementObserver::notifyChangedDiscrete(const  sDiscreteIDValue
&idvalue) {                                                                    ③
    ns_train::CPPMutexLocker locker(&m_mutex);
    if (isWorking()) {
        m_lstChangeDiscrete.push_back(idvalue);
    }
}
size_t CMeasurementObserver::addClientThread(CClientThread* pClientThread)
{                                                                              ④
    ns_train::CPPMutexLocker locker(&m_mutex);
    if (isWorking()) {
        m_lstClientThreads.push_back(pClientThread);
    }
    return m_lstClientThreads.size();
}
size_t CMeasurementObserver::removeClientThread(CClientThread*
pClientThread) {                                                               ⑤
    ns_train::CPPMutexLocker locker(&m_mutex);
    std::list<CClientThread*>::iterator ite = std::find
(m_lstClientThreads.begin(), m_lstClientThreads.end(), pClientThread);
    if (ite != m_lstClientThreads.end()) {
        m_lstClientThreads.erase(ite);
    }
    return m_lstClientThreads.size();
```

```cpp
    }
    void CMeasurementObserver::sendAllData(void) {                              ⑥
        ns_train::CPPMutexLocker locker(&m_mutex);
        std::list<CClientThread*>::iterator ite = m_lstClientThreads.begin();
        while (ite != m_lstClientThreads.end()) {
            (*ite)->setSendAllFlag(true);
            ite++;
        }
    }
    void CMeasurementObserver::sendChangedAnalog() {                            ⑦
        ns_train::CPPMutexLocker locker(&m_mutex);
        std::list<sAnalogIDValue>::iterator iteIDValue = m_lstChangeAnalog.begin();
        std::list<CClientThread*>::iterator ite;
        while (iteIDValue != m_lstChangeAnalog.end()) {
            ite = m_lstClientThreads.begin();
            while (ite != m_lstClientThreads.end()) {
                (*ite)->addChangeAnalog(*iteIDValue);
                ite++;
            }
            iteIDValue++;
        }
        m_lstChangeAnalog.clear();
    }
    void CMeasurementObserver::sendChangedDiscrete() {                          ⑧
        ns_train::CPPMutexLocker locker(&m_mutex);
        std::list<sDiscreteIDValue>::iterator iteIDValue = m_lstChangeDiscrete.begin();
        std::list<CClientThread*>::iterator ite;
        while (iteIDValue != m_lstChangeDiscrete.end()) {
            ite = m_lstClientThreads.begin();
            while (ite != m_lstClientThreads.end()) {
                (*ite)->addChangeDiscrete(*iteIDValue);
                ite++;
            }
            iteIDValue++;
        }
        m_lstChangeDiscrete.clear();
    }
    void CMeasurementObserver::exitThread(void) {                               ⑨
        CPPThread::exitThread();
        std::list<CClientThread*>::iterator ite = m_lstClientThreads.begin();
        CClientThread *pThread = NULL;
        while (ite != m_lstClientThreads.end()) {
            pThread = *ite;
            ite++;
            pThread->exitThread();
```

```
            delete pThread;
    }
    m_lstClientThreads.clear();
}
```

6. 小结

在本案例中，介绍了让服务器支持多个客户端同时访问的方法。另外，还介绍了采用通信规约进行服务器、客户端通信的基本方法，其核心在于将通信数据的解析过程分为几个不同的阶段。以本节案例为例，将数据解析过程分为如下 3 个阶段。

（1）"搜索帧类型"状态。处于本状态时，主要任务是接收并识别数据帧的类型。以便在后续工作中区分不同的数据。当接收到合法的帧类型之后，就转入"获取帧长度"状态。

（2）"获取帧长度"状态。处于本状态时，主要任务是接收并解析数据帧的字节数，以便在收齐数据后进行解析。对于不同类型的数据帧，其长度可能不同，需要分别进行判断处理。当收到并解析出合法的"帧长度"之后，就转入"解析数据"状态。

（3）"解析数据"状态。处于本状态时，主要任务是根据"帧长度"判断数据是否已经接收完整，当接收完整后就进行数据解析工作。此时，需要根据"帧类型"对数据进行相应的解析处理。

其实，对于不同的通信规约来说，其处理过程并不完全相同，需要根据具体的规约进行具体分析，比如，有的规约中含有同步字、控制字、校验等内容。但是总体来说，其处理思路是一致的，就是根据规约的格式，按照从前向后的顺序进行分层处理。

除此之外，本案例中还引入了观察者模式来进行数据订阅、发布。当数据发生变化时，通过使用观察者模式可以主动将数据发给订阅者。

第 59 天　在线更新内存模型

今天要学习的案例对应的源代码目录：src/chapter09/ks09_03。本案例依赖 POCO 库（用于访问数据库）。程序运行效果如图 9-5、图 9-6 所示。

今天的目标是掌握如下内容。

- 主备内存模型的设计与实现。
- 通过主备内存模型实现在线更新内存模型，也就是重新加载内存模型。

很多软件项目在启动过程中都要从数据库、文件系统中加载模型并开辟对应的内存空间进行处理，那么当软件启动之后，数据库、文件系统中的模型发生变化，这时该怎么办呢？最简单的方法就是把软件退出并重新启动。但是，这样就导致软件对外暂停服务，如果能不用重新启动软件就能完成内存模型的更新那就太棒了。本节将介绍通过主备内存模型实现在线更新内存模型。

图 9-5 服务器案例程序 reload 之后的统计数据已经恢复

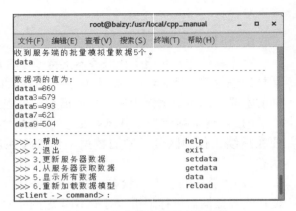

图 9-6 客户端案例程序收到的订阅数据与服务器一致

1. 主备内存区

首先介绍对内存数据基类 CDataVector 的修改,其头文件见代码清单 9-26。主备内存的核心是创建两套内存模型,其中一个处于工作状态时,另一个处于热备(Standby)状态。当模型变化后,软件重新加载模型时,可以将模型加载到处于热备状态的内存中,然后再把它切换为工作状态,这样就可以缩短软件暂停服务的时间,提高软件可用率。如标号①处所示,将数据区设计成 2 份。添加变量 m_byCurrentIndex 用来表示当前处于工作状态的数据区索引,见标号②处,因为数据区只有 2 份,所以该变量的取值为 0 或 1。

代码清单 9-26

```
// include/ks09_03/ks09_03_datavector.h
class KS09_03_DATAVECTOR_API CDataVector {
    ...
protected:
    ns_train::CPPMutex m_mutex;         // 用来保护对数据区 m_pDataVector 的访问
    SData *m_pDataVector[2];            // 数据区                                    ①
    type_bool m_bInitialized;           // 已经初始化过
private:
    type_uint8 m_byCurrentIndex;        // 当前数据区索引                            ②
};
```

如代码清单 9-27 所示,为了更好地演示本案例的功能,为模拟量、离散量的访问接口修改参数类型,见标号①、标号②处,因此需要对调用这些接口的代码进行相应改动。在运行过程中,当软件需要在线更新模型时,就会从数据库、文件系统中重新加载模型信息,然后就可以把工作内存区的数据复制到刚刚通过在线加载构建的内存区中,见标号③处,请注意本接口的注释中提示接口内部未采取加锁（互斥）操作。当在线重新加载完模型到内存并复制内存数据后，就可以切换工作区了。切换工作区的接口为 switchDataVector()，见标号④处，该接口负责将当前工作区索引 m_byCurrentIndex 进行切换，如从 0 改为 1，或者从 1 改为 0。

代码清单 9-27

```
// include/ks09_03/ks09_03_datavector.h
class KS09_03_DATAVECTOR_API CDataVector {
public:
    bool getAnalogData(type_uint32 nId, SAnalogData &data);                    ①
    bool getDiscreteData(type_uint32 nId, SDiscreteData &data);                ②
protected:
    virtual void copyDataToStandby(); // 将内存数据从工作区复制到热备内存区，内部
    //未加锁                                                                    ③
    void switchDataVector(); // 切换工作内存区，当重新加载模型后调用。内部未加锁  ④
    type_uint8 getCurrentIndex(); // 获取当前工作内存区索引，内部未加锁
    ...
};
```

如代码清单 9-28 所示，构建两份内存模型，见标号①处。将对 m_pDataVector 的访问改为对工作内存区的访问，见标号②、标号③处。

代码清单 9-28

```
// src/chapter09/ks09_03/ks09_03_datavector/datavector.cpp
CDataVector::CDataVector() : m_byCurrentIndex(0) , m_bInitialized(false){
    m_pDataVector[0] = new SData;                                              ①
    m_pDataVector[1] = new SData;
}
CDataVector::~CDataVector() {
    ns_train::CPPMutexLocker mutexLocker(&m_mutex);
    for (int idx = 0; idx < 2; idx++) {
        if (NULL != m_pDataVector[idx]) {
            delete m_pDataVector[idx];
            m_pDataVector[idx] = NULL;
        }
    }
}
size_t CDataVector::getAnalogIndexList(std::list<type_uint32>& idList) {
    ns_train::CPPMutexLocker mutexLocker(&m_mutex);
    type_uint32 idx = 1;
    SData* pDataVector = m_pDataVector[m_byCurrentIndex];                      ②
    while (idx <= pDataVector->nAnalogMaxIndex) {
        if (pDataVector->pAnalogIndex[idx] != 0) {
            idList.push_back(idx);
        }
```

```cpp
            idx++;
        }
        return idList.size();
    }
    size_t CDataVector::getDiscreteIndexList(std::list<type_uint32>& idList) {
        ns_train::CPPMutexLocker mutexLocker(&m_mutex);
        SData* pDataVector = m_pDataVector[m_byCurrentIndex];                    ③
        type_uint32 idx = 0;
        while (idx < pDataVector->nDiscreteMaxIndex) {
            if (pDataVector->pDiscreteIndex[idx] != 0) {
                idList.push_back(idx);
            }
            idx++;
        }
        return idList.size();
    }
    type_uint32 CDataVector::getAnalogMaxIndex() {
        ns_train::CPPMutexLocker mutexLocker(&m_mutex);
        SData* pDataVector = m_pDataVector[m_byCurrentIndex];
        return pDataVector->nAnalogMaxIndex;
    }
    type_uint32 CDataVector::getDiscreteMaxIndex() {
        ns_train::CPPMutexLocker mutexLocker(&m_mutex);
        SData* pDataVector = m_pDataVector[m_byCurrentIndex];
        return pDataVector->nDiscreteMaxIndex;
    }
    bool CDataVector::initialize() {
        return true;
    }
    bool CDataVector::getAnalogData(type_uint32 nId, SAnalogData &data) {
        data.dataValue = 0.f;
        ns_train::CPPMutexLocker mutexLocker(&m_mutex);
        SData* pDataVector = m_pDataVector[m_byCurrentIndex];
        if (NULL == pDataVector) {
            return false;
        }
        if ((nId < 1) || (nId > pDataVector->nAnalogMaxIndex)) {
            return false; // 数据项Id无效
        }
        type_uint32 nIndex = pDataVector->pAnalogIndex[nId];
        if (0 == nIndex) {
            return false;
        }
        nIndex -= 1;
        data = pDataVector->pAnalogData[nIndex];
        return true;
    }
```

```cpp
bool CDataVector::setAnalogData(type_uint32 nId, type_double dNewValue) {
    ns_train::CPPMutexLocker mutexLocker(&m_mutex);
    SData* pDataVector = m_pDataVector[m_byCurrentIndex];
    if (NULL == pDataVector) {
        return false;
    }
    if ((nId < 1) || (nId > pDataVector->nAnalogMaxIndex)) {
        return false; // 数据项Id无效
    }
    type_uint32 nIndex = pDataVector->pAnalogIndex[nId];
    if (0 == nIndex) {
        return false;
    }
    nIndex -= 1;
    if (fabs(pDataVector->pAnalogData[nIndex].dataValue - dNewValue) > C_ZERO) {
        sAnalogIDValue idValue;
        idValue.uDataId = nId;
        idValue.dValue = dNewValue;
        notifyChangedAnalog(idValue);
    }
    pDataVector->pAnalogData[nIndex].dataValue = dNewValue;
    if (pDataVector->pAnalogData[nIndex].maxValue < dNewValue) {
        pDataVector->pAnalogData[nIndex].maxValue = dNewValue; // 更新最大值
    }
    if (pDataVector->pAnalogData[nIndex].minValue > dNewValue) {
        pDataVector->pAnalogData[nIndex].minValue = dNewValue; // 更新最小值
    }
    return true;
}
bool CDataVector::getDiscreteData(type_uint32 nId, SDiscreteData &data) {
    data.dataValue = 0;
    ns_train::CPPMutexLocker mutexLocker(&m_mutex);
    SData* pDataVector = m_pDataVector[m_byCurrentIndex];
    if (NULL == pDataVector) {
        return false;
    }
    if ((nId < 1) || (nId > pDataVector->nAnalogMaxIndex)) {
        return false; // 数据项Id无效
    }
    type_uint32 nIndex = pDataVector->pDiscreteIndex[nId];
    if (0 == nIndex) {
        return false;
    }
    nIndex -= 1;
    data = pDataVector->pDiscreteData[nIndex];
    return true;
```

```cpp
}
bool CDataVector::setDiscreteData(type_uint32 nId, type_int16 iNewValue) {
    ns_train::CPPMutexLocker mutexLocker(&m_mutex);
    SData* pDataVector = m_pDataVector[m_byCurrentIndex];
    if (NULL == m_pDataVector) {
        return false;
    }
    if ((nId < 1) || (nId > pDataVector->nAnalogMaxIndex)) {
        return false; // 数据项 Id 无效
    }
    type_uint32 nIndex = pDataVector->pDiscreteIndex[nId];
    if (0 == nIndex) {
        return false;
    }
    nIndex -= 1;
    if (pDataVector->pDiscreteData[nIndex].dataValue != iNewValue) {
        sDiscreteIDValue idValue;
        idValue.uDataId = nId;
        idValue.iValue = iNewValue;
        notifyChangedDiscrete(idValue);
    }
    pDataVector->pDiscreteData[nId].dataValue = iNewValue;
    return true;
}
```

如代码清单 9-29 所示，在标号①处，切换工作区索引。copyDataToStandby()负责从工作内存复制数据到热备内存。如标号②处所示，当还未初始化完毕时，热备内存无效，所以直接返回。在标号③处，遍历热备内存中所有数据，从工作区内存复制到热备内存中。

代码清单 9-29

```cpp
// src/chapter09/ks09_03/ks09_03_datavector/datavector.cpp
void CDataVector::switchDataVector() {                                    ①
    m_byCurrentIndex = 1 - m_byCurrentIndex;
}
void CDataVector::copyDataToStandby() {
    if (!m_bInitialized) {                                                ②
        return;
    }
    SData* pDataVector = m_pDataVector[m_byCurrentIndex];
    SData* pStandbyDataVector = m_pDataVector[1-m_byCurrentIndex];
    type_uint32 idx = 1;
    type_uint32 index1 = 0;
    type_uint32 index2 = 0;
    while (idx <= pStandbyDataVector->nAnalogMaxIndex) {                  ③
        index1 = pStandbyDataVector->pAnalogIndex[idx];
        if (0 == index1) {
```

```
                idx++;
                continue;
            }
            index1 -= 1;
            index2 = pDataVector->pAnalogIndex[idx];
            if (index2 > 0) {
                index2 -= 1;
                pStandbyDataVector->pAnalogData[index1] = pDataVector->
pAnalogData[index2];
            }
            idx++;
        }
        idx = 1;
        while (idx <= pStandbyDataVector->nDiscreteMaxIndex) {
            index1 = pStandbyDataVector->pDiscreteIndex[idx];
            if (0 == index1) {
                idx++;
                continue;
            }
            index1 -= 1;
            index2 = pDataVector->pDiscreteIndex[idx];
            if (index2 > 0) {
                index2 -= 1;
                pStandbyDataVector->pDiscreteData[index1] = pDataVector->
pDiscreteData[index2];
            }
            idx++;
        }
    }
    type_uint8 CDataVector:: getCurrentIndex() {
        return m_byCurrentIndex;
    }
```

2. 修改初始化（加载模型）接口

如代码清单 9-30 所示，在服务器的初始化接口中，首先获取热备内存序号，并且得到热备内存区指针，见标号①、标号②处，后续代码会将模型加载到该热备区。在标号③处，在初始化接口中完成模型加载之后，需要把内存数据从工作区复制到热备内存区，以便把接收到的数据、统计数据等同步到热备内存区，当热备内存切换成工作内存之后，就可以保持跟重新加载之前完全一致的数据断面，防止出现数据跳变。完成内存复制之后，就可以把热备内存切换成工作内存了，见标号④处。完成之后，将初始化标志 m_bInitialized 设置为 true，表明当前工作内存已经生效。客户端的初始化接口的改动与此类似。

代码清单 9-30

```
// src/chapter09/ks09_03/ks09_03_server/ks09_03_server_datavector.cpp
bool CServerDataVector::initialize() {
```

```
    ...
    ns_train::CPPMutexLocker locker(&m_mutex);
    type_uint8 byStandbyIndex = 1 - getCurrentIndex();                          ①
    SData* pStandbyDataVector = m_pDataVector[byStandbyIndex];                  ②
    ...
    pStandbyDataVector->nAnalogMaxIndex = nMaxIndex;
    pStandbyDataVector->pAnalogIndex = new type_uint32[nMaxIndex + 1];
    ...
    copyDataToStandby();       // 将内存数据从工作区复制到热备内存区            ③
    switchDataVector();        // 切换工作内存                                  ④
    m_bInitialized = true;
    return true;
}
```

3. 实现在线更新的入口

如代码清单 9-31 所示，在服务器中添加在线更新的菜单项并编写菜单项的响应代码。通过添加 reload 菜单项实现在线更新的命令入口，见标号①、标号②处。客户端可以参照此处进行修改。

代码清单 9-31

```
// src/chapter09/ks09_03/ks09_03_server/app.cpp
void CApp::CommandProc() {
...
while (m_bProcRun) {
    ...
        else if (strInput.compare("reload") == 0) {                             ①
            std::cout << "--------------" << std::endl;
            std::cout << "重新加载数据模型." << std::endl;
            pDataVector->initialize();
        }
        ...
    }
    ...
}
void CApp::printMenu(void) {
    if (!m_bTerminal) {
        return;
    }
    std::cout << "---------------------------" << std::endl;
    std::cout << ">>> 1.帮助                    help" << std::endl;
    ...
    std::cout << ">>> 7.重新加载数据模型        reload" << std::endl;    ②
}
```

4. 小结

本节介绍了在线更新（加载）模型数据的方法。利用本节介绍的方法，服务器可以在数据库中的模型发生变化时重新读取数据库中的模型数据而不需要重新启动程序。其核心在于建立双内存模型机制，也就是先更新 Starndy 内存，然后将 Standby 内存切换为主内存。这样就减少了重新启动程序的次数，提高了系统可用性。但是，有些重启是无法避免的（如需要升级程序的时候）。当重启程序之后，最好能让程序内存中的数据恢复到重启之前的断面，这该怎样实现呢？下节将揭晓答案。

第 60 天　数据断面保存与恢复

今天要学习的案例对应的源代码目录：src/chapter09/ks09_04。本案例依赖 POCO 库(用于访问数据库)。程序运行效果如图 9-7、图 9-8 所示。

图 9-7　服务器案例程序保存数据断面

图 9-8　服务器重启、执行数据断面恢复操作后的数据

今天的目标是掌握如下内容。
- 将软件运行数据保存到断面文件。
- 从断面文件中恢复软件的运行数据。

在软件的生命周期中，一般情况下会经历多次更新、发布。当发布新版本时，一般按照退出软件、发布软件、启动软件的顺序进行。如果软件中有些非常重要的运行数据，就需要在退出前把运行数据保存到文件，在启动后从文件中恢复软件的运行数据，以防止软件中的数据出现跳变或者统计数据出现错误。因此需要为软件添加数据断面保存与恢复的功能。如代码清单 9-32 所示，在服务器中添加相关接口，用来将断面数据保存到文件、从文件中恢复内存断面数据。

代码清单 9-32

```cpp
// include/ks09_04/ks09_04_datavector.h
class KS09_04_DATAVECTOR_API CDataVector {
public:
    ...
    virtual bool save();       // 保存内存数据到文件
    virtual bool restore();    // 从文件恢复内存数据
protected:
    virtual bool saveAnalogData();       // 保存模拟量内存数据到文件
    virtual bool restoreAnalogData();    // 从文件恢复模拟量内存数据
    virtual bool saveDiscreteData();     // 保存离散量内存数据到文件
virtual bool restoreDiscreteData();      // 从文件恢复离散量内存数据
    ...
};
```

1. 将断面数据保存到文件

如代码清单 9-33 所示，saveAnalogData()用来将模拟量断面数据保存到文件。在标号①处，获取当前工作数据区指针。然后用只读方式打开断面文件，见标号②处。在标号③处，将模拟量个数保存到文件中，这样写是为了先进行占位，等统计完具体的模拟量个数后，再在文件中更新该数据。在标号④处，将相关断面数据保存到文件中，请注意，需要根据软件的实际需求选取相应的断面数据。在标号⑤处，将文件游标调整到文件开头，并将统计出的实际模拟量个数更新到文件中。离散量的保存过程与模拟量类似。

代码清单 9-33

```cpp
// src/chapter09/ks09_04/ks09_04_datavector/datavector.cpp
bool CDataVector::saveAnalogData() {
    ns_train::CPPMutexLocker mutexLocker(&m_mutex);
    SData* pDataVector = m_pDataVector[m_byCurrentIndex];                    // ①
    type_uint32 idx = 1;
    type_uint32 index = 0;
    std::string strFileName = ns_train::getPath("$PROJECT_DEV_HOME/test/chapter09/ks09_04/analogdata.dat");
    std::string strPathName = ns_train::getPath(strFileName);
    std::string strDirectory = ns_train::getDirectory(strFileName);
    ns_train::mkDir(strDirectory);
    ns_train::CPPFile file(strFileName.c_str());
    if (!file.open("w")) {                                                   // ②
        return false;
    }

    type_uint32 nCount = 0;
    file << nCount;                                                          // ③
    idx = 1;
    while (idx <= pDataVector->nAnalogMaxIndex) {
```

```
            index = pDataVector->pAnalogIndex[idx];
            if (0 == index) {
                idx++;
                continue;
            }
            index -= 1;
            file << pDataVector->pAnalogData[index].nId;                    ④
            file << pDataVector->pAnalogData[index].dataValue;
            file << pDataVector->pAnalogData[index].maxValue;
            file << pDataVector->pAnalogData[index].minValue;
            idx++;
            nCount++;
        }
        file.seekToBegin();                                                 ⑤
        file << nCount;   // 更新数据个数
        file.close();
        return true;
    }
```

2. 从断面数据文件中恢复内存数据

如代码清单 9-34 所示，可以从模拟量断面数据文件中读取断面数据并恢复到内存。在标号①处，读取模拟量个数并保存到 nCount。然后就可以遍历读取该断面文件并将读取的数据更新到工作区的内存中，见标号②处。离散量的恢复过程与模拟量类似。

代码清单 9-34

```
// src/chapter09/ks09_04/ks09_04_datavector/datavector.cpp
bool CDataVector::restoreAnalogData() {
    ns_train::CPPMutexLocker mutexLocker(&m_mutex);
    SData* pDataVector = m_pDataVector[m_byCurrentIndex];
    type_uint32 index = 0;
    std::string strFileName = ns_train::getPath("$PROJECT_DEV_HOME/test/chapter09/ks09_04/analogdata.dat");
    std::string strPathName = ns_train::getPath(strFileName);
    std::string strDirectory = ns_train::getDirectory(strFileName);
    ns_train::mkDir(strDirectory);
    ns_train::CPPFile file(strFileName.c_str());
    if (!file.open("r")) {
        return false;
    }
    type_uint32 idx = 0;
    type_uint32 nCount = 0;
    file >> nCount;                                                         ①
    SAnalogData data;
    while (!file.isEOF() && (idx<nCount)) {
        file >> data.nId;
        file >> data.dataValue;
```

```
            file >> data.maxValue;
            file >> data.minValue;
            idx++;
            if (data.nId > pDataVector->nAnalogMaxIndex) {
                continue;
            }
            index = pDataVector->pAnalogIndex[data.nId];
            if (0 == index) {
                continue;
            }
            index -= 1;
            pDataVector->pAnalogData[index] = data;                          ②
    }
    file.close();
    return true;
}
```

3．实现保存与恢复

save()、restore()接口通过调用模拟量、离散量的保存、恢复接口实现功能。

```
// src/chapter09/ks09_04/ks09_04_datavector/datavector.cpp
bool CDataVector::save() {
    bool bOk = true;
    bOk &= saveAnalogData();
    bOk &= saveDiscreteData();
    return bOk;
}
bool CDataVector::restore() {
    bool bOk = true;
    bOk &= restoreAnalogData();
    bOk &= restoreDiscreteData();
    return bOk;
}
```

4．通过菜单实现断面的保存、恢复

如代码清单 9-35 所示，在服务器中添加保存、恢复菜单项并编写菜单项的响应代码。

代码清单 9-35

```
// src/chapter09/ks09_04/ks09_04_server/app.cpp
void CApp::CommandProc() {
    ...
    while (m_bProcRun) {
        ...
        else if (strInput.compare("save") == 0) {
            std::cout << "------------------" << std::endl;
            std::cout << "保存内存数据到文件." << std::endl;
```

```cpp
            pDataVector->save();
        }
        else if (strInput.compare("restore") == 0) {
            std::cout << "------------------" << std::endl;
            std::cout << "从文件恢复内存数据." << std::endl;
            pDataVector->restore();
        }
        ...
    }
    ...
}
void CApp::printMenu(void) {
    if (!m_bTerminal) {
        return;
    }
    std::cout << "------    ------------------" << std::endl;
    std::cout << ">>> 1.帮助                   help" << std::endl;
    ...
    std::cout << ">>> 8.保存内存数据到文件     save" << std::endl;
    std::cout << ">>> 9.从文件恢复内存数据     restore" << std::endl;
}
```

在本案例的配套代码中，除了增加数据断面保存、恢复功能之外，还参照第 51 天的学习内容，引入了规约命令对象封装、通过命令模式进行组帧等设计方案，因篇幅有限，在此不再深入介绍，具体可参考第 51 天的学习内容中的详细介绍。

5．小结

本案例在前面章节案例的基础上，通过将内存数据保存到文件以及从文件中读取数据到内存的方式，实现了应用程序数据断面保存、恢复功能。相比之下，本案例的功能更加完整、设计方案更为复杂。至此，本章介绍了 C/S 模式程序的基本设计方案，包括结构化内存数据区的建立、数据发布与订阅、多客户端访问、在线更新内存模型、数据断面保存与恢复等常见功能与设计。在真实的软件项目中，由于涉及不同的业务领域、不同的需求，其设计方案可能更为复杂。但是，通过本章的学习，可以了解 C/S 模式程序设计的基本框架、设计思想，在此基础上，可以开展更为复杂的程序设计。

参 考 文 献

[1] 白振勇. Qt 5/PyQt 5 实战指南[M]. 北京：清华大学出版社，2020.

[2] 麦克道尔. 程序员面试金典[M]. 刘博楠，赵鹏飞，李琳骁，等译. 6版. 北京：人民邮电出版社，2019.

[3] 张辉，李荣利，王和平. Visual Basic 串口通信及编程实例[M]. 北京：化学工业出版社，2019.

[4] TinyXML Tutorial [EB/OL]. (2005-08)[2021-03-26]. http://www.grinninglizard.com/ tinyxmldocs/ tutorial0. html.

图书资源支持

感谢您一直以来对清华版图书的支持和爱护。为了配合本书的使用,本书提供配套的资源,有需求的读者请扫描下方的"书圈"微信公众号二维码,在图书专区下载,也可以拨打电话或发送电子邮件咨询。

如果您在使用本书的过程中遇到了什么问题,或者有相关图书出版计划,也请您发邮件告诉我们,以便我们更好地为您服务。

我们的联系方式:

地　　址:北京市海淀区双清路学研大厦 A 座 714

邮　　编:100084

电　　话:010-83470236　010-83470237

客服邮箱:2301891038@qq.com

QQ:2301891038(请写明您的单位和姓名)

资源下载:关注公众号"书圈"下载配套资源。

资源下载、样书申请

书圈

获取最新书目

观看课程直播